AF293972

**Bundesanstalt für Geowissenschaften und Rohstoffe**

# Handbuch zur Erkundung des Untergrundes von Deponien und Altlasten

## Band 5

Bundesanstalt für Geowissenschaften und Rohstoffe

Dieses Methodenhandbuch „Deponieuntergrund" ist im Rahmen des vom Bundesministerium für Bildung, Wissenschaft und Technologie (BMBF) geförderten Forschungverbundvorhabens „Methoden zur Erkundung und Beschreibung des Untergrundes von Deponien und Altlasten" (Projektträger „Abfallwirtschaft und Altlastensanierung" im Umweltbundesamt; Förderkennzeichen 1460605, 1460605 A, 1460605 B) entstanden.

Die Verantwortung für den Inhalt der Beiträge liegt bei den jeweiligen Autoren.

Springer-Verlag Berlin Heidelberg GmbH

Werner Hiltmann   Bernhard Stribrny

# Tonmineralogie und Bodenphysik

Mit Beiträgen von

Axel Baermann, Kurt Czurda, Eberhard Dahms,
Hans-Georg Dietrich, Lothar Fritz, Peer-L. Gehlken,
Werner Hiltmann, Harald Heimerl, Ewald Erwin Kohler †,
Bernhard Mattiat, Heinrich Rösch, Wilfried Schneider,
Nariman Tadjerpisheh, Jean-Frank Wagner
und Reinhard Wienberg

Mit 68 Abbildungen und 33 Tabellen

Springer

Dr. Werner Hiltmann

Prof. Dr. Bernhard Stribrny

Bundesanstalt für Geowissenschaften und Rohstoffe
Stilleweg 2, D-30655 Hannover

Titelbild: Pipettapparatur zur Bestimmung der Korngrößenverteilung

ISBN 978-3-642-63761-2          ISBN 978-3-642-58852-5 (eBook)
DOI 10.1007/978-3-642-58852-5

**Die Deutsche Bibliothek - CIP-Einheitsaufnahme**
**Handbuch zur Erkundung des Untergrundes von Deponien und Altlasten** / BGR, Bundesanstalt für
Geowissenschaften und Rohstoffe. - Berlin; Heidelberg; New York; Barcelona; Budapest; Hong Kong;
London; Mailand; Paris; Santa Clara; Singapur; Tokio: Springer
Bd. 5. Hiltmann, Werner: Tonmineralogie und Bodenphysik. - 1998

Hiltmann, Werner: Tonmineralogie und Bodenphysik / Werner Hiltmann; Bernhard Stribrny. - Berlin;
Heidelberg; New York; Barcelona; Budapest; Hong Kong; London; Mailand; Paris; Santa Clara; Singa-
pur; Tokio: Springer, 1998
  (Handbuch zur Erkundung des Untergrundes von Deponien und Altlasten; Bd. 5)



Die Wiedergabe von Gebrauchsnamen, Handelsnamen, Warenbezeichnungen usw. in diesem Werk
berechtigt auch ohne besondere Kennzeichnung nicht zu der Annahme, daß solche Namen im Sinne
der Warenzeichen- und Markenschutz-Gesetzgebung als frei zu betrachten wären und daher von
jedermann benutzt werden dürften.

Herstellung: B. Schmidt-Löffler
Satz: Reproduktionsfertige Vorlage vom Autor
Einbandgestaltung: E. Kirchner, Heidelberg

SPIN: 10495883     30/3136 - 5 4 3 2 1 0 - Gedruckt auf säurefreiem Papier

In memoriam Pofessor Dr. E. E. Kohler

# Vorwort

Im Rahmen eines vom Bundesministerium für Bildung, Wissenschaft, Forschung und Technologie (BMBF) in der Projektträgerschaft des Umweltbundesamtes (UBA) geförderten Forschungverbundvorhabens wurde ein Handbuch erarbeitet, in dem die heute verfügbaren und relevanten Methoden zur Erkundung des Untergrundes von Deponien und Altlasten zusammengestellt sind.

Dieses Methodenhandbuch besteht aus 7 Bänden:

1 Geofernerkundung
2 Strömungs- und Transportmodellierung
3 Geophysik
4 Geotechnik/Hydrogeologie
5 Tonmineralogie und Bodenphysik
6 Geochemie
7 Handlungsempfehlungen

Hiermit wird Band 5 „Tonmineralogie und Bodenphysik" vorgelegt.

---

In Deutschland fallen zur Zeit jährlich über 300 Mio Tonnen Haus- und Gewerbemüll an. Abfalldeponien sind daher unverzichtbare Infrastruktureinrichtungen unserer Industriegesellschaft. Auch in Zukunft bleibt - trotz des in den letzten Jahren stetig zurückgehenden Müllaufkommens - die Ausweisung von geeigneten Deponieflächen eine wichtige Aufgabe des vorsorgenden Umweltschutzes.

Neben den Deponien muß in Deutschland mit weit über 200 000 altlastverdächtigen Flächen (Altablagerungen und Altstandorte) gerechnet werden, von denen erst ein Teil katastermäßig erfaßt ist. Die Untersuchung des Untergrundes von Altablagerungen und Altstandorten ist eine wichtige Voraussetzung, um das Gefährdungspotential durch schädliche Bodenveränderungen für den einzelnen oder die Allgemeinheit bewerten zu können. Der Schutz des Bodens vor schädlichen Veränderungen und die Sanierung von Altlasten sollen im Bundesbodenschutzgesetz (BBodSchG) geregelt werden.

Die gesetzliche Grundlage für die Abfallagerung bilden die zweite und dritte Verwaltungsvorschrift zum Abfallgesetz (AbfG), die Technischen Anleitungen (TA) Abfall und Siedlungsabfall. Für den tieferen Untergrund und das unmittelbare Auflager von Deponien werden von der TA Abfall folgende Forderungen genannt: Natürlicher Untergrund mit einer Mindestmächtigkeit und flächiger Verbreitung, Mindestabstand zur Grundwasseroberfläche, hohes Adsorptionsvermögen, Tonmineralhaltigkeit, geringe Gebirgsdurchlässigkeit und hohe Bodendichte.

Die Methoden zur Beschreibung und Quantifizierung dieser Eignungskriterien sind Gegenstand des Methodenhandbuchs.

Allein vier der genannten acht Kriterien - *Durchlässigkeit, Adsorptionsvermögen, Tonmineralhaltigkeit* und *Bodendichte* - stellen Stoffeigenschaften des Untergrundes dar. Diese werden maßgeblich durch dessen tonmineralogische und bodenphysikalische Beschaffenheit bestimmt. Die *bodenmechanische Stabilität* bildet neben den Barriereeigenschaften ein weiteres Kriterium für die Eignungsprüfung des Deponieuntergrundes. Die in dem vorliegenden Band des Methodenhandbuchs dargestellten Verfahren gehören damit zum zentralen und unabdingbaren Instrumentarium bei Untersuchungen des Untergrundes von Deponien. Darüber hinaus kommen sie auch bei der Erkundung und Bewertung von Altlasten zum Einsatz.

Der vorliegende Band ist in vier Kapitel gegliedert:
Kapitel 1:  Grundlagen
Kapitel 2:  Einsatzmöglichkeiten, Aussagen und Grenzen mineralogischer, bodenphysikalischer und physikalisch-chemischer Methoden zur Erkundung und Beschreibung der geologischen Barriere
Kapitel 3:  Barriereeigenschaften von Tonen und Tongesteinen
Kapitel 4:  Untersuchungsverfahren

Die Kap. 1 - 3 geben eine Einführung in die Thematik des Deponieuntergrundes (eine gesamtheitliche Betrachtung dieses Themas enthält der Band Handlungsempfehlungen). Die Kap. 1 - 3 bilden den Vorspann für die in Kap. 4 als Schwerpunkt dieses Bandes dargestellten Untersuchungsmethoden. Im Vordergrund steht dabei die Funktion des Deponieuntergrundes als „Geologische Barriere" und damit dessen stoffliche Zusammensetzung und Aufbau sowie dessen chemische und physikalische Eigenschaften.

*Kapitel 1* vermittelt grundlegende Informationen über Tone, Tongesteine und Tonminerale im Hinblick auf ihre Funktion als Schadstoffbarriere im Deponieuntergrund.

*Kapitel 2* gibt einen knapp gefaßten Überblick über die heute eingesetzten tonmineralogischen und bodenphysikalischen Verfahren und deren Aussage- und Anwendungsmöglichkeiten. Dabei wird verdeutlicht, daß einzelne Zielgrößen oft nicht mit einer Methode allein ausreichend erfaßt werden können. Häufig ist es deshalb notwendig, mehrere Verfahren einzusetzen, die sich in ihren Aussagen ergänzen oder kontrollieren.

In *Kapitel 3* folgt eine Darstellung der tonmineralogischen und bodenphysikalischen Aspekte des Deponieuntergrundes und der Schadstoffbarriere. Die spezifischen Bewertungskriterien für Barrieregesteine werden abgehandelt und die entsprechenden Untersuchungsverfahren genannt.

*Kapitel 4* umfaßt die Darstellung der Untersuchungsverfahren.

Der erste Teil dieses Kapitels behandelt die *bodenphysikalischen* Verfahren. Dazu zählen die Ermittlung der Durchlässigkeit und damit die Dichtigkeit der Deponiebasis gegenüber migrierenden Schadstoffen sowie die Korngrößenverteilung und das Wasseraufnahmevermögen. Hieraus lassen sich Aussagen zum Tonmineralgehalt als einer der maßgeblichen Kenngrößen für das Schadstoffbindevermögen ableiten. Darüber hinaus werden Prüfverfahren für die bodenmechanische Stabilität des Untergrundes beschrieben, die auch indirekte Aussagen zur Durchlässigkeit und zum Tonmineralgehalt erlauben.

Im zweiten Teil von Kap. 4 werden die *mineralogischen* Untersuchungsmethoden vorgestellt. Die qualitative und soweit möglich auch die quantitative Bestimmung der Tonmineralzusammensetzung der Barriere spielen dabei eine wichtige Rolle. Dies liegt in den unterschiedlichen physikalischen und chemischen Eigenschaften der Tonminerale begründet, die direkt deren Schadstoffrückhaltevermögen beeinflussen. Diese Verfahren geben auch über die anderen in Tonen und Tongesteinen vorkommenden mineralischen Phasen Auskunft, die für die Barrierewirkung des Deponieuntergrundes ebenfalls von Bedeutung sind.

Der dritte Teil von Kap. 4 beinhaltet die *physikalisch-chemischen* Verfahren, die der Erfassung und Quantifizierung von Schadstofftransport- und Rückhaltevermögen dienen. Mit diesen Methoden werden Kationenaustauschvermögen, spezifische Oberfläche, Adsorption, Desorption und Diffusion untersucht.

Der vierte und letzte Teil des Kap. 4 umfaßt *chemische* Verfahren. Sie werden die meist zur Ergänzung der mineralogischen Analytik bei der stofflichen Charakterisierung von Barrieregesteinen herangezogen.

Bei der Darstellung aller Untersuchungsmethoden wird auf folgende Punkte eingegangen: Verfahrensbeschreibung, wissenschaftlich-technische Grundlagen, Meßprinzip, Meßgeräte, Durchführung, Auswertung und Interpretation der Analysen, Aussage und Anwendungsmöglichkeiten, Qualitätssicherung, technischer und zeitlich-finanzieller Aufwand sowie zitierte und weiterführende Literatur.

Abschließend noch einige Anmerkungen zur Konzeption dieses Bandes.

Die beschriebenen Methoden stammen aus vielen verschiedenen Fachbereichen (Mineralogie, Chemie, Physik, Bodenphysik und -mechanik, Sedimentologie). Dieses weite Spektrum von Disziplinen läßt sich nur schwer unter einem gemeinsamen Begriff fassen. Der Titel „Tonmineralogie und Bodenphysik" verdeutlicht die Heterogenität der Thematik. Wenn die angesprochenen Sachgebiete hier zusammen behandelt werden, so erscheint dies insofern angemessen, als alle beschriebenen Untersuchungsverfahren Materialeigenschaften des Deponieuntergrundes betreffen, die mehr oder weniger direkt durch *Tonminerale* bestimmt werden..

Für das eine oder andere Thema mag die Zuordnung zur „Tonmineralogie und Bodenphysik" nicht zwingend erscheinen, und nicht ohne Berechtigung hätte es seinen Platz auch in einem anderen Band dieses Handbuches. Derartige nicht eindeutig zuordenbare oder fachübergreifende Themen werden deshalb auch in anderen Bänden des Methodenhandbuches angesprochen und sind über Querverweise zu finden.

Dieses Handbuch wendet sich an einen Benutzerkreis, der sich über Methoden und deren Anwendung bei der Untersuchung des Untergrundes von Deponien und Altlasten informieren möchte. Die Wiedergabe detaillierter Versuchs- und Analysenvorschriften hätte den Rahmen dieser Gesamtschau weit überschritten. Bei Bedarf findet der Benutzer aber ausreichende Hinweise auf die entsprechende Literatur.
Die einzelnen Verfahren unterscheiden sich deutlich im Umfang und der Breite der Darstellung. Dies hat mehrere Gründe. Neben ihrer unterschiedlichen Bedeutung für die Deponietechnik erfordern die theoretischen Grundlagen oder der technische Aufwand etlicher Verfahren eine eingehendere Behandlung. Manches alteingeführte und durch Normen festgelegte Verfahren kann dagegen knapper dargestellt werden. Ein größerer Raum steht auch Themen und Bereichen von relativ komplexer Natur zur Verfügung. Ein Beispiel hierfür sind Adsorption und Diffusion im Deponieuntergrund, die in dieser zusammenfassenden Darstellung sonst kaum zu finden sind.

Nicht zuletzt ist es bei der Vielzahl der beteiligten Autoren nicht anders zu erwarten, daß trotz eines vorgegebenen Rahmens die individuellen Darstellungsweisen erheblich variieren. Dies haben die Herausgeber bewußt akzeptiert und hoffen, daß es den Nutzen des Buches nicht schmälert.

Die Herausgeber danken dem Bundesministerium für Bildung, Wissenschaft, Forschung und Technologie (BMBF) und dem Projektträger Abfallwirtschaft und Altlastensanierung im Umweltbundesamt (UBA) für die Förderung, die im Rahmen des Forschungverbundvorhabens „Methoden zur Erkundung und Beschreibung des Untergrundes von Deponien und Altlasten", Kurztitel „Deponieuntergrund" erfolgte.
Dank gebührt den Autoren für ihre Beiträge zu diesem Band sowie den Gutachtern für die kritische Durchsicht der Manuskripte sowie ihre zahlreichen konstruktiven Vorschläge, mit denen sie einen wesentlichen Anteil an der Realisierung dieses Buches haben.
Zu danken ist ferner zahlreichen Fachkollegen, die mit vielfältigen Ideen und Hinweisen das Gelingen des Werkes förderten.
Dank gilt Herrn Dr. Dumke, der maßgeblich an der Konzipierung dieses Bandes beteiligt war sowie Herrn Dr. Tadjerpisheh, der in der Anfangsphase mit der redaktionellen Arbeit betraut war.
Gedankt sei schließlich Frau Susanne Dreyer, Frau Angelika Nothvogel und Herrn Axel Vormeister, welche die Erstellung und Bearbeitung der Abbildungen in sachkundiger Weise durchführten.

# Autorenverzeichnis

Dr. A. Baermann
Hochallee 40
20149 Hamburg

Prof. Dr. K. Czurda
Universität Karlsruhe
Abt. Angewandte Geologie
Kaiserstr. 12
76128 Karlsruhe

Dr. E. Dahms
Niedersächsisches Landesamt
für Bodenforschung
Stilleweg 2
30655 Hannover

Dr. H.-G. Dietrich
Bundesanstalt für Geowissenschaften und Rohstoffe
Stilleweg 2
30655 Hannover

L. Fritz
Niedersächsisches Landesamt
für Bodenforschung
Stilleweg 2
30655 Hannover

Dr. P.-L. Gehlken
Marktplatz 6/7
37308 Heiligenstadt

Dr. H. Heimerl
Gerhardingerstr. 11
93059 Regensburg

Dr. W. Hiltmann
Bundesanstalt für Geowissenschaften und Rohstoffe
Stilleweg 2
30655 Hannover

Prof. Dr. E. E. Kohler †
Universität Regensburg

Dr. B. Mattiat
Bergstr. 25
31582 Nienburg

Dr. H. Rösch
Bundesanstalt für Geowissenschaften und Rohstoffe
Stilleweg 2
30655 Hannover

Prof. Dr. W. Schneider
TU Hamburg-Harburg
Dampfschiffsweg 11
21079 Hamburg

Dr. N. Tadjerpisheh
Rudolf-Stich-Weg 8
37075 Göttingen

Prof. Dr. J.-F. Wagner
Universität Trier
Fachbereich 6
Postfach 3825
54286 Trier

Dr. R. Wienberg
Büro Dr. Wienberg
Gotenstr. 4
20539 Hamburg

# Gutachterverzeichnis


Dr. A. Baermann
Hochallee 40
20149 Hamburg

Dipl.-Min. R. Dohrmann
RWTH, Institut für Mineralogie
und Lagerstättenlehre
Wüllnerstr. 2
52072 Aachen

Prof. Dr. W. Echle
RWTH, Institut für Mineralogie
und Lagerstättenlehre
Wüllnerstr. 2
52072 Aachen

Prof. Dr. J. Eckardt
Weimarer Allee 32
30179 Hannover

Dipl-Geol. T. Egloffstein
ICP Ingenieurgesellschaft
Professor Czurda & Partner
Badener Str. 5
76227 Karlsruhe

Dipl.-Geol. A. Ehling
Bundesanstalt für Geowissen-
schaften und Rohstoffe,
Außenstelle Berlin
Wilhelmstr. 25-30
13539 Berlin

Dr. P.-L. Gehlken
Marktplatz 6/7
37308 Heiligenstadt

Prof. Dr. K. Heide
Institut für Geowissenschaften
Friedrich-Schiller-Universität
Burgweg 11
07749 Jena

Dipl.-Ing. Dr. M. Horst
Institut für Grundbau
und Bodenmechanik
TU Braunschweig
Gaußstr. 2
38106 Braunschweig

Dr. W. Kantor
Bundesanstalt für Geowissenschaften und Rohstoffe
Stilleweg 2
30655 Hannover

Dr. W. Knabe
Bundesanstalt für Geowissenschaften und Rohstoffe
Stilleweg 2
30655 Hannover

Dipl.-Ing. A. Knoll
Institut für Grundbau
und Bodenmechanik
TU Braunschweig
Gaußstr. 2
38106 Braunschweig

Prof. Dr. H. Krumm
Bornweidstr. 34
60388 Frankfurt a. M

Prof. Dr. G. Lagaly
Institut für Anorganische Chemie
Universität Kiel
Olshausenstr. 40
24118 Kiel

Dr.-Ing. Thomas Lege
Bundesanstalt für Wasserbau
Kußmaulstr. 17
76187 Karlsruhe

Prof. Dr. F. T. Madsen
Institut für Geotechnik
ETH Zürich
Sonneggstr. 8
CH- 8092 Zürich

Dr. R. Nüesch
Institut für Geotechnik
ETH Zürich
Sonneggstr. 8
CH- 8092 Zürich

Dr. R. Petschik
Geologisch-Paläontologisches
Institut, Johann-Wolfgang-Goethe-
Universität
Senckenberganlage 32
60054 Frankfurt a. M.

Dr. H. Rösch
Bundesanstalt für Geowissenschaften und Rohstoffe
Stilleweg 2
30655 Hannover

Dr. B. Scheffer
Niedersächsisches Landesamt
für Bodenforschung, Bodentech-
nologisches Institut  Bremen
Friedrich-Mißler-Str. 46/48
28211 Bremen

Dr. J. Utermann
Bundesanstalt für Geowissenschaften und Rohstoffe
Stilleweg 2
30655 Hannover

Prof. Dr. J. F. Wagner
Universität Trier
Fachbereich 6
Postfach 3825
54286 Trier

Dr. T. Wippermann
Bundesanstalt für Geowissenschaften und Rohstoffe
Stilleweg 2
30655 Hannover

# Inhaltsverzeichnis

# 1 Grundlagen

## 1. 1 Tone und Tonminerale - eine Übersicht

NARIMAN TADJERPISHEH und EWALD ERWIN KOHLER

### 1. 1. 1 Ton

Unter dem Begriff Ton wird ein unverfestigtes, sehr feinkörniges Sediment verstanden, das im wesentlichen aus Tonmineralen besteht. Als Nebenkomponenten (Begleitphasen) können u. a. Feldspat, Quarz, Carbonat, organische Substanz, Sulfide, Oxide und Hydroxide auftreten. Ein diagenetisch (d. h. durch Umbildung in geologischen Zeiträumen) verfestigter Ton wird als Tonstein oder Tongestein bezeichnet.

In der Bodenmechanik wird gemäß DIN 4022 T1 der Anteil einer Boden-/ Gesteinsprobe an Feinstkorn, d. h. die Kornfaktion < 0,002 mm (2 µm) als Ton bezeichnet. Diese Benennung ist unabhängig von Material und Kornform. Wenngleich die Tonfraktion im wesentlichen aus Tonmineralen besteht, sagt die Bezeichnung Ton bzw. Tongestein in diesem Fall nichts über Menge und Art der Tonminerale oder der Nebenkomponenten aus, sondern bezieht sich allein auf die Korngröße.

Wegen der Eignung des Tons bzw. Tonsteins als Schadstoffbarriere sind die Tonminerale für die Deponierung von Abfällen von entscheidender Bedeutung. Sie werden im folgenden kurz beschrieben.

### 1. 1. 2 Tonminerale

Tonminerale sind meist blättchenförmige, OH-haltige Silicium-Aluminium-Verbindungen von schichtförmigem Aufbau („Schichtsilicate") mit einem Durchmesser von i. allg. unter 0,002 mm (2 µm). Ein Blättchen setzt sich meist aus 5 - 80 Schichten zusammen (Tabelle 1.1). Diese Schichten sind aus Tetraedern und Oktaedern aufgebaut, deren Ecken Sauerstoff- oder Hydroxylionen bilden. Im Zentrum der Tetraeder sitzen Siliciumionen. Die Oktaederzentren sind entweder mit zweiwertigen Ionen ($Mg^{2+}$, auch $Fe^{2+}$) besetzt (trioktaedrische Minerale) oder, wie bei den Tonmineralen meist der Fall, mit dreiwertigen Ionen ($Al^{3+}$, $Fe^{3+}$), wobei nur 2/3 der oktaedrischen Plätze belegt sind (dioktaedrische Minerale).

Je nach Abfolge von Tetraeder- und Oktaederschichten unterscheidet man Zweischichtminerale (1 : 1-Schichtsilicate) mit der regelmäßigen Folge von je einer Tetraeder- und Oktaederschicht und Dreischichtminerale (2 : 1-Schichtsilicate) mit der Folge Tetraeder-Oktaeder-Tetraeder-Schicht (Abb. 1.1). Zweischichtminerale sind Kaolinminerale (*Kaolinit, Halloysit*) und *Serpentin*minerale, zu den Dreischichtmineralen zählen die *Smectite (Montmorillonit, Beidellit, Nontronit, Saponit), Illit, Vermiculit und Chlorit.*

Beim Illit handelt es sich um ein dioktaedrisches glimmerähnliches Tonmineral. Im mineralogischen Sprachgebrauch werden konventionell die Fraktion < 2µm als Illit und die > 2µm als dioktaedrischer Glimmer (Muskovit) bezeichnet.

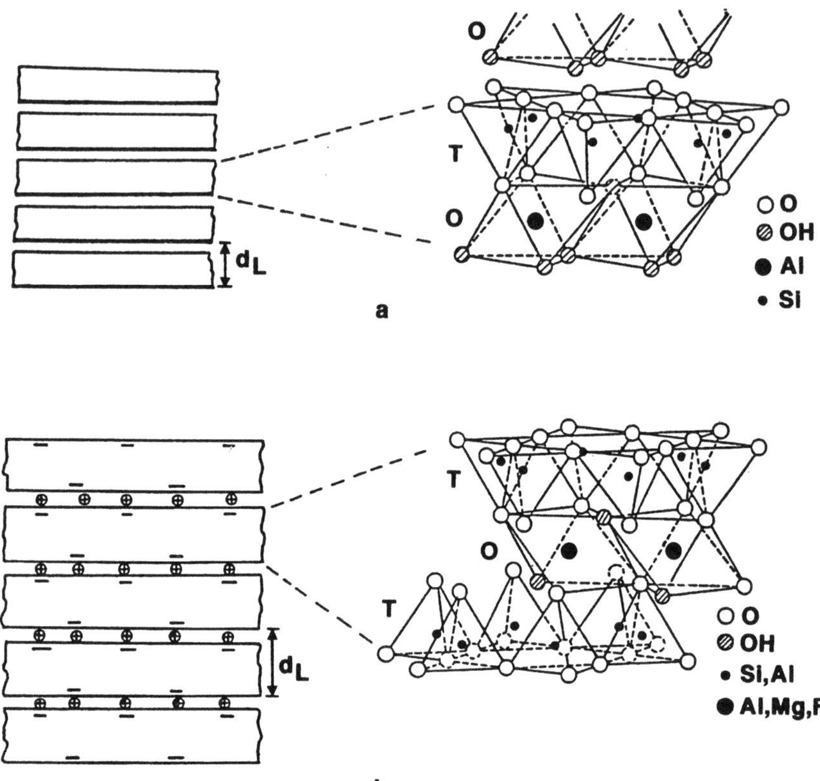



**Abb. 1.1 a, b.** Struktur der Tonminerale  **a** Zweischichtminerale  **b** Dreischichtminerale
$d_L$ = Schichtabstand, T = Tetraederschicht, O = Oktaederschicht. (Aus LAGALY & KÖSTER
1993)

Die einzelnen Schichten der Tonminerale sind durch Dipol-Dipol- und Ion-
Ion-Wechselwirkungen, Wasserstoffbrückenbindungen und Van-der-Waals-
Kräfte miteinander verbunden.

Bei Dreischichtmineralen können die Schichten durch Substitition und
Kationenfehlstellen negative Überschußladungen erhalten. Diese werden durch
Bindung von Kationen (z. B. Natriumionen) kompensiert (Smectit, Illit). Es
besteht auch die Möglichkeit, daß zur Kompensation zwischen den Schichten
anstelle dieser Kationen vernetzte Magnesium- bzw. Aluminiumoktaeder eingelagert werden (Chlorit). Als Wechsellagerungsminerale (*„Mixed-layer-
Minerale"*) werden geordnete Stapel von unterschiedlichen Tonminerallagen,
wie z. B. von Chloriten und Smectiten („Corrensit") bezeichnet.

Vorwiegend Smectit (Montmorillonit) enthaltende Gesteine werden als
*Bentonite* bezeichnet.

Tonminerale entstehen im wesentlichen bei der Verwitterung von silicatischen Gesteinen. Zu diesen Verwitterungsneubildungen gehören auch die als Begleitphasen auftretenden Oxide und Hydroxide der Silicium-, Aluminium- und Eisenverbindungen. Bei der Verwitterung und der Diagenese können sich carbonatische und organische Phasen anreichern und sich wie die oxidischen und hydroxidischen Beimengungen auf Mineraloberflächen und Kornzwischenräumen als Bindemittel ablagern. Verlauf und Ergebnis der Tonmineralbildung werden durch Primärgestein bzw. -minerale, Klima und das in der Porenraumlösung vorliegende physikochemische Milieu bestimmt.

Unter spezifischen Milieubedingungen können bestimmte Tonminerale auch in andere Tonminerale umgewandelt werden. So kann aus Smectit durch Einbau von Kaliumionen in die quellfähigen Zwischenschichten und Erhöhung der Schichtladung Illit entstehen.

Einen Überblick über die wichtigsten Tonminerale und ihre wesentlichen physikalisch-chemischen Kenndaten gibt Tabelle 1.1.

**Tabelle 1.1.** Mineralogische und chemische Kenndaten verschiedener Tonminerale. Zusammengestellt aus WEISS (1988), SCHEFFER & SCHACHTSCHABEL (1992), s. auch Kap. 4.3.2, Tabelle 4.17

| Tonmineral | Kaolinit | Smectit | Illit | Chlorit |
|---|---|---|---|---|
| Bautyp | 2-Schicht-mineral | 3-Schicht-mineral | 3-Schicht-mineral | 3-Schicht-mineral |
| Dicke einer einzelnen Schicht[nm] ($d_L$ in Abb. 1.1) | 0,71 | 0,91 | 0,91 | |
| Durchmesser der Schichten [nm] | 100-5000 | 30-300 | 100-5000 | bis 20.000 |
| Anzahl der Schichten | 25-80 | 5-12 | 5-80 | |
| Quellfähigkeit | - | + | - | - |
| Kationenaustausch-kapazität [meq/100g] | 3-15 | 80-120 | 20-50 | 10-40 |
| Spezifische Oberfläche [$m^2$/g] | 30 | 800 | 100 | < 200 |
| Negat. Ladungsüberschuß / $(Si,Al)_4O_{10}$ | 0,0 | 0,2-0,6 | 0,6-0,9 | variabel |

### 1. 1. 3  Umwelttechnische Eigenschaften der Tone

Tone werden wegen ihrer spezifischen Eigenschaften in der Deponietechnik eingesetzt. Von diesen Eigenschaften sind hervorzuheben die vor allem mit der Feinkörnigkeit zusammenhängende sehr geringe *Durchlässigkeit* und die große spezifische (innere und äußere) Oberfläche sowie das damit verbundene hohe *Adsorptionsvermögen* für gelöste chemische Substanzen.

Wegen seiner geringen Durchlässigkeit bildet das tonige Material eine *mechanische (hydraulische) Barriere* für Lösungen und kann die Migration von Schadstoffen aus der Deponie in den Untergrund behindern. Die Durchlässigkeit hängt neben der Korngrößenverteilung von der mineralogischen Zusammensetzung, dem Gefüge und der Beschaffenheit der Porenräume (ob z. B. die Feinporen in der Schlufffraktion mit Tonmineralen gefüllt sind) ab.

Durch ihr Adsorptionsvermögen stellen Tone eine *chemische Barriere* mit hohem *Schadstoffrückhaltepotential* dar. Das Adsorptionsvermögen beruht wesentlich auf der großen Oberfläche einiger Tonminerale. Vor allem Smectite (Montmorillonite) und - weniger ausgeprägt - Vermiculite können durch ihrer große spezifische Oberfläche (600 - 800 $m^2$/g) in hohem Maße gelöste polare organische Substanzen adsorptiv binden. Durch die Einbindung von natürlichen organischen Substanzen wie Huminstoffen, Ligninen u. a. in die Zwischenschichten der Tonminerale können sich sog. Organo-Ton-Komplexe bilden (THENG 1979, TADJERPISHEH & ZIECHMANN 1986). Sie besitzen ein erheblich höheres Rückhaltevermögen gegenüber polaren organischen Verbindungen (KOHLER 1985) sowie gegenüber gelösten Schwermetallionen als die Tonminerale selbst.

Neben der großen Oberfläche ist das Schadstoffrückhaltevermögen auf die Eigenschaft vieler Tonminerale zurückzuführen, die zum Ladungsausgleich angelagerten Kationen austauschen zu können. Die einzelnen Silicatschichten sind im Idealfall elektrostatisch neutral. Bei einem isomorphen Ersatz von $Si^{4+}$-Ionen durch $Al^{3+}$-Ionen in den Tetraeder- oder von $Al^{3+}$-Ionen durch $Mg^{2+}$- bzw. $Fe^{2+}$-Ionen in den Oktaederzentren entsteht ein negativer Ladungsüberschuß, der durch Kationen zwischen den Schichtpaketen kompensiert wird. Diese zum Ladungsausgleich an die Tonmineralschichten angelagerten Kationen können gegen andere Kationen ausgetauscht werden. Die Summe der austauschbaren Kationen, die *Kationenaustauschkapazität* (KAK), ist von der zur Verfügung stehenden Gesamtoberfläche, der Art und Höhe der Ladung und vom pH-Wert abhängig.

Die KAK ist für die einzelnen Tonminerale unterschiedlich hoch (Tabelle 1.1). Insbesondere smectitische Tone besitzen eine hohe Kationenaustauschkapazität und damit ein hohes Schadstoffrückhaltevermögen v. a. gegenüber in Lösung befindlichen Schwermetallionen. Im Gegensatz zum Smectit sind beim Kaolinit die Schichten durch Wasserstoffbrücken fest miteinander verbunden. Nur an den Kristallrändern und äußeren Oberflächen ist ein geringes Ladungsdefizit vorhanden. Entsprechend der geringen spezifischen Oberfläche und der ausgeglichenen Ladung ist die KAK beim Kaolinit gering.

Mit Veränderung des Wassergehaltes ändern die Tone ihre Zustandsform (Festigkeit). Die Wassergehalte, bei denen sich der Widerstand des Tons gegen Verformung auffallend ändert, d. h., bei dem der Ton jeweils in eine andere

Zustandsform (Konsistenz) übergeht, werden als Zustands- oder Konsistenzgrenzen bezeichnet. Diese Grenzen sind ein Maß für die Beurteilung der Empfindlichkeit des tonigen Materials gegenüber Änderung des Wassergehaltes. Die plastische Eigenschaft von Tonen bewirkt, daß sich tonige Schichten bei Belastung und Setzung bruchlos verformen können, sofern die Auflast langsam genug aufgebracht wird. Die Plastizität der Tone hängt neben dem Porenwassergehalt auch vom Anteil und der Art der Tonminerale (Tabelle 4.6 in Kap. 4.1.4), der angelagerten Kationen und dem Anteil der organischen Beimengungen ab.

Eine charakteristische Eigenschaft einiger Tonminerale ist ihr *Quellvermögen*. Die aufweitbaren Tonminerale vergrößern ihr Volumen durch Einlagerung von Wasser bzw. anderen polaren Verbindungen zwischen die Schichten (Hydration, d. h. Ausbildung von Wasserhüllen um die angelagerten Kationen). Dieser Effekt bewirkt die Reduzierung des vorhandenen nutzbaren Porenraumes, die Verschließung von eventuell vorhandenen Klüften und Rissen und führt somit zur Verringerung der Durchlässigkeit des tonigen Materials. Andererseits führt Flüssigkeitsverlust zur Schrumpfung und zur Ausbildung von Rissen. Das Ausmaß der Quellung und Schrumpfung ist u. a. vom Elektrolytgehalt, dem pH-Wert der Porenlösung, von der Auflast und von der stofflichen Zusammensetzung der Tone bzw. Tongesteine abhängig.

Für weitere Informationen über die Tone, Tonminerale und deren Eigenschaften wird auf GRIM (1968), MITCHELL (1976), HEIM (1990) und JASMUND & LAGALY (1993) verwiesen.

## 1. 2 Einfluß von Deponie-Inhaltsstoffen auf die Barriereeigenschaften von Tonen

NARIMAN TADJERPISHEH und EWALD ERWIN KOHLER

### 1. 2. 1 Einleitung

Entsprechend der Viefalt der abgelagerten Abfälle ist die Zusammensetzung des Sickerwassers von Deponie zu Deponie sehr unterschiedlich. Die Inhaltsstoffe der Sickerwässer lassen sich entsprechend ihres Einflusses auf die Barriereeigenschaften von Tonen in folgende Gruppen einteilen (WEISS 1988):
a) Salze mit Alkali- und Erdalkalikationen
b) Schwermetalle
c) organische Verbindungen mit den Untergruppen:
 - Polare, wasserlösliche und neutrale Verbindungen
 - Unpolare oder wenig polare organische Verbindungen, die in Wasser schwerlöslich sind und nur mit der äußeren Oberfläche der Tonminerale in Wechselwirkung treten
 - Organische Komplexliganden, welche die Löslichkeitsverhältnisse von Metallionen ebenso wie die Ladungsverhältnisse verändern können

– Organische Kationen, welche selbst einen Kationenaustausch mit Tonmineralen eingehen und die Benetzungseigenschaften ändern

Mit zunehmendem Alter der Deponie ändert sich - in Abhängigkeit vom abgelagerten Deponiegut und den ablaufenden biologischen und chemischen Prozessen - die chemische Zusammensetzung des Deponiesickerwassers. Der pH-Wert geht vom sauren (zu Beginn in der sauren Gärungsphase) in den alkalischen Bereich (in der Methangärungsphase) über. Durch chemische und biochemische Prozesse entstehen im Deponiekörper auch neue Verbindungen, die das Sickerwasser beeinflussen können.

## 1. 2. 2  Prozesse bei der Wechselwirkung von Deponie-Inhaltsstoffen und Tonen

Bei der Reaktion zwischen dem Ton  und den im Sickerwasser gelösten Deponie-Inhaltsstoffen finden u. a. folgende Prozesse statt:
- Ionenaustausch
- Koagulation
- Auflösung
- Fällung, Mitfällung
- Mineralneu- und -umbildung
- Adsorption, Desorption

Beim *Ionenaustausch* werden die an der Mineraloberfläche angelagerten anorganischen und organischen Kationen gegen andere kationische Deponiesickerwasserinhaltsstoffe ausgetauscht. Das Anionenaustauschvermögen der Tonminerale ist nur gering.

Kleine Mengen mehrwertiger anorganischer Kationen können zur *Koagulation* (Flockung, Aggregation) der Tonmineralteilchen führen. Bei einwertigen Kationen, wie z. B. Natriumionen, führen nur vergleichsweise hohe Konzentrationen zu diesem Effekt. Außer den anorganischen Kationen können auch organische Verbindungen durch Adsorption an der Oberfläche zum Zusammenhalt der Tonteilchen d. h. zur Aggregatbildung beitragen.

Die Bestandteile der Tone reagieren auf stark saure und basische Bedingungen empfindlich. Durch Säuren kommt es zur *Auflösung* von Porenzement, und Schwermetalle können mobilisiert werden.

Die Auflösung der Carbonate im sauren pH-Bereich führt zur Mobilisierung von Calcium-, Magnesium- und Carbonationen. Carbonationen und deren Reaktionsprodukte, Hydrogencarbonationen und Kohlendioxid, können unter geeigneten Bedingungen an anderer Stelle zur Bildung und Ausfällung von neuen carbonatischen Verbindungen wie z. B. $FeCO_3$ und $ZnCO_3$ führen (WAGNER 1992).

Bei der Oxidation von Eisensulfiden (z. B. Pyrit) können Hydroxokomplexe des Eisens gebildet werden, die dann auf Kluftflächen und auf Oberflächen der Tonminerale zur *Ausfällung* kommen. Solche feindispersen Überzüge von Eisen- oder Manganverbindungen besitzen eine große spezifische Oberfläche mit entsprechenden Adsorptionseigenschaften. Die Sulfidoxidation führt zur Bildung von Sulfationen und zu einer pH-Wert Abnahme. In carbonathaltigen

Tonen kann es hierbei zur Bildung und Ausfällung von Calciumsulfat-
mineralen kommen.

Je nach Carbonatgehalt liegen die pH-Werte des Zwischenschichtwassers
im neutralen bis schwach alkalichen Bereich. In diesem pH-Bereich sind
Schwermetalle schwerlöslich.

Die Tonminerale sind in der Lage, gelöste organische und anorganische
Verbindungen und Ionen zu fixieren (Abb. 1.2). Diese Stoffbindung an den
Mineraloberflächen, die *Adsorption*, stellt einen maßgeblichen Rückhalteme-
chanismus für Schadstoffe dar (Tabelle 1.2). Das hohe Adsorptionsvermögen
der Tone hängt neben dem Tonmineraltyp auch von den in ihnen enthaltenen
organischen Substanzen und dem anorganischen Bindemittel, wie z. B. amorphen Verbindungen, Oxiden und Hydroxiden, ab.

Bei der Adsorption spielt außerdem das Konkurrenzverhalten der in Lösung befindlichen Ionen um die Sorptionsplätze eine wichtige Rolle. In Abhängigkeit davon, ob sich eine Ionenart allein oder zusammen mit anderen
Elementionen in Lösung befindet, kann die Sorptionskapatität eines Tons für
dieses Ion sehr unterschiedlich sein. Tabelle 1.2 verdeutlicht dies für die
Schwermetalle Chrom, Blei und Zink. Bei Anwesenheit aller 3 Metalle wird
Blei vom kaolinitisch-illitischen Ton viel schlechter resorbiert (R = 15,2) als
wenn es allein vorliegt (R = 65,5). Der Retardationsfaktor R ist ein Maß für
das Adsorptionsvermögen eines Bodens für Schadstoffe dar (Näheres dazu in
Kap. 4.3.4).

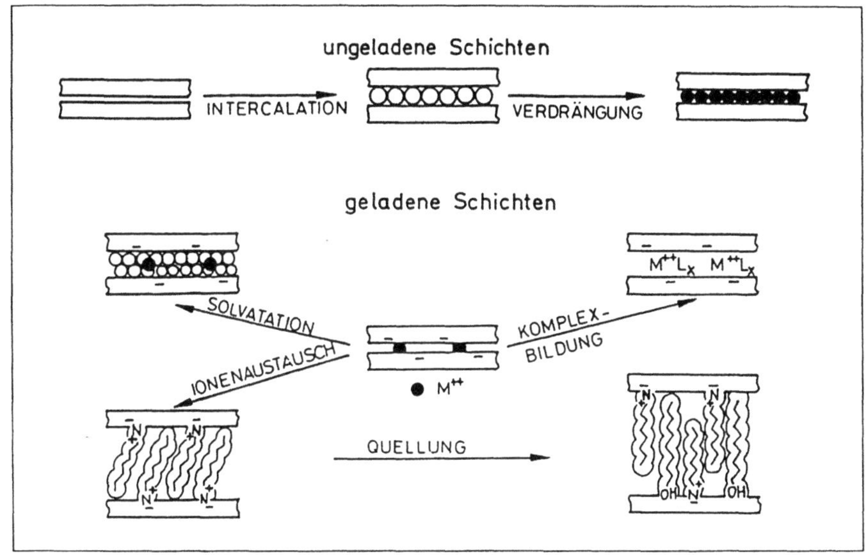


**Abb. 1.2.** Bindung organischer Stoffe im Schichtzwischenraum von Zwei- und Dreischicht-
tonmineralen (LAGALY 1993)

**Tabelle 1.2.** Retardationsfaktor R verschiedener Tone (WAGNER 1992)

| Ton | Cd | Cr | Pb | Zn |
|---|---|---|---|---|
| Kaolinitisch-illitischer Ton | 3 | 61 / *54* | 65,5 / *15,2* | *11,3* |
| Illitisch-kaolinitischer Ton | - | 23 | 87,2 | 5,3 |
| Siltig-sandiger Tonmergel | 5,3 | - | 33,8 | 8,4 |
| Chloritischer Tonschiefer | 2,9 | - | 27 | 3,4 |
| Illitisch-smectitischer Tonmergel | - | 3000 | 3000 | 850 |

R ermittelt aus Perkolationsversuchen ($C_0 = 5 \cdot 10^{-3}$, Durchströmung senkrecht zur Schichtung). *Kursiv*: R für Lösungen mit mehreren Schwermetallen

## 1. 2. 3 Einfluß der Deponie-Inhaltsstoffe auf die Eigenschaften der Tone

Der Einfluß der im Sickerwasser transportierten Deponie-Inhaltsstoffe auf den Ton ist vielfältig und komplex. Ihre Auswirkungen auf die Barriereeigenschaften werden bestimmt von Chemismus und Konzentration der Lösungen und der stofflichen Zusammensetzung, d. h. dem Mineralbestand des Barrieregesteins.

Die dabei eintretenden Veränderungen betreffen wesentlich die *Durchlässigkeit* und die *spezifische Oberfläche* der Tonminerale und wirken sich damit unmittelbar auf die *Kationenaustauschkapazität* und das *Adsorptionsvermögen* der Tongesteine aus.

Bei einem hohen Angebot an gelösten organischen Deponie-Inhaltsstoffen können sich Organo-Ton-Komplexe bilden und es kann zu einer Verkleinerung der Oberfläche kommen. Die Anlagerung bestimmter organischer Substanzen kann zugleich aber zur Hydrophobierung der Tonmineraloberfläche und, damit verbunden, einer Affinitätszunahme der Tonminerale gegenüber organischen Verbindungen führen.

Wie schon erwähnt (Kap. 1.2.2), kann die Auflösung von Porenzementen zur Bildung und Ausfällung von neuen Verbindungen führen. Die Ausfällung von Oxiden, Hydroxiden und pseudoamorphen Substanzen erhöht die Adsorptionskapazität der tonigen Barriere[1]. So können z. B. organische und anorganische Schadstoffe an Kluftflächen, die mit dünnen Belegen z. B. aus amorphen Eisenoxiden überzogen sind, gut sorbiert werden.

Durch die Wechselwirkung von Deponiesickerwasser und Ton können auch die *Korngrößenverteilung*, das *Gefüge* und damit die *Durchlässigkeit* des Dichtungsmaterials betroffen werden (KOHLER & MORTEANI 1984; OTTNER et al. 1991; USTRICH 1991; KLAPPERICH 1991; SCHRÖDER 1992).

---

[1] Zum Begriff Barriere bzw. der in diesem Zusammenhang benutzten Geologischen Barriere s. Fußnote 2 auf S. 11.

Wässrige Lösungen organischer Verbindungen und anorganische Elektrolytlösungen in verdünnter Form, d. h. in Konzentrationen, die normalerweise in Deponiesickerwässern auftreten, haben keinen oder nur sehr geringen Einfluß auf die Durchlässigkeit (MADSEN & MITCHELL 1989; WIENBERG 1990; HELING & KLAPPERICH 1991), auf das Gefüge und die Zustandsgrenzen (KOMODOROMOS & GÖTTNER 1988; WEISS 1988; WIENBERG 1990; WAGNER 1992). Dagegen können konzentrierte organische Lösungen (BROWN et al. 1984; MADSEN & MITCHELL 1989), reine organische Flüssigkeiten (FERNANDEZ & QUIGLEY 1985; HAUS et al. 1994) und konzentrierte Lösungen anorganischer Stoffe (REUTER 1988) die Mineralsubstanz angreifen und dadurch die Durchlässigkeit erheblich erhöhen. Durch die Auflösung von Porenzementen und die Einwirkung von hoch konzentrierten organischen Lösungen können sich Risse bilden.

In Kontakt mit organischen Stoffen und Metallionen kann ferner das Wasseraufnahme- und Quellvermögen der Tone und demzufolge ihr Gefüge verändert werden. Eine Abnahme des Wasseraufnahmevermögens und die damit verbundene Verringerung der Quellfähigkeit der Tonminerale im Wasser kann u. a. durch die Fixierung von organischen Verbindungen in der Zwischenschicht (Hydrophobierung der Zwischenschicht) verursacht werden.

Quellung, Aggregatbildung, Auflösung des Porenzements und Mineralneubildung können sich auf die Durchlässigkeit des tonigen Materials auswirken (KOHLER 1986) (Abb. 1.3).

Mineralneubildungen und die im Verlauf der Korrosionsprozesse (Verwitterung, Zersetzung, Auflösung) mobilisierten Tonminerale und deren Bruchstücke können durch die Zusetzung der Porenräume aber auch zur erneuten Verdichtung des Gefüges und damit zur Abnahme der Durchlässigkeit beitragen (HELING & KLAPPERICH 1991).

Der pH-Wert hat, zumindest im Bereich von 3,5 - 9, offenbar nur einen geringen Einfluß auf die Langzeitstabilität des tonigen Materials (KLAPPERICH 1991).

Der vielfältige Einfluß von Deponie-Inhaltsstoffen auf die Barriereeigenschaften von Tonen, also auf die Durchlässigkeit und das Adsorptionsvermögen, konnte hier nur knapp und summarisch skizziert werden. Einige der wichtigsten Aspekte seien hier nochmals zusammengefaßt.

Alkalische bis schwach saure Sickerwässerlösungen mit einem geringen Anteil an organischen Stoffen beeinträchtigen die Eigenschaften der Tonminerale kaum. Starke anorganische Basen und Säuren sowie organische Säuren greifen die Tonmineralstruktur, v. a. die smektitischen Minerale an. Dies kann die Durchlässigkeit der tonigen Barriere erhöhen. Auch können Säuren die carbonatischen Begleitphasen der Tone lösen und damit die Durchlässigkeit ebenfalls vergrößern. Dabei kann es aber auch zur Ausfällung neuer Verbindungen kommen, die, zusammen mit mobilisierten Tonpartikeln, den Porenraum wiederum zusetzen („Verstopfungseffekt"). Auch werden durch Carbonatlösung mehr Tonmineraloberflächen zugänglich, dies kann das Adsorptionsvermögens der Tonbarriere verbessern. Zudem ist die Carbonatlösung mit einem hohen Pufferungspotential (Neutralisation von Säuren) verbunden.

Ein hoher Anteil an gelösten organischen Stoffen führt zur Reduzierung der Quellfähigkeit der aufweitbaren Tonminerale, zugleich aber auch zu deren Hydrophobierung und damit zu erhöhter Sorptionsaffinität gegenüber organischen Komponenten des Sickerwassers.

Die Komplexität der Wechselwirkungsprozesse zwischen Sickerwässern und Ton läßt sich kaum in einer einfachen resümierenden Aussage zusammenfassen, es wird aber deutlich, daß den die Schadstoffrückhaltung beeinträchtigenden Effekten durchaus auch positive Auswirkungen gegenüberstehen. Unter Deponiebedingungen durchgeführte Versuche belegen, daß die Tone ingesamt, mit Ausnahme ihrer carbonatischen Komponenten, gegenüber den Sikkerwasserinhaltsstoffen chemisch als hinreichend langzeitstabil angesehen werden können.

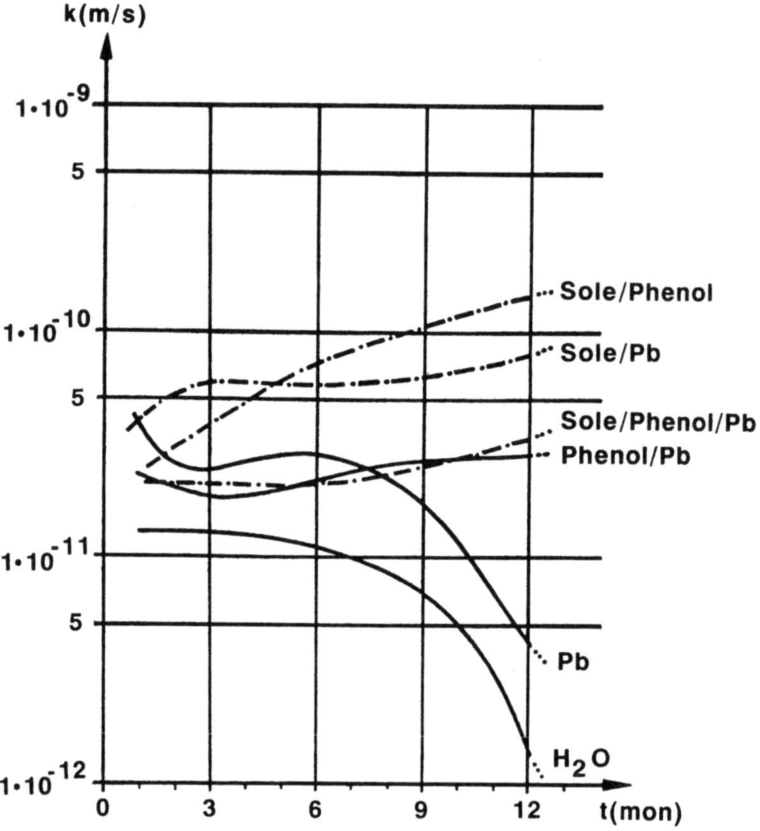


**Abb. 1.3.** Einfluß verschiedener Lösungen auf die Durchlässigkeit von Tongesteinen; Ergebnis von Durchsrömungsversuchen. *k* Durchlässigkeitsbeiwert [m/s]; Versuchszeit in Monaten. (Aus HESSE & SCHUMACHER 1989)

# 1. 3 Schadstoffrückhaltevermögen

REINHARD WIENBERG

## 1. 3. 1 Anforderungen der Technischen Anleitungen zum Abfallgesetz

### 1. 3. 1. 1 Probleme der Begriffsbestimmungen

In der Technischen Anleitung zum Abfallgesetz (TA Abfall 1991) wird gefordert, daß das Deponieauflager ein hohes Adsorptionsvermögen aufweist; in der TA Siedlungsabfall (1993) wird als Eignungskriterium für die Geologische Barriere[2] eine maßgebliche Behinderung der Schadstoffausbreitung und ein hohes Schadstoffrückhaltepotential verlangt. Der Gesetzgeber benutzt die Begriffe *Adsorptionsvermögen* und *Schadstoffrückhaltepotential* offensichtlich als Synonyme. Definitionen und Bewertungskriterien werden allerdings nicht angegeben; indirekt wird die Anforderung durch die Vorgabe, daß ein Mindestanteil an Tonmineralen vorhanden sein muß, ausgefüllt, wobei vorausgesetzt wird, daß die Tone die wesentlichen Sorbenten darstellen.

Ohne Definition dieser Schlüsselbegriffe entstehen nicht nur Unklarheiten nach Maß und Zahl, sondern auch grundsätzlicher Art. Dies soll an verschiedenen üblichen Definitionen und den daraus resultierenden Widersprüchen demonstriert werden (Tabellen 1.3 und 1.4, S. 12). Daher scheint es sinnvoll, sich diesen Begriffen zu nähern, indem zunächst die Zielstellung der Technischen Anleitungen betrachtet wird.

### 1. 3. 1. 2 Primärziel und abgeleitete Einzelziele der TA Abfall / Siedlungsabfall

Das primäre Ziel der Forderungen der technischen Anweisungen zum Abfallgesetz nach hohem Adsorptionsvermögen und Schadstoffrückhaltepotential ist, daß auch nach dem Versagen aller anderen Sicherungssysteme der Deponie unter dem Deponieauflager (Drainageeinrichtungen, Basisabdichtung) bzw. der Geologischen Barriere so wenig Schadstoffe wie möglich so spät wie denkbar austreten.

Aus diesem primären Ziel ergeben sich mehrere abgeleitete Ziele:
1. Die Geologische Barriere soll möglichst geringdurchlässig sein, um den advektiven[3] Schadstofftransport maßgeblich zu behindern.
2. Das Gestein sollte eine so geringe Porosität und eine derartige Porengeometrie besitzen, daß auch die diffusive Schadstoffausbreitung stark eingeschränkt wird.

---

[2] Als Geologische Barriere wird der bis zum Deponieplanum unter und im weiteren Umfeld einer Deponie anstehende natürliche Untergrund bezeichnet, der aufgrund seiner Eigenschaften und Abmessungen die Schadstoffausbreitung maßgeblich behindert (TA Siedlungsabfall)

[3] Unter Advektion versteht man die passive Mitbewegung gelöster Stoffe in fließendem Wasser (vgl. Kap. 3.3)

**Tabelle 1.3.** Gegenüberstellung unterschiedlicher Definitionen für den Begriff Adsorptionsvermögen und die daraus resultierenden Bewertungen am Beispiel des Sorbat Hexachlorbenzol und des Sorbenten Glimmerton

| Adsorptionsvermögen | |
| --- | --- |
| **Definition 1** | **Definition 2** |
| Adsorptionsvermögen ist das sich im relevanten Konzentrationsbereich einstellende Sorptionsgleichgewicht zwischen feststoffgebundener und wassergelöster Fraktion | Adsorptionsvermögen ist die am Feststoff gebundene Gleichgewichtskonzentration für die höchste relevante Konzentration in der Wasserphase |
| *Beispiel*: Für Hexachlorbenzol wurden bei einem Hamburger Glimmerton Verteilungskoeffizienten von Kp = 3500 - 5500 ml/g gemessen. Im Vergleich zu anderen Substraten ist Glimmerton hoch sorptiv (WIENBERG 1990) | *Beispiel*: Hexachlorbenzol löst sich im Wasser zu max. 6 mg/l. Bei o.a. Verteilungskoeffizienten können somit max. ca. 26 mg/kg Ton sorptiv gebunden werden. Im Vergleich zu anderen Schadstoffen und Substraten ist Hexachlorbenzol an Glimmerton schwach sorptiv |

**Tabelle 1.4.** Gegenüberstellung unterschiedlicher Definitionen für den Begriff Schadstoffrückhaltepotential und die daraus resultierenden Folgen für die Bewertungen des Verhaltens der Schadstoffe

| Schadstoffrückhaltepotential | |
| --- | --- |
| **Definition 1** | **Definition 2** |
| Unter Schadstoffrückhaltepotential ist die Fähigkeit des Untergrundes zu verstehen, unabhängig von der Wasserbewegung die Schadstoffe auf Dauer an der Passage zu hindern | Unter Schadstoffrückhaltepotential wird die Fähigkeit des Untergrundes verstanden, die Schadstoffe zu retardieren (d. h. ihren Transport zu verzögern) |
| *Folge*: Nur Feststoffe, die die Schadstoffe „irreversibel" (z. B. als „bound residues", d. h. nicht extrahierbare, gebundene Rückstände) binden, besitzen ein Schadstoffrückhaltepotential. Der Untergrund wäre eine Schadstoffsenke, d. h. die Schadstoffe würden der Umwelt entzogen werden | *Folge*: Ein Schadstoffrückhaltepotential wird postuliert, obwohl nach bestimmten (u. U. auch sehr langen) Transportzeiten ein voller Schadstoffdurchbruch erfolgen kann. Im stationären Zustand migrieren die Schadstoffe jedoch unretardiert |

3. Die Schadstoffe sollen möglichst stark sorbiert werden, so daß die Gleich-gewichtskonzentrationen weit auf der feststoffgebundenen Seite liegen und die Schadstoffausbreitung stark retardiert (verzögert) wird
4. Bei anorganischen Schadstoffen sollen die Milieubedingungen das Auf-treten sehr schwer löslicher Phasen begünstigen. Im besten Falle sollen die Schadstoffe z. B. durch Ausbildung kovalenter Bindungen mit den Fest-stoffen so fest gebunden werden, daß sie unter den physikochemischen Bedingungen an einer Deponiebasis nicht wieder in Lösung gehen können (der Deponieuntergrund ist eine Schadstoffsenke)
5. Das geochemische Milieu im Untergrund soll bei organischen Schad-stoffen den biotischen oder abiotischen Abbau erlauben

## 1. 3. 2   Grundlagen für die abgeleiteten Ziele

### 1. 3. 2. 1  Die Deponiebarriere als biogeochemischer Reaktor

An den  im Deponieuntergrund ablaufenden Vorgängen sind in erheblichem Maße biologische Prozesse beteiligt. Abb. 1.4 faßt diese Vorgänge bei der Bildung und Umsetzung von Deponiesickerwasser schematisch zusammen. Maßgeblich für den Transport und Umsatz des Sickerwassers sind Aufbau und stoffliche Zusammensetzung des Deponiekörpers und des mineralischen De-ponieuntergrundes. Der vorhandene Porenraum bestimmt die Wasserkapazität[4] und -bewegung sowie den Gasaustausch und stellt den Besiedlungsraum für Mikroorganismen dar. Die mineralische Zusammensetzung bewirkt die anor-ganische Austauschkapazität und eine gewisse Pufferwirkung gegenüber pH-Änderungen. Allerdings können hohe Salzfrachten oder starke organische Belastung die anorganische Austauschkapazität erheblich reduzieren.

In einem solchen System stellen sich bezüglich Adsorption/Desorption, Fällung/Lösung sowie Oxidation/Reduktion Gleichgewichte ein, die durch Nachlieferung von Sickerwasser, Verdünnung durch zufließendes Grund-wasser und durch biologische Um- und Abbauvorgänge verschoben werden.

Die Tätigkeit der Mikroorganismen bewirkt in einem rückgekoppelten Prozeß Änderungen der pH-Werte und Redoxpotentiale. Organische Inhalts-stoffe werden z. T. bis zur Mineralisierung abgebaut (KÄSTNER et al. 1993), und Zwischenprodukte bzw. abgestorbene Organismen stellen wieder neue Komplexbildner bzw. Austauschkörper dar. Für die Mobilität von Metallen und Metalloiden sind vor allem die pH-Veränderungen und die Bildung anor-ganischer und organischer Komplexe entscheidende Größen. Mikroben tragen wesentlich zur Mobilität von Metallen bei, indem sie z. B. in den extrem lang-samen Prozeß der Sulfidoxidation beschleunigend eingreifen. Bei der Entgif-tung ihres eigenen Milieus produzieren Bakterien u.a. das für höhere Organis-men extrem toxische Monomethylquecksilber (FÖRSTNER 1988).

---

[4] Unter Wasserkapazität versteht man die Wassermenge, die in den Fein- und Feinstporen des ungesättigten Bodens gegen die Schwerkraft gehalten werden kann.

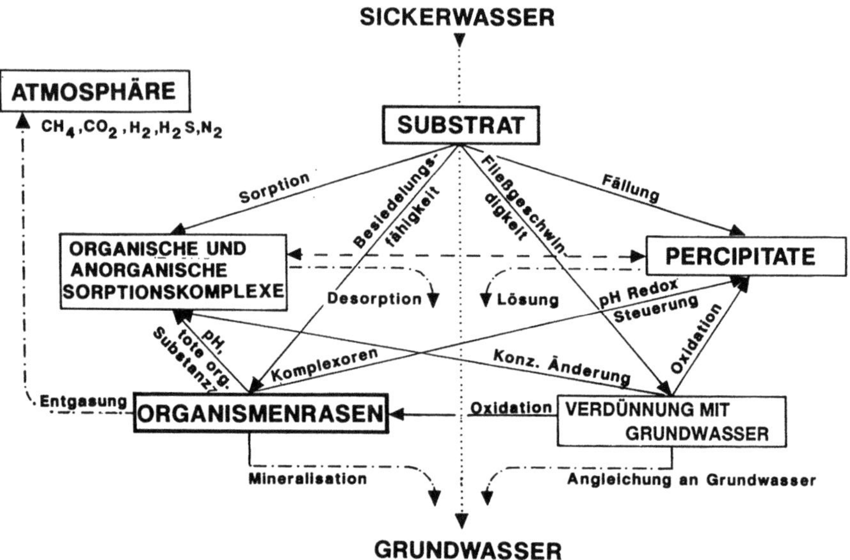


**Abb. 1.4.** Schematische Darstellung der Bildung und Umsetzung von Müllsickerwasser in der Deponie und im deponienahen Untergrund (GOETZ & WIENBERG 1982)

## 1. 3. 2. 2 Abbau organischer Schadstoffe

Der biochemische Abbau organischer Substanz hängt nach HUTZINGER & VEERKAMP (1981) im wesentlichen von folgenden Faktoren ab:

1. Die Struktur und die physikalischen Eigenschaften der Substanz bestimmen, wie weit sie für Mikroorganismen zugänglich ist. Stoffe mit extrem geringer Wasserlöslichkeit sind in der Regel schwer- oder nicht abbaubar. Die Abbaubarkeit einer Substanz wird wesentlich durch molekulare Struktur, Substituenten und funktionelle Gruppen bestimmt. Geringfügige Strukturveränderungen können eine sonst abbaubare Substanz völlig abbauresistent machen. Dennoch sind einige generelle Aussagen möglich: Gesättigte C-C-Bindungen sind leichter aufzubrechen als ungesättigte; tertiäre und v. a. quartäre C-Atome stellen starke Abbauhindernisse dar; bei Aliphaten erschweren Halogenatome, die am sechsten C-Atom oder in geringer Entfernung zum terminalen C gebunden sind, den Abbau; Aromaten mit den Substituenten -OH, -COOH, $-NH_2$, $-OCH_3$ sind leichter, mit -F, -Cl, $-NO_2$, $-CF_3$, $-SO_3H$ schwerer abbaubar.

2. Biochemische Abbauvorgänge werden v. a. durch die Milieufaktoren Feuchte, Temperatur, Redoxbedingungen, pH-Wert, Licht, Nährsalze und durch das vorhandene Substrat bestimmt. Während Feuchte, Temperatur, Licht, Nährsalze und verfügbares Substrat hauptsächlich auf die Abbaugeschwindigkeit Einfluß haben (durch sinkende Feuchte wird z. B. die Abbaugeschwindigkeit stark herabgesetzt), verändern sich die Abbauwege (d. h. die Art und Aufeinanderfolge entstehender Metabolite) stark unter verschiedenen

Redoxbedingungen. Im allgemeinen werden hochoxidierte und chlorierte Stoffe besser unter anaeroben Bedingungen abgebaut, während z. B. Kohlenwasserstoffe wie Oktadekan oder Naphthalin im aeroben Milieu schneller abgebaut werden (DELAUNE et al. 1980).

3. Wesentlichen Einfluß auf den biochemischen Abbau haben Typen und Anzahl vorhandener Mikroorganismen. Einige Mikroorganismen können nur spezifische Substrate verwerten, andere dagegen eine breite Vielfalt von Stoffen. Häufig erfolgt der Abbau durch sog. Kometabolismus, einen Prozeß, bei dem ein normalerweise als nicht abbaubar geltender Stoff in der Gegenwart einer analogen Chemikalie metabolisiert wird (HUTZINGER & VEERKAMP 1981). Unter natürlichen Bedingungen sind oft ganze Mikrobengemeinschaften am Abbau einer Substanz beteiligt, entweder, indem ein Partner für den anderen ein Kosubstrat bereitstellt, oder der Metabolit des einen vom nächsten übernommen wird (SLATER 1978).

Für viele organische Schadstoffe ist auch ein rein chemischer Ab- und Umbau bekannt. Oxidation/Reduktion und Hydrolyse stellen die wichtigsten Reaktionen dar. Eine bedeutende Rolle spielen Radikalreaktionen. Unter anoxischen Bedingungen findet bei einigen organischen Substanzen auch ein oxidativer Abbau statt, der an eine gleichzeitige Reduktion von Eisen(III) zu Eisen(II) gekoppelt ist. Der hydrolytische Abbau ist für eine Vielzahl von organischen Substanzen in Boden und Wasser belegt.

### 1. 3. 2. 3  Mobilisierung von Schwermetallen

Im Hinblick auf die Mobilität von Spurenmetallen im Sickerwasser von Deponien werden die folgenden Reaktionsmöglichkeiten, zum Teil kontrovers, diskutiert (PEIFFER 1989; WIENBERG & FÖRSTNER 1990):

- Erhöhung der Löslichkeit durch organische Komplexbildner (Konkurrenz durch das hohe Angebot zweiwertiger Makrokationen [$Ca^{2+}$, $Mg^{2+}$, $Fe^{2+}$] wirkt allerdings der Komplexierung entgegen)
- Erhöhung der Löslichkeit durch anorganische Komplexbildner
- Einfluß der Acidität, die v. a. bei der Hydrolyse komplexorganischer Substanz - Proteine, Fette, Kohlenhydrate - im Stadium der Deponieentwicklung („acidogene Phase") entsteht
- Adsorptions- und Desorptionsprozesse
- Immobilisierung durch Fällungsreaktionen, insbesondere durch Sulfidfällung
- Umwandlung von sulfidhaltigen Feststoffen durch oxidative Prozesse in der Endphase der Deponieentwicklung

Über die Wirkungen anorganischer und organischer Komplexbildner auf die Schwermetallmobilität liegen umfangreiche Erfahrungen aus der Wasser- und Bodenforschung vor (SALOMONS & FÖRSTNER 1984), ebenso für die Adsorptionsprozesse an Gewässerfeststoffen (STUMM 1987). Um die Erkenntnisse über diese Mechanismen auf Deponiebedingungen zu übertragen, ist oft nur noch eine Beschreibung ihrer Effekte unter den in den Deponien und im

Deponieuntergrund herrschenden  Randbedingungen erforderlich. Auch für die Fällungs- und Lösungsmechanismen von Sulfiden gibt es Erkenntnisse, v. a. von In-situ-Sedimenten (FÖRSTNER 1989) und Baggermaterialen (CALMANO 1989), die für die Interpretation von Freisetzungseffekten bei deponiebürtigen Metallen  herangezogen werden können.  Für die vorliegende Fragestellung hat eine Arbeit von PEIFFER (1989) weitreichende Erkenntnisfort-

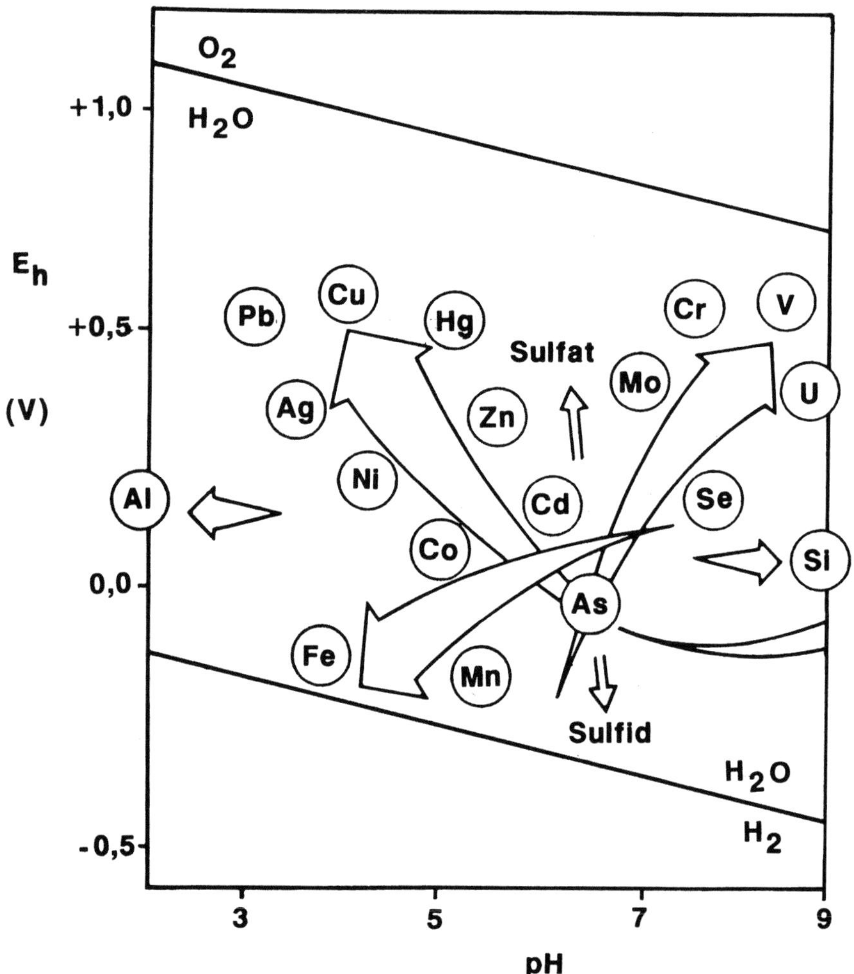


**Abb. 1.5.** Schematische Darstellung der wichtigsten Entwicklungstrends für die Metallmobilität als Funktion von Redox- und pH-Veränderungen in festen Abfällen. Die Pfeile weisen in diejenigen Eh-pH-Bereiche, in denen bei den jeweils genannten Metallen mit steigender Mobilität bzw. Löslichkeit zu rechnen ist (FÖRSTNER et al. 1989)

schritte gebracht, in der die Bedeutung der Prozesse der Sulfidfällung und
-auflösung für die Metallmobilität in der zeitlichen Entwicklung der Deponie
experimentell untersucht wurde.

In Abbildung 1.5 sind die Mobilitäten von Elementen bei verschiedenen
pH-und Redoxbedingungen schematisch wiedergegeben (FÖRSTNER et al.
1989). Der Übergang von reduzierenden zu oxidierenden Bedingungen, der
unter Deponiebedingungen meist mit einer Absenkung der pH-Werte verbunden ist, erhöht die Löslichkeit von Metallen wie Cadmium, Kupfer, Zink, Blei
und Quecksilber. Auf der anderen Seite wird die Beweglichkeit von Eisen und
Mangan verringert. Unter alkalischen Bedingungen, wie sie z. B. häufig bei
der Ablagerung von Kohle-Flugaschen auftreten, ist eine Zunahme der Mobilität von anionischen Elementspezies zu erwarten (FÖRSTNER 1986). Arsen
wird schon bei geringen Eh-pH-Veränderungen mobilisiert und ist meist das
erste Spurenelement, das im Verlauf der Deponie-Entwicklung im Sickerwasser angereichert ist (BLAKEY 1984).

## 1. 3. 2. 4  Schadstoffrückhaltevermögen durch Adsorption/Desorption

### *Organische Schadstoffe*

Für die Rückhaltung der Schadstoffe im Untergrund stellt die Adsorption den
wichtigsten gegenüber der reinen Wasserbewegung verzögernden Faktor dar.
Die chemisch-physikalischen Grundlagen für die Adsorption von Schadstoffen an geogenen Feststoffen sind in Kap. 4.3.3 dargestellt. Im folgenden soll
auf die Böden und ihre Bestandteile als Sorbenten eingegangen werden. Anschließend werden verschiedene organische Sorbate grob charakterisiert.

Einen wesentlichen Einfluß auf die Adsorption organischer Substanzen hat
die *Korngrößenverteilung*. Vielfach sind die höchsten Schadstoffkonzentrationen in der Feinfraktion < 20 mm anzutreffen. Ebenso nehmen die Verteilungskoeffizienten Kp mit abnehmender Teilchengröße stark zu. Die Korngrößeneffekte zeigen, daß v. a. die kolloidalen Bestandteile der Böden und
Sedimente die Wechselwirkungen bestimmen; besondere Bedeutung haben
Tonminerale, kristalline und amorphe Oxide und Hydroxide sowie die organische Substanz.

Das Verhalten der Tonminerale wird v. a. durch die negativen Schichtladungen, Aufweitbarkeit und Oberfläche, Art der Zwischenschichtkationen
und die Austauschkapazität bestimmt. Daher sind starke Wechselwirkungen
mit ionischen (z. B. organische Ammoniumsalze) und stark polaren organischen Stoffen (z. B. Glycerin) zu erwarten. Diese Wechselwirkungen sind am
stärksten, wenn sie als Kationen vorliegen. Daneben treten an den seitlichen
Bruchstellen der Tonplättchen positive Ladungen auf, so daß auch eine schwächere, pH-abhängige Anionenaustauschkapazität vorliegt; dies erklärt z. T. die
zwar schwache, aber nachweisbare Adsorption organischer Säuren an Tonteilchen. Sowohl das Verhalten der Tonminerale als auch der Sorbatmoleküle wird
vom pH-Wert bestimmt: Mit abnehmendem pH und zunehmender Protonierung
der Tonoberflächen werden Anionen und Säuren besser gebunden.

Amorphe Hydroxide des Siliciums, Eisens und Aluminiums kommen in der Natur als separate Phasen oder als Überzüge an den Oberflächen von Schichtsilicaten vor. Einige der kristallinen Substanzen besitzen eine geringe Oberfläche, während z. B. die des amorphen Allophans[5] sehr groß (500 $m^2/g$) und positiv geladen ist. Daher sind solche Sorbenten wichtige Interaktionspartner für saure und anionische Substanzen.

Bei den organischen Bestandteilen der Böden und Sedimente ist der Huminstoffgehalt der wichtigste und sorptionsbestimmende Anteil. Das Sorptionsverhalten wird geprägt durch:

- die große Oberfläche der Huminstoffe (etwa 1900 $m^2/g$, mehr als das Doppelte eines vollständig aufgeweiteten Montmorillonits) (GAPON 1947)
- die hohe Kationenaustauschkapazität (170 - 590 meq/100 g) (MARSHALL 1964) und daneben auch durch ein gewisses Vermögen zum Anionenaustausch, z. B. für organische Säuren wie 2,4-D oder 2,4,5-T (WERSHAW et al. 1969)
- zahlreiche hydrophobe Sorptionsplätze für schwach oder nicht polare organische Moleküle.

Wegen der überragenden Bedeutung des organischen Materials für die hydrophobe Adsorption wurde ein auf das organische Material ($K_{om}$) bzw. auf den organischen Kohlenstoff ($K_{oc}$) normierter, linearer *Verteilungskoeffizient* definiert: $K_{om} = K_p/f_{om}$ bzw. $K_{oc} = K_p/f_{oc}$ ($f_{om}$ bzw. $f_{oc}$: Anteil des organischen Materials bzw. des organischen Kohlenstoffes am Sediment). Diese Verteilungskoeffizienten sind für viele Substanzen und einen weiten Bereich von f-Werten recht konstant.

Die Adsorptionseigenschaften der organischen Sorbatmoleküle werden von folgenden Eigenschaften gesteuert: Konfiguration und Konstitution, Acidität und Basizität, Ladungsverteilung, Wasserlöslichkeit, Polarität, Polarisierbarkeit und Molekülgröße (BAILEY & WHITE 1970). Aufgrund dieser Eigenschaften ist folgende grobe Klasseneinteilung von Deponie-Inhaltsstoffen bezüglich ihres Adsorptionsverhaltens möglich:

1. Unpolare bzw. gering polare flüchtige (z. B. LCKW) bis nicht flüchtige (z. B. PCB) Stoffe. Bei diesen Stoffen ist das organische Material des Bodens oder Tons Hauptsorbens. Als wichtigste Stoffeigenschaft bestimmt die Lipophilie oder, umgekehrt, die Wasserlöslichkeit das Maß der Adsorption; je geringer die Wasserlöslichkeit ist, desto stärker ist auch die Adsorption.

2. Polare, nicht ionische Stoffe (z. B. Alkohole). Sie sind in der Regel wesentlich besser wasserlöslich als die unpolaren Substanzen, und die Adsorption ist meist nur gering. In einigen Fällen (z. B. Formaldehyd an Huminstoffen) finden sich auch chemische Reaktionen unter Ausbildung sehr fester, kovalenter Bindungen.

3. Kationische Substanzen und organische Basen. Einige kationische Verbindungen sind starke Basen und im Wasser vollständig ionisiert. Sie werden an Tonen sehr stark bis zum Erreichen der Kationenaustauschkapazität sorbiert. Einige organische Basen reagieren als schwache Basen stark pH-abhängig: bei niedrigem pH werden sie durch Kationenaustausch stark gebunden. Bei pH-Erhöhung kann es dagegen zu einer Remobilisierung kommen.

---

[5] Nichtkristallines wasserhaltiges Aluminiumsilicat

4. Organische Säuren. Da die meisten untersuchten Feststoffe bei pH-Werten um den Neutralpunkt negative Oberflächenladungen tragen und nur eine sehr geringe, pH-abhängige Anionenaustauschkapazität besitzen, werden die Säureanionen aufgrund ihrer ebenfalls negativen Ladung abgestoßen und kaum oder gar nicht gebunden. Bei schwachen Säuren (z. B. Pentachlorphenol) ist die Adsorption stark pH-abhängig. Da mit sinkendem pH der Anteil undissoziierter Moleküle zunimmt, kommt es auch zunehmend zu sorptiven Bindungen.

Bei den ionischen Sorbaten spielt die Wasserlöslichkeit eine weitaus geringere Rolle als die Ladung, der $pK_a$ und der pH-Wert. Eindeutige Beziehungen sind bei ihnen selten. Wasser ist ein gutes Lösungsmittel für diese Stoffklasse; Adsorption ist das „Netto-Resultat" der Sorbat-Wasser-, Sorbat-Feststoff- und Wasser-Feststoff-Wechselbeziehungen. Die relativen Anteile aller Komponenten des Systems sind also wichtiger als allein solche Größen wie die Wasserlöslichkeit.


### *Metalle und Metalloide*

Die Wechselwirkungen zwischen Metallen und Gesteinsmatrix werden auf der Seite des Gesteins (des Sorbenten) gesteuert durch: Art und Größe der Oberflächen, ihre Geometrie (also z. B. Porosität, Größe der Poren, Kapillaren und Schichtzwischenräume), Ladungseigenschaften (permanente und variable Ladung, isoelektrischer Punkt), Ladungsverteilung und Protonierungszustand in Abhängigkeit vom pH-Wert. Die wichtigsten Randbedingungen für die Schwermetalle als Sorbate sind diejenigen, die jeweils die Schwermetallspezies in Lösung und an der Oberfläche bestimmen: pH- und Redoxbedingungen, Art und Konzentration der Anionen in der Lösung, Grad der Komplexierung, Art der Liganden, insbesondere Anwesenheit organischer Komplex- bzw. Chelatbildner.

Bei der Bindung von Ionen der Alkali- und Erdalkalimetalle werden generell gut reversible Adsorptionsvorgänge beobachtet. Die Bindung beruht auf rein elektrostatischen Wechselwirkungen und wird als *unspezifische Adsorption* bezeichnet.

Tone können im gequollenen Zustand eine sehr große Oberfläche und hohe Austauschkapazität besitzen. Unter Bedingungen, die einer Hydrolyse entgegenstehen, (d. h. bei niedrigem pH-Wert) zeigen zwei- und dreiwertige Übergangs- und Schwermetalle eine typische unspezifische Bindung durch Ionenaustausch. Unter diesen Bedingungen unterliegen Schwermetalle bei der Adsorption starken Konkurrenzeffekten durch die unspezifisch gebundenen Alkali- und Erdalkali-Ionen.

Neben Ionenaustausch scheint es bei Metallionen wie $Co^{2+}$ und $Zn^{2+}$ auch zur *spezifischen Adsorption*, d. h. Anlagerung unter Ausbildung kovalenter Bindungen mit der Tonoberfläche zu kommen: mit steigendem pH-Wert liegen sie zunehmend als Metallhydroxide vor und reagieren mit den silicatischen Hydroxylgruppen der Tone unter Bildung von Si-O-Me-Bindungen und unter Abgabe von $H_2O$ (*hydrolytische Adsorption*).

Anders als die Schichtsilicate binden die Oxide und Hydroxide des Siliciums, Aluminiums und Eisens die Schwermetalle spezifisch durch direkte koordinative Bindungen an die Sauerstoffatome der Feststoffoberflächen, ein typisches Beispiel für *Chemisorption* (Kap. 4.3.3). Dabei hat das Siliciumoxid die geringste Neigung, die Metalle chemisch zu sorbieren.

Ein „Chemisorptions-Ausfällungskontinuum" beschreiben MCBRIDE (1986) und BRÜMMER et al. (1983) für $Zn^{2+}$, $Mn^{2+}$ und $Cd^{2+}$ auch an $CaCO_3$: Bei niedrigen Metallkonzentrationen ist die Adsorption v. a. von der Oberflächengröße des Carbonats abhängig. Die Gleichgewichtskonzentration des Metalls in der wässrigen Lösung liegt noch niedriger, als es der Löslichkeit des Metallcarbonats entsprechen würde. Bei hohen Konzentrationen der feststoffgebundenen Metalle wird die Carbonatoberfläche vollständig überzogen, wenn die Löslichkeit des Metallcarbonats in der Lösung erreicht wird.

Bei höheren pH-Werten stehen bei den mehrwertigen Schwermetallionen Ausfällungsreaktionen in Form von schwerlöslichen Hydroxiden und Carbonaten (FÖRSTNER 1987) im Vordergrund. Allerdings ist bei extrem basischen Bedingungen auch teilweise mit Mobilisierungserscheinungen durch Bildung von Hydroxokomplexen zu rechnen.

In der Regel zeigen durch Oberflächenkomplexierung chemisch sorbierte Schwermetalle höhere Bindungsfestigkeiten und gelegentlich einen gewissen Anteil „nicht reversibel" gebundener Sorbentmolekeln. Allerdings sind auch diese Bindungen meistens leicht sauer hydrolytisch spaltbar. Der Anschein der „Irreversibilität" erweist sich zumeist als ein rein kinetisches Phänomen, mit der Ursache einer schnellen Adsorption, aber im Vergleich dazu sehr viel langsameren Desorption.

Neben der Chemisorption finden aber auch weitergehende Bindungsprozesse statt, die eine irreversible Adsorption erklären können. Sorptive Wechselwirkungen zwischen den Schadstoffen und dem Substrat stellen oft den ersten Schritt für weitergehende Reaktionen zur Bindung der Metalle dar. Beispielsweise wird Cadmium durch Calciumcarbonat zunächst an der Oberfläche sorbiert, ohne daß es zu Ausfällungen kommt. Dann wird es in die Struktur des Feststoffes eingebaut und bildet mit diesem eine feste Lösung. Ähnliches wird bei der Adsorption von Metallen durch Dreischichtminerale und Eisenoxide beobachtet (GERTH 1985; GERTH et al. 1993), wobei durch Diffusion in Mikroporen und anschließenden Einbau in strukturelle Defekte des Mineralkörpers irreversible Bindungen entstehen. Metalle, die einen Ionenradius ähnlich den Gitteratomen der Feststoffe, an denen sie sorbiert sind, haben, können durch langsame Diffusion in das Kristallgitter eindringen und dort Gitterplätze besetzen (isomorphe Substitution). Die Mobilisierbarkeit wird nun von der Löslichkeit des Minerals bestimmt, die als stoffspezifische Konstante nicht von der Menge des so eingebundenen Schwermetalls abhängt (FÖRSTNER 1987).

## 1. 3. 3 Hierarchie der Einzelziele

Zwischen den abgeleiteten Einzelzielen bestehen z. T. ausgesprochene Zielkonflikte. So ist ein effizienter biochemischer Abbau in der Regel unter Sauerstoffzutritt in einer gut wasser- bzw. gaswegsamen Matrix zu erwarten. Dies verträgt sich jedoch nicht mit der Forderung nach einer möglichst hohen hydraulischen Wirksamkeit der Barriere. Weiterhin treten schwer lösliche Schwermetallphasen häufig im stark anaeroben Bereich (unter Sulfidbildung) auf; hier sind jedoch nur wenige hoch oxidierte organische Verbindungen gut abbaubar.

Auch innerhalb eines abgeleiteten Zieles ergeben sich stoffspezifisch widersprüchliche Anforderungen. So ist für die meisten kationisch vorliegenden Schwermetalle ein schwach basisches Milieu am günstigsten für eine möglichst hohe Schadstoffrückhaltung. Allerdings sind die besonders problematischen Anionen einiger Elemente, wie z. B. das Arsenat oder das Chromat, unter diesen Bedingungen besonders mobil.

Die Geologische Barriere kann also nicht alle Anforderungen gleichermaßen erfüllen, und ein Schadstoffrückhaltevermögen ohne Benennung spezifischer zurückzuhaltender Schadstoffe bzw. Schadstoffgruppen ist eine nicht einlösbare Anforderung. Daher sollte zum einen eine *Rangfolge der Anforderungen* aufgestellt werden und zum anderen müssen Einschränkungen vorgenommen werden.

Besonders hohe Priorität hat die *hydraulische Wirksamkeit* der Geologischen Barriere. Eine geringe Durchlässigkeit und kleine oder fehlende hydraulische Gradienten garantieren, daß sich die Transporte auf die wesentlich langsamer ablaufenden Schadstoffverlagerungen durch diffusive Prozesse beschränken.

Ebenfalls hohe Priorität haben alle Stoffeigenschaften des Untergrundes, die die effektive *Diffusivität* wesentlich herabsetzen. Dies ist der Fall bei Materialien mit geringer Porosität, sowie einem Kornaufbau, welches dem Ideal einer Fuller-Kurve[6] nahe kommt und der damit verbundenen hohen Impedanz (s. Abschn. 4.3.4). Entsprechend wichtig sind bei vergleichenden Standortbewertungen die Erhebung von Diffusionskoeffizienten mit Hilfe von nicht retardierten, d. h. im Transport behinderten Tracern (tritiiertes [radioaktiv markiertes] Wasser, Chlorid, Bromid, mit Einschränkungen Lithium).

Die Schadstoffretardation durch ein hohes *Adsorptionsvermögen* stellt eine wichtige zusätzliche Sicherheit dar. Sie kann aber die beiden erstgenannten Anforderungen nicht ersetzen; die meisten Sorptionserscheinungen stellen Gleichgewichtsreaktionen dar, und nachdem sich stationäre Zustände eingestellt haben, migrieren die Schadstoffe unretardiert. Eine möglichst hohe Retardation kann den Schadstoffdurchbruch allerdings zeitlich sehr weit herauszögern.

Wie oben dargestellt, ist die Schadstoffretardation immer stoff- bzw. stoffgruppenspezifisch zu betrachten. Außerdem zeigten bereits die o. a. stark vereinfachten Darstellungen zur Adsorption, daß die Verhältnisse komplex und z. T. schwer zu interpretieren sind. Daraus ergibt sich die Frage, welche Verallgemeinerungen oder Vereinfachungen möglich oder erforderlich und zulässig sind, um die Erkenntnisse zum Adsorptionsvermögen und das Schadstoffrückhaltepotential im Rahmen einer TA (Technischen Anleitung) opera-

---

[6] Fuller-Kurve: Kornverteilungskurve einer nichtbindigen Kornmischung, bei der die größtmögliche Lagerungsdichte und ein minimales Hohlraumvolumen vorliegt.

tionabel zu machen und als Kriterium zur Bewertung des Deponieuntergrundes benutzen zu können.

Welche Schadstoffe in welchen Konzentrationen sind erstrangig von Bedeutung? Gibt es „Modellschadstoffe"? Modell wofür? Die für die organischen Schadstoffe stehenden Modellsubstanzen sollen einen möglichst großen Wasserlöslichkeitsbereich abdecken, nicht leicht biochemisch oder chemisch abbaubar sein und sie sollten typisch für das Emissionsspektrum der spezifischen Deponie sein.

Bei den *anorganischen Schadstoffen* bietet sich eine Parameterliste mit den Schwermetallkationen von Cd, Cu, Pb, Zn, Ni, Hg an. Bei den anionischen Spezies sind Arsenat und Chromat von besonderem Interesse.
Welche Substrateigenschaften sind vorrangig von Bedeutung für die Schadstoffretardation? Von den zahlreichen Einflußfaktoren für die Schadstoffsorption ragen einige als „Meisterfaktoren" besonders heraus. Dies betrifft das *organische Material* des Bodens als Hauptsorbens für organische Schadstoffe und die *Kationenaustauschkapazität* als maßgebliche Größe für die Adsorption kationischer organischer und anorganischer Sorbate. Der Carbonat- oder Kalkgehalt ist maßgeblich für Schwermetalle mit Neigung zu carbonatischen Bindungen wie Cadmium und Zink und darüber hinaus wesentlich als pH-Puffer für die Einstellung eines neutralen bis schwach basischen Milieus.


Die Wirksamkeit der Barriere als *Schadstoffsenke* wäre ein äußerst erstrebenswertes Ziel, ist jedoch in den meisten Fällen nicht gegeben. Zwar kommt es bei Schwermetallen, z. B. im Zuge der Neubildung schwerlöslicher Mineralphasen oder bei isomorphem Ersatz anderer Kationen im Kristallgitter von Tonmineralen zu weitgehend „irreversiblen" Bindungen. Diese Prozesse laufen aber meist nur sehr langsam ab, dagegen überwiegen die Gleichgewichtsreaktionen. Auch bei einigen organischen Schadstoffen lassen sich "irreversible" Anteile der Adsorption - überwiegend als Einbindung in die Huminstoffmatrix - feststellen. Aber in der Mehrzahl der untersuchten Fälle ergeben sich Adsorptions-/ Desorptionsgleichgewichte.

Schon seit Ende der 60er Jahre wurde versucht, das Konzept der Reaktordeponie mit dem Deponieuntergrund als erweitertem *biochemischen Reaktor* für die Abfallbehandlung einzusetzen und so die beobachteten biologischen Abbauprozesse und mechanischen sowie geochemischen Immobilisierungserscheinungen (z. B. die Sulfidfällung bei Schwermetallen) zu nutzen. Für eine Prognose und Optimierung des Abbaus bzw. der Immobilisierung im Untergrund müßten allerdings die Milieubedingungen wie pH, Redoxpotential, Nährstoffangebot sowie die Mikroorganismenpopulation gut erfaßbar und v. a. auch regelbar sein. Die Milieubedingungen ergeben sich jedoch erst in der Rückkoppelung aufgrund der Abbauprozesse. Steuernde Eingriffe - etwa bei einer Kläranlage - sind im Deponieuntergrund nicht möglich. Dementsprechend unsicher ist im Einzelfall sowohl der qualitative (Metabolitenbildung) als auch der quantitative Abbauerfolg. Diese Konzeption hat in der Vergangenheit - wie zahlreiche Grundwasserschäden durch Altdeponien zeigen - nicht zum Erfog geführt und ist als Beurteilungskriterium für die Geologische Barriere auch nicht handhabbar.

## 1. 3. 4 Ausblick

Die in den Technischen Anleitungen zum Abfallgesetz festgelegten Anforderungen nach einem hohen Adsorptionsvermögen und Schadstoffrückhaltepotential wurden aus den Ergebnissen zahlloser Einzeluntersuchungen abgeleitet. Diese Parameter müssen jedoch, wie oben deutlich wurde, anders als z. B. die Untersuchung der Durchlässigkeit noch inhaltlich ausgefüllt werden und durch Einschränkungen und Konventionen operationabel gemacht werden. Das heißt, es wird erforderlich werden, für diesen speziellen Zweck Untersuchungsanordnungen zu definieren und zu normieren.

Denkbar ist, das Adsorptionsvermögen von Böden, Tonen und Tongesteinen, die für eine Geologische Deponiebarriere geeignet sein sollen, rein operationell zu definieren und bestimmte Sorbate als Modellsubstanzen vorzugeben. (Beispiel: „Adsorptionsvermögen einer organischen Substanz ist der bei Wasserlöslichkeit, aber höchstens bei 5 mg/l, gemessene Adsorptionskoeffizient im OECD-Test 106", OECD 1981).

# Literatur

BAILEY, G. W., WHITE, J. L. (1970): Factors influencing the adsorption, desorption and movement of pesticides in soil. - Residue Rev. 32: 30-92

BLAKEY, N. C. (1984): Behaviour of arsenical wastes co-disposed with domestic solid wastes. - J. Water Pollut. Control Fed. 56: 69-75

BROWN, K. W., THOMAS, J. C., GREEN, J. W. (1984): Permeablitiy of compacted clays to solvent mixtures. - In: Land disposal of hazardous waste. Proc. 10. Ann. Res. Symp., p.124-137. Washington

BRÜMMER, G., TILLER, K. G., HERMS, U, CLAYTON, P. M. (1983): Adsorption-desorption and/or precipitation-dissolution processes of zinc in soils. - Geoderma 31: 337-354

CALMANO, W. (1989): Schwermetalle in kontaminierten Feststoffen - Chemische Reaktionen, Bewertung der Umweltverträglichkeit, Behandlungsmethoden am Beispiel von Baggerschlämmen. - TÜV Rheinland, 237 S.

DELAUNE, R. D., HAMBRICK, G. A., PATRICK, W. H. jr. (1980): Degradation of hydrocarbons in oxidized and reduced sediments. - Mar. Pollut. Bull. 11: 103-106

FERNANDEZ, F., QUIGLEY, R. M. (1985): Hydraulic conductivity of natural clays permeat with simple liquid hydrocarbons. - Can. Geotech. J. 22: 205-214

FÖRSTNER, U. (1986): Chemical forms and environmental effects of critical elements in solid-waste materials - combustion residues. - In: BERNHARD, M., BRINCKMAN, F.E.; SADLER, P.J. (eds.): The importance of chemical „speciation" in environmental processes. - Dahlem-Konferenzen, p. 465-491. Berlin, Heidelberg

FÖRSTNER, U. (1987): Demobilisierung von Schwermetallen in Schlämmen und festen Abfallstoffen. - Müllhandbuch, Kennziffer 4515, Lfg. 5/87. Erich Schmidt, Berlin

FÖRSTNER, U. (1988): Geochemische Vorgänge in Abfalldeponien. - Die Geowissenschaften 6: 302-306

FÖRSTNER, U., KERSTEN, M., WIENBERG, R. (1989): Geochemical processes in landfills. - In: BACCINI, P. (Hrsg.): The landfill - reactor and final storage. - Lecture Notes in Earth Sciences 20: 39-81. Springer, Berlin Heidelberg New York Tokio

FÖRSTNER, U. (1989): Contaminated sediments. - Springer, Berlin Heidelberg New York Tokio

GAPON, J. N. (1947): Specific surface area of soil humus. - Kolloid Z. 9: 329-334.

GERTH, J. (1985): Untersuchungen zur Adsorption von Ni, Zn und Cd durch Bodentonfraktionen unterschiedlichen Stoffbestandes und verschiedener Bodenkomponenten. - Dissert. Univers. Kiel, 267 S.

GERTH, J., BRÜMMER, G. W., TILLER, K. G. (1993): Retention of Ni, Zn and Cd by Si-associated Goethite. - Z. Pflanzenernähr. Bodenk. 156: 123-129

GOETZ, D., WIENBERG, R. (1982): Biologische Steuerung des Abbaus von Müllsickerwasser. - Mitt. Dtsch. Bodenkdl. Ges. 33: 137-148

GRIM, R. E. (1968): Clay Mineralogy. - McGraw-Hill, New York.

HEIM, H. (1990): Tone und Tonminerale. - Enke, Stuttgart

HELING, D., KLAPPERICH, V. (1991): Die Durchlässigkeit von Sedimentgefügen für anorganische Elektrolytlösungen. - In: SCHWAIGHOFER, B., MÜLLER, H. W. (Hrsg.): Tonmineralogie und Geotechnik. - Mitt. Inst. Bodenforsch. u. Baugeol., Univ. f. Bodenkultur Wien, Reihe Angew. Geowissensch. 1, S. 53-78

HESSE, K. H., SCHUMACHER, H. D. (1989): Auswirkungen kontaminierter Sickerwässer auf die Durchlässigkeit toniger Gesteine. - 7. nat. Tagung f. Ingenieurgeologie, Bensheim, S. 265-276

HUTZINGER, O., VEERKAMP, W. (1981): Xenobiotic chemicals with pollution potential. - In: LEISINGER, T., HÜTTER, R., COOK, A. M., NÜESCH, J. (eds.): Microbial degradation of xenobiotics and recalcitrant compounds, S. 3-45. - Academic Press, London

JASMUND, K., LAGALY, G. (1993): Tonminerale und Tone. - Steinkopff, Darmstadt, 490 S.

KÄSTNER, M., MAHRO, B., WIENBERG, R. (1993): Biologischer Schadstoffabbau in kontaminierten Böden unter besonderer Berücksichtigung der Polyzyklischen Aromatischen Kohlenwasserstoffe. - Economica-Verlag, Bonn, 180 S.

KLAPPERICH, V. (1991): Chemische Resistenz von Tonen gegen anorganische Elektrolytlösungen, Gefügestabilität und Durchlässigkeiten am Beispiel eines Lößbodens. - Dissert. Univers. Heidelberg

KOHLER, E. E. (1985): Mineralogische Veränderungen von Tonen und Tonmineralen durch organische Lösungen. - In: MESECK, H.(Hrsg.): Abdichten von Deponien, Altlasten und kontaminierten Standorten. - Mitt. Inst. Grundbau u. Bodenmechanik TU Braunschweig 20: 87-94,

KOHLER, E. E. (1986): Möglichkeiten der Beeinträchtigung der Wirksamkeit mineralischer Deponiebasisabdichtungen durch organische Lösungen. - In: FEHLAU, K.-P., STIEF, K. (Hrsg.): Fortschritte der Deponietechnik 1985. Abfallwirtschaft in Forschung und Praxis 15, S. 109 -120

KOHLER, E. E., MORTEANI, G. (1984): Bewertung des Tonbarrierekonzeptes unter besonderer Berücksichtigung der Permeabilität und den chemischen Reaktionen zwischen Tonmineralen und organischen Lösungen. - Literaturstudie. Umweltbundesamt, Forschungsbericht 10203409/01. Berlin, 85 S.

KOMODOROMOS, A., GÖTTNER, J. J. (1988): Beeinflussung von Tonen durch Chemikalien Teil 2: Gefüge- und Feuchtigkeitsuntersuchungen. - Müll u. Abfall 20: 552-562

LAGALY, G. & KÖSTER, H. M. (1993): Tone und Tonminerale. - In: JASMUND, K., LAGALY, G. (Hrsg.): Tonminerale und Tone. - Steinkopff, Darmstadt

LAGALY, G. (1993): Reaktionen der Tonminerale. - In: JASMUND, K., LAGALY, G. (Hrsg.): Tonminerale und Tone, S. 89-167. - Steinkopff, Darmstadt

MADSEN, F. T., MITCHELL, J. K. (1989): Chemical effects on clay hydraulic conductivity and their determination. - Mitt. Inst. f. Grundbau und Bodenmechanik ETH Zürich 135

MARSHALL, C. E. (1964): The physical chemistry and mineralogy of soils, Vol. I: Soil materials. - Wiley, New York London Sidney

McBRIDE, M. B. (1986): Processes of heavy and transitional metal sorption by soil minerals. - Workshop „Interactions at soil colloid - soil solute interface", 24.-29. Aug 1986. Gent, 59 S.

MITCHELL, J. K. (1976): Fundamentals of Soil Behavior. - Wiley, New York

OECD (1981): OECD Guideline for testing chemicals 106 Adsorption - Desorption. - Organisation for Economic Cooperation and Development, Paris, 23 S.

OTTNER, F., SCHWAIGHOFER, B., Müller, H. W. (1991): Dichtung- und Adsorptionseigenschaften toniger Sedimente der niederösterreichischen Molassezone und des Wiener Beckens. - In: SCHWAIGHOFER, B., MÜLLER H. W. (Hrsg.): Tonmineralogie und Geotechnik. - Mitt. Inst. Bodenforsch. und Baugeol., Univ. f. Bodenkultur Wien, Reihe Angew. Geowissensch. 1, S. 79-105

PEIFFER, S. (1989): Biogeochemische Regulation der Spurenmetallöslichkeit während der anaeroben Zersetzung fester kommunaler Abfälle. - Dissert. Univers. Bayreuth, 197 S.

PIERCE, R. H. jr., OLNEY, C. E., FELBECK, G. T. jr. (1974): pp'DDT adsorption to suspended particular matter in sea water. - Geochim. Cosmochim. Acta 38: 1061-1073

REUTER, E. (1988): Durchlässigkeitsverhalten von Tonen gegenüber anorganischen und organischen Säuren. - Mitt. Inst. Grundbau u. Bodenmechanik, TU Braunschweig 26

SALOMONS, W., FÖRSTNER, U. (1984): Metals in the hydrocycle. - Springer, Berlin Heidelberg New York Tokio

SCHEFFER, F., SCHACHTSCHABEL, P. (1992): Lehrbuch der Bodenkunde. - Enke, Stuttgart

SCHRÖDER, H.-P. (1992): Bodenphysikalische Untersuchungen zum Einfluß von Deponiesickerwässern auf die Dichtstoffeigenschaften von Deponietonen bei statischen und dynamischen Reaktionssystemen. - Dissert. RTWH Aachen

SLATER, J. H.(1978): The role of microbial communities in the natural environment.- In: CHATER, K.W.A., SOMERVILLE, H. J. (eds.): The oil industry and microbial ecosystems, p.137-153. - Heyden, London

STUMM, W. (1987): Aquatic surface chemistry. chemical processes at the particle-water interface. - Springer, Berlin Heidelberg New York Tokio

TA Abfall - Abfall- und Reststoffüberwachungsverordnung (Hrsg.: SCHMECKEN, W. 1991). - 2. Auflage; Deutscher Gemeindeverlag/W. Kohlhammer, Köln, 286 S.

TA Siedlungsabfall - Technische Anleitung zur Verwertung, Behandlung und sonstigen Entsorgung von Siedlungsabfällen mit Erläuterungen (Hrsg.: BERGS, C. G., DREYER, S., NEUENHAHN, P., RADDE, C. A. 1993). - In: Abfallwirtschaft in Forschung und Praxis 61, S. 11-157. - Schmidt, Berlin

TADJERPISHEH, N. und ZIECHMANN, W. (1986): Genese und Analyse von Ton-Huminstoff-Komplexen. - Mitt. Dtsch. Bodenkdl. Gesellsch. 45: 155-160

THENG, B. K. G. (1979): Formation and properties of clay-polymer complexes. - Elsevier, Amsterdam, 188 p.

USTRICH, E. (1991): Geochemische Untersuchungen zur Bewertung der Dauerbeständigkeit mineralischer Abdichtungen in Altlasten und Deponien. - Geol. Jb. C (57): 5-137

WAGNER, J.-F. (1992): Verlagerung und Festlegung von Schwermetallen in tonigen Deponieabdichtungen. Ein Vergleich von Labor- und Geländestudien. - Schr. Angew. Geol. Karlsruhe 22, 246 S.

WEISS, A. (1988): Über die Abdichtung von Mülldeponien mit Tonen unter besonderer Berücksichtigung des Einflusses organischer Bestandteile im Sickerwasser. - Mitt. Inst. f. Grundbau und Bodenmechanik ETH Zürich 133: 77-90

WERSHAW, R. L., BURCAR, P. J., GOLDBERG, M. C. (1969): Interactions of pesticides with natural organic material. - Environ. Sci. Technol. 3: 271-278

WIENBERG, R., FÖRSTNER, U. (1990): Chemische Umwandlungsprozesse in Altlasten/ Mobilisierung von Schadstoffen. - In: FRANZIUS, V., STEGMANN, R., WOLF, K. (Hrsg.): Handbuch Altlastensanierung, Teil 1.2.1.; 20 S.

WIENBERG, R. (1990): Zum Einfluß organischer Schadstoffe auf Deponietone, Teil 1: Unspezifische Interaktionen. - Abfallwirtschaftsjournal 2 (4): 222-230 (1990); Teil 2: Spezifische Interaktionen. - Abfallwirtschaftsjournal 2 (6): 393-403

# 2 Einsatzmöglichkeiten, Aussagen und Grenzen bodenphysikalischer, physikalisch-chemischer und mineralogischer Kenngrößen und Meßmethoden zur Erkundung und Beschreibung der Geologischen Barriere

JEAN-FRANK WAGNER, EWALD ERWIN KOHLER und KURT CZURDA

## 2. 1 Grundsätzliche Überlegungen zu bodenphysikalischen und mineralogischen Kenngrößen und deren Meßmethoden

Mit bodenphysikalischen Meßverfahren lassen sich Kenngrößen gewinnen, welche Aussagen über die bodenphysikalischen Eigenschaften des Deponieuntergrundes geben. Die Bodenphysik betrachtet dabei keine einzelnen Mineralteilchen sondern die Wirkung aller Minerale, Phasen und Aggregate in ihrer Gesamtheit (HARTGE & HORN 1991). Wichtige bodenphysikalische Kenngrößen sind dabei: die Dichte des Bodens, der Wassergehalt, die Wasseraufnahmefähigkeit, die Korngrößenverteilung, die Konsistenzgrenzen sowie die spezifische Oberfläche. Hieraus lassen sich indirekt Aussagen über Durchlässigkeit, Rückhaltevermögen und Standfestigkeit der Geologischen Barriere ableiten oder aber direkt in entsprechenden Versuchsapparaturen wie Durchlässigkeits- und Diffusionszellen bzw. Kompressions- und Schergeräten bestimmen.

Mit mineralogischen Verfahren wie der Röntgendiffraktometrie, der Thermoanalyse und der Infrarot-Spektroskopie kann der Mineralbestand des Deponieuntergrundes weitgehend bestimmt werden (WILSON 1987). Aus dem Mineralbestand (z. B. dem Gehalt und Art der Tonminerale) lassen sich wesentliche Informationen über die Barrierewirkung ablesen. Aussagen zur Eignung eines geologischen Untergrundes als Deponiebarriere anhand des Mineralbestandes sind in der Regel günstigstenfalls halbquantitativ. Dies ist einerseits darin begründet, daß die Analyse von Tonmineralen häufig nur zu halbquantitativen Ergebnissen führt, andererseits, daß die Barrierewirkung (Durchlässigkeit und Retentionsvermögen) nicht ausschließlich vom Mineralbestand, sondern auch wesentlich vom Gefüge des Bodens abhängt. Ebenfalls ist zu berücksichtigen, daß die hier vorgestellten Meßmethoden und Kenngrößen generell nur Gültigkeit für Lockergesteine haben. Aussagen über die Eignung von Festgesteinen als Geologische Barriere sind damit nur bedingt möglich.

Die mineralogische Zusammensetzung einer Deponiebarriere ist aber nicht nur von Bedeutung hinsichtlich des Schadstoffrückhaltevermögens, sondern auch sehr wichtig für die Langzeitstabilität von Deponieabdichtungen. So sind viele quellfähige Tonminerale (Smectite) sehr gute Schadstoffsorbenten, ihre chemische Stabilität und damit eine langfristig geringe Durchlässigkeit ist aber nicht gewährleistet. Illitische oder kaolinitische Tone sind diesbezüglich besser geeignet (WAGNER 1991).

Aus dem Mineralbestand des Deponieuntergrundes lassen sich auch vielfach indirekt verschiedene bodenphysikalische Eigenschaften wie Wasseraufnahmefähigkeit, Plastizität, Kationenaustauschkapazität etc. ableiten.

Damit stellen mineralogische und bodenphysikalische Methoden eine ideale gegenseitige Ergänzung zur Beschreibung des Deponieuntergrundes an ausgewählten Gesteinsproben dar. Die Bodenphysik liefert dabei generell mehr oder weniger quantitative Ergebnisse, deren Gültigkeit unter bestimmten chemischen und physikochemischen Bedingungen hinsichtlich Langzeitstabilität durch die Analyse der mineralogischen Zusammensetzung besser interpretierbar wird.

Im folgenden werden die einzelnen Meßparameter hinsichtlich ihrer Eignung zur Erkundung der Geologischen Barriere kurz umrissen und ihre Einsatzmöglichkeiten und -grenzen ausführlich dargestellt.


## 2. 2   Bedeutung und Aussage der bodenphysikalischen Kenngrößen und Meßmethoden

### Korngrößenverteilung

Die Korngrößenverteilung ist ein wichtiger Parameter für die bodenphysikalische Klassifizierung des Deponieuntergrundes. Die Korngröße wird indirekt in der TA Siedlungsabfall als Anforderung angesprochen, indem mehrere Meter mächtige Locker- bzw. Festgesteine (DIN 18130) von geringer Durchlässigkeit und hohem Schadstoffrückhaltepotential gefordert werden. Beides wird wesentlich durch den Anteil der Ton-Fraktion gesteuert.

Die Korngrößenbestimmung zur Abschätzung der Durchlässigkeit ist allerdings nur bei Lockergesteinen sinnvoll, da nur hier der Wassertransport über die Poren erfolgt. Bei Festgesteinen findet der Wassertransport im wesentlichen über Klüfte statt, d. h. hier ist die Korngröße nicht entscheidend.

Aus der Korngrößenverteilung (im wesentlichen aus dem Kornanteil < 2 µm) lassen sich auch wichtige Erkenntnisse zum Schadstoffrückhaltepotential gewinnen. Mit zunehmendem Tonanteil steigt in der Regel das Adsorptionsvermögen an. In mehreren Studien konnte ein einfacher Zusammenhang zwischen der Adsorptionsfähigkeit des Untergrundes und der Korngrößenverteilung hergeleitet werden (FÖRSTNER & WITTMANN 1981; CZURDA & WAGNER 1988; 1990, CZURDA 1993). Die Zunahme des Adsorptionsvermögens ist im wesentlichen auf die mit abnehmender Korngröße wachsende spezifische Oberfläche zurückzuführen.

## Wassergehalt und Wasseraufnahmevermögen

Der natürliche Wassergehalt der Geologischen Barriere spielt eine entscheidende Rolle für die bodenphysikalischen Eigenschaften Plastizität, Verformbarkeit, Scherfestigkeit und Tragfähigkeit des Untergrundes (NEUMANN 1957). Der Wassergehalt ist darüber hinaus insofern von Bedeutung, als das Wasser das Hauptmedium für den - advektiven als auch diffusiven - Schadstofftransport darstellt. Der Wassergehalt bestimmt damit wesentlich das Ausmaß der Schadstoffmobilität.

Das Wasseraufnahmevermögen ist die Eigenschaft des trockenen Bodens, Wasser kapillar anzusaugen und zu halten. Es wird im wesentlichen über die Art der Tonminerale gesteuert (SCHULZE & SIMMER 1977).

Der entsprechende Wasseraufnahmeversuch nach Neff/Enslin dient v. a. der Ermittlung des Anteils quellfähiger Tonminerale. Er spielt vornehmlich bei der Eignungprüfung und Qualitätskontrolle im Deponiebau eine wichtige Rolle (Bentonitanteil und -güte in mineralischen Dichtwandmassen, Basis- und Oberflächenabdichtungen). Ein wesentliches Ziel ist dabei die Prüfung der Homogenität des Dichtungsmaterials. Zu diesem Zweck kann der Wasseraufnahmeversuch auch bei der Untersuchung des Deponieuntergrundes eingesetzt werden. Die Homogenitätsprüfung des Deponieauflagers stellt ein ökonomisches Verfahren zur Gütekontrolle einer Geologischen Barriere dar.

Weiterhin liefert das Wasseraufnahmevermögen indirekt Kennwerte für Plastizität, Adsorptionsvermögen und Scherfestigkeit.

Mit dem Wasseraufnahmeversuch läßt sich ferner der Einfluß diverser Schadstoffprüfflüssigkeiten auf wichtige Parameter wie Stoffbestand und Durchlässigkeit überprüfen (NEFF 1988, GDA 1993). Daraus ergeben sich Hinweise auf eine eventuelle Minderung der Langzeitbeständigkeit der Geologischen Barriere.

## Dichte, Porosität und Durchlässigkeit

Die hier angesprochene Dichte des Bodens oder Rohdichte nach DIN 1825 und DIN 4015 bezeichnet die Dichte einer ungestörten Bodenprobe einschließlich der mit Gas und/oder einer Flüssigkeit gefüllten Poren. Aus der Dichte läßt sich die für den Wasser- bzw. Schadstofftransport sehr wichtige Porosität über die Berechnung des Porenanteils bzw. der Porenzahl ermitteln (SCHNEIDER & GÖTTNER 1989). Eine hohe Porosität bedeutet bei nichtbindigen Böden eine sehr hohe Durchlässigkeit. Bei bindigen Böden trifft diese Beziehung nicht unbedingt zu, da hier in der Regel nur ein sehr kleiner Anteil der Poren für eine Wasserbewegung zur Verfügung steht, die sog. nutzbare Porosität. Das heißt, die Durchlässigkeit eines Deponieuntergrundes läßt sich in bindigen Böden nicht unmittelbar aus der Bestimmung der Gesamtporosität ableiten.

Der Schadstofftransport in der Geologischen Barriere wird aber nur zum Teil über die Durchlässigkeit gesteuert (advektiver Stofftransport). Mit abnehmender Durchlässigkeit gewinnt der diffusionsgesteuerte Stofftransport an Bedeutung (DEGEN & HASENPATT 1988; WAGNER 1992). Allerdings kann man auch den diffusiven Schadstofftransport durch eine Verringerung der

Porosität reduzieren. Eine Verringerung des Porenraumes ist in der Praxis durch die Erhöhung der Lagerungsdichte (Proctordichte) zu erreichen.

Im Zusammenhang mit der Porosität spielt weiter eine Rolle, ob ein zusammenhängendes Porensystem, in sich geschlossene oder nicht durchgehende Poren vorliegen. Letztere können als Schadstoffallen in Betracht kommen, d. h. es sind Porenräume, in welche Schadstoffe hinein diffundieren und damit zumindest zeitweilig dem aktiven Schadstofftransport entzogen sind (Retardation, d. h. Transportverzögerung durch Matrixdiffusion[7]).

Die Porenräume einer Geologischen Barriere sind auch durch physikalische und chemische Einflüsse veränderbar. So kann die Porosität durch Auflast, Quellvorgänge und Ausfällungen abnehmen. Eine Vergrößerung des Porenraumes ist durch Schrumpfprozesse, Mineralauflösungen und Suffosionsprozesse[8] möglich. Besonders anfällig für eine Veränderung der Porosität ist die Geologische Barriere bei Anwesenheit von Carbonaten, Sulfaten und Chloriden, da diese zum einen sehr leicht löslich sind und damit weiterer Porenraum geschaffen wird, zum anderen aber auch neu gebildete Fällungsprodukte den Porenraum verstopfen können.

## Zustandsgrenzen

Bindige Böden ändern mit dem Wassergehalt ihre Zustandsform (Konsistenz). Zur Beschreibung der Konsistenz dient die Bestimmung der Zustandsgrenzen (Konsistenzgrenzen nach Atterberg). Die Konsistenzgrenzen geben den Wassergehalt des Bodens beim Übergang vom flüssigen in den plastischen (Fließgrenze), vom plastischen in den halbfesten (Ausrollgrenze) und vom halbfesten in den festen (Schrumpfgrenze) Zustand an. Je größer die Differenz zwischen Fließgrenze und Ausrollgrenze, desto plastischer ist ein Boden. Die Plastizität eines Bodens ist u. a. entscheidend zur Beurteilung der bodenmechanischen Kenngrößen Setzung und Scherfestigkeit.

Eine sinnvolle Bestimmung der Zustandsgrenzen ist nur bei bindigen Böden möglich. Neben dem Tonanteil kann ein hoher Anteil an organischen Beimengungen ebenfalls zu einer hohen Plastizität führen.

## Scherfestigkeit und Druckfestigkeit

Zur Beurteilung der bodenmechanischen Stabilität eines Deponieuntergrundes ist die Ermittlung der Scher- und Druckfestigkeit von großer Bedeutung. Die Bestimmung der Deformationsart sowie die Größe der Bruch- und Restscherfestigkeit sind wichtige Grundlagen zur Beurteilung der bodenmechanischen Eignung des Bodens als Deponiestandort (NÜESCH 1992). Einen quantitativen Zusammenhang zwischen Tongehalt und Scherfestigkeit konnte u. a. XIANG (1988) aufzeigen.

---

[7] Matrixdiffusion: Diffusion gelöster Stoffe aus dem strömenden Kluftwasser in das Porenwasser der Gesteinsmatrix.

[8] Suffosion: Lösung und Abtransport von Substanzen.

# 2. 3 Bedeutung und Aussage der physikalisch-chemischen Kenngrößen und Meßmethoden

## Adorptions- und Diffusionsversuche

Das Schadstoffrückhaltevermögen der Tonminerale wird wesentlich bestimmt von ihrer Fähigkeit, Stoffe anzulagern (zu adsorbieren). Dabei kommt es zu einer Grenzflächenreaktion zwischen den Tonmineraloberflächen (sowohl der äußeren wie auch der Zwischengitterflächen), deren i. a. negative Ladung die Anlagerung von Kationen und polaren Verbindungen fördert. Die Adsorption ist physikalischer oder chemischer Natur. Die Physisorption bindet über Van-der-Waals-Kräfte und die Chemisorption über ionische und koordinative Bindungsformen (Weitere Einzelheiten dazu in Kap. 1.3 und 4.3.3).

Die die Stoff-Festlegung (Adorption bzw. Schadstoffrückhaltevermögen i. w. S., vgl. Kap. 3.2.3) kennzeichnenden Parameter werden in Schüttel- („Batch"-) Versuchen, Perkolations- (Säulenversuchen mit hydraulischem Gradienten) und Diffusionsversuchen (Säulenversuchen ohne hydraulischen Gradienten) bestimmt. In tonigen Deponiebarrieren überwiegt die Diffusion, die sich als Konzentrationsgradient zwischen der hochkonzentrierten Sickerwasserlösung und dem niedrig konzentrierten Porenwasser einstellt. Daher ist die Ermittlung der Sorptionskapazität aus Diffusionsversuchen zu bevorzugen (WAGNER 1992).

Gravierende Unterschiede können entstehen, wenn Sorptionsergebnisse aus Batch- bzw. Perkolationsversuchen mit Ergebnissen aus Diffusionsversuchen verglichen werden. Dennoch können die Sorptionswerte der einfach durchzuführenden Batchversuche zumindest halbquantitativ interpretiert werden.

Die Problematik von Diffusionsversuchen liegt darin, daß die verwendeten Sickerwassersimulate (im Gegensatz zu „echtem" Deponiesickerwasser) aus mathematischen Gründen einfach zusammengesetzt sein müssen. Zudem können unter Sickerwassereinfluß auftretende Veränderungen des Porengefüges durch derartige Versuche selten berücksichtigt werden. Die Diffusionskoeffizienten der einzelnen Komponenten komplexer Sickerwässer sind nicht selten durch konkurrierende Sorptionsvorgänge stark konzentrationsabhängig, die Ergebnisse sind dann schwer interpretierbar und oft auch auf Sickerwässer, die nur geringfügig vom Modellsickerwasser abweichen, schlecht anwendbar.

Die Bestimmung der Diffusionsgeschwindigkeit nicht reaktiver Stoffe läßt sich mit ausgewählten Einkomponenten-Tracern wie v. a. Chlorid durchführen. Chlorid ist einfach analysierbar, Chloridionen bilden zudem in den meisten Deponien die Spitze der Kontaminationsfront. Hieraus sind Aussagen über die Porengeometrie (Tortuosität) der Geologischen Barriere ableitbar (s. Kap. 4.3.4.2).

Diffusionsuntersuchungen sind dann problematisch, wenn davon ausgegangen werden muß, daß eine Verlagerung des (flüchtigen) Schadstoffs über die Gasphase in Trockenspalten und -risse stattfindet. Informationen zur Schadstoffmobilität können dann nur über Feldversuche gewonnen werden.

## Spezifische Oberfläche und Kationenaustauschkapazität

Die Bestimmung der spezifischen Oberfläche, welche als Summe der äußeren und inneren Oberflächen der Bodenpartikel zu verstehen ist, läßt wichtige Rückschlüsse über die Wechselbeziehungen zwischen der Geologischen Barriere und den Inhaltsstoffen von Sickerwässern zu. Eine große spezifische Oberfläche führt generell zu einer hohen Festlegung von Schadstoffen im Fall einer Infiltration, kann sich allerdings auch negativ auswirken, wenn durch die Festlegungsprozesse (diverse chemische Reaktionen) die Stabilität (u. a. die Durchlässigkeit) der Geologische Barriere beeinträchtigt wird.

Eine wichtige Eigenschaft vieler Bodenteilchen (Tonminerale, Oxide und Hydroxide, organische Substanzen) ist die Fähigkeit, an ihren Oberflächen Kationen auszutauschen. Die Summe dieser Austauschprozesse wird als Kationenaustauschkapazität (KAK) bezeichnet.

Die KAK wird maßgeblich bestimmt durch den Anteil an quellfähigen, d. h. smectitischen Tonmineralen. Die KAK liefert einen Anhaltswert für das Adsorptionsvermögen der Geologischen Barriere gegenüber Kationen. Die Bestimmung der KAK ist damit eine wichtige Eignungsprüfung des Deponieuntergrundes hinsichtlich seines Schadstoffrückhaltepotentials. Eine hohe KAK ist darüber hinaus häufig mit einer geringen Durchlässigkeit und einem hohen Wasseraufnahmevermögen verbunden. Tone mit einer hohen KAK neigen allerdings verstärkt zur Quellung und Schrumpfung, dies kann zu erhöhter bodenmechanischer Instabilität führen. Da Deponiesickerwässer aber nicht nur Kationen enthalten, sollte neben der Bestimmung der Kationenaustauschkapazität auch immer die spezifische Oberfläche ermittelt werden: Ihre Größe ist ein wichtiges Maß für das Rückhaltevermögen v. a. unpolarer organischer Schadstoffe, welche nur über die schwachen Van-der-Waals-Oberflächenkräfte festgelegt werden.

## 2. 4  Bedeutung und Aussage des Mineralbestandes

### Tonminerale

Die Güte eines Tones hinsichtlich seiner Barrierewirkung im natürlichen Untergrund oder in mineralischen Dichtungsschichten wird in erster Linie durch Art und Menge der Tonminerale bestimmt (KOHLER et al. 1993). Verantwortlich für die hydraulische und chemische Barrierewirkung eines Deponieuntergrundes sind dabei:
- Gehalt und Korngröße der Tonmineralteilchen
- Größe, Art und Eigenschaften ihrer Oberflächen
- Daraus resultierendes Schadstoffrückhaltevermögen

Die genaue Bestimmung des Tonmineralbestandes ist somit wichtig für die Beurteilung des Schadstoffrückhaltevermögen der Geologischen Barriere (chemische Barriere). Die Durchlässigkeit bzw. Dichtigkeit (hydraulische Barriere) wird dagegen nicht so sehr durch die Art der Tonminerale bestimmt als vielmehr durch deren Massenanteil.

Aus der Tonmineralzusammensetzung können darüber hinaus Anhaltswerte zu den oben besprochenen bodenmechanischen Kenngrößen Plastizität, Quellfähigkeit, Schrumpfungsanfälligkeit sowie weiteren bodenmechanischen Parametern gewonnen werden. Die genaue Charakterisierung der Tonminerale ist ebenfalls wichtig für die Beurteilung der chemischen Langzeitstabilität der Geologischen Barriere: Smektitische, hochquellfähige Tone führen zwar, wie schon einleitend erwähnt, in der Regel zu einer besseren chemischen Barrierewirkung, die hydraulische Barrierewirkung ist aber langfristig nicht gewährleistet. In diesem Zusammenhang sind weniger reaktionsfreudige Tonminerale wie Illite und Kaolinite zu bevorzugen.

## Nichttonminerale (Begleitphasen) und organische Substanz

Als wesentliche Beimengungen können in Tonen und Tongesteinen Quarz, Feldspäte, Carbonate, Sulfate, Fe-, Al-, Mn-Oxide und -Hydroxide sowie diverse organische Substanzen auftreten.

Quarz und Feldspäte haben, sofern sie in geringen Mengen in Tonen vorliegen, in der Regel keinen Einfluß auf die Barrierewirkung des Untergrundes. Carbonate und Sulfate können einerseits durch ihre leichte Löslichkeit die Barrierewirkung beeinträchtigen (Schwächung des Korngefüges und damit Erhöhung der Durchlässigkeit), sich andererseits aber durch ihre hohe Reaktionsfreudigkeit mit Schadstoffen positiv auswirken: Gelöste Carbonate können Schadstoffe, z. B. Schwermetalle, fällen und diese dem Sickerwasser entziehen (WAGNER 1988).

Neben der rein chemischen Carbonat- und Sulfatbestimmung sollte auch eine mineralogisch-mikroskopische Untersuchung erfolgen. Diese hat neben der Mineralanalyse (primärer Mineralbestand, Mineralneu- und -umbildungen) für die Beurteilung des Gesteinsgefüges Bedeutung: Carbonate können als größere Einzelkörner (z. B. Fossilbruchstücke) oder aber fein verteilt als Bindemittel im Porenraum (Porenzement) vorliegen. Auch Sulfate können in unterschiedlicher Form (fein verteilt oder lagig) vorkommen.

Die Lösung der Carbonate und Sulfate führt zu einer Schwächung des Korngefüges und damit zur Erhöhung der Durchlässigkeit.

Besonders gefährdet ist die Barriere, wenn Sulfate und Carbonate als Kluftfüllungen vorliegen, da hier beim Herauslösen bevorzugte Wasserwegsamkeiten mit hoher Durchlässigkeit geschaffen werden.

Bei Ca-Sulfaten ist ferner von Bedeutung, ob es sich um das wasserfreie Sulfat Anhydrit oder um das wasserhaltige Sulfat Gips handelt. Bei Vorliegen von Anhydrit ist mit Quellhebungen bei Kontakt mit Sickerwasser zu rechnen. Ebenfalls zu Quellhebungen kann Pyrit führen, wenn er mit Sauerstoff und Wasser zu Gips reagiert.

Amorphe Sesquioxide, amorphe Kieselsäure, v. a. in fein verteilter Form, sowie organische Substanz (Huminstoffe) besitzen aufgrund ihrer großen spezifischen Oberfläche häufig ein sehr hohes Adsorptionsvermögen, sie können somit das Schadstoffrückhaltepotential einer Geologischen Barriere positiv beeinflussen. Organische Substanz kann allerdings bei Massenanteilen > 5% zu erheblichen bodenmechanischen Instabilitäten führen.

# Literatur

CZURDA, K. A. (1993): The triple multimineral barrier for hazardous waste encapsulation. - Engineering Geology 34: 205-209

CZURDA, K. A., WAGNER, J.-F. (1988): Verlagerung und Festlegung von Schwermetallen in tonigen Barrieregesteinen. - Schr. Angew. Geol. Karlsruhe 4: 225 -246

CZURDA, K. A., WAGNER, J.-F.(1990): Cation transport and retardation processes in view of the toxic waste deposition problem in clay rocks and clay liner encapsulation. - Engineering Geology 30: 103-113

DEGEN, W., HASENPATT, R. (1988): Durchströmung und Diffusion in Tonen. - Schr. Angew. Geol. Karlsruhe 4: 123-139

DEMBERG, W. (1991): Über die Ermittlung des Wasseraufnahmevermögens feinkörniger Böden mit dem Gerät nach Enslin/Neff. - Geotechnik 1991 (3): 125 - 131

FÖRSTNER, U., WITTMANN, G. T. W. (1981): Metal pollution in the aquatic environment. - Springer, Berlin Heidelberg New York

GDA - Deutsche Gesellschaft für Erd- und Grundbau e. V. (1993): Empfehlungen des Arbeitskreises "Geotechnik der Deponien und Altlasten" (GDA). - 2. Aufl., Ernst, Berlin, 190 S.

HARTGE, K. H.,. HORN, R. (1991): Einführung in die Bodenphysik. - Enke, Stuttgart

KOHLER E. E., HEIMERL H., RADLINGER, P. (1993): Die Rolle der Tonmineralogie bei der Beurteilung der geologischen Barriere. - In: 3. Statusbericht BMFT-Projekt Nr. 1460605AO ("Deponieuntergrund"). - Hannover

NEFF, H. (1988): Der Wasseraufnahme-Versuch in der bodenphysikalischen Prüfung und geotechnische Erfahrungswerte. - Bautechnik 65 (5): 153-163

NEUMANN (1957): Die Beeinflussung der bodenphysikalischen Eigenschaften bindiger Böden durch die Kornfraktion < 0.002 mm und Wasseraufnahme, 2. - Der Bauingenieur 1

NÜESCH, R. (1992): Das Mikrogefüge in Tongesteinen. - In: Tonmineralogie für die geotechnische Praxis, Seminar LGA Bayern, Grundbauinstitut, 9.-10.4.1992. - Nürnberg

SCHNEIDER, W., GÖTTNER, J. J. (1989): Ermittlung von Basisdaten zur numerischen Simulation der Schadstoffausbreitung in mineralischen Deponieabdichtungen. - Veröffentl. Inst. Abfallentsorgung u. Altlastensanierung Berlin; UFOPLAN-Nr. 10302228 (UBA)

SCHULZE, W. E., SIMMER, K. (1977): Grundbau, Teil 1: Bodenmechanik und erdstatische Berechnungen. - 16. Aufl.; Teubner, Stuttgart, 270 S.

TA Siedlungsabfall - Technische Anleitung zur Verwertung, Behandlung und sonstigen Entsorgung von Siedlungsabfällen mit Erläuterungen (Hrsg: BERGS, C. G., DREYER, S., NEUENHAHN, P., RADDE, C. A. 1993). - Schmidt, Berlin

WAGNER, J. F. (1988): Mineralveränderungen bei der Migration von Schwermetallösungen durch Tongesteine. - In: CZURDA, K. A., WAGNER, J. F. (Hrsg.): Tone in der Umwelttechnik. - Schr. Angew. Geol. Karlsruhe 4: 47-62

WAGNER, J. F. (1991): Die Doppelte Mineralische Basisabdichtung - ein Deponieabdichtungssystem mit zwei unterschiedlichen Funktionsweisen. - Ber. 8. Nat. Tag. Ing.-Geol., S. 75-81. Berlin

WAGNER, J. F. (1992): Verlagerung und Festlegung von Schwermetallen in tonigen Deponieabdichtungen. Ein Vergleich von Labor- und Geländestudien. - Schr. Angew. Geol. Karlsruhe 22; 246 S.

WILSON, M. J. (1987): A handbook of determinative methods in clay mineralogy. - Blackie, Glasgow London

XIANG, W. (1988): Quantitativer Zusammenhang zwischen dem Tongehalt und der Scherfestigkeit von Tonzwischenschichten. - Schr. Angew. Geol. Karlsruhe 4, S. 181 - 198

# 3 Barriereeigenschaften von Tonen

## 3.1 Normen, Regelwerke, Richtlinien, Empfehlungen, Vorschriften

AXEL BAERMANN, KURT CZURDA, EWALD ERWIN KOHLER und JEAN-FRANK WAGNER

Der Entsorgungsstandard für die Bundesrepublik Deutschland wird durch die Verwaltungsvorschriften zum Abfallgesetz festgelegt. Dabei wird der Teil 1 der Zweiten Allgemeinen Verwaltungsvorschrift zum Abfallgesetz vom 10. April 1990, einschließlich der Allgemeinen Verwaltungsvorschrift zur Änderung dieser Vorschrift vom 17. Dezember 1990, kurz *TA Abfall* genannt oder auch als TA Sonderabfall bezeichnet. Teil 2 der Dritten Allgemeinen Verwaltungsvorschrift zum Abfallgesetz vom 14. Mai 1993 wird als *TA Siedlungsabfall* bezeichnet.

Die TA Siedlungsabfall fordert für den Deponieuntergrund im Sinne einer Geologischen Barriere schwach durchlässige Locker- und Festgesteine (DIN 18130) von mehreren Metern Mächtigkeit und hohem Schadstoffrückhaltepotential. Die TA (Sonder-)Abfall erwähnt den Begriff „Geologische Barriere" nicht. Sie stellt an das Deponieauflager die Forderung nach einem geringen Durchlässigkeitsbeiwert ($k_f < 1 \cdot 10^{-7}$ m/s) und hohem Adsorptionsvermögen.

Die Begriffe „Schadstoffrückhaltepotential" und „hohes Adsorptionsvermögen" sind in der TA Abfall nicht weiter erläutert. Auch die Methodik der Analyse des Adsorptionsvermögens wird den ausführenden Fachleuten überlassen.

In anderen Bereichen, was z. B. die Anforderungen an die Barriere „Abfall" betrifft, sind dagegen sehr konkrete Vorgaben vorhanden. Dabei wird in Anhängen der TA Abfall und TA Siedlungsabfall häufig Bezug auf genormte Verfahren genommen. Damit ist die Untersuchsvorschrift für einen zu bestimmenden Parameter klar vorgegeben.

Die TA Abfall hat als Verwaltungsvorschrift nicht die Qualität eines Rechtssatzes, sie bindet aber die ausführenden Organe der Verwaltung. Trotz dieser bindenden Wirkung bleibt für die ausführenden Organe der Verwaltung noch ein hohes Maß an Entscheidungsspielraum, um allgemeine Vorgaben der TA Abfall zu konkretisieren. Dies betrifft oberirdische Deponien ebenso wie Untertagedeponien (z. B. in Salzgestein).

Für die TA Siedlungsabfall und für die TA Abfall ist der Untersuchungsumfang zur Beschreibung der Eignung als Deponieuntergrund standortspezifisch und in jedem Fall separat festzulegen. Als notwendige Untersuchungen hinsichtlich der Zusammensetzung ist lediglich die Bestimmung der Carbonate und der organischen Substanz vorgeschrieben.

Über die für ganz Deutschland verbindlichen Verwaltungsvorschriften der TA Abfall bzw. Siedlungsabfall hinaus liegen für einzelne Bundesländer (Bayern, Mecklenburg-Vorpommern, Niedersachsen, Nordrhein-Westfalen, Sachsen-Anhalt, Schleswig-Holstein und Thüringen) spezifische Regelungen vor, die die Forderungen an die Geologische Barriere bei der Standortsuche von Deponien näher bezeichnen (nähere Hinweise dazu im Bd. 7, Handlungsempfehlungen, dieses Handbuchs).

Um den Entscheidungsspielraum bezüglich der durchzuführenden Untersuchungen zu konkretisieren, können die sog. GDA-Empfehlungen herangezogen werden. Die GDA-Empfehlungen besitzen keine rechtliche Wirkung, enthalten aber ein von einem Gremium von Fachleuten (Arbeitskreis Geotechnik der Deponien und Altlasten der Deutschen Gesellschaft für Erd- und Grundbau e.V.) zusammengestelltes Kompendium an Meßparametern und Untersuchungsverfahren, die für den Deponiebau entscheidend sind. Auch die GDA-Empfehlungen beziehen sich, soweit möglich, auf genormte Verfahren.

Genaue Angaben sind in der TA Abfall für den nachträglichen Einbau mineralischer Dichtungsschichten gegeben. Vorgeschrieben sind hier die Bestimmung der Korngrößenverteilung, des Wassergehaltes, der Zustandsgrenzen und der daraus abgeleiteten Werte, der Wasseraufnahme nach Enslin/Neff, der organischen Bestandteile, des Carbonatgehaltes, der Proctordichte und der Wasserdurchlässigkeit. Darüber hinaus werden die Durchführung des triaxialen und des einaxialen Druckversuches gefordert. Die Empfehlungen des Arbeitskreises „Geotechnik der Deponien und Altlasten" (AK 11 GDA) der Deutschen Gesellschaft für Erd- und Grundbau fordern mineralogische und bodenphysikalische Untersuchungen zur geotechnischen Charakterisierung des Deponieuntergrundes. Gegenüber der TA Abfall bedeuten die GDA-Empfehlungen eine Erweiterung (insbesondere bezüglich der mineralogischen Verfahren).

Eine Zusammenstellung der wichtigsten genormten und empfohlenen Verfahren aus Bodenphysik und Mineralogie wird in Kap. 3.3 „Untersuchungsmethodik und -strategie" gegeben. Ferner werden bei der Darstellung der Untersuchungsmethoden die diesbezüglichen Normen angesprochen

Ergänzend sind in der folgenden Tabelle 3.1 die für den Deponiebau relevanten Regelwerke und Richtlinien aufgeführt.

**Tabelle 3.1.** Regelwerke, Richtlinien, Empfehlungen und Vorschriften für den Deponiebau

| Titel | Herausgeber | Erscheinungsjahr |
|---|---|---|
| EG-Abfallrahmen-Richtlinie - Richtlinien des Rates über Abfälle. Abl. Nr. L 377 | Rat der Europäischen Gemeinschaft | 1991 |
| Zweite Allgemeine Verwaltungsvorschrift zum Abfallgesetz (TA Abfall), Teil 1: Besonders überwachungsbedürftige Abfälle | BM für Umwelt, Naturschutz und Reaktorsicherheit | 1990 |

| | | |
|---|---|---|
| Dritte Allgemeine Verwaltungsvorschrift zum Abfallgesetz. Technische Anleitung zur Verwertung, Behandlung und sonstigen Entsorgung von Siedlungsabfällen TA Siedlungsabfall) | BM für Umwelt, Naturschutz und Reaktorsicherheit | 1993 |
| Empfehlungen des Arbeitskreises „Geotechnik der Deponien und Altlasten" - GDA | Deutsche Gesellschaft für Erd- und Grundbau | 1993 |
| NRW- Richtlinie Nr. 18: Mineralische Deponieabdichtungen | LandesumweltamtNordrhein-Westfalen | 1993 |
| EG-Richtlinie über gefährliche Abfälle - Richtlinie des Rates über gefährliche Abfälle. Abl. Nr. L168 | Rat der Europäischen Gemeinschaft | 1994 |
| Gesetz zur Förderung der Kreislaufwirtschaft und Sicherung der umweltverträglichen Beseitigung von Abfällen (Kreislaufwirtschafts- und Abfallgesetz - KrW-/AbfG) | BGBL. I S. 2705 | 1994 |

# 3. 2  Bewertungskriterien

JEAN-FRANK WAGNER, KURT CZURDA und WERNER HILTMANN

## 3. 2. 1 Überblick

Die Kriterien zur Bewertung der Qualität des Untergrundes von Deponien und Altlasten im Sinne einer Geologischen Barriere orientieren sich an den in der TA Abfall und TA Siedlungsabfall vorgegebenen Eignungsanforderungen.

Nach der 1991 erlassenen TA Abfall („Sonderabfall") gelten für den der Deponieuntergrund bzw. das Deponieauflager die folgenden Anforderungen:

- Natürlicher Untergrund
- Mindestmächtigkeit 3 m
- Hohes Adsorptionsvermögen
- Tonmineralhaltig
- Gebirgsdurchlässigkeitsbeiwert $k_f \leq 1 \cdot 10^{-7}$ m/s
- Flächige Verbreitung
- Verdichtungsgrad auf der Oberfläche (Deponieplanum) von $\geq$ 95 % Proctordichte
- Deponieplanum 1 m über der Grundwasseroberfläche

Das Anforderungsprofil der TA Abfall für den Deponieuntergrund entsprach 1991 den Vorstellungen zahlreicher Experten, und dies hatte auch noch 1993 mit dem Erlaß der TA Siedlungsabfall, Geltung. Die TA-Siedlungsabfall führt ausdrücklich den Begriff „Geologische Barriere" ein, ohne jedoch weitere Anforderungskriterien hinzuzufügen. Vielmehr wird von zu genauen Zahlenangaben eher abgerückt - so wird z. B. der $k_f \leq 1 \cdot 10^{-7}$ m/s nicht mehr gefordert, sondern mit Bezug auf DIN 18130 der Terminus „schwach durchlässige Locker- und Festgesteine[9] von hohem Schadstoffrückhaltepotential" eingeführt. Die räumliche Ausbreitung wird mit dem Zusatz „über den Ablagerungsbereich hinausgehende flächige Verbreitung" nur unwesentlich konkreter angesprochen.

Mit den den oben genannten Parametern der TA Abfall sind einige wichtige Parameter der Geologischen Barriere hinlänglich genau definiert. Präzisionsbedarf besteht aber weiterhin für

a)  das Adsorptionsvermögen (Größe der Sorptionskapazität, Art der Schadstoffe bzw. Sickerinhaltsstoffe und deren Festlegungsform)

b)  Art und Gehalt an Tonmineralen

c)  die räumliche Ausdehnung

Für den natürlichen Deponieuntergrund gibt es zu b) weder qualitative noch quantitative Angaben, lediglich den Hinweis, daß Auffüllungen im Rahmen von technischen Nachbesserungsmaßnahmen > 10 Gew.-% Tonminerale enthalten sollen. Die sehr unterschiedlich adsorptionsfähigen Tonminerale sind nicht näher qualifiziert.

Die in der TA Abfall bzw. der TA Siedlungsabfall genannten Kriterien stellen an die Geologische Barriere 2 grundlegende Anforderungen

1.  nach einer *hydraulischen Barriere*, d. h. einer möglichst großen Dichtigkeit bzw. einer sehr geringen Durchlässigkeit gegenüber dem Eindringen von Deponiesickerwässern. Diese Anforderung wird durch den (auf Wasser bezogenen) Durchlässigkeitsbeiwert beschrieben.

2.  nach einer *chemischen Barriere*, d. h. der Fähigkeit des Deponieuntergrundes, möglichst viele Schadstoffe aus dem infiltrierenden Sickerwasser zu entfernen (*Retention*) bzw. dessen Konzentration zu reduzieren und die Verlagerungsgeschwindigkeit zu verzögern (*Retardation*).

Hierbei kann der Tonmineralgehalt bei beiden Anforderungen sehr wichtig sein, obwohl die Wirkungsweise der Tonminerale jeweils verschieden ist (s. nachfolgende Kapitel).

Ein weiteres in den TA nicht angesprochenes Kriterium für die Eignungsprüfung des Deponieuntergrundes über die Barriereeigenschaften hinaus stellt die *bodenmechanische Stabilität* unter der Auflast des Deponiekörpers dar. Die bodenmechanische Stabilität drückt sich im Verformungsverhalten, den Quelleigenschaften und der Standsicherheit des Deponieauflagers aus und läßt sich über das Quellverhalten, die Kompressibilität und Scherfestigkeit ermitteln. Der Deponieuntergrund wird dabei im Sinne von Baugrund bewertet, die Untersuchung richtet sich nach den Grundsätzen der geotechnischen Baugrundprüfung. Die bodenmechanische Stabilität ist ein maßgebliches Kri-

---

[9] DIN 18130 bezieht sich allerdings nur auf Lockergesteine.

terium bei Lockergesteinen sowie bei Festgesteinsuntergründen mit oberflächiger Auflockerungszone. Unerläßlich ist die Bewertung des Verformungsverhaltens ferner bei künstlichen mineralischen Deponieabdichtungssystemen.

Auf die beiden für das Schadstoffrückhaltepotential maßgeblichen Kriterien Dichtigkeit und Adsorptionsvermögen soll im folgenden noch etwas näher eingegangen werden.

## 3. 2. 2 Dichtigkeit bzw. Durchlässigkeit

Die Durchlässigkeit bzw. Dichtigkeit eines tonigen Untergrundes ist eine Funktion des durchflußwirksamen Hohlraumanteils bzw. des nutzbaren Porenvolumens (s. Kap. 2.2). Die nutzbare Porosität hängt maßgeblich vom Anteil der *Tonfraktion* in der Geologischen Barrier ab und sinkt mit zunehmendem Feinstkornanteil.

Die Durchlässigkeit hängt ferner vom *Wassergehalt* ab (gesättigte bzw. ungesättigte Verhältnisse). Außerdem wird die Durchlässigkeit bzw. das nutzbare Porenvolumen sehr stark von der *Art der Tonminerale* und der an- bzw. eingelagerten Ionen beeinflußt, d. h. auch der Chemismus der Sickerwasserlösung, welche die Tonmineralbelegung steuert, kann einen negativen oder positiven Einfluß auf die Durchlässigkeit bindiger Böden haben.

Ein *hoher Tongehalt* führt nicht, wie oft angenommen wird, in jedem Fall zu hoher Dichtigkeit (HEITFELD et al. 1977): Entscheidend ist nicht allein die Feinkörnigkeit als solche, sondern auch das Vorhandensein *adsorptionsfähiger Tonminerale*. Denn neben den genannten, in der Hauptsache physikalischen Einflußgrößen wird die Durchlässigkeit in feinkörnigen Böden bzw. Gesteinen auch von physikochemischen Vorgängen wie Anlagerung und Austausch von Ionen bestimmt.

Schließlich ist zu berücksichtigen, daß die Fließgeschwindigkeit direkt proportional dem *hydraulischen Gradienten*[10] ist. Das heißt, eine geringe Durchlässigkeit bzw. ein geringer Durchlässigkeitsbeiwert bedeutet nur bei einem vernachlässigbar geringen hydraulischen Gradienten eine geringe Filtergeschwindigkeit[11] (dies ist in der Regel bei einem störungsfreien Drainagesystem gegeben). Bei einem Anstieg des hydraulischen Gradienten nimmt unabhängig vom Durchlässigkeitsbeiwert die Filtergeschwindigkeit auch entsprechend zu.

Der Grad der Durchlässigkeit, der in der TA Abfall bzw. TA Siedlungsabfall einen Höchstwert nicht überschreiten darf, wird durch den *Durchlässigkeitsbeiwert* beschrieben.

Im Falle homogener Gesteinsverhältnisse kann der Durchlässigkeitsbeiwert in Laborversuchen bestimmt werden (*Gesteinsdurchlässigkeit* k). Zur Bestimmung der Durchlässikeit des Gesteins im natürlichen Gesteinsverband (*Gebirgsdurchlässigkeit* $k_f$), in die die geologischen Inhomogenitäten wie Klüfte, Schichtfugen und lithologische Heterogenitäten eingehen, sind auf jeden Fall zusätzliche Feldversuche erforderlich.

---

[10] Wassergefälle, d. h. Verhältnis von Druckhöhe zu Länge des Fließwegs

[11] Unter Filtergeschwindigkeit [m/s] versteht man die pro Zeiteiheit durch einen Filterquerschnitt hindurchströmemde Volumeneinheit Wasser

An Festgesteinen (Material nicht mehr schneidbar) kann der Durchlässigkeitsbeiwert nur in Feldversuchen (hydraulische Bohrlochversuche etc.) ermittelt werden, da der Wert hier maßgeblich durch die Dimensionen des Kluftsystems bestimmt wird. Die Gebirgsdurchlässigkeit kann hier um mehrere Zehnerpotenzen über der Gesteinsdurchlässigkeit liegen.


## 3. 2. 3 Adsorptions- bzw. Schadstoffrückhaltevermögen

Auf das Schadstoffrückhaltevermögen wurde bereits ausführlich in Kap. 1.3 eingegangen. Es handelt sich hierbei um einen Sammelbegriff für mehrere, z. T. miteinander wechselwirkende Festlegungs- und Speicherprozesse wie physikalische und chemische Adsorption, Ionenaustausch, Fällung und Mitfällung, mechanische Filterung, Ionenausschluß, biologische Abbauprozesse und Matrixdiffusion.

Unabhängig von den im Deponieuntergrund vorliegenden Sorbenten (Tonminerale, Oxide und Hydroxide, natürliche organische Substanzen etc.) hängt das Adsorptionsvermögen der Geologischen Barriere weiterhin stark vom bodenchemischen Milieu ab (Porenwasserchemismus; MCNEAL 1968, DRESCHER 1987). Durch infiltrierendes Sickerwasser kann sich dieses kurzfristig verändern und damit tritt eine Änderung der Festlegungsbedingungen auf. Das heißt, die Vorhersage über die Festlegungsprozesse bzw. deren Größe unter natürlichen Bedingungen und einem chemisch sehr komplex zusammengesetzten Sickerwasser ist ein schwieriges Unterfangen.

Des weiteren sollte man unterscheiden, ob es sich bei der Schadstoffrückhaltung um einen langfristigen Retentionsprozeß oder um eine „kurzfristige" Retardation handelt. Viele der oben erwähnten Festlegungsprozesse sind nämlich reversibel, wie z. B. der Ionenaustausch, d. h. bei einem hohen Angebot eines bestimmten Ions in der Sickerwasserlösung wird dieses gegen die primären Ionen ausgetauscht und bei Infiltration eines „schadstofffreien Sickerwassers" wieder rückgetauscht. Damit werden sehr viele Schadstoffe nur am Transport gehindert, bzw. deren Verlagerung wird nur zeitweilig verzögert.

Eine exakte Quantifizierbarkeit des Schadstoffrückhaltevermögens ist somit nur für bestimmte Schadstoffe unter entsprechend definierten physiko-chemischen Randbedingungen möglich. Da Deponiesickerwässer aber i. a. aus einer ganzen Fülle nicht genau bestimmbarer bzw. miteinander wechselwirkender Stoffen besteht, ist die Quantifizierbarkeit in der Regel nicht möglich. Durch die Bestimmung der sorptionsfähigen Bodenpartikel und der Ermittlung der bodenchemischen und bodenphysikalischen Eigenschaften läßt sich aber zumindest eine Abschätzung des Schadstoffrückhaltevermögens durchführen.

Eine eingehende Behandlung der Adsorptions- und Desorptionsprozesse erfolgt in Kap 4.3.3.

# 3.3   Untersuchungsmethodik und -strategie

KURT CZURDA, EWALD ERWIN KOHLER und JEAN-FRANK WAGNER

Die für die Untersuchung des Untergrundes von Deponien und Altlasten maßgeblichen tonmineralogischen und bodenphysikalischen Meßverfahren sowie das jeweilige Untersuchungsziel sind in den nachfolgenden Kapiteln 3.3.1 - 3.3.3 in tabellarischer Form zusammengestellt. Die Untersuchungsmethodik basiert dabei in wesentlichen Punkten auf den Empfehlungen des Arbeitskreises Geotechnik der Deponien und Altlasten der Deutschen Gesellschaft für Erd- und Grundbau e.V. (GDA 1993). Die Meßverfahren zur mineralogischen Charakterisierung des Deponieuntergrundes sind daneben nochmals in Abb. 3.1 schematisch zusammengefaßt.

Zur Beurteilung der zum Einsatz kommenden Untersuchungsverfahren werden 3 Hauptkriterien herangezogen.

Ein erstes Kriterium sind *Art und Umfang der Informationen*, die aus den Analysen erhalten werden. So besitzen z. B. röntgenphasenanalytische Tonmineralanalysen i. a. nur halbquantitativen Charakter. Die aus den Tonmineralanalysen abgeleiteten Aussagen über das Schadstoffrückhaltevermögen, die Kationenaustauschkapazität, die Plastizität, die Durchlässigkeit, die spezifische Oberfläche sowie über die bodenmechanische und chemische Stabilität können damit ebenfalls nur halbquantitativ sein. Oft sind Tonmineralanalysen oder Bodenanalysen nur eindeutig interpretierbar im Zusammenhang mit weiteren Untersuchungen wie Infrarotspektroskopie und Thermoanalyse.

Das zweite Kriterium ist die *Wirtschaftlichkeit*. Dies betrifft die Zahl der Analysen, den Geräte-, arbeitstechnischen und zeitlichen Aufwand sowie den Umfang der Informationen, die mit einem bestimmten Aufwand erhalten werden. Dazu zählen auch Sorgfalt und Ausbildungsstand des Analytikers, die für bestimmte Meßverfahren erforderlich sind. So bedarf z. B. die Interpretation von Röntgenaufnahmen und Infrarotspektren einer fundierten mineralogisch-chemischen Ausbildung, während dies für viele bodenphysikalische Verfahren nicht unbedingt erforderlich ist. Auch liegt es vielfach in der Entscheidung des Analytikers, inwieweit Mehrfachbestimmungen durchzuführen, bzw. diese in Relation zur Wirtschaftlichkeit zu setzen sind.

Das dritte Kriterium ist die *Rechtsnorm* und die *Vergleichbarkeit der Ergebnisse*. Ein minimaler Grundkonsens aus allen zur Verfügung stehenden Untersuchungsverfahren ist in den Technischen Anleitungen (TA Abfall und Siedlungsabfall) zu finden (Kap. 3.1). Da sich die Untersuchungsverfahren der Technischen Anleitungen vielfach auf Normen beziehen, ist die Art der Durchführung festgelegt und für jeden Analytiker verbindlich. In der Regel sind aber diese in DIN-Normen festgelegten Untersuchungsmethoden, wie in den vorangehenden Kapiteln gezeigt wurde, zur Charakterisierung der Geologischen Barriere nicht ausreichend. Daher können zur Ergänzung die GDA-Empfehlungen herangezogen werden. Verfahren, die nicht als Vorschrift, Norm oder Empfehlung für die Untersuchung des geologischen Untergrundes der Deponie ausgewiesen sind, sind auch bei hoher Qualität in ihrer Rechtsverbindlichkeit unter Umständen problematisch.

In Kap. 3.1 und 3.2 wurden die in den Regelwerken TA Abfall und TA Siedlungsabfall angeführten Vorschriften für die Qualität und Quantität der Untersuchungsanalytik angesprochen. Die Unschärfe des hier niedergelegten Anforderungsprofils für die Bewertung räumt einen weiten Entscheidungsspielraum ein. Aus der Vielzahl der unten angeführten Untersuchungsverfahren (Kap. 3.3.1.- 3.3.3) werden in Kap. 3.3.4 nochmals die unabdingbaren Analyseschritte zur Bewertung der Barriereeigenschaften eines Deponieuntergrundes zusammengefaßt. Hierbei wird unterschieden zwischen *Grundparameteranalytik* und einer *erweiteren Analytik*, welche bei besonders überwachungsbedürftigen Abfällen (TA Abfall) oder bei Abweichen vom Regelwerk (z. B. alternatives Dichtungssystem) zum Tragen kommt. Eine erweiterte Analytik ist zur Gewährleistung der Barrierewirkung des geologischen Untergrundes ebenfalls heranzuziehen, wenn veränderlich feste, d. h. quellende und schrumpfende Tone vorliegen.

## 3. 3. 1  Bodenphysikalische Verfahren

| *Untersuchungsverfahren* | *Untersuchungsgegenstand und -ziel* |
| --- | --- |
| Korngrößenanalyse:<br>Siebung (DIN 18123-4)<br>Aräometerverfahren (DIN 18123-5)<br>Pipettverfahren (DIN 19683-4)<br>Andreasen-Verfahren (DIN 66115)<br><br>Verweis in TA Abfall, Verweis in GDA E 3-1 und GDA E 3-3<br><br>Korngrößenanalyse an bindemittelbefreiten und bindemittelhaltigen Proben mittels Atterberg-, Aräometer-, Pipett- und Ultraschallsiebverfahren, sowie Sedimentationswaage, Lasergranulometer Partikelzählverfahren u. a.(vgl. GDA E 3-3, DIN 18123, DIN 19683-4, DIN 51033-1) | Gewichtsanteile der Ton-, Schluff- und Sandfraktion<br><br>Erste Aussage über die Wirkung des Bindemittels, die Wirkung der Zerstörung des Bindemittels, die Oberfläche und Kationenaustauschkapazität und über den Tonmineralgehalt / Hinweis auf die Durchlässigkeit |
| Einaxialversuch<br><br>DIN 18136, Verweis in TA Abfall, Verweis in GDA E 3-1 | Bodenmechanische Stabilität (Verformungsmodul) |

| | |
|---|---|
| Rahmenscherversuch<br><br>DIN 18137 (in Vorber.), Verweis in TA Abfall, Verweis in GDA E 3-1 | Bodenmechanische Stabilität |
| Triaxialversuch<br><br>DIN 18137, Teil 2, Vornorm, Verweis in TA Abfall und GDA E 3-1 | Bodenmechanische Stabilität (Scherfestigkeit; Kohäsion, Winkel der inneren Reibung) |
| Kompressionsversuch<br><br>Verweis in TA Abfall, Verweis in GDA E 3-1; DIN 18135 in Vorbereitung | Bodenmechanische Stabilität |
| Konsistenzgrenzen<br><br>DIN 18122, Verweis in TA Abfall, Verweis in GDA E 3-1 | Bodenmechanische Stabilität (Plastizitätszahl) |
| Korndichtebestimmung Pyknometer<br><br>DIN 18124, Verweis in GDA E 3-1 | Dichte der festen Bodenteilchen |
| Dichtebestimmung<br><br>DIN 18125, Verweis in GDA E 3-1 | Porosität |
| Porenanteilbestimmung: Pyknometer<br><br>DIN 19683 T13, DIN 18121/ 18124 | Lagerungsdichte |
| Quellversuch (Quellhebung, -druck)<br><br>Verweis in GDA E 3-1<br>Empf. Nr. 11, AK 3.3 DGGT | Quellungs- und Schrumpfungsphänomene |
| Durchlässigkeitsbestimmung: Modifizierte Triaxialzelle, Standrohr, Entnahmezylinder, KD-Gerät<br><br>DIN 18130, Verweis in TA Abfall, GDA E 3-2 | Dichtigkeit / Schadstoffrückhaltevermögen |

| Wassergehaltsbestimmung<br><br>DIN 18121/1, Verweis in TA Abfall, Verweis in GDA E 3-1 | Bodenmechanische Stabilität, Schadstoffrückhaltevermögen |
| --- | --- |
| Wasseraufnahmeversuch nach Neff/ Enslin<br>(vgl. GDA E 3-1, DIN 18132) | Aussage über die Homogenität der Proben/ Aussage über das Vorhandensein quellfähiger Tonmineralanteile |
| Laugungsexperimente in Kombination mit bodenphysikalischen Untersuchungen<br><br>Verweis in GDA E 3-1 | Chemische Stabilität |

## 3. 3. 2 Mineralogische und chemische Verfahren zur Bestimmung des Mineralbestandes

| *Untersuchungsverfahren* | *Untersuchungsgegenstand und -ziel* |
| --- | --- |
| Carbonate<br>Infrarot-Spektroskopie<br>Röntgenphasenanalyse<br>(vgl. GDA E 3-3) | Qualitative und halbquantitative Carbonatbestimmung. Interpretation bezüglich der bodenmechanischen Stabilität, Durchlässigkeit, Pufferwirkung und Schwermetallfällung/ -bindung |
| Scheibler-Analyse<br><br>(vgl. DIN 18129 und GDA E 3-1) | Quantitative Carbonatbestimmung / Quantitative Bestimmung der an den Carbonaten gebundenen Spurenelemente/ differenzierte halbquantitative Bestimmung unterschiedlicher Carbonate. Interpretation bezüglich der bodenmechanischen Stabilität, Durchlässigkeit, Pufferwirkung, Schwermetallfällung, Mobilität und chemischen Stabilität |
| Laugungsverfahren<br><br>(vgl. GDA 3-3; DIN 39406-E3-2, DIN 38406-E22, -E3-2, -E3-3) | Quantitative Carbonatbestimmung. Interpretation bezüglich der bodenmechanischen Stabilität, Durchlässigkeit, Pufferwirkung und Schwermetallfällung |
| Coulometrie | Quantitative Carbonatbestimmung. Interpretation bezüglich der bodenmechanischen Stabilität, Durchlässigkeit, Pufferwirkung und Schwermetallfällung |

| | |
|---|---|
| Mikroskopie | Mineralanalyse;<br>Gefügeanalyse: Ausbildung (Größe, Form, Verteilung) der Carbonate; Visualisierung von Wegsamkeiten (Tracer), Löslichkeit, Durchlässigkeit, bodenmechanische Stabilität |
| **Sesquioxide**<br>Laugungsverfahren<br><br>(vgl. GD E 3-3) | Quantitative Sesquioxidbestimmung / Bestimmung des Milieus im kontaminierten Untergrund/ Schädigung des Untergrundes/ Halbquantitative Bestimmung der eisenoxidisch gebundenen Spurenelemente. Interpretation bezüglich der bodenmechanischen Stabilität, Durchlässigkeit, Mobilität, chemischen Stabilität und Sorption |

**Organische Substanz**

| | |
|---|---|
| Infrarot-Spektroskopie | Qualitative und erste halbquantive Aussage zum Bestand an organischen Phasen. Interpretation bezüglich der bodenmechanischen Stabilität, Durchlässigkeit und Sorption organischer Verbindungen |
| Naßoxidation<br>(vgl. GDA E 3-1 sowie DIN 18128 [in Vorber.], DIN 19648) | Quantitative Bestimmung der organischen Phasen / Quantitative Bestimmung der an die organischen Phase gebundenen Spurenelemente Interpretation bezüglich der bodenmechanischen Stabilität, Durchlässigkeit, Mobilität und Sorption |
| Coulometrie | Quantitative Bestimmung der organischen Phasen/Interpretation bezüglich der bodenmechanischen Stabilität, Durchlässigkeit, Mobilität und Sorption |

**Tonminerale**

| | |
|---|---|
| IR-Spektroskopie | Qualitative und halbquantitative Bestimmung der Tonminerale, insbesondere Kaolinit und Illit. Interpretation bezüglich der bodenmechanischen Stabilität, Durchlässigkeit, Mobilität und Sorption |
| Thermoanalyse<br>(DTA, TG, TMA) | Qualitative Bestimmung der Tonminerale und anderer Mineralphasen nach ihren Entwässerungscharakteristika. Insbesondere Interpretation zwischengitterveränderter (z. B. organophilierter) Tone |
| Röntgenphasenanalyse<br><br>(vgl. GDA E 3-3) | Qualitative und halbquantitative Bestimmung der Tonminerale. Interpretation bezüglich der bodenmechanischen Stabilität, Durchlässigkeit, Mobilität und Sorption |

| | |
|---|---|
| Röntgenfluoreszenzanalyse | Halbquantitative Bestimmung der Tonminerale, insbesondere des Illits, aus dem Chemismus. Interpretation bezüglich der bodenmechanischen Stabilität, Durchlässigkeit, Mobilität und Sorption |
| Mikroskopie | Gefügeanalyse: Ausbildung des Tonmineralgefüges, Ausbildung, Verteilung und Menge der Begleitphasen; Feinklüfte; Visualisierung von Migrationswegen von Schadstoffen (Tracer) |

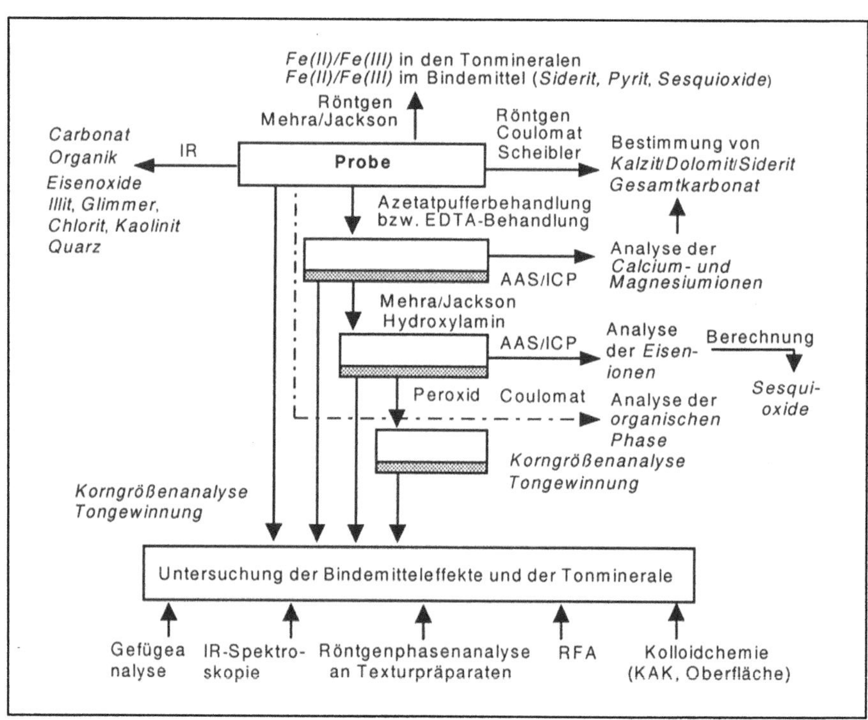


**Abb. 3.1.** Überblick über Verfahren zur mineralogischen Untersuchung

## 3. 3. 3 Physikalisch-chemische Verfahren

| *Untersuchungsverfahren* | *Untersuchungsgegenstand und -ziel* |
| --- | --- |
| pH-Wert-Bestimmung | Fällung/Lösung von Schwermetallen |
| Bestimmung der Kationenaustauschkapazität<br><br>Belegung mit Bariumionen (DIN 19684 bzw. ISO 13 536 und 11260)<br>Belegung mit Silberthioharnstoff | Bestimmung der positiven Oberflächenladung pro Masseeinheit. Interpretation bezüglich des Adsorptions-/ Schadstoffrückhaltevermögens und der Anteile an smektitischen Tonmineralen (Quellfähigkeit) |
| BET-Oberfläche (Stickstoffporosimetrie) vgl. DIN 66131, Entwurf<br><br>Quecksilberporosimetrie DIN 66139 | Bestimmung der äußeren Oberfläche, Adsorption und Desorption. Interpretation bezüglich des Adsorptions-/ Schadstoffrückhaltevermögens und der Durchlässigkeit |
| Berechnungsverfahren aus Kationenaustauschkapazität, Oberfläche und Flächenladungsdichte (vgl. GDA 3-3) | Bestimmung der Gesamt-/inneren Oberfläche sowie der quellfähigen Tonmineralanteile. Interpretation bezüglich des Schadstoffrückhaltevermögens (Durchlässigkeit, Mobilität und Sorption) und der bodenmechanischen Stabilität |
| Schütteltest<br>DIN 38414-1, DEV 34<br>Schüttelversuch, Diffusionsversuch, Perkolationsversuch;<br><br>*Stationäre Diffusion:* Diffusionszelle<br>*Instationäre Diffusion:* Halbkammerversuch, Halbzellenmethode.<br>OECD-Norm 106 | Sorptions- und Desorptionseigenschaften, Schadstoffrückhaltevermögen |

## 3. 3. 4   Untersuchungsschritte

### 3. 3. 4. 1  Grundparameter-Analytik

| *Parametergruppe* | *Einzelparameter* | *Methodik* |
|---|---|---|
| *Stoffbestand* | Tonminerale<br>Fe-Oxide / -Hydroxide<br>Carbonate<br>Andere Mineralphasen<br>Organische Substanz | XRD, IR, TA<br>naßchemisch / AAS<br>Scheibler-Gerät / XRD<br>XRD<br>Naßoxidation, Coulome-<br>trie |
| *Bodenphysikalische Eigenschaften* | Korngrößenverteilung | Aräometer, Pipettenzentri-<br>fuge, Lasergranulometer,<br>Sedimentationswaage u. a. |
| | Wassergehalt | Ofentrocknung bei 105 °C,<br>Mikrowelle |
| | Wasseraufnahmevermögen,<br>Wasserbindevermögen | Enslin-Gerät |
| | Porosität | Wichtebestimmung<br>(Wichte des Bodens,<br>Kornwichte) |
| | Konsistenzgrenzen | Wassergehalt bei der<br>Fließ-, Ausroll- und<br>Schrumpfgrenze |
| | Durchlässigkeitsbeiwert | Modifiz. Triaxialzelle,<br>Entnahmezylinder, KD-<br>Gerät , Standrohrgerät |
| | Scherfestigkeit<br>(Bruchlast, Reibungswin-<br>kel, Kohäsion) | Rahmenscherversuch,<br>Triaxialversuch, KD-<br>Versuch |
| *Schadstoffrückhalte-potential* | Kationenaustausch-<br>kapazität | Konvektionssäule,<br>Schüttelversuch |
| | Retardationsfaktor | Konvektionssäule,<br>Schüttelversuch |
| | Diffusionskoeffizient | Diffusionszelle<br>(stationär, instationär) |

Erläuterungen:  XRD = Röntgenbeugungsanalyse; IR = Infrarot-Spektroskopie
TA = Thermoanalyse; AAS =Atomabsorptionsspektroskopie

### 3. 3. 4. 2 Erweiterte Analytik

| *Parameter* | *Methodik* |
| --- | --- |
| Expansions- / Schrumpfungsverhalten | KD-Versuch, TMA (Thermomechanische Analyse) |
| Spezifische Oberfläche / Mikroporosität | BET-Stickstoffporosimetrie, Hg-Porosimetrie |
| Axiale Verfomung (Verformungsmodul) | Einaxialer Druckversuch |

# 3. 4 Berechnung des Schadstofftransports als Bewertungsinstrument

WILFRIED SCHNEIDER und REINHARD WIENBERG

## 3. 4. 1 Einleitung

Aufgrund ihrer geringen Durchlässigkeit und ihres hohen Schadstoffrückhaltevermögens gehören natürlich anstehende Tone i. a. zu den besonders gut geeigneten Barrieregesteinen. Dennoch sind sie nicht in der Lage, die Ausbreitung von Schadstoffen langfristig vollständig zu unterbinden. Zur Bewertung der Barrierewirkung ist es deshalb wichtig zu wissen, mit welcher Geschwindigkeit sich die Schadstoffe in Tonen ausbreiten und welche Konzentrationen zu welchem Zeitpunkt an welcher Stelle zu erwarten sind. Aufgrund der Langsamkeit der ablaufenden Transportprozesse können diese Angaben nicht aus Experimenten gewonnen werden. Man kann jedoch die zu erwartende Schadstoffausbreitung mit Hilfe von Stofftransportmodellen näherungsweise berechnen (SCHNEIDER & GÖTTNER 1991; ROWE et al. 1993). Die Genauigkeit der Schadstofftransportberechnung hängt davon ab, wie stark die mit dem Rechenmodell vorgenommene Schematisierung des Systems bzw. der darin ablaufenden Prozesse mit den tatsächlichen Gegebenheiten übereinstimmt und wie gut die zugrundeliegenden Parameter die Transporteigenschaften in situ repräsentieren.

## 3. 4. 2 Transportmechanismen und deren mathematische Beschreibung

In den folgenden Ausführungen zum Stofftransport werden nur Schadstoffe behandelt, die als Ionen, Moleküle oder Molekülaggregate im Wasser gelöst vorliegen. Suspendierte und emulgierte Stoffe werden nicht betrachtet. Es wird vorausgesetzt, daß die Konzentrationen der wassergelösten Inhaltsstoffe keine bzw. vernachlässigbar geringe Viskositäts- und Dichteänderungen des Wassers hervorrufen. Der Untergrund wird als wassergesättigt und unverformbar angesehen. Es wird angenommen, daß an der Abfallseite der Barriere großflächig eine homogene Schadstoffkonzentration vorliegt. Die Strömung ist in Betrag und Richtung raumzeitlich konstant. In vielen Anwendungsfällen erfolgt die Schadstoffausbreitung vornehmlich in eine Richtung, so daß für die Bewertung der Barriereeigenschaften von Tonen die eindimensionale Stofftransportgleichung ausreichend ist. Dadurch wird bei der Berechnung die Verdünnung der Schadstoffkonzentration infolge Dispersion und Diffusion nur in Fließrichtung zugelassen und in den anderen Richtungen unterdrückt.

Je nach den geometrischen und hydraulischen Gegebenheiten im Untergrund der Deponie bzw. Altlast kann dieser vereinfachte Ansatz zu einer Überschätzung der Schadstoffausbreitung (schlimmster Fall / „worst case") führen. Der eindimensionale Ansatz ist dennoch sehr wertvoll, um erste Abschätzungen des Schadstofftransports vornehmen zu können. Durch Variation der Parameter läßt sich die Größenordnung der zu erwartenden Transportzeiten und Konzentrationen abschätzen.

Die am Transport von wassergelösten Schadstoffen beteiligten Mechanismen lassen sich grundsätzlich unterteilen in
*Massenflüsse*
- Advektion
- Diffusion
- Dispersion

und in Vorgänge, die durch *Phasenübergänge*
- Fällung/Lösung
- Sorption/Desorption
- Ionenaustausch

oder *Reaktionen*
- mikrobieller bzw. chemischer Abbau
- Umwandlung
- Produktion

den betrachteten Wasserinhaltsstoff aus dem hohlraumfüllenden Wasser zeitweise fixieren oder entfernen bzw. dem Wasser wieder zuführen. Beim Transport von Schadstoffen durch wassergesättigte ungeklüftete Tonbarrieren sind Advektion und Diffusion die primär zu betrachteten Transportmechanismen.

Eindimensionale Stofftransportgleichung: Zur Berechnung des Schadstofftransports werden die Massenflüsse und Phasenübergänge bzw. Reaktionen nach dem Massenerhaltungsgesetz bilanziert. Daraus ergibt sich für den eindimensionalen Fall folgende Stofftransportgleichungen für ungeklüfteten Ton:

$$D_d \frac{\partial^2 c}{\partial x^2} + D_{eff} \frac{\partial^2 c}{\partial x^2} - v \frac{\partial c}{\partial x} - \frac{\rho_d k_d}{n} \frac{\partial c}{\partial t} - \mu \cdot c = \frac{\partial c}{\partial t} \qquad (1)$$

Dispersion  Diffusion  Advektion  Sorption  Abbau

mit

$$\mu = \mu_W + \mu_F \frac{\rho_d k_d}{n} \qquad (2)$$

| | | |
|---|---|---|
| $D_d$ | = | Mechanischer Dispersionskoeffizient [m²/s] |
| $D_{eff}$ | = | Effektiver Diffusionskoeffizient im Ton [m²/s] |
| $c$ | = | Konzentration der wassergelösten Schadstoffe [kg/m³] |
| $x$ | = | Ortskoordinate [m] |
| $v$ | = | Abstandsgeschwindigkeit [m/s] |
| $\rho_d$ | = | Trockendichte [kg/m³] |
| $k_d$ | = | Verteilungskoeffizient [m³/kg] |
| $n$ | = | Effektive Porosität [-] |
| $t$ | = | Zeit [s] |
| $\mu$ | = | Koeffizient für Stoffabbauprozesse 1. Ordnung [1/s] |

Gleichung (1) gilt für Barrieregesteine ohne Klüfte. Obwohl im geklüfteten Gestein die gleichen Transportprozesse wirksam sind, müssen andere mathematische Ansätze verwendet werden. Bei einer Schar paralleler Einzelklüfte lassen sich die Stofftransportprozesse in erster Näherung durch 2 eindimensionale miteinander gekoppelte Differentialgleichungen, eine für die Kluft und eine für die Gesteinsmatrix, mathematisch beschreiben (WÜSTENHAGEN et al. 1990). Das dabei zugrundeliegende Modellkonzept wird durch Abb. 3.2 veranschaulicht. Aufgrund der vielfach höheren Fließgeschwindigkeit des Wassers in der Kluft ist der advektive Stofftransport im Kluftraum deutlich höher als im Porenraum der Gesteinsmatrix. Die gelösten Stoffe im wassergesättigten Kluftraum werden infolgedessen schneller transportiert als im Porenraum der Gesteinsmatrix. Allerdings werden die durch Advektion, Dispersion und Diffusion im Kluftraum transportierten Stoffe teilweise durch Diffusion von der Kluft in den Porenraum der Gesteinsmatrix (sog. Matrixdiffusion) dem Kluftraum wieder entzogen.

Die Matrixdiffusion bewirkt, daß die Stoffkonzentration im Kluftwasser reduziert und dadurch die Ausbreitungsgeschwindigkeit verzögert wird. Der Porenraum der Gesteinsmatrix hat die Wirkung eines temporären Speichers. Falls die Stoffkonzentration im Kluftwasser unter die Konzentration im Porenraum der Gesteinsmatrix absinkt, erfolgt die Rückdiffusion. Durch das temporäre Eindringen von wassergelösten Stoffen in den Porenraum der Gesteinsmatrix gelangen die Stoffe zu den inneren Oberflächen der Gesteinsmatrix. Die Fläche der möglichen Sorptionsplätze an den inneren Oberflächen ist weitaus größer als an den Kontaktflächen zwischen Kluft und Gesteinsmatrix.

Eine umfassende Behandlung des Themas Matrixdiffusion befindet sich im Bd. 2, „Strömungs- und Transportmodellierung" des Methodenhandbuchs.

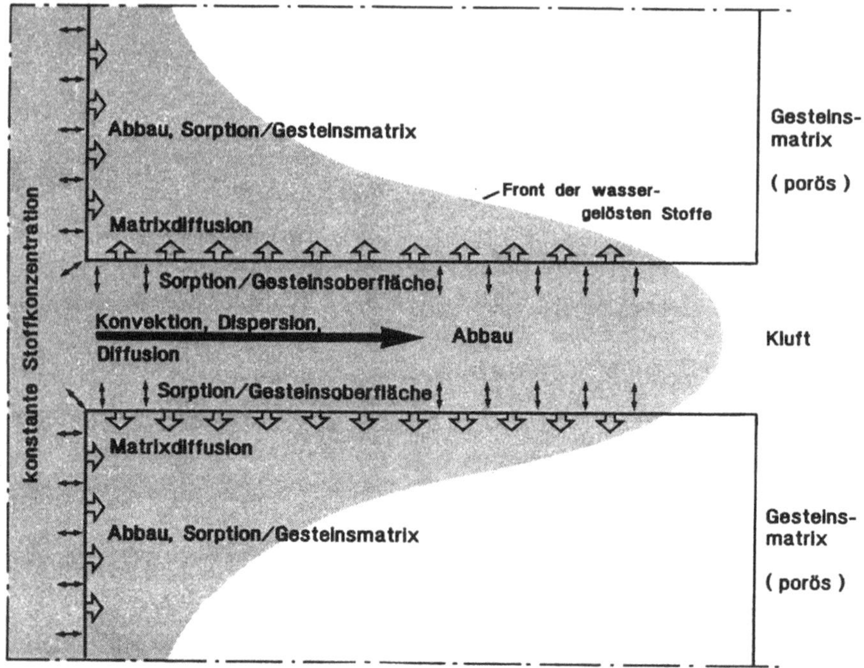


**Abb. 3-2.** Schematische Darstellung des Transports wassergelöster Stoffe im geklüfteten Gestein. (Aus WÜSTENHAGEN et al.1990)

## 3. 4. 3 Anfangs- und Randbedingungen für den Stofftransport in einer Tonbarriere

Die partielle Differentialgleichung (1) beschreibt die Schadstoffausbreitung in allgemeiner Form. Um für eine konkrete Fragestellung Stofftransportgleichungen lösen zu können, müssen Informationen über die abhängige Variable (hier: Konzentration) in Form von Anfangs- und Randbedingungen vorhanden sein.

Anfangsbedingungen: Anfangsbedingungen spezifizieren die Stoffkonzentration für alle Punkte innerhalb der betrachteten Tonbarriere zu einem Anfangszeitpunkt. In den meisten Fällen wird als Anfangszeitpunkt (t = 0) der Beginn des Schadstoffeintrags in die Tonbarriere zu betrachten sein, so daß die geogene Hintergrundkonzentration im Ton als Anfangsbedingung maßgebend ist. In mathematischer Schreibweise lautet diese Anfangsbedingung:

$$c\,(x, t = o) = c_{geo} \qquad \text{für } t = 0 \qquad (3)$$

$c_{geo}$ = Geogene Hintergrundkonzentration des betrachteten wassergelösten Stoffes in der Tonbarriere [kg/m$^3$]

Wird nicht der Beginn des Schadstofftransports als Anfangszeitpunkt
(t = 0) verwendet, muß das Schadstoffkonzentrationsprofil vorgegeben werden, das zu Beginn des Prognosezeitraums in der Tonbarriere vorliegt.

R a n d b e d i n g u n g e n : Die Randbedingungen spezifizieren die Stoffkonzentration, die während des Prognosezeitraums auf den Rändern der betrachteten
Tonbarriere vorliegt. Bei der eindimensionalen Betrachtungsweise des Stoff-
transports existieren 2 Ränder, ein oberer und ein unterer Rand. Der obere
Rand wird durch die Kontaktfläche zwischen Altlast bzw. Deponie und Tonbarriere, der untere durch die Kontaktfläche zwischen Tonbarriere und um-
gebendem Untergrundgestein am Ende der Tonbarriere gebildet.

*Oberer Rand*: Zur Festlegung der oberen Randbedingung müssen die innerhalb des Prognosezeitraums zu erwartenden Schadstoffkonzentrationen im
Wasser der Deponie bzw. Altlast vorgegeben werden. Aufgrund der vielfältigen physikochemischen und biologischen Vorgänge, die während des im allgemeinen sehr langen Prognosezeitraums auftreten können, ist es ausgeschlos-
sen, die zukünftige Konzentrationsentwicklung in der Deponie bzw. Altlast
exakt vorzugeben. Für den Fall, daß die Abfallmasse wesentlich größer ist als
die Schadstoffmasse, die während des Prognosezeitraums ausgetragen wird
(quasi unendliche Schadstoffquelle), kann man näherungsweise davon ausgehen, daß die Schadstoffkonzentration am oberen Rand zeitlich konstant bleibt.

Unter dieser Voraussetzung lautet die obere Randbedingung:

$$c_{(x=0,\,t)} = c_{Rand}^{oben} \qquad \text{für alle t} \qquad (4)$$

$c_{Rand}^{oben}$ = Konzentration der wassergelösten Schadstoffe an der Kontaktfläche zwischen Deponie bzw. Altlast und Tonbarriere [kg/m$^3$]

Falls Ganglinien für die Schadstoffkonzentration des Wassers in der Deponie bzw. Altlast aus der Zeit vor Prognosebeginn vorliegen, kann daraus ein
Konzentrationswert abgeleitet werden, der für den Prognosezeitraum als Randkonzentration verwendet wird. Andernfalls kann man ersatzweise die Wasserlöslichkeit des betrachteten Schadstoffs als Randkonzentration ansetzen.

Die in (4) definierte obere Randbedingung bewirkt, daß sowohl advektiver,
als auch diffusiver Schadstoffeintrag über die Kontaktfläche Deponie bzw.
Altlast / Tonbarriere rechnerisch berücksichtigt werden. Die Berücksichtigung
des diffusiven Eintrags am oberen Rand ist besonders wichtig, weil er in gering permeablen Medien aufgrund hoher Konzentrationsgradienten v. a. in der
Anfangsphase des Ausbreitungsprozesses eine dominierende Rolle spielt.

*Unterer Rand*: Die Formulierung der unteren Randbedingung ist davon abhängig, ob die Schadstoffe innerhalb des Prognosezeitraums das Ende der
Tonbarriere erreichen, und wenn ja, welche hydraulischen Gegebenheiten im
umgebenden Untergrundgestein vorliegen. Wird der untere Rand der Tonbarriere während des Prognosezeitraums nicht erreicht, dann bleibt die raumzeit-
liche Konzentrationsentwicklung in der Tonbarriere vom umgebenden Untergrundgestein unbeeinflußt. Im mathematischen Sinne liegt ein unendlicher

Halbraum in Transportrichtung vor. Die untere Randbedingung lautet in diesem Fall:

$$\frac{\partial c}{\partial x}(\infty, t) = 0 \qquad \text{für alle t} \qquad (5)$$

Wird der untere Rand der Tonbarriere während des Prognosezeitraums von Schadstoffen erreicht, dann kann die mit (5) definierte Randbedingung weiterhin angesetzt werden, solange die Schadstoffkonzentration nach dem Durchgang durch den unteren Rand nur geringfügig verdünnt wird. Nach einer Untersuchung von VAN GENUCHTEN & ALVES (1982) ist der daraus resultierende Fehler in der berechneten Konzentrationsverteilung sehr gering. Diese Annahme kann näherungsweise getroffen werden, wenn die Schadstoffe nach Verlassen der Tonbarriere ohne nennenswerte Richtungsänderung im umgebenden Untergrundgestein weitertransportiert werden. Im Falle von wasserungesättigten Verhältnissen oder gering wassergesättigter Strömung parallel zur Unterfläche der Tonbarriere kann man von dieser Konfiguration ausgehen. Werden die Schadstoffe nach Durchtritt durch den unteren Rand der Tonbarriere von dem umgebenden Grundwasser erheblich verdünnt, muß von der Betrachtung eines unendlichen Halbraums abgewichen und die zu erwartende Schadstoffkonzentration am unteren Rand vorgegeben werden.

Dies ist der Fall, wenn sich unterhalb der Tonbarriere eine im Vergleich zur Tonbarriere deutlich permeablere wassergesättigte Gesteinsschicht befindet. Hier stehen 2 verschiedene Varianten zur Formulierung der unteren Randbedingung zur Verfügung. Zum einen kann man eine zeitkonstante Konzentration für den unteren Rand vorgeben. diese Randbedingung lautet:

$$c_{(x=M,t)} = c_{Rand}^{unten} \qquad (6)$$

M $\quad$ = Mächtigkeit der Tonbarriere [m]
$c_{Rand}^{unten}$ = Zeitkonstante Konzentration der wassergelösten Schadstoffe am unteren Rand der Tonbarriere [kg/m$^3$]

Die Randbedingung (6) wird häufig für den speziellen Fall benötigt, daß $c_{Rand}^{unten}$ = 0 ist. Dies trifft zu, wenn die Filtergeschwindigkeit[12] in der unterlagernden Schicht deutlich höher ist als in der Barriereschicht und dadurch eine starke Verdünnung der aus der Tonbarriere heraustretenden Schadstoffe erfolgt.

Eine weitere Variante für die untere Randbedingung ergibt sich für den Fall, daß die zeitliche Veränderung der Randkonzentration in Abhängigkeit von der Schadstofffracht aus der Tonbarriere in die unterlagernde Schicht und des Abstroms von Schadstoffen mit der Filtergeschwindigkeit $v_{GW}$ in der unterlagernden Schicht berücksichtigt werden. In mathematischer Schreibweise läßt sich diese Randbedingung nach ROWE (1988) darstellen als:

---

[12] s. Fußnote S. 39

$$c_{(x=M,\tau)} = \int\limits_0^t \left[ \frac{f_{(x=M,\tau,c)}}{n_{GW}\, h_{GW}} - \frac{v_{GW}\, c_{(x=M,\tau)}}{n_{GW}\, L} \right] d\tau \tag{7}$$

$c_{(x=M,\tau)}$ = Konzentration der Schadstoffe im Wasser der unterlagernden Schicht (gemittelt über die Mächtigkeit der unterlagerndenSchicht) [kg/m$^3$]

$f_{(\tau,\, z=M,\, c)}$ = Schadstoffeintrag von der Tonbarriere in die unterlagernde Schicht [kg/(m$^2$s)]

$n_{GW}$ = Porosität der unterlagernden Schicht [-]

$h_{GW}$ = Mächtigkeit der unterlagernden Schicht [m]

$v_{GW}$ = Filtergeschwindigkeit in der unterlagernden Schicht [m/s]

$L$ = Länge der Deponie in Richtung der Filtergeschwindigkeit [m]

## 3. 4. 4  Methoden zur Lösung der Stofftransportgleichung

Wenn im folgenden von der Lösung der Stofftransportgleichung die Rede ist, dann heißt dies, daß die Stofftransportparameter sowie die Anfangs- und Randbedingungen vorgegeben werden und die abhängige Variable (Konzentration c) in Abhängigkeit der unabhängigen Variablen (Zeit t und Ort x) berechnet wird. Die wichtigsten Verfahren zur Lösung der Stofftransportgleichung sind analytische und numerische Methoden. Sie können hier nur kurz dargestellt werden. Eine eingehende Behandlung erfolgt im Bd. 2 „Stömungs- und Transportmodellierung" des Methodenhandbuchs.

### 3. 4. 4. 1 Analytische Lösungen

Die Bezeichnung „analytische Lösungen" wird als Synonym für die explizite, in geschlossener Form darstellbare Lösung der Stofftransportgleichung verwendet. Zur Anwendung von analytischen Lösungsverfahren ist es notwendig, die natürlichen Gegebenheiten weitgehend zu schematisieren. In der Schematisierung liegt allerdings die Gefahr, daß die rechnerische Nachbildung des Stofftransportprozesses erheblich von den tatsächlichen Gegebenheiten abweicht. Die analytischen Lösungen zeichnen sich dennoch gegenüber numerischen Verfahren durch folgende Vorteile aus:
- Schnelle sowie exakte Parameterstudien und Sensitivitätsanalysen
- Einfache Handhabung
- Geringer rechnerischer Aufwand

Für zeitlich und örtlich konstante Transportparameter wurden analytische Lösungen für eine Vielzahl von einfachen Anfangs- und Randbedingungen entwickelt (PARKER & VAN GENUCHTEN 1984; ROWE & BOOKER 1985; ROWE et al. 1993).

Aufgrund der Vielzahl von analytischen Lösungsverfahren, die bisher entwickelt wurden, kann hier nur beispielhaft auf eine in der Modellierungspraxis häufig benutzte Lösung für die Stofftransportgleichung (1) eingegangen werden. Diese analytische Lösung gilt für die in (3) formulierte Anfangsbedingung und für die in (4) bzw. (5) definierten Randbedingungen. Die analytische Lösung lautet nach PARKER & VAN GENUCHTEN (1984):

$$c(x,t) = c_{geo} \cdot A(x,t) + c_{Rand}^{oben} \cdot B(x,t) \tag{8}$$

mit

$$A(x,t) = \exp(-\frac{\mu\, t}{R})\left\{1 - 0{,}5\, erfc\left(\frac{Rx - vt}{2(DRt)^{0,5}}\right) - 0{,}5\exp(\frac{vx}{D})\, erfc\left(\frac{Rx + vt}{2(DRt)^{0,5}}\right)\right\}$$

$$B(x,t) = 0{,}5\exp(\frac{(v - u)x}{2D})\, erfc\left(\frac{Rx - ut}{2(DRt)^{0,5}}\right) + 0{,}5\exp(\frac{(v + u)x}{2D})\, erfc\left(\frac{Rx + ut}{2(DRt)^{0,5}}\right)$$

$$R = 1 + \frac{\rho_d \cdot k_d}{n}$$

$$D = D_{eff} + D_d$$

$$u = \left(v^2 + 4\mu D\right)^{0,5}$$

mit      erfc =   Komplementäre Fehlerfunktion
            R    =   Retardationsfaktor
            D    =   Hydrodynamischer Dispersionskoeffizient [m$^2$/s]

Die Berechnung der raumzeitlichen Konzentrationsverteilung mit (8) ist relativ einfach. Ihre Anwendung liefert insbesondere bei Parameterstudien außerordentlich nützliche Informationen für die Bewertung der Barrierewirkung von Gesteinen. Anhand eines Anwendungsbeispiels soll ihr Nutzen verdeutlicht werden.

### *Anwendungsbeispiel*

Ein Maß für die Wirksamkeit eines Barrieregesteins ist die Zeit, die verlaufen ist, bis erste Schadstoffe die Barriere durchdrungen haben. Im folgenden wird diese mit Durchtrittszeit bezeichnet, wobei es sich um diejenige Zeitspanne handelt, in der 0,1 % der deponieseitigen Schadstoffkonzentration am Ende der Barriere angelangt ist.

Mit Hilfe von (8) wurde die Durchtrittszeit durch eine aus wassergesättigtem Klei bestehende Barriere berechnet, wobei verschiedene Parameterkombinationen verwendet wurden.

Die den Berechnungen zugrundeliegenden Kenndaten sind in Tabelle 3.2 zusammengestellt. Es wurden 9 wassergelöste organische Schadstoffe betrachtet, die durch Advektion, Diffusion und Dispersion transportiert sowie durch

Sorption retardiert werden. In den Transportrechnungen wurde davon ausgegangen, daß die betrachteten Stoffe nicht abgebaut werden.

In Abb. 3.3 sind die berechneten Durchtrittszeiten für die 9 organischen
Schadstoffe in Abhängigkeit der Barrieremächtigkeit für 3 unterschiedliche
vertikale Filtergeschwindigkeiten $q_0$ dargestellt. Es wurden die vertikalen
Filtergeschwindigkeiten $q_0 = 10^{-7}$, $10^{-10}$ und $10^{-13}$ m/s verwendet, um das
Spektrum der in Tonbarrieren möglichen Werte abzudecken.

Wie anhand der Retardationsfaktoren R in Tabelle 3.2 abzulesen ist, ist die
Mobilität der betrachteten Schadstoffe sehr unterschiedlich. Der schnellste
Schadstoff ist 2,4,5-TCP (R = 6), der langsamste HCB (R = 1253).

**Tabelle 3.2.** Zusammenstellung boden- und schadstoffspezifischer Parameter für Klei

*Bodenspezifische Parameter:*

| | | | |
|---|---|---|---|
| Trockendichte | $\rho d$ | = | $1300 \text{ kg/m}^3$ |
| Porosität | n | = | 0,50 |
| Dispersivität | $\alpha$ | = | 0,075 m |

*Schadstoffspezifische Parameter*

| Stoff | Summenformel | $k_d$ [l/kg] | R [-] | $D_{eff}$ [m²/s] |
|---|---|---|---|---|
| 2-Chloranilin | $C_6H_6NCl$ | 7,51 | 20 | $2{,}2 \cdot 10^{-10}$ |
| Anilin | $C_6H_7N$ | 2,98 | 9 | $2{,}4 \cdot 10^{-10}$ |
| Atrazin | $C_8H_{14}N_5Cl$ | 6,20 | 17 | $1{,}1 \cdot 10^{-10}$ |
| PCP | $C_6HC_{l5}O$ | 15,01 | 40 | $1{,}6 \cdot 10^{-10}$ |
| 2,4,5 - TCP | $C_8H_5O_3C_{13}$ | 1,99 | 6 | $1{,}1 \cdot 10^{-10}$ |
| 1,2,4 -TCB | $C_6H_3C_{13}$ | 19,88 | 53 | $1{,}9 \cdot 10^{-10}$ |
| HCB | $C_6C_{16}$ | 481,60 | 1253 | $1{,}6 \cdot 10^{-10}$ |
| 1,3 - DCB | $C_6H_4C_{12}$ | 9,12 | 25 | $2{,}1 \cdot 10^{-10}$ |
| $\gamma$ - HCH | $C_6H_6C_{16}$ | 9,15 | 25 | $1{,}0 \cdot 10^{-10}$ |

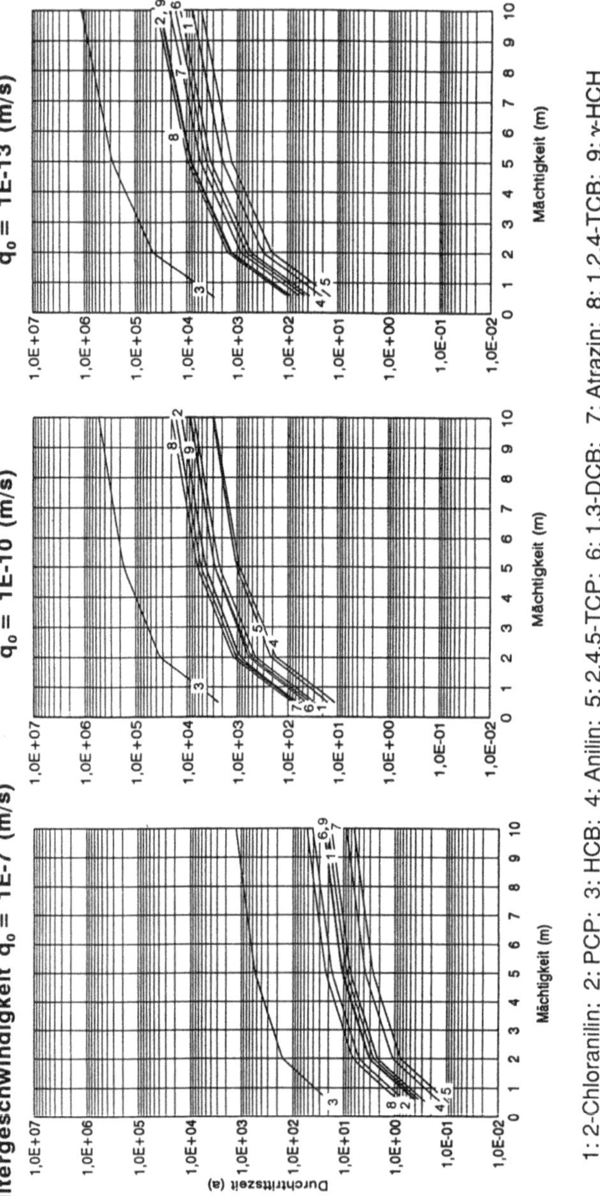


**Abb. 3.3.** Nomogramme zur Bewertung der Barrierewirkung von wassergesättigtem Klei

An den Nomogrammen in Abb. 3.3 wird deutlich, daß bei Mächtigkeiten der Barriere von bis zu 1 m bei ungünstigen hydraulischen Verhältnissen (vertikale Filtergeschwindigkeiten $q_0 \geq 10^{-7}$ m/s) die betrachteten Schadstoffe (außer HCB) in weniger als einem Jahr die liegenden Schichten erreicht haben. Beträgt die vertikale Filtergeschwindigkeit $q_0 = 10^{-10}$ m/s, ergeben sich bei einer Barrieremächtigkeit von 1 m Durchtrittszeiten, die je nach Sorptionsstärke zwischen 10 und 200 Jahren schwanken. Bei noch geringeren vertikalen Filtergeschwindigkeiten ($q_0 < 10^{-10}$ m/s) erhöhen sich die Durchtrittszeiten nur unwesentlich, weil die Diffusion die Schadstoffgeschwindigkeit wesentlich stärker beeinflußt als die Advektion.

Bei einer Barrieremächtigkeit von 10 m betragen die Durchtrittszeiten bei $q_0 = 10^{-7}$ m/s für die betrachteten Schadstoffe (außer HCB) weniger als 60 Jahre. Lediglich das extrem gut sorbierende HCB weist eine Durchtrittszeit von etwa 1000 Jahren auf. Bei $q_0 = 10^{-10}$ m/s und einer Barrieremächtigkeit von 10 m liegen sämtliche Durchtrittszeiten über 3000 Jahren. Eine weitere Reduzierung der vertikalen Filtergeschwindigkeit auf Werte $q_0 < 10^{-10}$ m/s ist von geringem Nutzen, weil hier - wie bereits erwähnt - die Durchtrittszeit in erster Linie durch die Diffusion bestimmt wird.

An den Nomogrammen ist zu erkennen, daß die Durchtrittszeit überproportional mit der Barrieremächtigkeit zunimmt.

### 3. 4. 4. 2  Halbanalytische Lösungen

In vielen Deponie- und Altlastenfällen sind die Systembedingungen und die in der Tonbarriere ablaufenden Stofftransportprozesse so komplex, daß die Vereinfachungen und Schematisierungen, die mit der Anwendung der analytischen Lösung (8) verbunden sind, zu unakzeptablen, realitätsfremden Ergebnissen führen können. Durch die von ROWE & BOOKER (1985, 1986) entwikkelten halbanalytischen Lösungen ist es jedoch möglich, komplexere Systembedingungen und Prozesse rechnerisch zu erfassen, ohne aufwendige numerische Methoden zur Lösung der Stofftransportgleichung anwenden zu müssen.

Die halbanalytischen Lösungsmethoden setzen sich aus 3 Bearbeitungsschritten zusammen:
1. Die Stofftransportgleichung wird durch eine Laplace-Transformation umgeformt
2. Die transformierte Gleichung wird analytisch gelöst
3. Die Lösung aus 2) wird numerisch rücktransformiert. Der 3. Schritt stellt den Unterschied zu rein analytischen Lösungen dar und ermöglicht die Berücksichtigung eines größeren Spektrums an komplexen Systembedingungen

Abweichend von den rein analytischen Lösungen können auf diese Weise u. a. folgende Systembedingungen erfaßt werden: Örtlich veränderliche Stofftransportparameter (z. B. $\mu$, D, n, $k_d$, $r_d$), nicht lineare Sorption, räumlich variable Anfangskonzentrationsprofile in der Tonbarriere, zeitlich veränderliche Filtergeschwindigkeiten in der Tonbarriere, Berücksichtigung von Kluftsystemen in der Tonbarriere, zeitlich veränderliche Schadstoffkonzentrationen in der Deponie bzw. Altlast in Abhängigkeit vom Schadstoffaustrag in die

Tonbarriere bzw. in das Sickerwasserdrainagesystem, Verdünnungseffekte an der Basis der Tonbarriere in Abhängigkeit von den Strömungsverhältnissen in der unterlagernden Schicht.

Die halbanalytischen Lösungen sind kompliziert und entsprechend schwierig zu handhaben. Allerdings existieren anwenderfreundliche Computerprogramme (z. B. POLLUTE von ROWE et al. [1994] und MIGRATE von ROWE & BOOKER [1988]), in denen die halbanalytische Lösungsmethode speziell auf Deponie- und Altlastenfragen angewendet wird. Dadurch ist die Handhabung relativ einfach, man erhält auch für komplexe Systembedingungen schnell im Vergleich zu numerischen Lösungen exakte Ergebnisse. Die halbanalytischen Lösungen sind jedoch nicht anwendbar, wenn örtlich und zeitlich schwankende Strömungsgeschwindigkeiten und -richtungen in der Tonbarriere berücksichtigt werden müssen. Hier sind numerische Lösungen anzuwenden.

### 3. 4. 4. 3  Numerische Lösungen

In den Fällen, in denen die Systemgegebenheiten und die darin ablaufenden Prozesse so komplex sind, daß die für die Anwendung von analytischen bzw. halbanalytischen Lösungen vorzunehmenden Schematisierungen und Vereinfachungen zu einer realitätsfernen Modellierung führen, muß auf numerische Lösungsverfahren zurückgegriffen werden. Numerische Lösungen müssen beispielsweise angewandt werden, wenn

a) die Berandung des Barrieregesteins derartig unregelmäßig verläuft, daß die Strömungsverhältnisse innerhalb des Barrieregesteins davon erheblich beeinflußt werden

b) die Strömungs- und Stofftransportparameter heterogen und anisotrop verteilt sind, so daß deren Wirkung auf den Transportprozeß durch analytische bzw. halbanalytische Lösungen nicht mehr adäquat nachgebildet werden kann

c) der Schadstoffeintrag von der Deponie bzw. Altlast in das Barrieregestein räumlich und zeitlich erheblich variiert, so daß die obere Randbedingung (4) eine unzulässige Vereinfachung der tatsächlichen Gegebenheiten darstellt

Die Entscheidung darüber, ob für einen konkreten Fall eine der genannten Bedingungen für die Anwendung von numerischen Lösungen vorliegt oder nicht, kann nur von erfahrenen Modellfachleuten getroffen werden.

Ist die Notwendigkeit des Einsatzes von numerischen Lösungen erkannt, dann muß zunächst entschieden werden, welches numerisches Lösungsverfahren sinnvollerweise anzuwenden ist und welcher Programmcode zur Verfügung steht. Zur Lösung der Strömungs- und Stofftransportgleichung werden am häufigsten das Finite-Differenzen- und das Finite-Elemente-Verfahren verwendet. Beide Verfahren haben Vor- und Nachteile, so daß es keine allgemeingültige Aussage zum Einsatzbereich dieser beiden Verfahren gibt. Eine Einführung in die Anwendung numerischer Strömungs- und Transportmodelle findet sich in KINZELBACH & RAUSCH (1995) und im Bd. 2 „Stömungs- und Transportmodellierung" des Methodenhandbuchs.

Sowohl für Finite-Differenzen-Verfahren als auch für Finite-Elemente-Verfahren stehen heute eine Vielzahl von Programmcodes zur Verfügung. Einige der entwickelten numerischen Modelle zeichnen sich durch eine ausgereifte Benutzerfreundlichkeit der Programmcodes aus (z.B. graphisch orientierte Dateneingabe, automatische Plausibilitätskontrollen, graphische Datenausgabe).

### Anwendungsbeispiel

Um den Einsatz eines numerischen Stofftransportmodells zur Bewertung der Barriereeignung einer natürlich anstehenden Gesteinsschicht zu veranschaulichen, werden im folgenden die Modellierung der Strömung und des Benzoltransports im Untergrund der Deponie Georgswerder (Hamburg) dargestellt.

Die in den Jahren 1948 - 1979 mit Haus- und Sperrmüll (5,04 Mio. t), Bauschutt und Bodenaushub (1,77 Mio. t) sowie flüssigen (0,15 Mio. t in 10 Becken) bzw. pastösen (0,04 Mio. t in 4 Lagern mit 100000 Fässern) Sonderabfällen beschickte Hügeldeponie hat eine Grundfläche von etwa 42 ha und ist ca. 40 m hoch (Abb. 3.4).

In der Deponie hat sich ein Stauwasserkörper mit einer maximalen Höhe von 14 m gebildet, der in Teilbereichen zu einem deutlich erhöhten Austrag von Deponiewasser in den Grundwasserleiter führt. Die Deponie wird von holozänen Marschenablagerungen unterlagert. Es handelt sich dabei um gering durchlässige ($k_f = 10^{-9}$ m/s) Kleischichten, in denen teilweise Mudde ($k_f = 3 \cdot 10^{-9}$ m/s) eingelagert ist. Die Marschenablagerungen bilden die einzige Barriere gegen den vertikalen Austrag von Schadstoffen aus der Deponie in den unterlagernden Grundwasserleiter. Die Mächtigkeit der Barriere schwankt zwischen 0,5 und 7 m, überwiegend ist sie 2 - 3 m mächtig. Der Grundwasserleiter ist gespannt, der Druckspiegel liegt im Deponiebereich im Mittel bei 0,3 m ü. NN.

Die Strömungsverhältnisse in den holozänen Marschenablagerungen und im Grundwasserleiter unterhalb der Deponie Georgswerder sowie der Benzol-Transport aus der Deponie in den Grundwasserleiter wurden mit Hilfe eines spezifischen Finite-Elemente-Modells simuliert. Es wurden 7 Vertikalschnitte in jeweils 100 m Abstand betrachtet, die die holozänen Marschenablagerungen und den darunterliegenden Grundwasserleiter umfassen. Die Modellrechnungen wurden für den Simulationszeitraum 1967 - 1992 durchgeführt.

Die vertikalebene Strömungsmodellierung erfolgte stationär. In den Berechnungen wurde von einem zeitlich konstanten, jedoch räumlich variablen Stauwasserspiegel im Deponiekörper ausgegangen. Die den Berechnungen zugrundeliegenden System- und Prozeßdaten und deren Bestimmungsmethoden sollen an dieser Stelle nicht behandelt werden. Nähere Einzelheiten finden sich dazu in SCHNEIDER et al. (1991).

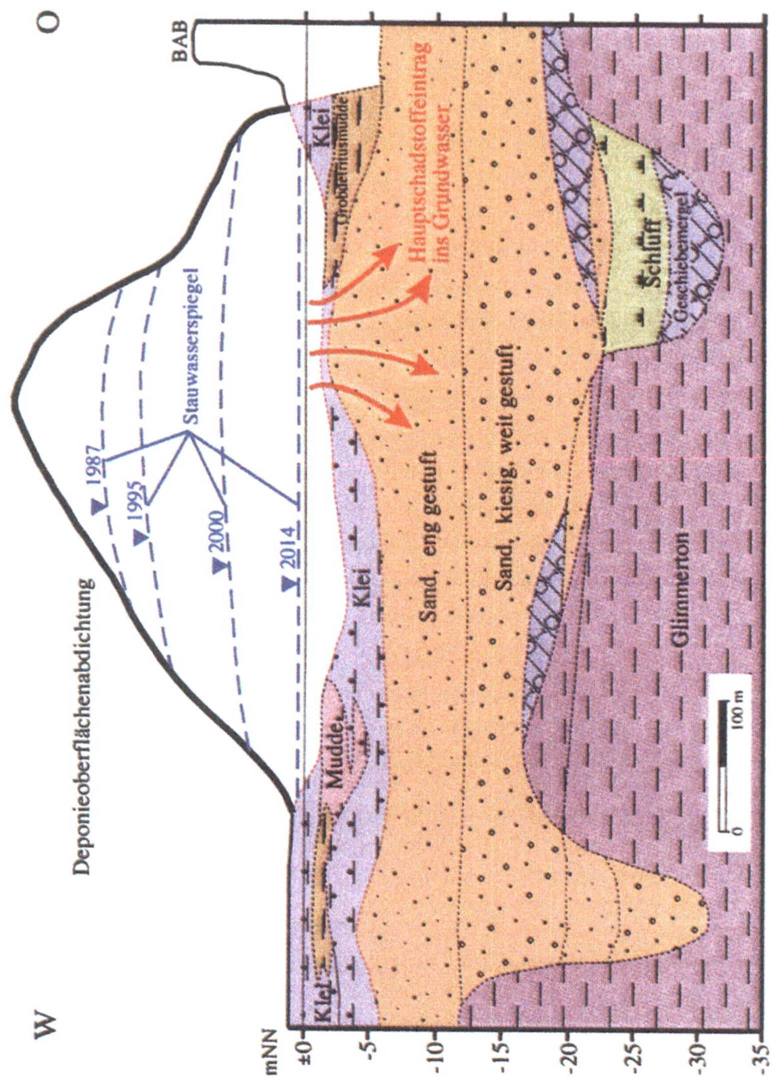


**Abb. 3.4.** Profilschnitt durch die Deponie Georgswerder mit ihrem Untergrund

In Abb. 3.5 sind die Ergebnisse der Modellrechnungen für einen Profilschnitt dargestellt. Anhand der berechneten Stromlinien und Laufzeiten ist zu
erkennen, daß die Marschenablagerungen vorwiegend vertikal durchströmt
werden. Der hohe stauwasserbedingte Druck wird unter der Deponie innerhalb
der Marschenablagerungen stark reduziert. Dennoch reicht der im Grundwasserleiter unterhalb der Deponie wirkende Druck aus, um die natürlichen Fließ-

verhältnisse entscheidend zu verändern. Hohe vertikale Filtergeschwindigkeiten, die bis zur Sohle des Grundwasserleiters wirken, treten v. a. im Bereich geringer Kleimächtigkeiten auf. Im Bereich dieser Schwachstellen benötigt das Stauwasser nur 0,2 bis 2 Jahre, um die Barriere zu überwinden. Die deponiebürtigen Schadstoffe gelangen jedoch aufgrund der Sorption später ins Grundwasser.

Für die Stofftransportmodellierung in den Vertikalschnitten wurde wassergelöstes Benzol betrachtet. Benzol - ein unter den Milieubedingungen im Deponieuntergrund nicht abbaubarer, jedoch sorbierbarer Stoff - weist räumlich stark variierende Konzentrationen im Stauwasser auf. Im Jahre 1992 betrug die maximale Benzol-Konzentration im Stauwasser etwa 1000 µg/l. Der Umfang des Benzol-Eintrags in den Grundwasserleiter wird u. a. vom Stauwasserüberdruck, der Benzol-Konzentration im Stauwasser und Mächtigkeit der Marschensubstrate beeinflußt. Jeder dieser 3 Faktoren ist räumlich variabel, so daß der Benzol-Eintrag je nach betrachtetem Profilschnitt sowohl im Betrag, als auch im zeitlichen Ablauf unterschiedlich ist. So ist teilweise nach 25 Jahren noch kein Benzol in den Grundwasserleiter eingetragen worden, weil hier die mit Benzol kontaminierten Deponiebereiche über relativ mächtigen Marschenablagerungen liegen (Abb. 3.5).

Dieses Simulationsergebnis stimmt mit der Realität insofern überein, als in entsprechenden Meßstellen noch keine Benzol-Kontamination nachgewiesen wurde. Auch in weiteren 25 Jahren ist hier - selbst bei gleichbleibenden hydraulischen Randbedingungen - nicht mit einem Benzol-Eintrag in den Grundwasserleiter zu rechnen. Im Bereich geringer Kleimächtigkeiten hingegen hat Benzol schon nach weniger als einem Jahr seit Beginn des Schadstoffeintrags in die Marschenablagerungen den Grundwasserleiter erreicht. Durch die starken vertikalen Strömungskomponenten im Grundwasserleiter wird dieser unterhalb der gering mächtigen Marschensubstrate in seiner gesamten Mächtigkeit kontaminiert.

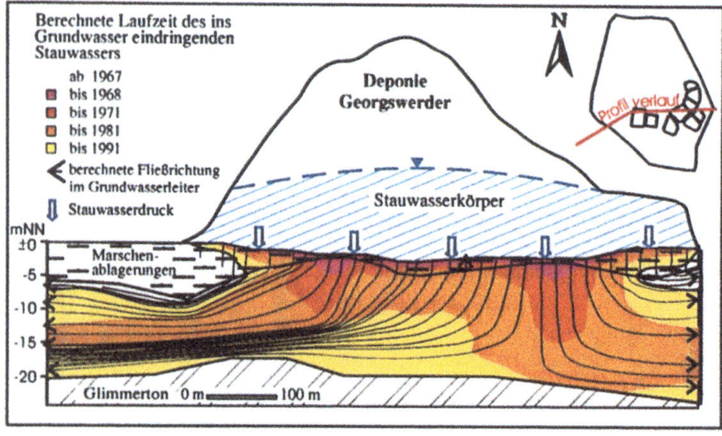


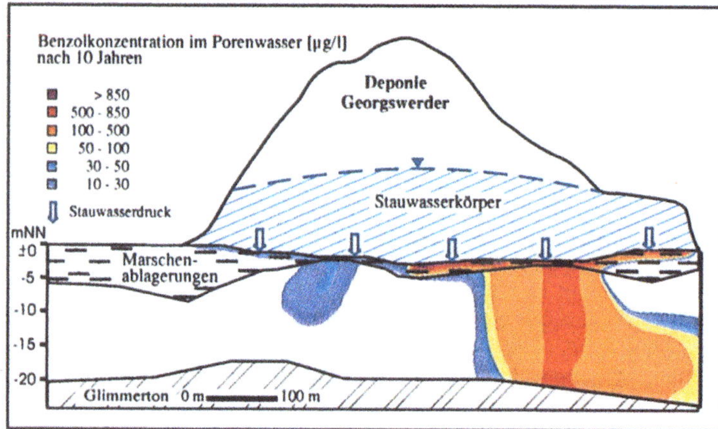


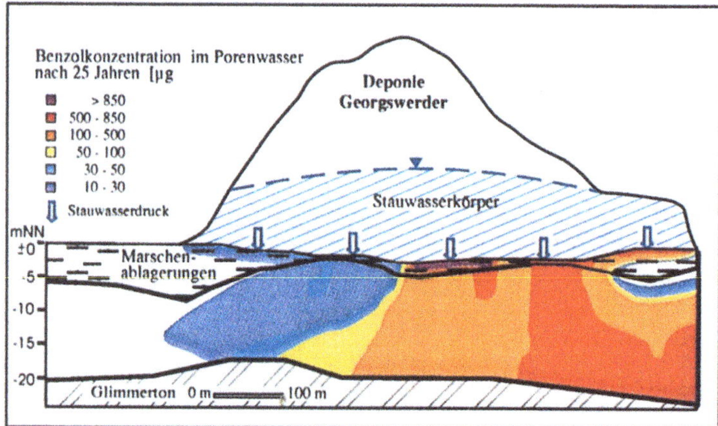


**Abb. 3.5.** Berechnete Stromlinien und Benzol-Konzentrationen im Deponieuntergrund von Georgswerder

# Literatur

DRESCHER, J. (1987): Standortanforderungen für Deponien aus geowissenschaftlicher Sicht. - In: THOMÉ-KOZMIENSKY, K. J. (Hrsg.): Deponien, S. 235-253. - EV-Verl. München

GDA - Deutsche Gesellschaft für Erd- und Grundbau e. V. (1993): Empfehlungen des Arbeitskreises "Geotechnik der Deponien und Altlasten"(GDA). - 2. Aufl., Ernst, Berlin, 190 S.

HEITFELD, K.-H., OLZEM, R., STOLPE, H. (1977): Kriterien zur Beurteilung der Dichtigkeit von Böden bei der Standortbeurteilung für Sonderabfalldeponien. - Abfallwirtschaft Nordrhein-Westfalen 2. L.A. f. Wasser u. Abfall NW, Düsseldorf

KINZELBACH, W., RAUSCH, R. (1995): Grundwassermodellierung. - Bornträger Stuttgart, Berlin

McNEAL, B. (1968): Prediction of the effect of mixed-salt solutions on soil hydraulic conductivity. - Soil. Sci. Amer. Proc. 32: 190-193

McNEAL, B. L., COLEMAN, N. Z. (1966): Effect of solution composition on soil hydraulic conductivity. - Soil Sci. Soc. Amer., Proc. 30: 308-312

PARKER, J. C., VAN GENUCHTEN, M. T. (1984): Determining transport parameters from laboratory and field tracer experiments. - Bull. 84 (3). Va Agric. Exp. Sta., Blacksburg, 96 p.

ROWE, R. K. (1988): 11th Canadian Geotechnical Colloquium: Contaminant migration through groundwater - the role of modelling in the design of barriers. - Can. Geotech. J. 25: 778-798

ROWE, R. K., BOOKER, J. R. (1985): 1-d pollutant migration in soils of finite depth. - ASCE J. Geotechn. Eng. 111: 479-499

ROWE, R. K., BOOKER, J. R. (1986): A finite layer technique for calculating three-dimensional pollutant migration in soil. - Geotechnique 36(2): 205-214

ROWE, R. K., BOOKER, J. R. (1988): MIGRATE. - Analysis of 2-D pollutant migration in a nonhomogeneous soil system. - User´s Manual. Report Number GEOP-1-88, Geotechnical Research Centre, Univ. of W. Ontario. London, Ontario

ROWE, R. K., BOOKER, J. R., FRASER, M. J. (1994): POLLUTEv& and POLLUTE-GUI. - User's Guide. GAEA Enviromental Engeneering Ltd., 304 p., London, Ontario

ROWE, R. K., QUIGLEY, R. M., BOOKER, J,. R. (1993): Clayey barrier systems for waste disposal facilities. - Spon, London, 390 p.

SCHEFFER, F., SCHACHTSCHABEL, P. (1992): Lehrbuch der Bodenkunde. Enke, Stuttgart

SCHNEIDER, W., BAERMANN, A., DÖLL, P. & GEYH, M. (1991): Prognose des Schadstofftransports im Deponieuntergrund. - BMFT-Forschungsbericht TV 1b des Verbundvorhabens „Neue Verfahren und Methoden zur Sanierung von Altlasten am Beispiel der Deponie Georgswerder, Hamburg", Förderkennzeichen 144035914. GLA Hamburg, 146 S.

SCHNEIDER, W., GÖTTNER, J. J. (1991): Schadstofftransport in mineralischen Deponieabdichtungen und natürlichen Tondichtungen. - Geol. Jb., C (58), 132 S.

TA Abfall - Abfall- und Reststoffüberwachungsverordnung (Hrsg.: SCHMECKEN, W. 1991). - 2. Auflage, 286 S.; Deutscher Gemeindeverlag/W. Kohlhammer, Köln

TA Siedlungsabfall - Technische Anleitung zur Verwertung, Behandlung und sonstigen Entsorgung von Siedlungsabfällen mit Erläuterungen (Hrsg.: BERGS, C. G., DREYER, S., NEUENHAHN, P., RADDE, C. A. 1993). - In: Abfallwirtschaft in Forschung und Praxis 61, S. 11-157; Schmidt, Berlin

VAN GENUCHTEN, M. T., ALVES, W. J. (1982): Analytical solutions of the one-dimensional convective-dispersive solute transport equation. - U.S. Department of Agric., Techn. Bull. 1661, 151 p.

WÜSTENHAGEN, K., BAERMANN, A., BRUNS, J. et al. (1990): Glazial geprägter Glimmerton als Schadstoffbarriere im Elbtal des Hamburger Raumes. - Geol. Jb. C (55), 162 S.

# 4 Meßparameter

## 4. 1 Bodenphysikalische Verfahren

### 4. 1. 1 Korngrößenverteilung

HANS-GEORG DIETRICH, EBERHARD DAHMS, LOTHAR FRITZ,
HARALD HEIMERL und EWALD ERWIN KOHLER

#### 4. 1. 1. 1 Einleitung

Die Korngrößenverteilung eines Gesteins[13] gibt die Massenanteile der vorhandenen Kornfraktionen bezogen auf die Gesamtmasse an. Korngrößen mit definiertem Bereich werden als Korngrößenfraktionen, Kornfraktionen oder Kornklassen bezeichnet.

Die Korngrößenverteilung ist eines der grundlegenden Merkmale aller klastischen (d. h. durch mechanische Zerkleinerung älterer Gesteine entstandenen) Sedimente und der durch Verwitterungsprozesse gebildeten Böden. Ihre Bestimmung gehört dementsprechend zu den wichtigsten analytischen Untersuchungen der Sedimente und Böden.

Die Größe der Einzelkörner kann von 0,005 µm (= 5 nm, Tonteilchen) bis zu mehreren Metern (Geschiebe bis 10 m) reichen (MÜLLER 1964, SCHLICHTING et al. 1995). Das Korngrößenspektrum kann damit 7 - 9 Zehnerpotenzen umfassen.

Im allgemeinen wird zwischen den Kornfraktionen Ton, Schluff (Silt), Sand, Kies, Steine und Blöcke unterschieden (DIN 4022 T 1 und Entwurf der nachfolgenden Norm E DIN ISO 14688 sowie DIN 4047, 18123 und 19683; Bodenkundliche Kartieranleitung der AG BODEN 1994). Schluff und Ton werden in der Geotechnik zusammenfassend als Feinkornbereich oder auch Schlämmkorn (< 63 µm), die Summe der anderen Fraktionen als Grobkornbereich oder auch Siebkorn ( > 63 µm) bezeichnet (Abb. 4.1).

Die Fraktionen Schluff, Sand und Kies werden durch die Zusätze „Fein-", „Mittel-" und „Grob-" weiter unterteilt (Abb. 4.1). Auch für die Tonfraktion < 2 µm wird von der Bodenkunde eine derartige Abstufung in 2 - 0,6 µm, 0,6 - 0,2 µm und < 0,2 µm praktiziert. Sie sollte nach Meinung vieler Fachleute ebenfalls in die DIN-Normen für sedimentologische, bodenkundliche und geotechnische Untersuchungen aufgenommen werden (LAGALY & KÖSTER 1993; MÜLLER-VONMOOS & KOHLER 1993; TRIBUTH & LAGALY 1986 b).

---

[13] In den Geowissenschaften unterscheidet man nach ihrer Konsistenz Fest- und Lockergesteine und nach der Genese u. a. Sedimente und Böden. Im selben Sinne werden die Begriffe Boden und Sediment in der Bodenkunde gebraucht. Im Gegensatz dazu steht in der Geotechnik (z. B. Baugrund) der Begriff „Boden" für Lockergestein im Unterschied zu „Fels" (Festgestein). Der in diesem Zusammenhang gebrauchte Begriff „Bodenphysik" bezieht sich in der Geotechnik immer auf Böden i. S. von Lockergesteinen.

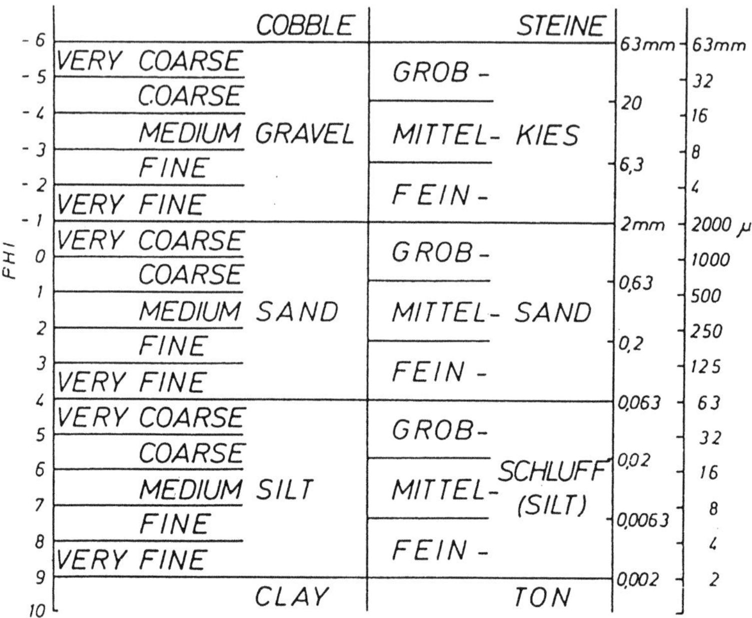


**Abb. 4.1.** Einteilung der Korngrößenklassen und Vergleich der ATTERBERG-Skala nach DIN 4022/E DIN ISO 14688 (*rechts*) mit der Skala von WENTWORTH (*links*), in der nach DOEGLAS (1968) die Grenze Silt/Clay in Angleichung an die ATTERBERG-Skala von 4 μm auf 2 μm verlegt ist. Angaben der Kornklassengrenzen [mm, μm und phi]. (Aus FÜCHT-BAUER et al. 1988)

Die Benennung der Sedimente und Böden ist i. allg. direkt aus der Korngrößenverteilung abzuleiten. So bestehen z. B. (reine) Sande bzw. Feinsande fast ausschließlich aus Körnern der Sand- bzw. Feinsandfraktion.

Bei zusammengesetzten, d. h. aus Körnern verschiedener Kornklassen bestehenden Boden- bzw. Gesteinsarten richtet sich die Bezeichnung entspr. DIN 4022 T. 1 6 nach den jeweiligen Haupt- und Nebenanteilen (z. B. „Kies, sandig"). Für die Benennung der feinkörnigen Bodenarten ist nicht allein deren Massenanteil maßgebend: Bestimmt der Feinkornanteil (< 63 μm) die Eigenschaften des Bodens, d. h. vor allem Plastizität und Trockenfestigkeit, so gilt die Bezeichnung „Schluff" oder „Ton" auch bei einem Feinkornanteilen < 40 %. Die Unterscheidung zwischen Schluff und Ton erfolgt nach DIN ausschließlich nach den plastischen Eigenschaften des gesamten Feinkornbereichs.

Detaillierte Untergliederungen von Sand-Schluff-Ton-Gemischen, die teilweise von der DIN-Norm abweichen, geben u. a. FÜCHTBAUER et al. (1988), HENNIGSEN (1981) und MÜCKENHAUSEN et al. (1981).

Neben der üblichen Untergliederung und Bennenung der Kornfraktionen und Bodenarten werden auch andere Einteilungen wie beispielsweise Pelit (für Ton, Fein- und Mittelschluff), Psammit (für Grobschluff und Sand) und Psephit (für Kies, Steine und Blöcke) als matererialunabhängige Überbegriffe verwendet. (z. B. FÜCHTBAUER 1988; MATTHES 1990).

Da bei einer metrischen Einteilung mit arithmetischer Unterteilung zum einen die großen Körner über- und die kleinen unterbetont werden und zum anderen der weite Korngrößenbereich von 7 - 9 Zehnerpotenzen nicht mehr arithmetisch in Millimetern dargestellt werden kann (REINECK 1990; TUCKER 1996), wird für die Korngrößenabstufung nach DIN in Anlehnung an die ATTERBERG-Skala eine logarithmische Skala (Logarithmus zur Basis 10) zugrunde gelegt (Abb. 4.1).

Gegenüber der in Deutschland üblichen logarithmischen Skala baut die im angloamerikanischen Raum verwendete WENTWORTH-Skala systematisch auf den Logarithmus mit der Basis 2 auf (Abb. 4.1), bei der von 1 mm ausgehend die Kornklassengrenzen sich zum gröberen Korn hin jeweils verdoppeln (1 mm, 2 mm, 4 mm, ...) und zum feineren hin jeweils halbieren (1mm, 0,5mm, 0,25 mm, ...). Dabei wird die Grenze Schluff (Silt)/ Ton nach TUCKER (1966) sowohl bei 2 µm (Bodenkunde) als auch bei 4 µm (Sedimentologie) angesetzt. Um die Fraktionsgrenzen als ganze Zahlen zu kennzeichnen wird nach KRUMBEIN (1934) die Phi-Skala ($\Phi$) verwendet (Abb. 4.1), die dem negativen Logarithmus der Skalenwerte entspricht und nach einer späteren Neudefinition dimensionslos ist (vergl. FÜCHTBAUER et al. 1988; TUCKER 1996):

$$\Phi = -\log_2 d \qquad (1) \qquad\qquad \Phi = -\log_2 \frac{d}{d_0} \qquad\qquad (2)$$

Dabei ist d der Korndurchmesser in mm und $d_0$ der Einheitsdurchmesser des 1 mm-Korns.

## 4. 1. 1. 2  Grundlagen

Für die Korngrößenanalyse disperser Systeme (vgl. DIN 66160) müssen die Einzelelemente der untersuchten Probe nach physikalischen Eigenschaften (Partikelmerkmale) in Merkmals- und Größenklassen geordnet und deren Häufigkeits- oder Mengenanteile ermittelt werden (LESCHONSKI et al. 1974a; BERNHARDT 1990). Zur eindeutigen Charakterisisierung der Partikelgrößen werden solche Merkmale benutzt, die direkt oder indirekt auf das granulometrische Merkmal Teilchengröße zurückgeführt werden können. Dazu gehören nach BERNHARDT (1990) und LESCHONSKI (1988) u. a. folgende Partikelmerkmale:
- Geometrische Größen (Länge, Fläche, Volumen)
- Masse
- Sedimentationsgeschwindigkeit und
- Feldstörungen (Störungen im elektrischen, im elektromagnetischen [Extinktion, Streuung, Beugung] und im fluiddynamischen Feld).

Für die Ermittlung der Häufigkeitsverteilung der Teilchengröße werden die Mengenarten Anzahl, Größe und Masse verwendet.

Wegen der meist unregelmäßigen Form der einzelnen Teilchen und zum Vergleich der Meßergebnisse untereinander werden Äquivalentdurchmesser berechnet, d. h. Durchmesser von Kugeln, die dieselben physikalischen Eigenschaften bzw. Meßeffekte aufweisen wie das untersuchte unregelmäßig geformte Teilchen (LESCHONSKI et al. 1974b). Daraus folgt nach BERNHARDT (1990) und FRIEDRICH & MANSOUR (1995) daß für ein Partikel, das nach den oben angeführten Merkmalen bewertet wird, nur dann stets der derselbe Wert der Partikelgröße d gefunden wird, wenn es selbst kugelförmig ist.

Da sich in Abhängigkeit von der gewählten Meßmethode für Teilchen, deren Form von der Kugelgestalt abweicht, unterschiedliche Partikelgrößen ergeben, wird zum Beispiel zwischen oberflächen-, volumen-, sedimentations- und widerstandsäquivalenten Kugeldurchmessern bzw. Teilchengrößen unterschieden.

Dabei gilt nach LESCHONSKI (1986) in BERNHARDT (1990) folgende Größenzuordnung dieser Durchmesser:

$$x_{ps} > x_{pm} = x_A > x_V > x_W \tag{3}$$

$x_{ps}$: Durchmesser der Kugel gleicher Projektionsfläche wie das Teilchen in stabiler Teilchenlage, $x_{pm}$: Durchmesser der Kugel gleicher Projektionsfläche in mittlerer Teilchenlage, $x_A$: Durchmesser der Kugel gleicher Oberfläche, $x_V$: Durchmesser der Kugel gleichen Volumens, $x_W$: Durchmesser der Kugel gleicher Sedimentationsgeschwindigkeit.

Daraus ergeben sich nach BERNHARDT (1990) und FRIEDRICH & MANSOUR (1995) folgende Schlußfolgerungen:

- Die Anwendung unterschiedlicher physikalischer Meßprinzipien für die Partikelgrößenuntersuchung führt zu voneinander abweichenden Ergebnisen, wenn die Partikelform nicht sphärisch ist
- Die Aufdeckung von Ursachen für Abweichungen zwischen den Ergebnissen verschiedener Meßmethoden erfordert die Verwendung kugelförmiger Substanzen (Eichmaterialien).

Für die Praxis hat das folgende Bedeutung: Da die verschiedenen Meßmethoden unterschiedliche (größenspezifische) Teilcheneigenschaften benutzen, beruht jede Methode auf einer anders definierten Korngröße. Bei der Darstellung einer Korngrößenverteilung, die durch Kombination mehrerer Meßmethoden (z. B. Sieb- und Pipettanalyse) gewonnen wurde, zeigt die aus den verschiedenen Meßergebnissen zusammengesetzte Summenkurve häufig einen typischen Knick oder Sprung an den Schnittstellen zwischen den eingesetzten Methoden (im o.g. Beispiel gewöhnlich bei 63 µm). Die Unterschiede können häufig durch zusätzliche Schnittstellen (bei der angegebenen Kombination durch weitere Naßsiebungen bei 20 oder, weniger aufwendig, 36 µm) angeglichen werden.


## 4. 1. 1. 3 Anwendungsbereiche

Die Korngrößenverteilung gibt wichtige Informationen zur Kennzeichnung und Klassifizierung von Sedimenten und Böden sowie zur Beurteilung ihrer physikalischen und physikochemischen Eigenschaften.

Aus der Korngrößenverteilung läßt sich in erster Näherung der Tonmineralgehalt eines Sediments oder Bodens abschätzen. Da die Tonminerale fast immer die kleinsten Partikel von Sedimenten und Böden sind (Abb. 4.3), befinden sie sich weitgehend in der Tonfraktion (< 2 µm) dieser Gesteine. Der Anteil der Tonfraktion eines Gesteins entspricht daher i. allg. etwa seinem Tonmineralgehalt.

Tonminerale kommen daneben auch in der Schluff-Fraktion (< 2 µ bzw. 2 - 63 µm) vor (Abb. 4.3), andererseits sind in der Tonfraktion häufig auch Anteile von Quarz, detritischem Carbonat und silicatischen Komponenten sowie humose Substanzen vorhanden

Der Tonmineralgehalt von Lockergesteinen beeinflußt wesentliche geotechnische Materialeigenschaften wie Dichtigkeit bzw. Durchlässigkeit (Abb. 4.2), Porosität, Plastizität, Quellung/Schrumpfung und Scherfestigkeit sowie physikalische bzw. physikochemische Parameter wie spezifische Oberfläche, Bindemitteleffekte (Korngrößenverteilung vor und nach Bindemittelentfernung) und Kationenaustauschkapazität. Boden- und Lockergesteinsproben lassen sich damit hinsichtlich ihrer bodenphysikalischen Eigenschaften durch die Bestimmung des Tongehaltes bereits grob charakterisieren (KOHLER et al. 1989). Die

Korngrößenanalyse liefert damit ein wichtiges Kriterium bei der Eignungsbewertung von Gesteinen zur Verwendung als natürliche oder technische Barriere im Bereich der Umwelt- und Deponietechnik.

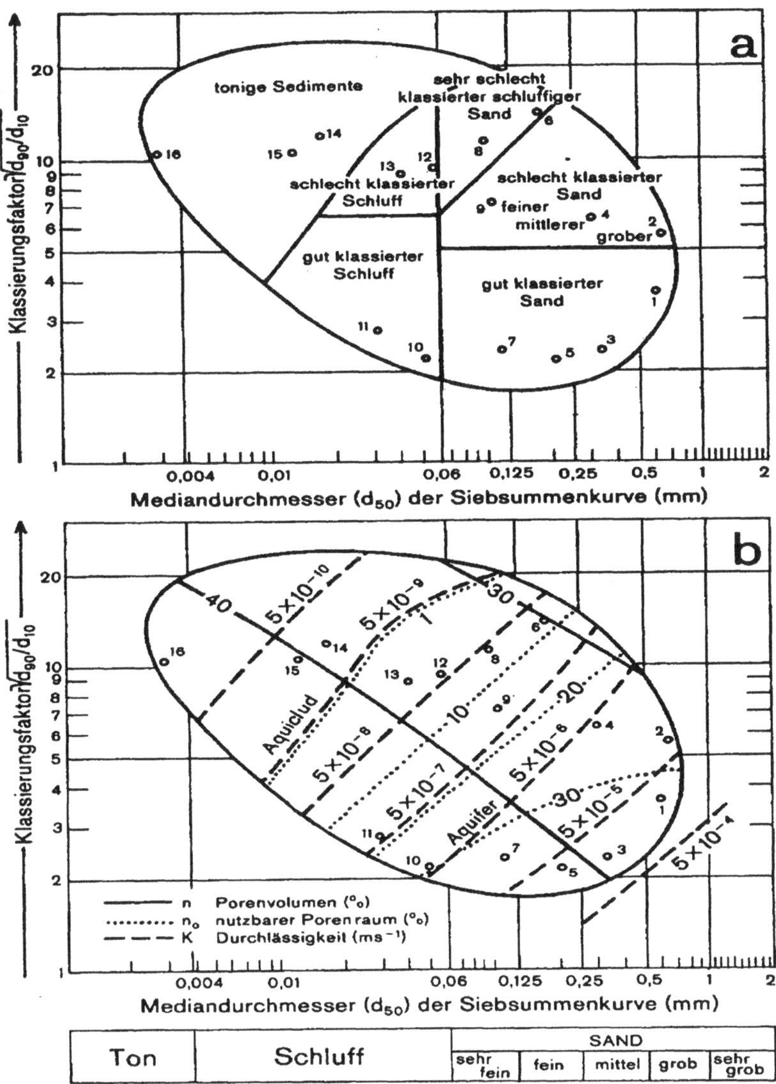


**Abb. 4.2 a, b.** Gesamtporenvolumen, nutzbarer Porenraum und Durchlässigkeiten (Beiwert k) in Abhängigkeit von Klassierung und mittlerer Korngröße (Median) von Lockergesteinstypen (nach JOHNSON 1967 in BESENECKER et al. 1984).
Die den hier verwendeten Klassierungsfaktor bildenden Werte $d_{90}$ und $d_{10}$ bezeichnen die Korndurchmesser, bei denen die Kornsummenkurve die 90 %- bzw. 10 %-Linie schneidet (vgl. 4.1.1.7). Die Einteilung der Kornklassen entspricht der WENTWORTH-Skala.

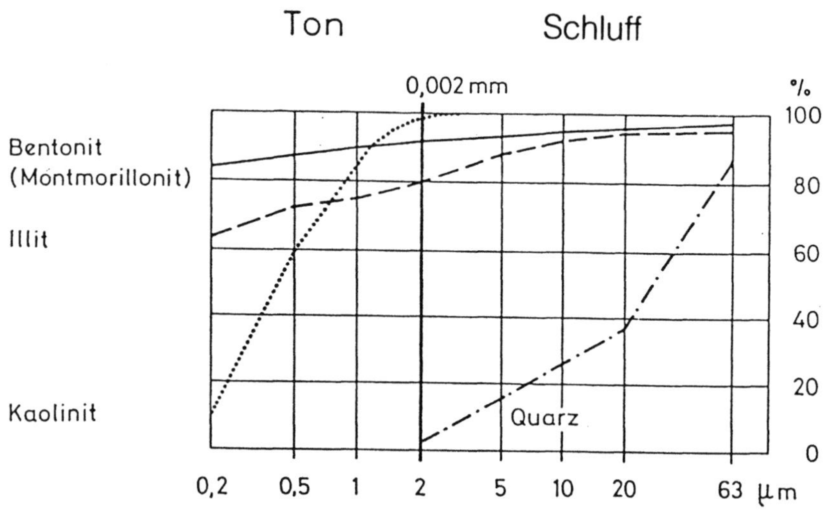


**Abb. 4.3.** Beispiel für Korngrößenverteilungen von Quarz und den Tonmineralen Kaolinit, Illit und Bentonit (Montmorillonit) in der Schluff- und Tonfraktion (63-2 bzw. < 2 µm). Der Illit enthält > 0,5 µm nur Orthoklas, der Bentonit > 0,2 µm v. a. Quarz, der Montmorillonit findet sich fast nur in der Fraktion < 2 µ. Die Körnungslinie des Kaolinits ist weniger typisch: Kaolinit geht meist auch mit oft erheblichen Anteilen in die Feinschluff-Fraktion (2 -6,3 µm; KOHLER & USTRICH 1988, GDA 1993, E 3-3, 3.2; s. auch Kap. 4.1.1.3). Angabe in Massenanteilen [%] der ofentrockenen (105 °C) Proben. (Nach MÜLLER-VONMOOS & KOHLER 1993)

## 4. 1. 1. 4  Verfahrensprinzipien

Die Methoden zur Bestimmung der Korngrößenverteilung beruhen auf verschiedenen Prinzipien und lassen sich mit MÜLLER (1964) und BERNHARDT (1990) in Klassier- und Sedimentationsmethoden sowie in Meß- und Zählmethoden unterteilen.

Bei der Kornklassierung wird durch Sieb- und Schlämm-Methoden (Sedimentationsverfahren im Schwere- und im Zentrifugalfeld sowie Spülverfahren) der prozentuale Gewichtsanteil der Kornfraktionen ermittelt (Massenverteilung).

Korngrößen über 0,063 mm (Kies, Sand) werden durch Siebung analysiert.

Feinkörnige Sedimente und Böden oder die als Rückstand aus der Naßsiebung anfallende Feinfraktion (Schluff, Ton) unter 0,125 mm werden vorwiegend über die Sedimentationsgeschwindigkeit der in einer Flüssigkeit suspendierten Teilchen analysiert. Die Sinkgeschwindigkeit der als kugelförmig angenommenen Mineralteilchen ist nach dem Gesetz von Stokes eine Funktion ihrer Korngröße und Dichte sowie der Dichte und Viskosität des Fallmediums.

Neben der Sedimentation im Schwerkraftfeld benutzen einige Methoden das Zentrifugalfeld. Gemessen werden die absoluten Massen in bestimmten Fraktionen nach Ablauf einer bestimmten Zeit (Atterberg-, Zentrifugenverfahren, Pipettverfahren) oder die Dichteänderungen der Suspension nach Ablauf einer bestimmten Zeit (Aräometerverfahren nach Bouyouscos-Casagrande). Wegen der Brownschen Molekularbewegung ist eine Unterteilung der Korngrößen < 0,001 mm mit diesen Methoden nicht möglich.

Darüber hinaus kann die gravitative Differenzierung in der Suspension photo-optisch (Intensitätsabschwächung eines hindurchtretenden Lichtstrahls) oder durch die Absorption von elektromagnetischer Strahlung erfaßt werden.

Bei den Zählmethoden wird die Häufigkeitsverteilung der Teilchenanzahl in Abhängigkeit von der Größe der einzelnen Partikel bestimmt. Daraus werden Volumen- oder Gewichtsprozente für verschiedene Kornfraktionen berechnet. Zu den Zählmethoden gehören verschiedene moderne Analysenverfahren, die die durch Teilchen in elektrischen und elektromagnetischen Feldern hervorgerufenen Effekte, z. B. Streuungsphänomene nutzen (Lasergranulometrie, Photonenkorrelationsspektrometer [PCS]). Schließlich läßt sich die Korngröße über die Leitfähigkeit eines durch Teilchen definierter Korngröße verdrängten Elektrolyts bestimmen (Coulter-Counting).

Auf die Methoden der direkten Messung (z. B. licht- und elektronenmikroskopische Kornanalysen) wird hier nicht weiter eingegangen.

Die Methoden zur Korngrößenbestimmungen und Kornverteilungsanalysen von Gesteins- und Bodenproben sind nur zu einem Teil und im wesentlichen nur für Sieb- und Sedimentationsanalysen durch DIN-Normen und andere Richtlinien festgeschrieben. Die in Tabelle 4.1 aufgeführten und weitere Normen sind größtenteils in den DIN-Taschenbüchern 113 (1991), 133 (1997) 187 (1991) und 211 (1996) enthalten. Für die meisten Verfahren zur Analyse von Suspensionen wie das Atterberg- und Ultraschallsiebverfahren oder die Zählmethoden gibt es keine DIN-Normen.

**Tabelle 4.1.** Übersicht über wesentliche Normen zur Durchführung von Korngrößenbestimmungen und Kornverteilungsanalysen

| | |
|---|---|
| Messen disperser Systeme | DIN 66100, DIN 66160 |
| Partikelgrößenanalyse | DIN 66161 |
| Siebanalyse | DIN 18123, DIN 19683 T1, DIN 66165 T1+T2, DIN ISO 3310 T1-T3 (früher DIN 4187 u. DIN 4188), E DIN-ISO 11277 |
| Sedimentationsanalyse (Grundlagen) | DIN 66111, Beiblatt zu DIN 66111, E DIN-ISO 11277 |
| Aräometer-Verfahren | DIN 18123, GDA E 3-3 |
| Pipette-Verfahren | DIN 19683 T2+T3, DIN 66115 GDA E 3-3 |
| Sedimentationswaage | DIN 66116 T1 |
| Darstellung und Auswertung von Partikelgrößenmessungen | DIN 66141, DIN 66142-T1-T3, DIN 66143 DIN 66144, DIN 66145 |

### 4. 1. 1. 5  Probenvorbereitung

Wesentliche Vorausetzung für die Qualität der Korngrößenanalyse ist die *Probenahme:* Die entnommenen Bodenproben müssen repräsentativ für den zu untersuchenden Bodenkörper sein und in der erforderlichen Menge gewonnen bzw. bereitgestellt werden (HENNIGSEN 1981; NEUMAIER & WEBER 1996; NEY 1986; MÜLLER 1964). Bei der manuellen Probenahme werden von jedem feinkörnigen Material (Ton, Schluff) etwa 0,3 - 1,0 kg genommen. Mit zunehmender Korngröße steigen die benötigten Probenmengen, sie betragen z. B. für das gemischtkörnigem Material eines Geschiebelehms in Abhängigkeit von den Grobkornanteilen etwa 5 - 20 kg. - Der Umfang der Probenvorbereitung hängt im Detail von der Beschaffenheit der Proben, der spezifischen Fragestellung und dem gesamten Untersuchungsprogramm ab und umfaßt die folgenden Maßnahmen:

*Probenteilung:* Steht mehr Material als die zur Aufbereitung benötigte Menge zur Verfügung, wird die Probe homogenisiert und durch mehrmaliges Vierteln jeweils einer Teilmenge solange reduziert, bis die für die Versuchsdurchführung benötigte Teilmenge vorliegt.

*Trocknung:* Tonige Proben werden bei 40 - 60 °C getrocknet, um Veränderungen temperaturempfindlicher Tonminerale zu vermeiden und ein zu starkes Zusammenbacken der Proben zu verhindern.

Um unkontrollierte Beeinflussungen der Korngrößenanalyse, d. h. insbesondere der Sedimentationsanalysen durch Koagulation (Flockung)[14] und Agregatbildung der Tonminerale oder Komplexbildungen mit organischer Substanz auszuschließen, sind ggf. folgende weiteren Vorbehandlungen erforderlich:

*Dispergierung:* Alle stark tonigen und schluffigen Lockergesteine und Böden, aber auch stark diagenetisch verfestigte Sedimente wie z. B. Tonstein und Tonschiefer können mit Ultraschall aufbereitet werden (MATTIAT 1962; MÜLLER 1964; GROHMANN 1976 in GRÜNEBERG 1981; SCHWERTMANN & NIEDERBUDDE 1993). Dabei gewährleistet die Verwendung eines Ultraschall-Koppelschwingers mit niedriger Frequenz (20 kHz) und starker Amplitude bei einer Behandlungsdauer von 2 x 2 bis 2 x 3 min. eine wirksame und die Primärteilchen schonende Aufbereitung der Probe (MATTIAT 1962). - Beim Einsatz von modernen Lasergranulometern (Laserstreulichtanalysatoren) läßt sich die Abhängigkeit des Dispersionsgrades von der Ultraschallintensität und -dauer durch Messung der Streulichtintensitätsverteilung während der Korngrößenanalyse direkt ermitteln (SCHOOFS 1996).

Als dispergierende Schlämmflüssigkeit zur Verhinderung der Flockung wird fast immer aqua dest. mit einem Zusatz von Na-Pyrophosphat ($Na_4P_2O_7 \cdot$ 10 $H_2O$) oder von Ammoniak ($NH_3$) benutzt. Ein sehr mildes Dispergierungsmittel ist die stark verdünnte ammoniakalische Lösung (0,01 n $NH_4OH$), die traditionell beim Pipette- und Atterberg-Verfahren eingesetzt wird. Sie ist ausreichend bei geringer Konzentration der o. a. Ionen. Häufig der einzige Weg, die Flockung zu verhindern, ist die im folgenden behandelte Abtrennung

---

[14] Koagulation (= Zusammenballung von Körnern, v. a. von Tonmineralen, zu größeren Aggregaten) wird in wässriger Suspension durch die Anwesenheit von Kationen, vor allem von $Na^+$, untergeordnet $K^+$ und $Ca^{2+}$ verursacht

sowohl der in Lösung befindlichen Ionen als auch der noch ungelösten Ionenlieferanten.

*Entfernung wasserlösliche Salze:* Hohe Salzgehalte halten die Tonfraktion geflockt, lassen also die Probe nach der Analyse grobkörniger erscheinen. Die flüssige Phase wird deshalb durch Ultrafiltration abgetrennt, oder die in Lösung befindlichen Innen werden durch Dialyse entfernt.

*Carbonatentfernung:* Da während der Aufbereitung und der Körngrößenanalyse freiwerdende Calciumionen die Fraktionierung von Tonmineralen durch Koagulation der Partikel zu Agglomeraten bis Sandkorngröße (DACHROTH 1992) stören, ist das carbonatische Bindemittel schonend abzutrennen. Dies kann erfolgen durch:
- Lösung in 8,5 % iger Ameisensäure (HCOOH) bis zur Beendigung der $CO_2$-Bildung
- Behandlung mit 0,1 m EDTA-Lösung bei pH 8 (EDTA = Ethylendiamintetraessigsäure). Dabei werden zuerst die Calciumionen bei pH 4,5 und in einem zweiten Schritt die Magnesiumionen von Natriumionen verdrängt (GDA 1993, E 3-3 2; KOHLER & WERNER 1980; SYVITSKI 1991; LAGALY & KÖSTER 1993)
- Acetatpufferlösung (TRIBUTH & LAGALY 1968a).

*Gips* ($CaSO_4 \cdot 2\ H_2O$) muß wegen seiner leichten Löslichkeit abgetrennt werden. Nach mehrtägigem Rühren oder Schütteln lösen sich ca. 6 g Gips in 1 l 10%iger NaCl-Lösung. Die Probe wird anschließend durch Ultrafiltration ausgewaschen. Die Kontrolle auf $Ca^{++}$-Abwesenheit erfolgt mit $BaCl_2$-Lösung.

Feinkörnige *organische Substanz* ( >2 %) kann ebenfalls zur Störung des Sedimentationsprozesses bei der Korngrößenanalyse führen. Sie wird durch sehr vorsichtige Zugabe von 15 %igem Wasserstoffperoxid ($H_2O_2$) bei langsamer Erwärmung oxidativ zerstört. Die Behandlung erfolgt so lange, bis kein $CO_2$ mehr entweicht.

*Eisenschüssige Bindemittel* (Eisenoxide und Eisenoxid-Hydrate) werden mit Dithionit-Citrat nach MEHRA & JACKSON (1960) extrahiert. Citrat puffert und hält die Metallionen als Komplexe in Lösung (MOORE & REYNOLDS 1989; TRIBUTH 1991).

*Silicatische Bindemittel* können durch 2,5minütiges Aufkochen der Bodensuspension in 0,5molarer NaOH nach HASHOMOTO & JACKSON (1960) oder durch die kalte Extraktion mit 0,5molarer Natriumcarbonatlösung (FOLLET et al. 1965) gelöst werden. Dabei können allerdings auch Tonminerale, insbesondere Smectit, daneben Kaolinit mitgelöst werden. - Nach der Abtrennung der Lösungen und gelösten Salze durch Ultrafiltration oder Zentrifugieren bzw. Dialyse werden die Proben bei 60 °C im Trockenschrank oder durch Gefriertrocknung getrocknet. Vom getrockneten Rückstand werden Teilproben mit Kammer- oder Rotationsprobenteiler für die weitere Analyse abgetrennt.

Voraussetzung für die Auswertung von Sedimentations- und anderen Korngrößenanalysen ist die Kenntnis der *Korndichte*, d. h. das spezifisches Gewicht des reinen Feststoffanteils der Einzelkörner der Probe. Bestehen die Körner eines Korngemisches aus verschiedenen Mineralarten, so gilt als Dichte der entsprechend dem Kornanteil des einzelnen Minerals abgeleitete Durchschnitt (HABETHA 1969). Zusammenstellungen der Dichtewerte wichtiger sedimentbildender oder detrischer Minerale in Sedimenten sowie der wichtigsten Gesteine finden sich bei DÜRBAUM & FRITSCH (1985); MÜLLER (1964); SCHLICHTING et al. (1995); STEIN (1986); STEIN et al. (1986) und VOSSMERBÄUMER (1976). Die Korndichte der häufigsten Gesteine liegt bei etwa von 2,65 g/cm$^3$, Bei den üblichen Berechnungen wird vielfach dieser Wert zugrunde gelegt (HABETHA 1969). Kann die Dichte an einer Teilprobe nicht ermittelt werden, muß sie anhand von bekanntem, vergleichbarem Bodenmaterial oder von Erfahrungswerten geschätzt werden. Gewöhnlich variiert die Korndichte der Böden nur geringfügig, sie beträgt für nichtbindige Böden 2,65 g/cm$^3$, schwachbindige Böden 2,65-2,67 g/cm$^3$ und stark bindige Böden 2,67-2,75 g/cm$^3$ (DRESCHER 1984).

Dichtebestimmungen werden mit verschiedenen Methoden (z. B. Tauchwägung, Pyknometermethode, Mineraltrennung) durchgeführt (DÜRBAUM & FRITSCH 1985; HABETHA 1969; HARTGE & HORN 1992; MÜLLER 1964; NEY 1986). Neben der Flüssigkeitspyknometrie (z. B. DIN 18123 und DIN 18124, DÜRBAUM & FRITSCH 1985; HABETHA 1969) werden auch Gas-Pyknometer eingesetzt (z. B. MICROMERITICS 1993).

## 4. 1. 1. 6  Untersuchungsmethoden

### 1  Klassierungsmethoden

**Siebung.** Korngrößen über 0,063 mm (Kies, Sand) werden durch *Siebung* analysiert. Da es sich bei mineralischen Barriere- und Abdichtungsmaterialien überwiegend um fein- und gemischtkörnige Böden (i. S. der DIN 4022) handelt, wird die Siebanalyse i. d. R. mit der Analyse für das feinkörnige Material gekoppelt.

Nach DIN 18123 werden einzelne Analysensiebe oder Siebsätze eingesetzt, die in Abhängigkeit vom Korngrößenspektrum und der jeweiligen Fragestellung entsprechend DIN ISO 3310 (Ersatz für DIN 4187 und 4188) mit Loch- und Maschenweiten von 1-125, 0,02-125 mm bzw. 5-500 µm ausgelegt sind. Die Siebung erfolgt trocken oder naß. Eine Naßsiebung wird vor allem zur Abtrennung feinkörniger Bestandteile von der Grobfraktion vorgenommen. Die Siebung erfolgt gewöhnlich mit Rüttelmaschinen, die Siebung von Feinkorn (Mikrosiebung) tockener Proben mittels Luftstrahl und von Suspensionen mit Ultraschall.

Detaillierte Informationen zu den Siebmethoden finden sich bei BERNHARDT (1990); HARTGE & HORN (1992); MÜLLER (1964); NEY 1986; REICH 1977; SCHLICHTING et al. (1995); TUCKER (1996).

### 2  Sedimentationsmethoden

**Sedimentation im Schwerkraftfeld.** Grundlage der Sedimentationsmethoden ist das Stokes-Gesetz, nach dem sich kleine kugelförmige Teilchen in Flüssigkeiten je nach Größe und Dichte unterschiedlich schnell absetzen. Die Sinkgeschwindigkeit wird durch (4) und der daraus errechnete Partikeldurchmesser durch (5) beschrieben:

$$V = \frac{h}{t} = \frac{(\rho_1 - \rho_2)\, g\, d^2}{18\, \eta} \qquad (4) \qquad\qquad d = \sqrt{\frac{18\, \eta}{g\,(\rho_1 - \rho_2)}} \cdot v \qquad (5)$$

$V$ = Sinkgeschwindigkeit $[\mathrm{cm \cdot s^{-1}}]$  
$h$ = Fallhöhe $[\mathrm{cm}]$  
$t$ = Fallzeit $[\mathrm{s}]$  
$\rho_1$ = Partikeldichte $[\mathrm{g \cdot cm^{-3}}]$  

$\rho_2$ = Dichte der Flüssigkeit $[\mathrm{g \cdot cm^{-3}}]$  
$g$ = Erdbeschleunigung $[\mathrm{cm \cdot s^{-2}}]$  
$d$ = Partikelgröße $[\mathrm{cm}]$  
$\eta$ = Viskosität der Flüssigkeit $[\mathrm{g \cdot cm^{-1} \cdot s^{-1}}]$

Da die Körner in Lockergesteinen und Böden überwiegend nicht kugelförmig sind, werden nach festgelegten Zeiten Äquivalentdurchmesser (Durchmesser von Kugeln gleicher Dichte) für die Dichte derjenigen Mineralart bestimmt, die die Hauptmenge des Probenmaterials bildet (z. B. Quarz mit der Dichte 2,65; HENNIGSEN 1981). Störungen der Sedimentation durch die Brownsche Molekularbewegung begrenzen die Sedimentationsmethoden im Schwerkraftfeld auf Körnungen von etwa $\geq 1\ \mu\mathrm{m}$. Weil die Werte für die Viskosität der Flüssigkeit stark von der Temperatur abhängen (dynamische Viskosität) und bei Temperaturschwankungen die Störungen für kleine Körner durch Konvektionsströmungen zu groß werden, sollten die Arbeiten insbesondere bei Sedimentationsmethoden mit langen Meßzeiten möglichst in einem thermokonstanten Raum oder einem konstant temperierten Wasserbad durchgeführt werden.

Für andere Suspensions- und Dispergierflüssigkeiten als Wasser (vgl. umfangreiche Auflistung bei BERNHARDT 1990) müssen die jeweils entsprechenden Werte in (4) und (5) eingesetzt werden.

Weit verbreitet und häufig angewendet werden Pipett- und Aräometeranalysen als einfach zu handhabende Methoden mit einer relativ wenig aufwendigen Geräteausstattung. Die Verfahren sind auf die Analyse bindiger Böden beschränkt und sind nach SCHULTZE & MUHS (1967) nur zulässig, wenn die Kornfraktion > 0,063 mm einen Anteil von 20 % nicht überschreitet. Bei höheren Grobkornanteilen ist eine Trennung in Fein- und Grobkorn und die Bestimmung der Kornverteilung durch eine kombinierte Sieb- und Sedimentationsanalyse erforderlich.

*Pipettanalyse*

Bei den verschiedenen Methoden, u. a. nach Andreasen/DIN 66115 oder nach Köhn/DIN 19683 (KÖSTER 1964; MÜLLER 1964) werden aus einer Suspension nach Beginn der Sedimentation mit einer Pipette oder einem Pipettapparat mit Halter und Stativ nach verschiedenen Fallzeiten in festgelegten Eintauchtiefen gewöhnlich Teilmengen von 10 ml aus der Suspension entnommen. Die Zeitabstände zwischen den Fallzeiten werden nach den oben angegebenen Formeln für bestimmte Korn- bzw. Äquivalentdurchmesser so berechnet, daß anhand der Pipettanalyse ab 63 oder ab 20µm die Gewichtsprozente der Fraktionen 63 - 20 µm bzw. 20 - 6,3 µm, 6,3 - 2 µm und < 2 µm sowie in Spezialfällen auch 2 - 0,6 µm und < 0,6 µm entnommen werden können.

Bewährt hat sich eine Abwandlung des Pipettverfahrens nach KÖHN. Danach wird ggf. Carbonat mit Ameisensäure, organische Substanz mit Wasserstoffperoxid ($H_2O_2$,) und Gips mit NaCl-Lösung entfernt. Die Entfernung von Salzen erfolgt mit Ultrafiltration oder Zentrifugieren und/oder Dialyse. Die Probe wird bei 60 °C ofen- oder gefriergetrocknet. Die Dispergierung erfolgt nicht durch Schütteln, sondern mit Ultaschall und Rühren.

### Atterberg-Verfahren

Wenn Probenmaterial für weiterführende röntgenographische und geochemische Untersuchungen benötigt wird, ist eine quantitaive Abtrennung nach dem Atterberg-Verfahren durchzuführen: Das vorbereitete Probenmaterial wird bei 20 °C im thermokanstanten Raum im Atterberg-Zylinder mit der Schlämmflüssigkeit homogenisiert und abgestellt. Zur Gewinnung der kleinsten Fraktion (meistens < 2 µm, bei Bedarf auch kleiner) wird nach der für die jeweilige Korngröße erforderlichen Absetzzeit die über dem Bodensatz stehende Suspension abgelassen und in einem Gefäß aufgefangen. Die Aufschlämmung des Bodensatzes mit Schlämmflüssigkeit und die Sedimentation werden so oft wiederholt (ca. 10-15 Abzüge), bis die Flüssigkeit im Zylinder nach Absetzen des Schluffanteils klar ist. Danach folgt in analoger Weise die Abtrennung und Gewinnung der Fraktionen 2 - 6,3 µm, 6,3 - 20 µm und 20 - 63 µm. Die Gewinnung der Ton- und der Schluff-Fraktionen kann auch mit normalen Standzylindern erfolgen, wenn die überstehenden Suspensionen nach Ablauf der Sedimentationszeiten mit einer Kapillare mit Unterdruck abgehebert werden.

### Aräometerverfahren

Bei der Aräometermethode wird die zeitabhängige Verteilung der Dichte in einer ruhenden Suspension über die Höhe des Meßzylinders bestimmt. Die Aräometer werden in bestimmten Zeitabständen in die Suspension eingetaucht und aus den Suspensionsdichten und den Eintauchtiefen des Aräometers die Korngrößenverteilung für Fraktionen < 125 µm berechnet.

Weitverbreitet ist das Aräometer-Verfahren nach Bouyoucos-Casagrande. Daneben werden auch Miniatur-Aräometer mit genau abgestufter Dichte (Diver) verwendet, die während der Sedimentationsanalyse im Meßzylinder verbleiben.

Grundlage für Standardversuche ist die DIN 18123, in der sich eine detaillierte Beschreibung findet (s. aber auch ISO/DIS 11277, 1994 „Soil quality determination of particle size distribution in mineral soil material - method by sieving and sedimentation following removal of soluble, salts, organic matter and carbonates").

Für die Ermittlung der Korngrößenverteilung ausgeprägt plastischer Tone (TA nach DIN 18196), die häufig für Deponiedichtungen eingesetzt werden, wird eine Probenmenge von etwa 10 - 30 g benötigt. Bei bindigen Böden allgemein, ohne Sandanteil, werden in der Regel 30 - 50 g untersucht.

Die Suspension im Meßzylinder wird einige Minuten lang gut durchgeschüttelt, wobei wiederholt umgekippt werden muß. Das Aräometer wird dann eingetaucht und es werden zunächst in kurzen, dann länger werdenden, mit einer Stoppuhr zu messenden Zeitabständen durch Ablesen der Eintauchtiefe Dichtemessungen vorgenommen. Um die Beeinträchtigung durch Absetzungen auf der Aräometerbirne so gering wie möglich zu halten, wird das Aräometer bereits nach der 1-min-Ablesung herausgenommen und zur jeweils folgenden Messung wieder eingetaucht.

Bei jeder Messung ist auch die Temperatur zu messen. Die Temperaturschwankungen der Suspension sollten nicht mehr als ± 2 °C betragen. Damit werden Fehler von > 2 % vermieden (SCHULTZE & MUHS 1967).

Bei jedem Versuch ist die Trockenmasse der Sedimentationsprobe zu bestimmen. Dies darf erst nach dem Versuch erfolgen. Wird die Probe vor dem Versuch getrocknet, können neben dem starken „Verkitten" der Tonteilchen die Tonkolloide verändert werden. Die Trockenmasse wird durch Eindampfen bestimmt. Alternativ dazu kann die Trockenmasse an einer Parallelprobe bestimmt werden. Dies kann dann parallel zur Sedimentation erfolgen.

### Sedimentationswaagen

Die kontinuierliche Wägung der aus einer homogenisierten Suspension aussedimentierten Partikel bzw. Feststoffmassen (DIN 66116) ist wegen der automatischen Arbeitsweise der Meßsysteme und der benötigten geringen Probenmengen von 0,1-1,5 g seit langem in Gebrauch. Wegen der langen Meßzeiten insbesondere für die Feinschluff- und Tonfraktion sind, um Fehler durch temperaturbedingte Konvektionsströmungen im Meßzylinder zu vermeiden, die Sedimentationsanlaysen in einem thermokonstanten Raum durchzuführen. Die modernen Systeme arbeiten rechnergesteuert. In Abhängigkeit von der Art der Probe, der Partikelgeometrie und der Sedimentationsflüssigkeit werden für die Feinkornanalyse Korngrößenbereiche zwischen etwa 0,5 und 300 µm angegeben. Die Meßzeit richtet sich nach der vorgegeben Fallhöhe und der kleinsten Kornfraktion bzw. der unteren zu erfassenden Partikelgröße.

Auch grobkörnigeres Material kann mit der Sedimentationswaage bestimmt werden. Unter anderem wurde von BREZINA (1979, 1989) eine rechnergesteuerte, hoch auflösende Apparatur (Macrogranometer) für Korngrößen von etwa 0,05 - 4,0 mm (maximale Probenmengen etwa 10 g) entwickelt (FLEMMING & ZIEGLER 1995). In Kombination mit einem Sand-Sedimentations-Separator lassen sich mit der Sedimentationswaage bis zu 24 Kornfraktionen während einer Analyse gewinnen.

### Photoextinktion

Bei den *photometrischen Verfahren* werden Intensitätsänderungen eines Lichtstrahls beim Durchgang durch eine sich absetzende Suspension abnehmender Dichte genutzt. Bei modernen Geräten wird zur Verkürzung der Meßzeit die Meßebene mit dem Photometer nach oben bewegt, also den langsam sinkenden, kleineren Partikeln entgegengefahren. Rechnergesteuert kann die Fahrgeschwindigkeit des Photometers dem Sedimentationsfortschritt angepaßt werden. Mit dem Verfahren werden Kornfraktionen zwischen etwa 0,5 und 500 µm erfaßt; die reinen Meßzeiten betragen bei den modernsten Geräten etwa 3-10 min.

### Absorption von Gamma- oder Röntgenstrahlung

Bei dieser Methode wird die Sedimentation der Partikel und damit die Korngrößenverteilung einer feinkörnigen Suspension in einer Meßzelle (Probenzelle) durch Bestrahlung mit $\gamma$- oder Röntgenstrahlen ermittelt. Nach dem Durchgang der von einer Gammaquelle oder einer Röntgenröhre ausgehenden Strahlung durch die Suspension wird hinter der Meßzelle die durch *Absorption* auftretende ortsabhängige Schwächung der Strahlung mit einem Szintillationsdetektor gemessen (Abb. 4.4), wobei die Intensitätsänderung direkt massenproportional ist.

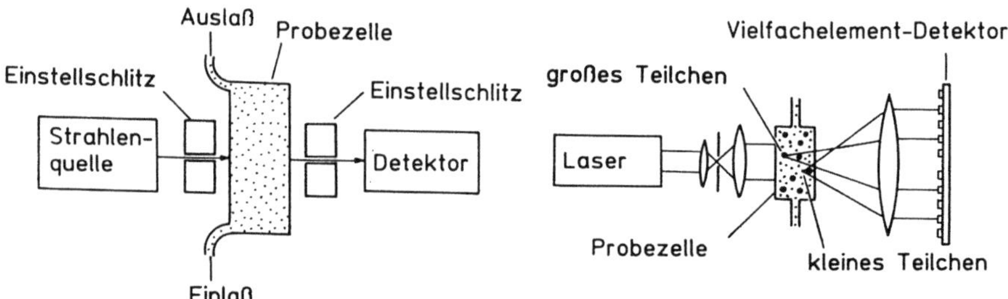


**Abb. 4.4.** Prinzipien eines Röntgensedimentometers und eines Lasergranulometers. (Nach FABBRI 1992, abgeändert)

Zur Verkürzung der Meßzeit bewegt sich entweder die Meßzelle während der Sedimentationsanalyse langsam vertikal nach unten an der Strahlenquelle vorbei, oder die Meßgeräte haben eine feststehende Meßzelle und die Stahlenquelle bewegt sich vertikal nach oben. Die Messungen verlaufen rechnergesteuert und automatisch, wobei je nach Verfahren und Dispergiermittel Kornfraktionen zwischen 0,1 und 300 µm, bei wässrigen Suspensionen zwischen 0,1 und 63 µm bestimmt werden. Die reinen Meßzeiten betragen etwa 5 - 30 min. Optional läßt sich die Meßeinrichtung mit einem automatischen Probengeber kombinieren.

Erwähnt seien als weitere Möglichkeiten zur Korngrößenbestimmung im Schwerkraftfeld Spülverfahren und Windsichtung (MÜLLER 1964; KÖSTER 1964; REICH 1977, BERNHARDT 1990).

**Sedimentation im Zentrifugalfeld.** Bei den *Fliehkraft-Sedimentationsanalysen* wächst infolge der mit der Entfernung von der Zentrifugenachse zunehmenden Beschleunigung die Sinkgeschwindigkeit eines Partikels mit dem Sedimentationsweg. Sinkgeschwindigkeit und Teilchendurchmesser werden nach DIN 66111 nach (6) und (7) bestimmt:

$$V = \frac{(\rho_2 - \rho_1)\,g\,d^2}{18\,\eta} = \frac{g}{\omega^2 t}\, ln\,\frac{r_1}{r_2} \quad (6) \qquad d = \sqrt{\frac{18\,\eta}{(\rho_2 - \rho_1)\omega^2 t}\, ln\,\frac{r_1}{r_2}} \quad (7)$$

Dabei bedeuten ergänzend zu den Erläuterungen zu (4) und (5) $\omega$: Winkelgeschwindigkeit, t: Sedimentationszeit, $r_1$: Entfernung Rotationsachse - Flüssikeitsoberfläche im Probenbehälter, $r_2 = r_1$ + Falltiefe

Im Gegensatz zum Schwerefeld dauert der Sedimentationsvorgang in Abhängigkeit von der Drehzahl der Zentrifuge bzw. der Winkelgeschwindigkeit nur Minuten bis wenige Stunden, um Partikelverteilungen zwischen 0,1 - 0,01 µm bestimmen zu können. Abb. 4.5 zeigt die Grundprinzipien für Pipetten-, Photosedimentations- und Röntgen- oder Gammastrahlzentrifugen. Die Meßbereiche variieren je nach Gerät zwischen etwa 100 - 0,01 µm und 10 - 0,05 µm. Die Probenmenge beträgt nur wenige Gramm. Vorteil der Pipettenzentrifugen ist, daß auch aus dem Submikronbereich Proben gezielt gewonnen werden können. Die jeweiligen Fallzeiten können berechnet oder aus Nomogrammen entnommen werden (TRIBUTH & LAGALY 1986).

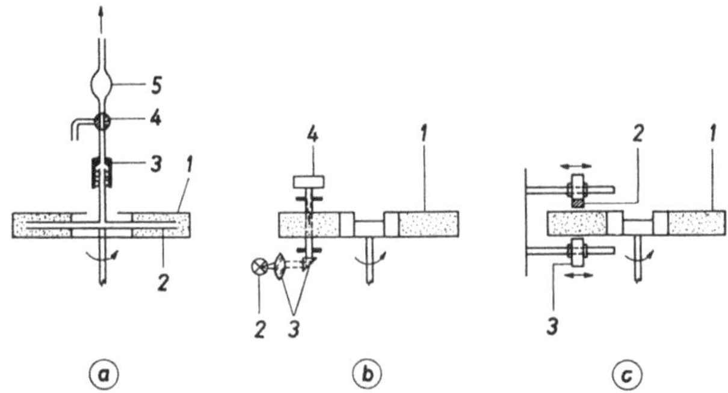

**Abb. 4.5 a-c.** Grundprinzipien von Sedimentationszentrifugen nach BERNHARDT (1990).
**a** Pipettenzentrifuge mit Scheibenrotor (1), Pipetten (2), Verbindungen (3) zwischen drehendem Pipettenschaft und ruhendem Probenteil (4, 5);  **b** Photosedimentationszentrifuge mit Zentrifugenrotor (1), Lampe (2), optischer Vorrichtung (3) und Detektor (4);  **c** Röntgen- oder Gammastrahlzentrifuge mit Rotor (1), Strahlungsquelle (2) und Detektor

## 3 Zählmethoden

Ausgehend von der Partikelanalyse in der Verfahrenstechnik wurden in den letzten Jahren sowohl für den Mikron- und Submikronbereich als auch für gröberkörnige Fraktionen im mm-Bereich neue Verfahren zur Korngrößenbestimmung entwickelt.

### *Photo-optische Partikelmeßgeräte/Bildanalysesysteme*

Die Geräte arbeiten photo-optisch mit bis zu mehreren Tausend Messungen pro Sekunde und Einteilung der gemessenen Korngrößen in bis zu 2000 Klassen. Die bildanalytischen Meßverfahren erfassen die Projektionsflächen der Partikel und liefern Volumensummen, die in Gewichtsprozent umgerechnet werden. Die Messungen erfolgen automatisch und rechnergestützt, der Meßbereich der Geräte liegt je nach Gerät zwischen 0,04/0,1 - 36 mm und 0,5 - 300 mm (HODENBERG 1996). Die verschiedenen bildanalytischen Meßverfahren werden für die Korngrößen- und Kornformanalyse nicht agglomerierender, rieselfähiger Proben eingesetzt. Bezogen auf tonführende Lockergesteine können hiermit die aufbereiteten Grobfraktionen u. a. von Geschiebemergel oder -lehm untersucht werden.

### *Lasergranulometer*

Bei diesen Meßeinrichtungen handelt es sich zum einen um Geräte mit zirkulierenden, meist stark verdünnten Suspensionen, bei denen die Korngrößenverteilung automatisch über die Beugungs- und/oder Streulichtanalyse von Laserlicht (z. B. He-Ne-Laser, Laserdiode) in Meßzellen ermittelt wird (Funktionsskizze in Abb. 4.4). Zur Verbessserung der Auflösung wird in neuesten Lasergeräten z. B. das reflektierte Licht unter mehreren Winkeln gemessen. Eine große Zahl von Meßpunkten bzw. Meßkanälen ermöglicht bei den verschiedenen Verfahren eine hohe Auflösung für die Korngrößenverteilungskurven.

Vor allem bei tonführendem Material mit Partikeln im Mikron-/Submikronbereich wird Naßdispergierung, bei leicht rieselfähigen, agglomeratfreien Proben im Mikron-/Millimeterbereich Trockendispergierung eingesetzt. Dispergiereinheiten sind z. T. in die Geräte integriert oder stehen optional zur Verfügung.. Moderne Geräte bieten Kornverteilungsanalysen in einem Meßvorgang über z. T. große Meßbereiche hinweg (gerätespezifisch 0,02 - 1000 µm, 0,04 - 2000 µm oder 0,1 - 3500 µm) an.

## *Photonenkorrelationsspektrometer (PCS)*

Bei den PCS-Geräten werden die Teilchendurchmesser und die Partikelgrößenverteilung über die Analyse der Brownschen Molekularbewegung bestimmt, da es bei der Bewegung der Teilchen zu zeitabhänhgigen Schwankungen in der Intensität des gestreuten Lichtes kommt. In Kombination mit Bilderfassungsgeräten läßt sich die Dispergierung kontrollieren und es können auch Kornformanalysen durchgeführt werden. Die Intensität, die sowohl von der Partikelgröße als auch vom Detektionswinkel abhängt, wird entweder mit einem im 90°-Winkel angeordneten Detektor oder mit Mehrkanalwinkelanalyse (schwenkbarer Photomultiplier bzw. mehrere fest angeordnete Winkel) erfaßt. Mit dem dynamischen Streulichtverfahren können Partikelverteilungen im Bereich von etwa 0,005 - 5 µm untersucht werden.

## *Partikelzählgeräte*

Bei den (Einzel-)Zählverfahren werden die Teilchen mit hochauflösenden Partikelzählgeräten unabhängig von ihren optischen Eigenschaften erfaßt.

Beim *Coulter-Counting*-Meßprinzip sind 2 Elektroden in einer Elektrolytlösung räumlich durch eine stromdurchflossene Kapillare voneinander getrennt. Die im Elektrolyten suspendierten Teilchen werden beim Anlegen eines Unterdrucks nacheinander durch die Kapillare gezogen. Dabei variiert der elektrische Widerstand proportional dem Volumen der einzelnen Partikel. Die berechneten volumenäquivalenten Partikel werden nach den Durchmessern der Teilchen in verschiedene Größenklassen eingeordnet und summiert. Für die rechnergesteuerte Korngrößenanlyse stehen Kapillaren mit verschiedenen Öffnungen zur Verfügung. Der Meßbereich der Geräte liegt zwischen etwa 0,4 - 1200 µm und etwa 15- 2000 µm.

Bei anderen Meßverfahren wird nach FRIEDRICH & MANSOUR (1995) die Partikelzählung mit optischen Sensoren und über die Lichtextinktion beim Durchgang der Partikel durch die Meßzellen erfaßt. Durch Einsatz verschiedener Sensoren variieren die Meßbereiche etwa zwischen 1 - 500 µm und 1 - 8000 µm.

Nähere Informationen zu den genannten und weiteren Verfahren finden sich bei FRIEDRICH & MANSOUR oder MÜLLER & SCHUHMANN (1996). FRIEDRICH & MANSOUR (1995) geben außerdem eine Übersicht über die auf dem Markt befindlichen Geräte (Hersteller, Gerätebezeichnung, Meßprinzip und -bereich, Besonderheiten und Optionen). Über neue Meßverfahren informieren laufend Zeitschriften wie Chemie-Ing.-Techn., Laborpraxis, Nachr. Chem. Tech. Lab., Schüttgut oder Keramische Zeitschrift. Veröffentlichungen von Fachtagungen wie die der PARTEC und der POWTEC (LESCHONSKI

1995; DURST & DOMNICK 1995) geben aktuelle Informationen über den Stand und Weiterentwicklungen der verschiedenen, bewährten Methoden oder Neuentwicklungen (z. B. Akusto- und Elektrophorese oder Ultraschallspektrometrie und -tomographie) in der Partikelmeßtechnik.

## 4. 1. 1. 7 Auswertung und Darstellung der Ergebnisse

Voraussetzung für die Auswertung von Sedimentations- und anderen Korngrößenanalysen ist die Kenntnis der Korndichte (s. Kap. 4.1.1.5).

Bei der Auswertung der Meßergebnisse nach dem *Aräometerverfahren* können die Partikeldurchmesser graphisch mit Hilfe eines auf dem Stokes-Gesetz [s. (4) und (5)] basierenden Nomogramms ermittelt und der Gewichtsanteil der Kornfraktionen berechnet werden (DIN 18123, HABETHA 1969; KÖSTER 1964). Die Kennwerte für jedes eingesetzte Aräometer müssen bekannt sein und bei jedem Versuch Korrekturen der Aräometerablesung durchgeführt werden.

Mit Hilfe der heute üblichen rechnergestützten Datenerfassung und dem Einsatz von Computerprogrammen kann die Auswertung stark vereinfacht werden. Damit sind variablere Ablesezeiten möglich, was besonders für die Ablesungen gegen Ende des Versuchszeitraumes vorteilhaft genutzt werden kann Die Auswertungsprogramme ermöglichen nach Versuchsende die umgehende Ausgabe und Darstellung der gemessenen, berechneten und ermittelten Daten und Größen. Bei modernen Meßeinrichtungen für Sedimentations- und andere Korngrößenanalysen erfolgt die Durchführung, Auswertung und Darstellung der Daten entsprechend der eingegebenen Vorgaben gewöhnlich nur noch automatisch und rechnergestützt.

Bei der *Pipettanalyse* wird die Korngößenverteilung über die Trockensubstanz der gewonnenen Kornfraktionen berechnet, wobei das anteilige Gewicht des Dispergierungsmittels abgezogen wird.

Die Ergebnisse der Korngrößenuntersuchung werden üblicherweise in Form einer Summenkurve im halblogarithmischen Maßstab aufgetragen, die einen platzsparenden Vergleich von Probenserien ermöglicht (Abb. 4.6).

Aus der Körnungs- bzw. Kornverteilungslinie werden nach (8) und (9) die Ungleichförmigkeitszahl U und die Krümmungszahl C als wichtige Kennwerte abgeleitet (Abb. 4.7):

$$U = \frac{d_{60}}{d_{10}} \qquad (8) \qquad\qquad C = \frac{(d_{30})^2}{d_{10} \cdot d_{60}} \qquad (9)$$

Dabei sind $d_{10}$, $d_{30}$ und $d_{60}$ die Korndurchmesser, bei denen die Summenkurve die 10%-, 30%- bzw. die 60 %-Linie schneidet. Böden mit U < 5 werden als gleichkörnig, mit U-Werten von 5-15 als ungleichkörnig und mit U > 15 als sehr ungleichkörnig bezeichnet (FECKER & REIK 1996). Gemäß DIN 18196 T 10 bzw. E DIN/ISO 14688 handelt es sich bei Werten von U > 6 bzw. von  C = 1 - 3 um weit abgestufte Böden. Sonst sind sie eng- oder intermittierend gestuft.

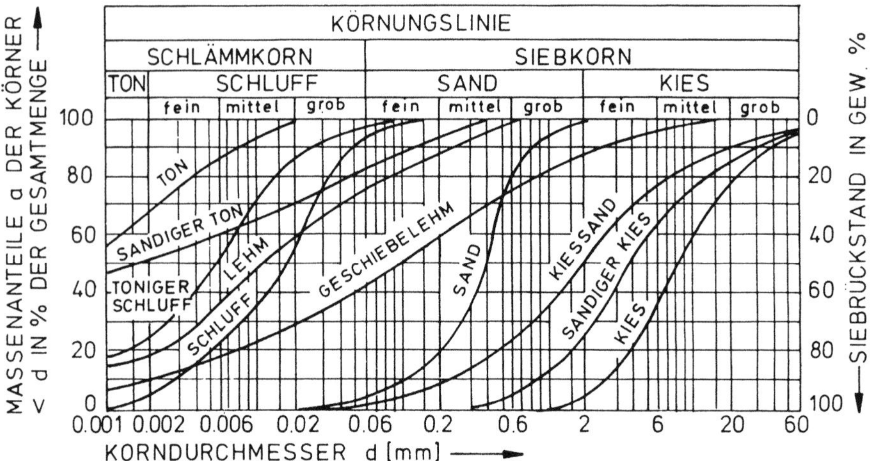



**Abb. 4.6.** Kornverteilung verschiedener Lockergesteine. (Nach FECKER & REIK 1996)

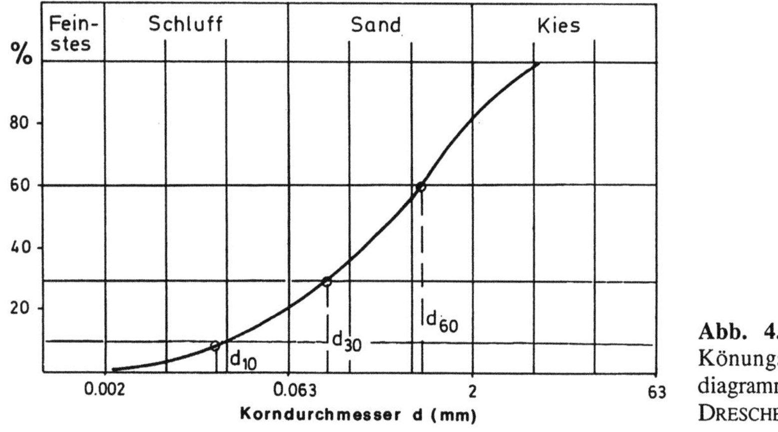



**Abb. 4.7.** Könungsliniendiagramm. (Nach DRESCHER 1984)

Beispiele der Ungleichförmigkeitszahlen verschiedener Bodenarten gibt Tabelle 4.2.

**Tabelle 4.2.** Ungleichförmigkeitszahlen verschiedener Bodenarten. (Nach HABETHA 1969)

| Bodenart bzw. Lockergestein | Ungleichförmigkeitszahl U |
|---|---|
| Kies | 7 bis > 100 |
| Flußschotter | Meist > 20 |
| Kiesige Vorschüttsande (pleistozän) | 2 - 4 |
| Meeres-, Strand- und Dünensande | 1 - 5 |
| Geschiebelehm, Geschiebemergel | > 20 - 200 |
| Löß | 2 - 7 |
| Lößlehm | 5 - 15 |
| Beckenton (Schluff) | > 5 |
| Ton | 10 - 100 |

Die ermittelten Werte für den Ungleichförmigkeitsgrad U sowie die $d_{10}$- und die $d_{60}$- Werte werden in der Hydrogeologie darüber hinaus für Ermittlungen der Durchlässigkeitsbeiwerte k von Lockergesteinen verwendet (BESENECKER et al. 1984).

Bei bodenkundlichen und petrographisch-sedimentologischen Untersuchungen werden die Ergebnise der Korngrößenanalyse als Häufigkeitsverteilung (Histogramm und Häufigkeitskurve), als Summenkurve oder auch als Dreiecksdiagramm dargestellt (Abb. 4.8 und 4.9). Aus der Summenkurve werden nach TRASK (1932; in FÜCHTBAUER 1988; VOSSMERBÄUMER 1976; TUCKER 1996) über die Korngrößen bei bestimmten Gewichtsprozenten (Perzentilwert P) verschiedene Parameter abgeleitet.

*Mediandurchmesser oder Medianwert (Md):* Korndurchmesser, bei der die eine Hälfte der Körner gröber und die andere feiner ist (Md = $P_{50}$).

*Mittelwert, arithmetisches Mittel (M):* Die mittlere Korngröße M errechnet sich aus Korngrößen, die um eine bestimmte Variationsbreite von prozentualen Werten streuen, und ist definiert als

$$M = \frac{P_{75} + P_{25}}{2} \qquad (10)$$

*Sortierung (So):* Die Sortierung (richtiger Sortierungs- oder Klassierungskoeffizient bzw. -faktor, vgl. Abb. 4.2) eines Sediments oder Bodens ist ein Maß, um die Streuung von Teilchen um einen Mittelwert festzustellen. Sie drückt sich durch die Breite der Häufigkeits- oder die Form der Summenkurve aus und ist definiert als

$$So = \sqrt{P_{75} / P_{25}} \qquad (11)$$

*Schiefe (Sk):* Abweichungen von einer Normalverteilungskurve, bei der Median (Md)- und Mittelwert (M) zusammenfallen, werden durch die Schiefe gekennzeichnet. Die Asymmetrie kann positive oder negative Sk-Werte ergeben, je nach dem, ob mehr gröbere oder mehr feinere Kornanteile vorhanden sind. Die Schiefe ist definiert als

$$Sk = \frac{P_{75} \cdot P_{25}}{Md^2} \qquad (12)$$

Nach (11) gebildete Sortierungsintervalle zeigt Tabelle 4.3.

Eine weitere häufig verwendete Darstelungsform für einfache Beziehungen sind Dreiecksdiagramme (z. B. AG BODEN 1996; HARTGE & HORN 1992), um z. B. die Verhältnisse Sand : Schluff : Ton zu bestimmen (Abb. 4.9).

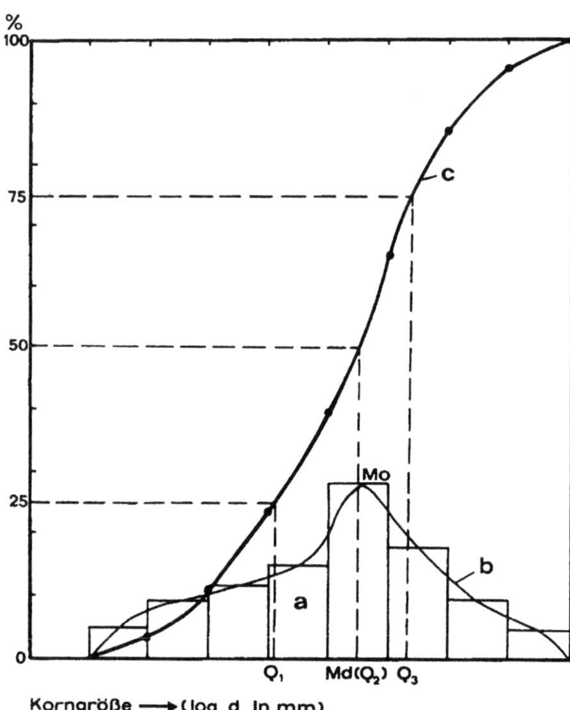


Abb. 4.8. Verschiedene Darstellungsmöglichkeiten von Korngrößenanalysen: Histogramm *(a)*, Häufigkeitskurve *(b)* und Summenkurve *(c)*; *Mo* Modalwert, *Md* Medianwert, *Q* Quartilwerte.

Darstellung in halblogarithmischer Form: Abszisseneinteilung logarithmisch für die Korngröße, Ordinateneinteilung linear für die Mengenverteilungsdichte. (Nach HENNINGSEN 1981)

**Tabelle 4.3.** Sortierung und Sortierungsgrad nach FÜCHTBAUER (1988)

| Sortierungs-Wert (So) | Sortierungsgrad |
|---|---|
| < 1,23 | Sehr gut |
| 1,23 - 1,41 | Gut |
| 1,41 - 1,74 | Mitel |
| 1,74 - 2,0 | Schlecht |
| > 2,0 | Sehr schlecht |

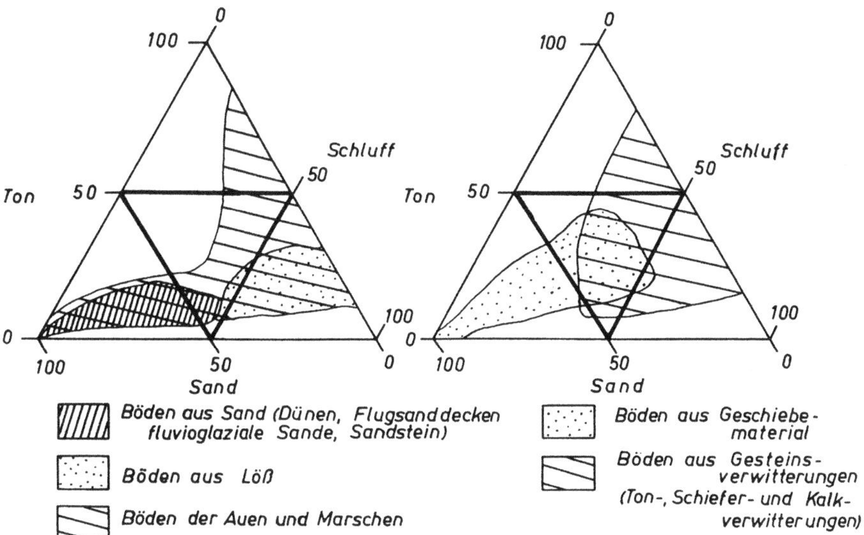


**Abb. 4.9.** Darstellung der häufigsten Korngrößenverteilungen für Lockergesteine und Böden im Dreiecksdiagramm. (Nach HARTGE & HORN 1992)

### 4. 1. 1. 8  Qualitätssicherung

Die Qualität von Korngrößenanalysen wird bei allen Methoden nicht nur durch den eigentlichen Meßvorgang, sondern wesentlich durch Probenahme und Transport sowie Probenteilung und -präparation (s. Kap. 4.1.1.5), Analytik und Auswertung beeinflußt. Detailliertere Informationen dazu finden sich bei AG BODEN (1994); BERNHARDT (1990); FRIEDRICH & MANSOUR (1995); HARTGE & HORN (1992); JASMUND & LAGALY (1993); MÜLLER (1964); NEUMAIER & WEBER (1996) und SCHLICHTING et al.(1995).

Bei der Probenteilung bestehen Fehlermöglichkeiten insbesondere bei schlecht sortierten sandig-schluffigen Tonen, wenn die Analysenmethode mit sehr kleinen Probenmengen (teilweise unter 1,0 g) arbeitet. Proben mit einem breiten Korngrößenspektrum sollten in diesem Fall fraktionsweise bearbeitet werden, um vollständige und reproduzierbare Daten und Korngrößenverteilungen zu erhalten.

Bei der Dispergierung der Proben dürfen die Partikel in der Suspension in ihren chemisch-physikalisch Eigenschaften nicht verändert werden. Die Partikel müssen als disperse Phase gleichmäßig in der kontinuierlichen Phase verteilt sein, die Suspension muß blasenfrei sein und während der Analyse stabil bleiben und Dichte. Viskosität der Suspensionsflüssigkeit müssen auf die Eigenschaften der Partikel abgestimmt sein.

Die Trockenmasse wird nicht an der Gesamt- bzw. Analysenprobe, sondern nur an einer Teilprobe bei 105 °C bestimmt, weil bei dieser Temperatur einige Tonminerale bereits verändert und damit das Dispergierverhalten und die Korngrößenverteilung der Proben beeinflußt werden können. Bei der Wägung lufttrockener toniger Proben kann der Fehler bei 7 % der Einwaage liegen. Korrekturen bereits eingewogener Trockenmassen sind vorzunehmen, wenn Gewichtsverluste nachträglich durch Zerstörung von humoser Substanz, Bindemittel und/oder Matrixcarbonaten auftreten. Die anteiligen Dispergiermittelzusätze sind von der ausgewogenen Trockensubstanz abzuziehen

Methodische Fehlerquelle sind bei den für das Probenmaterial zugrundegelegten Feststoffdichten möglich, da beispielsweise die in Tabellen aufgeführten Fallzeiten gewöhnlich für kugelförmige Quarze mit einer Dichte von 2,65 berechnet sind. Ggf. sind gezielt Dichtebestimmungen durchzuführen. Umrechnungen sind möglich, wenn die Materialzusammensetzung der Gesteins- oder Bodenproben und die entsprechenden Anteile der Komponenten, d. h. bei feinkörnigen Proben v. a. der Tonminerale, bekannt sind.

Die Pipettmethode ist bei wässrigen Suspensionen im Bereich zwischen etwa 2 µ und 20 µm am genauesten. Bei Korngrößen von 20 - 63 µm wird die Streuung größer, weil hier die Sinkgeschwindigkeit deutlich zunimmt. Nach Abschluß der Analyse wird die eingewogene Trockensubstanz mit der Summe der berechneten Kornfraktionen (Gewichtsprozente) verglichen; der Fehler sollte < 3 Gew.-% sein.

Beim Aräometerverfahren müssen für jedes Aräometer die zugehörigen Kennwerte bekannt sein. Dies sind die geometrischen Größen des Aräometers und eine Korrekturkonstante dafür, daß die Ablesung nicht in Höhe des ebenen Wasserspiegels, sondern am oberen Rand des Meniskus erfolgt. Außerdem sind Dichteänderungen der des Wassers durch die Zugabe eines Dispergiermittels und Nullpunktkorrekturen des Aräometers zu berücksichtigen.

Um mögliche Fehler durch Störung der Sedimentation bei Pipett- und Aräometeranalysen weiter zu begrenzen, kann die Suspension nach jeder Pipettierung bzw. Messung erneut aufgeschlämmt und homogenisiert werden.

Für die Ermittlung der Korngrößenverteilung sind stets auch die Meßbereiche der einzeln oder kombiniert eingesetzten Meßsysteme zu berücksichtigen. Klassiermethoden wie die Sedimentationsanalysen haben im Gegensatz zu den Zählmethoden den Vorteil, daß auch der Mengenanteil der kleinsten, mit dem Analysegerät nicht mehr meßbaren Partikelfraktion geliefert wird. Als maximale Teilchengrößen können bei Sedimentationsanalysen wässriger Suspensionen jedoch nur Kornfraktionen < 63 µm bestimmt werden, während beispielsweise mit neuesten Lasergranulometern automatisch auch Korngemische vom Submikron- bis Millimeterbereich in einem Arbeitsgang bearbeitet werden können.

Zur Qualitätssicherung muß beim Einsatz von Computerprogrammen darauf geachtet werden, daß softwaremäßig alle Material- und Gerätekonstanten eingegeben und die meßtechnisch erforderlichen Korrekturen automatisch bei der Korngrößenanalyse berücksichtigt werden. Ferner sind die Programme so auszulegen, daß zusätzlich auch Fremddaten, die bei der Kombination verschiedener Meßsysteme anfallen, eingegeben und bei der Berechnung der Korngrößenverteilung mitverarbeitet werden können.

Zeigt die nach der Korngrößenanalyse erstellte Häufigkeitsverteilung deutliche Abweichungen von der Normalverteilung (z. B. eine mehrgipfelige Kurve), ist zu überprüfen, ob eine genetische Interpretation möglich ist. Beispielsweise können bimodale Verteilungen entstehen, wenn größerere und kleinere Körner unterschiedlicher Dichte, aber gleicher Sinkgeschwindigkeit vergesellschaftet sind. Zwei Maxima unterschiedlich großer Quarzkörner lassen demgegenüber eher darauf schließen, daß Material mehrerer Lagen bei der Probenahme erfaßt wurde. In diesem Fall sind ggf. alle Arbeitsschritte zurück bis zur Probenahme zu betrachten, um eine Erklärung für die Korngrößenverteilung zu finden.

Abweichungen von der Normalverteilung treten auch bei stark plättchenförmigen Mineralen (z.B. Glimmer) auf. Bei der Siebanalyse finden sie sich beispielsweise in einer größeren Kornfraktion, als es ihrem durchschnitttlichen Korndurchmeser entspricht. Bei der Sedimentationsanalyse erscheinen sie hingegen in feineren Fraktionen, weil sie sich beim Sedimentieren vielfach breitseitig in Sedimentationsrichtung bewegen und dann die Reibung beim Sinken erheblich größer ist. Untersuchungen von SOMMER (1996) ergaben für plättchenförmige Partikel eine Lageveränderung von maximal 12 ° bei einem Sedimentationsweg von 200 mm. Bei einem Höhen-Breitenverhältnis plättchenförmiger Partikel von 1:10 ergibt sich nach SOMMER (1996) bei der Sedimentation für ein 10 µm breites Teilchen ein kugeläquivalenter Korndurchmesser von 5 µm und bei einem Verhältnis von 1:100 für ein 10 µm breites Plättchen eine scheinbare Kugelgröße von 1 µm, was gut mit den Ergebnissen von ENGELHARDT (1973) übereinstimmt Danach sind Glimmerplättchen bei der Sedimentationsanlayse im Ton- und Feinschluffbereich etwa um eine Zehnerpotenz und bei 63 µm bereits über 2 Zehnerpotenzen größer als Quarzkugeln gleicher Sinkgeschwindigkeit.

Bei lasergestützten Messungen ergeben sich mittlere Äquivalentdurchmesser für die Glimmer, da in der Meßzelle das Licht an verschiedenen Raumlagen der Glimmer gebeugt bzw. gestreut wird [s. (3)].

Stark plättchenförmige Minerale wie Glimmer können beim Einsatz kleiner Meßzellen und Küvetten sowie Suspensionen hoher Feststoffkonzentration die Meßvorgänge z. B. durch Verstopfung zu kleiner Küvettenöffnungen oder Partikel-Partikel-Wechselwirkungen stören und zu nicht reproduzierbaren Korngrößenverteilungen führen.

Vergleicht man die verschiedenen Methoden, stimmen bei gleicher Probenpräparation die Kornverteilungen bei körnig (kugelig) ausgebildeten Partikeln auch im Feinschluff-und Tonbereich meist gut bis sehr gut überein (ORTS et al. 1993, STARK 1996), Bei tonigen Proben weichen die Ergebnisse von Sedimentations- und Lasergeräten gewöhnlich deutlich voneinander ab (FABBRI 1992, ORTS et al. 1993), da z. B. die Sedimentationsanalyse für plättchenförmige Partikel Kornverteilungen gibt, die gewöhnlich feiner sind, als es der realen Verteilung entspricht, während bei der Lasertechnik ein eher der Realität entsprechender Mittelwert bestimmt wird. Sind die Proben wie bei Tonen allerdings komplex und hetererogen zusammengesetzt, sind die mit einem Laser erhaltenen Daten schwerer interpretierbar, und der Sedimentationstechnik ist der Vorzug zu geben (FABBRI 1992). Auch BERNHARDT (1996) stellt fest, daß sich das Sedimentationsverhalten von Feststoffpartikeln sicher nicht in jedem Fall mit der Laserbeugung bestimmen läßt.

Neue Untersuchungen von KONERT (1996) und KONERT & VANDENBERGHE (1997) an Sedimenten zeigen, daß Unterschiede zwischen Laserbeugungsanalysen und Sieb- oder Sedimentationsanalysen vom Formfaktor der Partikel (z. B. vom Verhältnis des kleinsten zum größten Korndurchmesser) abhängig sind. Nach einem Vergleich von Pipett- und Laseranalysen an über 150 Sedimentproben ergeben sich Korrelationskoeffizienten für verschiedene Fraktionen: Für die Pipettfraktionen beispielsweise von 2 µm und 16 µm ergeben sich Äquivalentdurchmesser beim eingesetzten Lasergerät von 8  bzw. 22 µm. Mathematische Herleitungen für das Sedimentationsverhalten nichtkugelförmiger Partikel bestätigen die experimentell erhaltenen Korrelationen.

Auch beim Vergleich von Sand-Sieb-Analysen mir photo-optischen Kornverteilungsanalysen sind Kurvenanpassungen der Kornverteilungskurven durch Korrekturfaktoren möglich (HODENBERG 1996).

Zusammenfassend ist festzuhalten, daß die Bestimmung der Korngrößenverteilung mit verschiedenen Methoden und Meßverfahren immer z. T. erheblich divergierende Ergebnisse liefern wird, sobald die Form der Teilchen von der Kugelform abweicht und heterogene Dichteverhältnisse in der Boden- oder Sedimentprobe vorliegen. Bei Kenntnis der Meßtechnik und der physikalischen  Eigenschaften des Materials sind die Ergebnisse ausreichend sicher vergleichbar (KONERT 1996).


### 4. 1. 1. 9  Technischer und zeitlicher Aufwand

Für die Abschätzung des technischen und zeitlichen Aufwands sind Probenpräparation und Korngrößenanalysegeräte zu betrachten.

Unabhängig vom verwendeten Analyseverfahren muß für die richtige Vor- und Aufbereitung der Proben (vgl. Abschn. 4.1.1.6) ein geeignetes Labor mit einer gleichartigen Grundausstattung vorhanden sein. Für ein neu zu bauendes Labor einschließlich Abzug sind etwa 15 - 20.000 DM pro Quadratmeter Laborfläche einzuplannen. Die Kosten für die technische Grundausstattung belaufen sich auf mehrere Zehntausend Mark.

Zur Durchführung der klassischen Sedimentationsanlysen (Aräometer- bzw. Pipettverfahren) sind für komplette Meßeinrichtungen einschließlich Wasserwanne, Thermostat, Spezialhalterungen sowie Siebmaschine, Trockenschrank und Rechner mit Zubehör etwa 10 - 15.000 DM zu veranschlagen. Bei schnell und automatisch arbeitenden Sedimentations- und Partikelzählgeräten betragen die Kosten etwa 60 - 120.000 DM.

Sind neben der Analyse zusätzlich auch Korngrößen fraktionierter Größe zu gewinnen, kommen im Feinschluff- und Tonbereich nur verschiedene Sedimentationsmethoden wie die Pipett- oder die Pipett-Zentrifugenanalyse (Kosten ca. 20 - 25.000 DM) in Frage.

Bei der quantitativen Schluff-Ton-Fraktionierung nach dem Atterberg-Verfahren sind zusätzliche Kosten für einen möglichst erschütterungsarmen, thermokanstanten Raum vorzusehen (Klimaanlage ca. 200.000 DM zzgl. jährliche Wartungskosten). Im Submikronbereich sind entsprechende gekühlte Zentrifugen (ca. 5.000 - 30.000 DM) einzusetzen.

Die Probenpräparation kann sehr zeitaufwendig sein. Beispielsweise können dazu bei humusführenden, carbonat- und bindemittelhaltigen Proben 1 - 2 Wochen erforderderlich sein, bevor die eigentlichen Korngrößenanalyse durchgeführt werden kann.

Die anschließend benötigte Anlysenzeit ist je nach Verfahren sehr unterschiedlich: Für die Dauer einer Schlämmanalyse nach dem Pipett- und Aräometerverfahren ist mit 1 - 2 Tagen zu rechnen, die reine Bearbeitungszeit für eine Probe beträgt etwa 1 - 2 h, für eine kombinierte Sieb- und Schlämmanalyse etwa 2,5 - 3,5 h. Der Aufwand ist geringer, wenn mehrere Sedimentationsanalysen gleichzeitig bearbeitet werden sollen. Die vollständige quantitatative Atterberg-Abtrennung kann mehrere Wochen dauern, die reine Bearbeitungszeit ist ähnlich wie bei den beiden oben genannten Verfahren.

Automatisch arbeitende Sedimentationsanalysegeräte haben je nach Verfahren und Meßbereich im Submikronbereich eine Meßzeit von einigen bis zu 30 min, z. T. auch mehrere Stunden bis zu einem Tag. Bei Partikelzählgeräten und bei Lasergranulometern werden als reine Meßzeit nur einige Sekunden benötigt.

## 4. 1. 2  Porenanteil, Porenzahl, Sättigungszahl

EBERHARD DAHMS und LOTHAR FRITZ

### *Allgemeines*

Die bodenmechanischen Eigenschaften des Bodens / Gesteins werden neben dem Masse-Volumen-Verhältnis der Feststoffanteile weitgehend durch den Porenanteil sowie dessen Größenverteilung und Wassererfülltheit (Sättigungsgrad) bestimmt.

Die entsprechenden Begriffe sind wie folgt definiert:

*Porenanteil*

Der Porenanteil n (auch Porosität) ist das auf das Gesamtvolumen bezogene Porenvolumen:

$$n = (V - V_s) / V = 1 - V_s / V$$
$$V = \text{Gesamtvolumen}$$
$$V_s = \text{Volumen der Feststoffe}$$

Anstelle der Volumina können zur Ermittlung des Porenanteils auch die *Dichten* verwendet werden. Trockendichte $\rho_d$ und Korndichte $\rho_s$ werden gemäß DIN 18 125 T 1 mit Hilfe von Laborversuchen ermittelt. Der Porenanteil wird dann nach folgender Beziehung errechnet:

$$n = 1 - \rho_d / \rho_s$$

*Porenzahl*

Die Porenzahl e ist das auf das Feststoffvolumen bezogene Porenvolumen. Sie wird wegen des eindeutigen Bezuges in der Bodenmechanik häufiger als der Porenanteil n verwendet.

$$e = \rho_s / \rho_d - 1$$

Zwischen Porenanteil und Porenzahl besteht folgende Beziehung:

$$e = n / (1 - n)$$
$$n = e / (1 + e)$$

Zur Abschätzung des Porenanteils bzw. der Porenzahl für Sande, Schluffe und Tone mit mittlerer bis hoher Dichte können folgende Werte dienen (AG BODEN 1994):

| Bodenart | Porenanteil n | Porenzahl e |
| --- | --- | --- |
| Sande | 0,30 - 0,40 | 0,43 - 0,67 |
| Schluffe | 0,37 - 0,45 | 0,59 - 0,82 |
| Tone | 0,42 - 0,58 | 0,72 - 1,38 |

*Sättigungszahl*

Als Sättigungszahl $S_r$ wird der Anteil des wassererfüllten Porenraumes $n_w$, bezogen auf den Gesamtporenraum (Porenanteil) bezeichnet:

$$S_r = n_w / n = w \cdot \rho_s / n$$

*Anwendung*

Neben den Fragen im Zusammenhang mit erdstatischen Berechnungen und Nachweisen zur Standsicherheit des Deponieauflagers und des Deponiekörpers einschließlich der Abdichtungssysteme spielen Porenanteil und Sättigungsgrad auch bei Betrachtungen der Wasserdurchlässigkeit und des Schadstofftransportes eine wesentliche Rolle.

Obwohl der Gesamtporenanteil bei einem ausgeprägt plastischen Ton nahezu doppelt so hoch sein kann wie bei einem Kiessand, ist die Wasserdurchlässigkeit um mehrere Zehnerpotenzen niedriger, weil im Ton nur ein „effektiver", d. h. für den advektiven Flüssigkeitsdurchtritt nutzbarer Porenraum von wenigen Prozenten vorhanden ist.

Bei der Schadstoffausbreitung in Tonen/Tonsteinen nimmt mit sinkendem Durchlässigkeitsbeiwert der advektive Anteil ab und der diffusive Anteil zu. Für Modellrechnungen zur Schadstoffausbreitung ist daher die Bestimmung des Gesamtporenanteils der Gesteinsmatrix von wesentlicher Bedeutung und für die Berechnungen erforderlich.

Neben der Bestimmung der Gesteinsporosität mit Hilfe von Laborproben ist bei Festgesteinen zusätzlich die Ermittlung der Kluftporosität mit Hilfe von Feldversuchen notwendig (vgl. Kap. 4.1.8).

### *Versuchsdurchführung*

Für die Bestimmung der abgeleiteten Kennwerte Porenanteil n, Porenzahl e und Sättigungszahl $S_r$ einer Bodenprobe werden u. a. folgende Parameter ermittelt:

| | |
|---|---|
| Dichte | $\rho$ |
| Trockendichte | $\rho_d$ |
| Korndichte | $\rho_s$ |
| Wassergehalt | w |

Die Bestimmung von $\rho$, $\rho_d$ und w erfolgt gemäß DIN 18 125 T 1 bei Probekörpern mit regelmäßiger Gestalt, z. B. Kreiszylindern oder Würfeln, durch Ausmessen der Probekörper, bei unregelmäßig geformten Proben mit festem Zusammenhalt durch Tauchwägung oder durch Quecksilberverdrängung, wobei aber die einschlägigen Schutzbestimmungen zu beachten sind.

Die Bestimmung von $\rho_s$ erfolgt bei feinkörnigen Böden nach DIN 18 124 mit dem *Kapillarpyknometer*[15]. Neben der Flüssigkeitspyknometrie nach DIN werden auch Gas-Pyknometer eingesetzt (z. B. Micrometrics 1993).

Einzelheiten sowie Hinweise auf weitere Methoden finden sich bei DÜRBAUM & FRITSCH (1985); HABETHA (1969); HARTGE & HORN (1992); MÜLLER (1964) und NEY (1986).

### *Zeitaufwand*

Der Zeitaufwand für die Bestimmung der Dichten beträgt etwa 1 Tag, der reine Arbeitszeitaufwand für die Durchführung der Versuche und die Auswertung etwa 2 - 3 h.

---

[15] Eine weitere Norm, DIN ISO 14 688, zur Bestimmung und Klassifikation von Böden befindet sich z. Z. im Entwurf.

# 4. 1. 3  Wassergehalt

EBERHARD DAHMS und LOTHAR FRITZ

## 4. 1. 3. 1  Allgemeines

### *Prinzip*

Durch Wägungen vor und nach einer Trocknung bis zur Massenkonstanz wird die Massenabnahme (Gewichtsabnahme) der Probe bestimmt. Die Trocknung erfolgt bei einer definierten Temperatur. Diese darf nicht überschritten werden, da sonst  z. B. aus bestimmten Tonmineralen Kristallwasser freigesetzt werden kann.  Die Massenabnahme entspricht der Masse des Porenwassers.

Maßgeblich für die Wassergehaltsbestimmung im Labor an Proben für bodenmechanische Zwecke ist DIN 18 121 Teil 1 und 2.

### *Definition*

Der Wassergehalt (w) ist in der Ingenieurgeologie und Bodenmechanik als Quotient aus Masse des Porenwassers (mw) und der Trockenmasse (md)

$$w = mw \,/\, md$$

definiert (s. DIN 1080, Teil 6 und DIN 18 121). Die Masse des Porenwassers wird durch Trocknung einer Probe bei 105° C bis zur Massenkonstanz ermittelt. Der so ermittelte Massenanteil wird in der Literatur allgemein als Prozentanteil angegeben, z. B.  w = 0,29 = 29 % Wassergehalt.

### *Anwendung*

Der Anteil der wassererfüllten Poren eines Bodens (Sättigungszahl) bestimmt weitgehend das bodenmechanische Verhalten.

Für die Beurteilung sowohl der bautechnischen Eigenschaften natürlicher Barriereschichten im Deponieuntergrund (Standsicherheitsfragen) als auch des zu verwendenden Materials bei der Durchführung von Nachbesserungsmaßnahmen durch den Einbau künstlicher Barriereschichten ist die Bestimmung des Wassergehaltes des Bodens bzw. des zu verwendenden Materials erforderlich. Darüber hinaus ist die Bestimmung des Wassergehaltes im Zusammenhang mit vielen bodenmechanischen Versuchen als Hilfsgröße notwendig.

Für Erdbaumaßnahmen - insbesondere mit bindigem Material -  ist die Kenntnis des natürlichen Wassergehaltes und des - ggf. davon abweichenden - für den Einbau erforderlichen Wassergehaltes u. a. zur Beurteilung des Verdichtungsverhaltens erforderlich (Tabelle 4.4).

Bei der Nachbesserung der natürlichen Barriereschichten und der Herstellung mineralischer Deponieabdichtungen wird das tonige Dichtungsmaterial mit einem anhand von Vorversuchen (Proctor-Versuch) festgelegten Wassergehalt eingebaut, deshalb ist die Bestimmung des Wassergehaltes bei den qualitätssichernden Kontrollen besonders wichtig.

**Tabelle 4.4.** Anhaltswerte für natürliche Wassergehalte einiger Boden- bzw. Gesteinsarten

| Bodenart | Bodengruppe DIN 18 196 | Wassergehalt [%] |
|---|---|---|
| Sand | SE-SW | 2 - 10 |
| Schluff, leicht plastisch | UL | 15 - 28 |
| Schluff, mittel-ausgeprägt plastisch | UM | 20 - 35 |
| Ton, leicht plastisch | TL | 14 - 28 |
| Ton, mittel plastisch | TM | 18 - 38 |
| Ton, ausgeprägt plastisch | TA | 20 - 55 |

## 4. 1. 3. 2  Ofentrocknung (DIN 18 121 Teil 1)

*Probenmenge*

Die erforderliche Mindestmasse ($m_{min}$) der feuchten Probe ist abhängig von der zulässigen Meßunsicherheit, dem Fehler der Wägung, dem größten Korndurchmesser und dem Wassergehalt der Probe.

Zugelassen wird eine Meßunsicherheit des Ergebnisses von $\Delta w < \pm 0,02 \cdot w$ bis $\pm 0,05 \cdot w$ (DIN 18 121/1). Die erforderliche Mindestprobenmenge ist nach den in der DIN 18 121/1 in Tabelle 1 und 2 angegebenen Werten zu ermitteln.

Für einige Bodenarten sind, für eine Meßunsicherheit der Ergebnisse von $\Delta w < \pm 0,05 \cdot w$, die üblichen Probenmengen im folgenden zusammengestellt:

| Bodenart | Übliche Probenmenge [g] |
|---|---|
| Ton, Schluff | 10 - 50 |
| Sand | 50 - 200 |
| Kiesiger Sand | 200 - 1.000 |
| Kies | 1.000 - 10.000 |

*Durchführung und Qualitätssicherung*

Maßgebend für Anforderungen an Prüfgeräte und die Versuchsdurchführung ist die DIN 18 121 Teil 1.

Bei der Probenentnahme ist besonders darauf zu achten, daß der Wassergehalt des entnommenen Probenmaterials repräsentativ für den zu prüfenden Bereich ist und die Probe unverzüglich luftdicht verschlossen wird. Der Behälter sollte möglichst nicht größer als die Probe sein und bei Verpackung in Kunststofftüten ist die Luft weitestgehend herauszudrücken oder abzusaugen, damit bis zur Wägung möglichst kein Wasser aus dem Probenmaterial verdunsten kann.

Bewährt haben sich Glasgefäße mit eingeschliffenem Deckel, z. B. Petri-Schalen nach DIN 12 339 der Größe NS 80 und h 30, die etwa 150 - 200 g eines feuchten bindigen mineralischen Dichtungs- oder Barrierematerials aufnehmen können. Diese Menge bietet auch bei Bestimmungen im Baustellenlabor genügend Sicherheit bei der Wassergehaltsbestimmung.

Wenn die Probe in einem anderen verschlossenen Behälter, z. B. Entnahmestutzen angeliefert wird und die Gesamtprobe oder der zur Wassergehaltsbestimmung vorgesehene Anteil unverzüglich, d. h. innerhalb weniger Minuten nach dem Auspressen aus dem Stutzen gewogen wird, kann auch offen, z. B. mit Porzellanschalen, gearbeitet werden.

Wenn das Material besonders schnell trocknen soll, ist die Probe kleinstückig zu zerbrechen.

Bei „empfindlichen"" Mineralen, die bereits bei einer Temperatur unter 105° C Kristallwasser abgeben, z. B. Smectit und Wechsellagerungsmineralen, ist die Trocknung mit einer Temperatur von $T \leq 60\ °C$ durchzuführen. Die Trocknung ist solange fortzusetzen, bis sich die Masse der Probe nicht mehr ändert, d. h. es müssen mehrere Wägungen den - im Rahmen der Meßungenauigkeit - gleichen Wert für die getrocknete Probe ergeben.

Für die Durchführung einer Wassergehaltsbestimmung sind ca. 12 - 24 h anzusetzen.


### *Auswertung*

Der Massenverlust beim Trocknen entspricht der Masse des Porenwassers der Probe:

$$mw = (m + mB) - (md + mB) = m - md; \quad w = mw / md$$

$m_w$:  Masse des Porenwassers
$m$:  Masse der feuchten Probe
$m_d$:  Masse der trockenen Probe
$m_B$:  Masse des Behälters
$w$:  Wassergehalt der feuchten Probe

Beispiele für die Berechnung gibt die DIN 18 121.

Bei größeren Proben, z. B. dem gesamten Inhalt eines Entnahmestutzens (nach DIN 4021, Bild 4) von bei bindigen oder gemischtkörnigen Materialien, die z. B. größere Tonsteinstücke enthalten, ist das Ergebnis der Wassergehaltsbestimmung für den mit Hilfe der Probe zu beurteilenden Bereich repräsentativer als bei kleinen Proben von z. B. 50 g. Größere Proben erfordern jedoch eine längere Trocknungszeit: Bei bindigem Material ist für die Probenmenge eines 50 - 120 mm hohen Entnahmezylinders von einer Trocknungszeit bis zur Massenkonstanz von mindestens 24 h auszugehen. Die eigentliche Bearbeitungszeit für eine Probe kann mit etwa 30 min angesetzt werden.

### 4. 1. 3. 3  Schnellverfahren mit Mikrowellenherd

Von den in der DIN 18 121 Teil 2 angegebenen Schnellverfahren wird nur die Wassergehaltsbestimmung im Mikrowellenherd in größerem Umfang im Deponiebau eingesetzt, hier in erster Linie in Baustellenlabors, für eine umgehende Prüfung, ob die geforderten Einbauwassergehalte gewährleistet sind.

***Probenmengen** (wie unter 4 .1. 3. 2)*

Bei der Wassergehaltsbestimmung an tonigem Dichtungsmaterial haben sich Probenmengen von je etwa 50 g Feuchtgewicht (Porzellantiegel mit entsprechendem Fassungsvermögen) in der Praxis bewährt.

***Durchführung und Qualitätssicherung***

Das zu trocknende Material ist möglichst kleinstückig zu zerbrechen (d ≤ 0,5 cm), die Porzellanschalen bzw. -tiegel sind während der Trocknung abzudekken, weil durch das schnelle Verdampfen des Porenwassers Stücke platzen und dabei Material aus der Probenschale springen kann. Die Trocknung ist solange fortzusetzen, bis sich die Masse der Probe nicht mehr ändert, d. h. es müssen mehrere Wägungen den - im Rahmen der Meßungenauigkeit - gleichen Wert der getrockneten Probe ergeben.

Die Proben können an der Raumluft bis zur Wägung abkühlen (ca. 10 min). Eine Abkühlung der Proben im Exsikkator (nach DIN 18 121) ist nur dann durchzuführen, wenn besondere Genauigkeit gefordert wird.

In der DIN 18 121 Teil 2 wird darauf hingewiesen, daß die im Mikrowellenherd ermittelten Wassergehalte 0,01 - 0,02 Massenanteile über den mit der Ofentrocknung ermittelten Werten liegen können. Umfangreiche Untersuchungen im Rahmen der Fremdprüfung beim Einbau mineralischer Dichtungsschichten ergaben, daß - in Abhängigkeit von der Bodenart - mit unterschiedlichen systematischen Fehlern beim Vergleich beider Verfahren zu rechnen ist. Für Wassergehaltsbestimmungen im Zusammenhang mit anderen bodenmechanischen Standardversuchen ist die Trocknung von Proben im Mikrowellenherd nicht zu empfehlen (KNÜPFER 1990).

In einigen Fällen können Beimengungen im Material den Einsatz von Mikrowellenherden ausschließen, beispielsweise bei Proben, die Metallsulfide (z. B. Pyrit) enthalten, weil der Metallanteil sich bis zum Glühen erhitzen kann und damit die Probe unzulässig verändert. Wenn die Bestimmung nicht mit Ofentrocknung durchgeführt werden soll, ist daher stets eine Kalibrierung des abweichenden Verfahrens mit Hilfe der Ofentrocknung erforderlich.

***Auswertung** (wie unter 4. 1. 3. 2)*

Für die im Deponiebau verwendeten mineralischen Dichtungs- und Barrierematerialien ist, bei den o. g. ca. 50 g Probenmaterial, mit etwa 15-20 min Trocknungszeit zu rechnen. Die eigentliche Bearbeitungszeit für eine Probe kann auf weniger als 0,5 Stunden angesetzt werden.

## 4. 1. 4  Zustandsgrenzen (Konsistenzgrenzen)

EBERHARD DAHMS und LOTHAR FRITZ

### *Allgemeines*

Bindige Lockergesteine/ Böden gehen mit abnehmendem Wassergehalt vom flüssigen in den plastischen, dann in den halbfesten und schließlich in den festen Zustand über. Die Grenzen zwischen den einzelnen Zustandsformen werden mit Hilfe spezieller bodenmechanischer Laborversuche ermittelt (DIN 18 122 T 1 und 2). Ein bestimmtes Verhalten des Bodens im Verlauf des Versuchs wird dabei als Übergang von einer Zustandsform in die nächste festgelegt: für den Übergang vom flüssigen in den plastischen Zustand das Zufließen einer durch die Probe gezogenen Furche auf 1 cm Länge bei 25 Schlägen im Fließgrenzengerät nach Casagrande. Der Wassergehalt bei diesem Verhalten wird als Fließgrenze bezeichnet.

Folgende Grenzen zwischen den unterschiedlichen Zustandsformen werden unterschieden:

| | | |
|---|---|---|
| Fließgrenze | $w_L$ | = Übergang von flüssig nach breiig |
| Ausrollgrenze | $w_P$ | = Übergang von steif nach halbfest |
| Schrumpfgrenze | $w_S$ | = Übergang von halbfest nach fest |

Die Differenz zwischen dem Wassergehalt bei der Fließ- und der Ausrollgrenze wird als Plastizitätszahl $I_P$ bezeichnet

$$I_P = w_L - w_P.$$

Je kleiner $I_P$ ist, umso empfindlicher reagiert ein Boden auf Wassergehaltsänderungen.

Als *Konsistenz* (Zustandsform) eines bindigen Bodens wird der vom Wassergehalt abhängige innere Zusammenhalt, der Widerstand gegen Verformung bezeichnet. Sie kann durch folgende Beziehung ausgedrückt werden:

$$\text{Konsistenzzahl } I_C = (w_L - w) / I_P.$$

Dieser Wert gibt an, wie weit ein Boden hinsichtlich seines Wassergehaltes von der Fließgrenze $w_L$ entfernt ist.

In Abhängigkeit von $I_C$ wird die Konsistenz wie folgt bezeichnet:

| Konsistenzzahl $I_C$ | Zustandsform | |
|---|---|---|
| 0 - 0,5 | Breiig | |
| 0,5 - 0,75 | Weich | |
| 0,75- 1,0 | Steif | |
| $1,0 \le I_C < (w_L\text{-}w_S)/I_P$ | Halbfest | $I_C = 0$ entspricht der Fließgrenze, |
| $(w_L\text{-}w_S)/I_P \le I_C$ | Fest | $I_C = 1$ der Ausrollgrenze |

*Anmerkung*: Gegen die im Laborversuch bestimmte Konsistenzzahl wird manchmal eingewendet, daß damit eine Zustandsform ermittelt wird, die häufig im Widerspruch zur Feldansprache steht. Der Grund für den Unterschied zwischen Feldansprache und Laborergebnis liegt darin, daß der natürliche Wassergehalt an einer ungestörten Probe, die Fließ- und Ausrollgrenze aber an Proben nach einer festgelegten Probenvorbereitung ermittelt wird (s. auch Sensitivität eines Bodens, Kap. 4.1.7.3). Die Konzistenzzahl gibt daher den Zustand an, den ein Boden aufweisen würde, wenn er bei dem im Feld vorhandenen (natürlichen) Wassergehalt mechanisch beansprucht wird, z.B.durch Befahren mit schwerem Gerät.

Für häufig vorkommende bindige Bodenarten können folgende Anhaltswerte für Zustandsgrenzen und Plastizität genannt werden (Tabelle 4.5).

**Tabelle 4.5.** Anhaltswerte für Zustandsgrenzen bindiger Böden

| Bodenart | Fließgrenze $w_L$ [%] | Ausrollgrenze $w_P$ [%] | Plastizität $I_P$ [%] |
|---|---|---|---|
| Schluff, leicht plastisch | 25 - 35 | 20 - 28 | 4 - 11 |
| Schluff, mittelplastisch | 35 - 50 | 22 - 23 | 7 - 20 |
| Ton, leicht plastisch | 25 - 35 | 15 - 22 | 7 - 16 |
| Ton, mittelplastisch | 40 - 50 | 18 - 25 | 16 - 28 |
| Ton, ausgeprägt plastisch | 60 - 85 | 20 - 35 | 33 - 55 |

Die Plastizität der Tone hängt neben dem Porenwassergehalt wesentlich vom Anteil und der Art der enthaltenen Tonminerale ab (Tabelle 4.6).

**Tabelle 4.6.** Konsistenzgrenzen einiger Tonminerale (MITCHELL 1976)

| Tonmineral | Fließgrenze [% Wasser] | Ausrollgrenze [% Wasser] | Schrumpfgrenze [% Wasser] |
|---|---|---|---|
| Smectit | 100-900 | 50-100 | 8,5-15 |
| Illit | 60-120 | 35 - 60 | 15-17 |
| Kaolinit | 30-110 | 25 - 40 | 25-29 |
| Chlorit | 44 - 47 | 36 - 40 | |

## Anwendung

Die Versuche sind nur bei feinkörnigen oder gemischtkörnigen Böden anwendbar. Sie dienen zur Ermittlung bodenmechanischer Kennwerte des Barriere- oder Dichtungsmaterials, die für die Beurteilungen und Nachweise der Standsicherheit des Untergrundes sowie für die Verarbeitbarkeit des Materials von Bedeutung sind. Außerdem können Rückschlüsse auf Anteil und Art der Tonminerale sowie auf das Schadstoffrückhaltevermögen gezogen werden.

Anhand der Plastizität erfolgt u.a. die Gruppeneinteilung der bindigen Böden für bautechnische Zwecke nach DIN 18 196.

### Versuchsdurchführung

*F l i e ß g r e n z e*

Die Fließgrenze wird im Fließgrenzengerät nach Casagrande (DIN 18 122/1) bestimmt. Es werden 4 Einzelversuche mit jeweils unterschiedlichen Wassergehalten durchgeführt. Die Wassergehalte sind so zu wählen, daß sowohl Schlagzahlen unter 25 als auch über 25 bis zum Schließen der Furche in der aufbereiteten und in die dafür vorgesehene Schale des Gerätes eingestrichenen Probe erreicht werden.

*A u s r o l l g r e n z e*

Zur Ermittlung der Ausrollgrenze gemäß DIN 18 122 T 1 sind ebenfalls mindestens 3 Einzelversuche durchzuführen. Wenn ein mechanisches Ausrollgerät eingesetzt wird (Abb. 4.10), kann die Anzahl der Versuche ggf. geringer sein.

*S c h r u m p f g r e n z e*

Zur Bestimmung der Schrumpfgrenze gemäß DIN 18 122 T 2 wird eine Probe mit einem Wassergehalt aufbereitet, der etwa 10 % über der Fließgrenze liegt, und anschließend bis zum Farbumschlag bei Zimmertemperatur getrocknet. Danach werden die Trockenmasse und das Volumen ermittelt.

### Auswertung

Für die Fließgrenzenbestimmung werden die bei den Einzelversuchen bestimmten Wassergehalte in Abhängigkeit von der Schlagzahl graphisch aufgetragen. Auf der Ausgleichsgeraden der Einzelpunkte kann für die Schlagzahl 25 der Wassergehalt der Fließgrenze abgegriffen werden.

Bei der Ausrollgrenze wird aus den mindestens 3 Einzelwerten des jeweils nach dem Bröckeln der Röllchen bestimmten Wassergehaltes rechnerisch der Mittelwert gebildet.

Die Schrumpfgrenze wird nach folgender Gleichung ermittelt:

$$w_S = (V_d / m_d - 1 / \rho_s) \cdot \rho_w$$

$V_d$ = Volumen des trockenen Probenkörpers
$m_d$ = Trockenmasse des Probenkörpers
$\rho_s$ = Korndichte des Bodens nach DIN 18 124 Teil 1
$\rho_w$ = Dichte des Wassers

Berechnungsbeispiele für die Auswertung der Versuche zur Zustandsgrenzenbestimmung finden sich in DIN 18 122 T 1 und T 2.

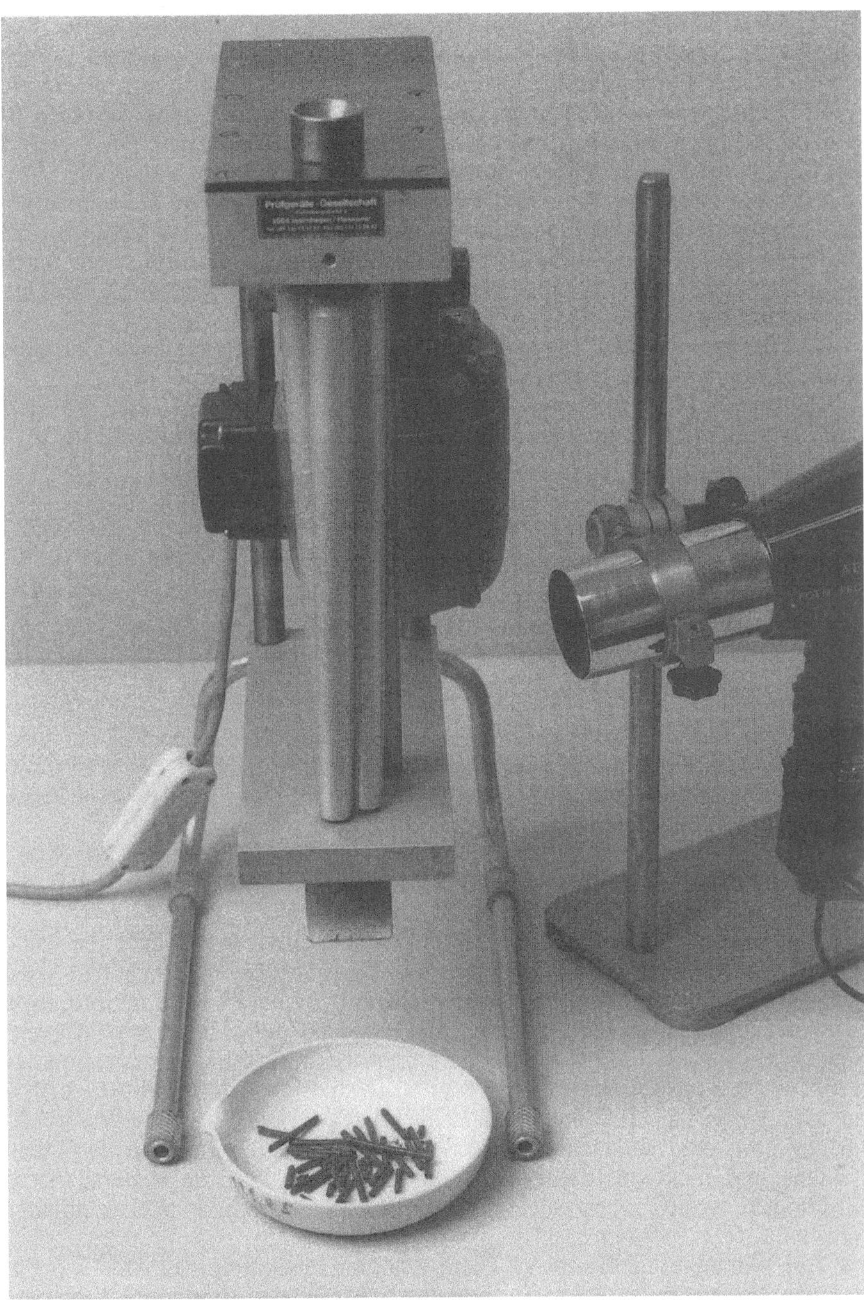

**Abb. 4.10.** Ausrollgrenzengerät (zur Herstellung einheitlicher Ausrollkörper von 3 mm Durchmesser)

*Qualitätssicherung*

Die für die Bestimmung der Zustandsgrenzen im Labor verwendeten Proben
dürfen vorher nicht ausgetrocknet sein. Die Versuche sollen mit niedrigem
Wassergehalt begonnen werden. Die Schale für den Fließgrenzenversuch ist
vor jedem Einzelversuch gründlich zu reinigen und zu trocknen. Die Fallhöhe
der Schale für den Fließgrenzenversuch ist vor jedem Versuch zu prüfen. Wegen des Einflusses der Rauheit der Schalenoberfläche auf das Zusammenflie-
ßen der Furche wird empfohlen, die Schalen nach 2.000 - 3.000 Versuchen zu
erneuern. Wenn die Röllchen bei der Bestimmung der Ausrollgrenze durch
Ausrollen von Hand hergestellt werden, ist ein Vergleichsstab von 3 mm Dik-
ke zweckmäßig.

Die Bestimmung der Zustandsgrenzen erfordert etwa 1 - 3 Tage. Der reine
Arbeitszeitaufwand ist dabei mit etwa 5 h anzusetzen.

Abweichungen der Ergebnisse bei Bestimmungen am gleichen Material
durch verschiedene Labors sind nicht auszuschließen („Laborantenfaktor").


# 4. 1. 5 Wasseraufnahmevermögen

HARALD HEIMERL und EWALD ERWIN KOHLER

*Prinzip und Anwendungsbereich*

Unter dem Wasseraufnahmevermögen versteht man die Eigenschaft des trok-
kenen Bodens/Gesteins, Wasser anzusaugen und zu halten. Das Wasseraufnahmevermögen als Meßgröße bezeichnet die von einer getrockneten Probe
aufgesogene Wassermasse bezogen auf die Trockenmasse der Probe.

Die Wasseraufnahme erfolgt zum einen kapillar und hängt mit der Kornverteilung zusammen. Ihr Ausmaß wird dabei wesentlich vom Anteil der
Feinstkorn-(Ton-)Fraktion bestimmt (NEUMANN 1957).

Zum anderen spielt die Hydration eine maßgebliche Rolle, d. h. die Anlagerung von Wasser an die Kationen der Tonmineraloberflächen und -zwi-
schenschichten. Das Wasseraufnahmefähigkeit bzw. Wasserbindevermögen
wird damit wesentlich bestimmt vom Anteil quellfähiger Tonminerale. Während
Quarzmehl nur 30 - 50 % Wasser aufnimmt, besitzen stark tonmineralhaltige
Proben ein Wasserbindevermögen von 60 % und mehr, Kaolinit 70 - 120 %
und Bentonit 300 - 700 % (KÉDZI 1973; BÖHLER 1993). Aus der Wasseraufnahme bzw. dem unterschiedlichen Verlauf der Wasseraufnahme von quellfähigen und nicht quellfähigen Tonmineralen läßt sich die mineralogische
Zusammensetzung, wenn auch nicht immer in eindeutiger Weise, ableiten
(BÖHLER 1993; PICHLER 1953).

Der Wasseraufnahmeversuch dient v. a. der Ermittlung des Anteils quellfähiger Tonminerale. Er spielt vornehmlich bei der Eignungprüfung und
Qualitätskontrolle im Deponiebau eine wichtige Rolle (Bentonitanteil und
-güte in mineralischen Dichtwandmassen, Basis- und Oberflächenabdichtungen). Ein wichtiges Ziel ist dabei der Prüfung der *Homogenität* des Dich-

tungsmaterials. Zu diesem Zweck kann der Wasseraufnahmeversuch auch bei der Untersuchung des Deponieuntergrundes eingesetzt werden. Die Überprüfung der Homogenität des Deponieauflagers ist für die Ökonomisierung der Untersuchung von großem Nutzen, weil eingehendere Analysen auf repräsentative Proben beschränkt werden können.

Der Wasseraufnahmeversuch ermöglicht darüber hinaus eine erste Abschätzung der Plastizitätszahl sowie der Fließgrenze (NEUMANN 1957; Abb. 4.11). Gegenüber der Bestimmung der Konsistenzgrenzen ist der Wasseraufnahmeversuch sehr einfach durchzuführen und liefert, bei genauer Einhaltung der Versuchsbedingungen, gut reproduzierbare Ergebnisse.

Zwischen der Wasseraufnahme und den die Scherfestigkeit bestimmenden Parametern Reibungswinkel und Kohäsion besteht eine empirisch ermittelter Korrelationen. Damit läßt sich das Verformungsverhalten des tonigen Deponieuntergrundes beschreiben (NEFF 1988).

Anhand der spezifischen Flüssigkeitsaufnahme bei Verwendung unterschiedlicher Prüfflüssigkeiten oder Sickerwässer anstelle von Wasser kann die Veränderung des Stoffbestandes und der Durchlässigkeit des Gesteins bei Durchströmung von aggressiven Flüssigkeiten geprüft werden (NEFF 1988, GDA 1993; vgl. Kap. 2).

### *Durchführung*

Die Bestimmung der Wasseraufnahmefähigkeit erfolgt nach Enslin/Neff gemäß DIN 18132 und GDA E 3-3 auf der Grundlage von NEFF (1959; 1988); siehe dazu auch SMOLTCZYK (1990), S. 81.

Bei dem Versuch (Abb. 4.12) werden 10 - 20 g der zu untersuchenden Probe bis zur Gewichtskonstanz zerkleinert und getrocknet, 0,2 - 1,0 g davon eingewogen und in einen Probenaufnahmetrichter geschüttet. Der Schüttkegel wird

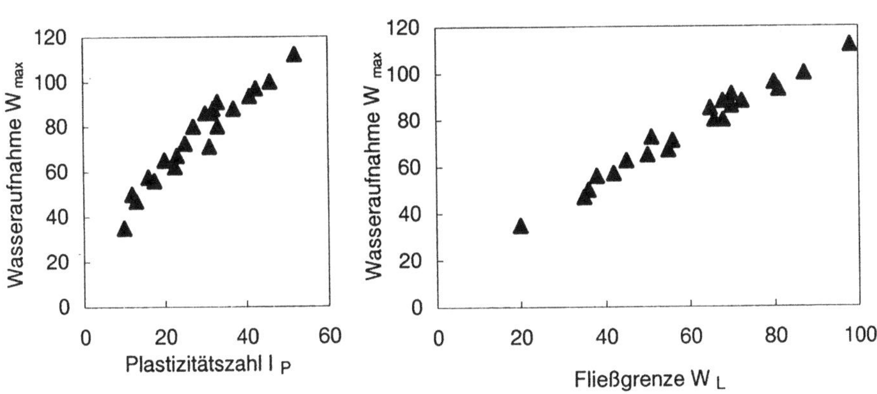



**Abb. 4.11.** Beziehungen zwischen Wasseraufnahme und Fließgrenze bzw. Wasseraufnahme und Plastizitätszahl. (Nach CASPER 1992)

auf der Unterseite über eine poröse Glasfilterplatte mit Wasser in Kontakt gebracht. Die Wassersäule weicht daraufhin in der Meßpipette in Richtung der Probe zurück Die aufgenommene Wassermenge kann auf der Meßpipette unmittelbar in ml abgelesen werden. Diese auf das Trockengewicht der Probe bezogene Wassermenge bezeichnet das Wasseraufnahmevermögen.

Die Versuchsdauer beträgt maximal 30 h.

Auf Probleme des Verfahrens, die ggf. zu Fehlinterpretation der Ergebnisse führen können, weisen DEMBERG (1991) und BÖHLER (1993) hin. So läßt sich der Einfluß der Verdunstung trotz Verdunstungsschutz nur begrenzt kontrollieren. Die Ausbildung der Filterplatte beeinflußt das Ergebnis ebenso wie der Durchmesser des Schüttkegels. Entgegen der üblichen Trocknungstemperatur von 105 °C, die das Ergebnis verfälschen kann, sollte smectithaltiges Material (Bentonit) bei 60 °C getrocknet werden. Der Einfluß der Probenmenge auf das Ergebnis kann durch Zusatz eines Netzmittels (z. B. Isobutylalkohol) zum Wasser verhindert werden.

### Technischer und zeitlicher Aufwand

Der Versuch ist wenig arbeits- und kostenintensiv. Die Anschaffungskosten für die Neff-Enslin-Apparatur sind gering.

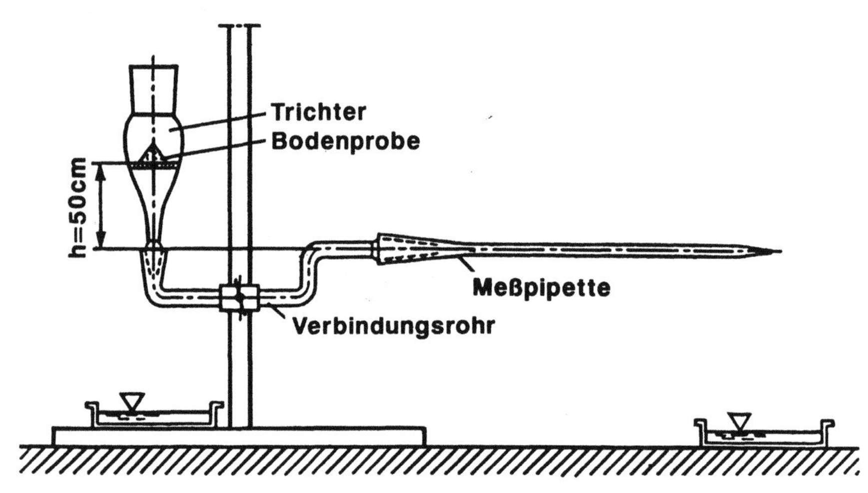


**Abb. 4.12.** Gerät nach Neff/Enslin zur Bestimmung der Wasseraufnahmefähikeit

## 4. 1. 6 Quellverhalten

EBERHARD DAHMS und LOTHAR FRITZ

### *Allgemeines*

Locker- und Festgesteine können z. B. durch Wasseraufnahme von Tonmineralen oder durch die Wasseraufnahme bei der Umwandlung von Anhydrit in Gips quellen.

Für die Ermittlung des Quellverhaltens mit Hilfe von Laborversuchen liegt z. Z. noch keine DIN-Norm vor. Als Richtlinie kann die Empfehlung Nr. 11 des AK 3.3 - Versuchstechnik Fels - der Deutschen Gesellschaft für Erd- und Grundbau (DGEG, ehem. DGGT) „Quellversuche an Gesteinsproben" dienen (DGEG 1986). Diese Empfehlung hat zum Ziel, die Versuche zu vereinheitlichen und die Versuchsergebnisse vergleichbar zu machen. Sie unterscheidet folgende Versuchsarten:

- Quellhebungsversuch: Ermittlung der axialen Dehnung $\varepsilon$ unter einer vorgegebenen konstanten Belastung
- Quelldruckversuch: Ermittlung der maximalen Quellspannung $\sigma_q$ unter einer definierten Behinderung der Quelldehnung
- Quellversuch nach KAISER/HENKE: Ermittlung der axialen Spannung $\sigma_{qA}$, die notwendig ist, um eine eingetretene Quelldehnung rückgängig zu machen
- Quellversuch nach HUDER/AMBERG: Ermittlung der Quelldehnungen bei stufenweise abnehmenden axialen Druckspannungen $\varepsilon_q = f(\sigma)$.

### *Anwendung*

Quellversuche dienen zur Bestimmung der potentiellen Quelleigenschaften von Boden- oder Festgesteinsproben. Quantitative Angaben über den Umfang des durch eine Baumaßnahme, u. a. durch die Entlastung oder durch Wasserzutritt verursachten Quellens eines Bodens/Gesteins, z. B. über den tatsächlich eintretenden Quelldruck (Bemessungswert), sind damit nicht möglich. Die Versuche erlauben aber eine Abschätzung der Größenordnung derjenigen Kräfte, die konstruktiv bei der Errichtung eines Bauwerkes oder einer Deponie zu berücksichtigen sind.

Quellversuche werden auf unterschiedliche Art ausgeführt. Im Regelfall sollten die in der Empfehlung Nr. 11 des AK 3.3 der DGEG behandelten Versuchsarten und die dort beschriebene Versuchsdurchführung für Quellversuche angewendet werden.

Alle o. g. Versuche werden im Kompressions-Durchlässigkeits- (KD-)Gerät oder mit KD-Zellen und einem Belastungssystem ausgeführt, mit dem die erforderlichen Belastungen in Stufen, im Normalfall mit einem Anstieg der Belastung in geometrischer Reihe, aufgebracht werden können.

*Versuchsarten*

### *Quellhebungsversuch*

Zur Beseitigung der durch Probenahme und -bearbeitung verursachten Auflockerungen wird die Probe zunächst ohne Wasserzugabe stufenweise bis zu dem der Entnahmetiefe entsprechenden Gebirgsdruck belastet. Die Steigerung der Laststufen erfolgt üblicherweise in geometrischer Reihe. Anschließend, nach Abklingen der Verformungsänderung der letzten Laststufe, wird bis zu der aus versuchstechnischen Gründen, gemäß der Empfehlung des AK 3.3, erforderlichen Mindestspannung von $\sigma_0 = 5$ kPa entlastet. Soll der Quellhebungsversuch unter einer größeren als der o .g. Mindestspannung ($\sigma_0 = 5$ kPa) ausgeführt werden, wird die Probe stufenweise bis zu der vorgegebenen Druckspannung s wiederbelastet. Nach Abklingen der Setzung auf der letzten Laststufe, wird die Probenhöhe als neue Anfangshöhe $l_0$ (Bezugshöhe) vermerkt und der Quellvorgang durch das Befüllen der KD-Zelle mit entmineralisiertem Wasser eingeleitet.

Der Druck wird konstant gehalten und die infolge des Wasserzutritts auftretende Hebung (Axialverformung) $\Delta l$ bis zum Abklingen in regelmäßigen Zeitabständen gemessen. Die bei der Mindestspannung von $\sigma_0 = 5$ kPa gemessene Quelldehnung wird mit $\varepsilon_{q0}$ bezeichnet.

Für alle Messungen werden die jeweiligen Dehnungen nach folgendem Ansatz ermittelt:
$$\varepsilon = \Delta l / \Delta l_0$$
Die Werte werden in Abhängigkeit von der Zeit graphisch dargestellt (Abb. 4.13).

### *Quelldruckversuch*

Beim Quelldruckversuch wird die bei quellfähigem Gestein infolge Wasserzutritt sich entwickelnde axiale Kraft (Quellkraft) gemessen. (Es ist die Kraft, die erforderlich ist, um eine Verformung zu verhindern.)

Zur Beseitigung der durch die Probenahme bedingten Auflockerungen wird eine Vorbelastung wie beim Quellhebungsversuch ausgeführt. Dabei wird die Probe jedoch zum Einbau des Kraftmeßgerätes völlig entlastet. Danach wird wieder die vom AK 3.3 empfohlene Mindestspannung von $\sigma_0 = 5$ kPa aufgebracht, so daß eine Axialverformung unterbunden wird. Wenn die einbaubedingten Spannungsschwankungen abgeklungen sind, wird der Quellvorgang durch das Befüllen der KD-Zelle mit entmineralisiertem Wasser eingeleitet. Die durch den Quellvorgang entstehende Kraft wird in regelmäßigen Zeitabständen gemessen oder kontinuierlich aufgezeichnet, bis eine konstant bleibende Quellkraft das Ende der Quellung anzeigt (Abb. 4.14).

### *Quellversuch nach KAISER/HENKE*

Beim Quellversuch nach KAISER/HENKE wird die Druckspannung ermittelt, die notwendig ist, um eine eingetretene Quelldehnung rückgängig zu machen. Die Spannungsdifferenz zwischen der Spannung, bei der die Quellung eintritt, und der Spannung, die erforderlich ist, um den Verformungszustand vor dem Eintritt der Quellung wieder herzustellen, wird als Quelldruckäquivalenzwert $\sigma_{q,\ddot{A}}$ bezeichnet und kann aus dem Spannungs-Dehnungs-Diagramm abgelesen werden (Abb. 4.15).

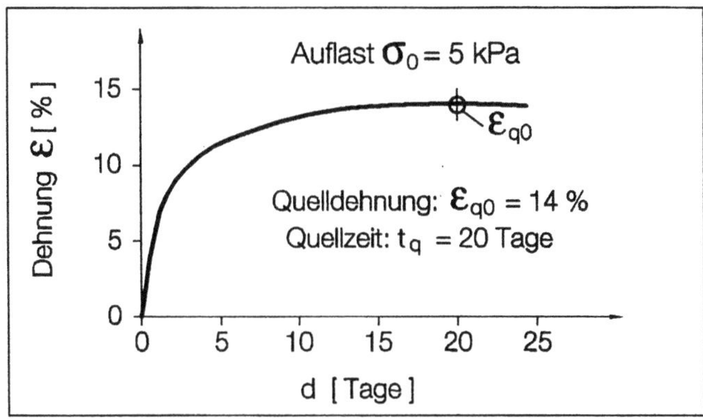


**Abb. 4.13.** Prinzip der Auswertung eines Quellhebungsversuches

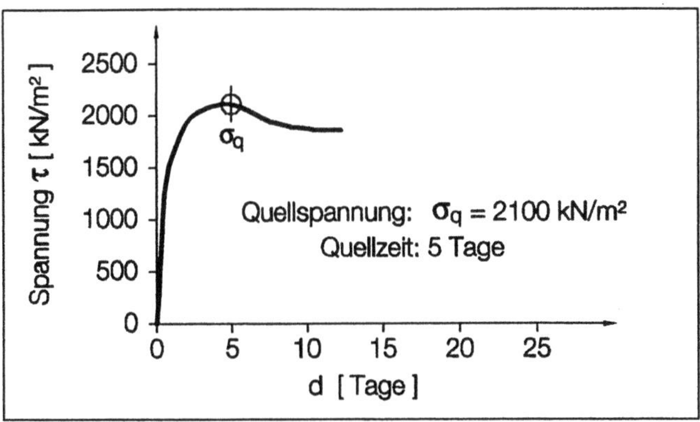


**Abb. 4.14.** Prinzip der Auswertung eines Quelldruckversuchs

Der erste Teil des Versuchs entspricht dem Quellhebungsversuch. Anschließend, d. h. nach dem Abklingen der Quellhebung, wird die Probe stufenweise belastet, bis die durch die Quellung verursachte Verformung vollständig rückgängig gemacht wurde.

In das Spannungs-Dehnungs-Diagramm werden folgende Be- und Entlastungskurven eingetragen:
- Erstbelastung
- Entlastung bis $\sigma_0 = 5$ kN/m$^2$
- Quellhebung infolge Wasserzugabe
- Wiederbelastung

Im Normalfall wird im Diagramm auch der Quelldruckäquivalenzwert $\sigma_{q,\ddot{A}}$ vermerkt, d.h. der Abschnitt zwischen der Spannung $\sigma_0$ (= Spannung, bei der die Quellung begann) und der Spannung bei derjenigen Wiederbelastung, mit der die anfängliche Quelldehnung der Probe wieder erreicht wurde.

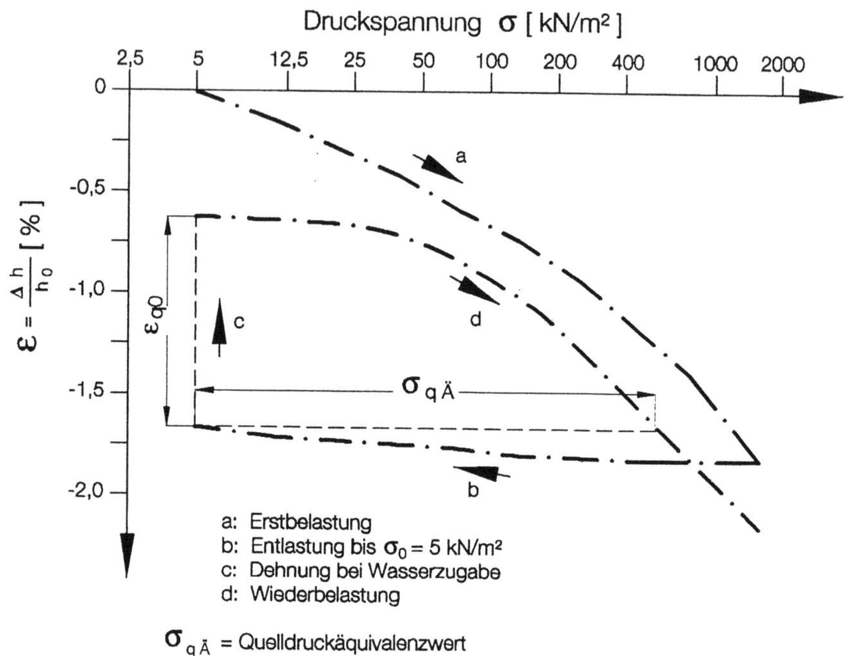


**Abb. 4.15.** Prinzip der Auswertung eines Quellversuchs nach KAISER/HENKE (DGEG 1986)

## *Quellversuch nach HUDER/AMBERG*

Mit dem Versuch nach HUDER & AMBERG (1970) können an derselben
Probe Dehnung (Quellmaß) und Quelldruck bestimmt werden. Bei stufenweiser Verringerung der axialen Druckspannungen werden die jeweiligen Quelldehnungen der Probe ermittelt.

Die Probe wird in ein KD-Gerät oder eine KD-Zelle eingebaut und zu-
nächst ohne Wasserzugabe stufenweise belastet, z. B. bis zu einer der
Überlagerungsspannung in der Entnahmetiefe der Probe entsprechenden
Belastung oder einer aufgrund anderer Vorgaben festgelegten Auflast.
Dann wird stufenweise entlastet und anschließend in Stufen wiederbelastet. Dadurch werden, wie beim Quellhebungs- und Quelldruckversuch,
Einflüsse aus der Probenentnahme kompensiert und gleichzeitig das
Spannung-Verformungs-Verhalten ohne Wasserzutritt ermittelt. Die Be-
und Entlastung erfolgt jeweils in geometrischer Reihe der Laststufen.
Nach der Konsolidierung der Probe in der Endstufe der Wiederbelastung
erfolgt die Wasserzugabe. Das Abklingen der eintretenden Hebung (Quellung) wird abgewartet und danach wird in mindestens 5 Stufen weiter
entlastet. Die bei jeder Entlastungsstufe erneut einsetzende Hebung der
Probe wird jeweils bis zum Abklingen gemessen.

Die Vorbelastung (Erstbelastungs-, Entlastungs- und Wiederbelastungskurve) und die Quelldehnung (Entlastungskurve) werden in einem Spannungs-Dehnungs-Diagramm dargestellt. Werden die Entlastungskurve und Wiederbelastungskurve extrapoliert und zum Schnitt gebracht, erhält man mit dem Schnittpunkt einen Wert für die Druckspannung, die erforderlich ist, um eine Quellung auszuschließen (Abb. 4.16).

Bei dem in Abb. 4.16 dargestellten Versuch (GEISLER & LENZ 1982) ist Bohrkernmaterial aus einer Tonsteinlage des Oberen Muschelkalkes im Zusammenhang mit einem Tunnelbauprojekt untersucht worden. Der Kurvenverlauf zeigt bei der Erstbelastung (1) eine Zusammendrückung der Probe um fast 2 %, die bei der Entlastung (2) wieder etwas zurückgeht. Bei der Wiederbelastung mit 185 kN/m$^2$ (3) wird die Probe etwa um den bei der Entlastung eingetretenen Hebungsbetrag wieder zusammengedrückt. Bei der anschließenden Wasserzugabe unter konstanter Auflast tritt eine Volumenzunahme um 2 % und bei weiterer stufenweiser Entlastung eine auf das Ausgangsvolumen bezogene Zunahme des Gesamtvolumens um 5,7 % ein.

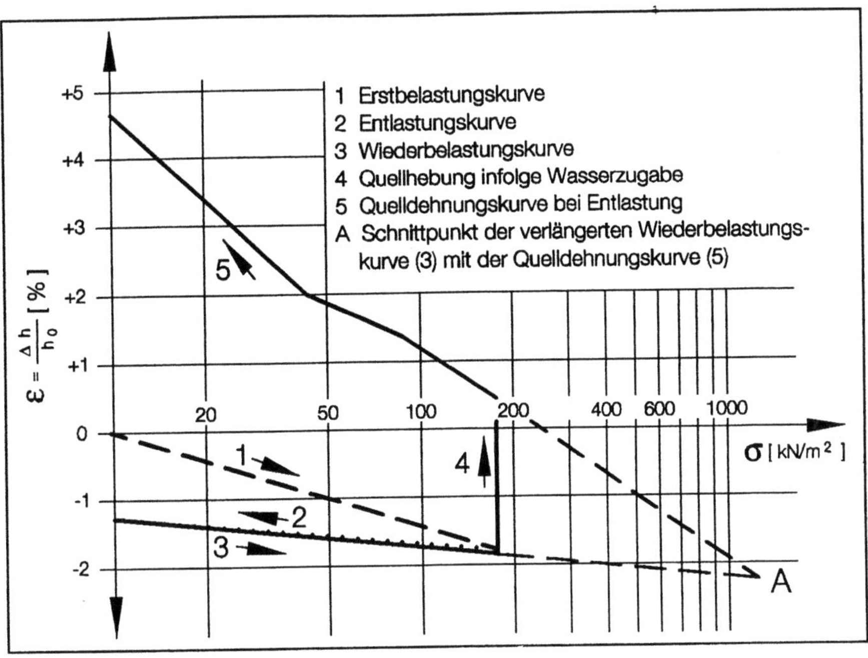


**Abb. 4.16.** Auswertungsdiagramm eines Quellversuchs nach HUDER & AMBERG (1970) (Tonstein, Oberer Muschelkalk)

Bei Deponiebaumaßnahmen können diese Fragen insbesondere bei der Errichtung begehbarer Tunnel oder Stollen oder bei der Verdolung[14] von Vorflutern unter der Deponiesohle von Bedeutung sein, wenn die Bauwerkssohle z. B. in unverwitterten Tonstein einschneidet und hier der Verdacht auf Vorliegen quellfähiger Minerale, wie z. B. Smectit oder Corrensit[15] besteht.

Wenn die Konstruktion eines Bauwerkes eine bestimmte Verformung zuläßt, kann ggf. in Abhängigkeit davon und aus der an der Quellung beteiligten Dicke des Gebirges eine zulässige Gebirgsdehnung festgelegt werden. In diesem Fall kann aus dem Auswertungsdiagramm der zu der zulässigen Dehnung gehörende Quelldruck abgelesen werden. Er ergibt einen Anhaltswert für die jeweils erforderliche Normalspannung, die eine über diesen Wert hinausgehende Quellung verhindert.

### *Qualitätssicherung*

Bei den Quellversuchen ist besonders darauf zu achten, daß der natürliche Wassergehalt der Probe nicht verändert wird. Wenn die Proben nicht unverzüglich nach der Entnahme bearbeitet werden können, ist die Aufbewahrung in einer Klimakammer zu empfehlen. Da die Versuche z. T. sehr zeitaufwendig sind, ist Vorsorge zu treffen, daß die Proben während der Versuchsdurchführung nicht austrocknen.

Bei der Bearbeitung der Probekörper (z. B. mit Hilfe einer Drehbank) dürfen keine Reinigungs- oder Kühlmittel verwendet werden, die den Quellvorgang beeinflussen könnten. Durch eine Feinbearbeitung der Probekörper ist zu gewährleisten, daß die Endflächen nicht nur plan und parallel sind, sondern auch rechtwinklig zur Probenachse liegen. Bei den Versuchen ist ferner zu beachten, daß die Quellvorgänge z. T. sehr langsam anlaufen und lange anhalten können.

Bei der Wasserzugabe ist die KD-Zelle mindestens bis zur Oberkante der oberen Filterplatte zu füllen. Als Wasser ist nur destilliertes oder entmineralisiertes Wasser zu verwenden. Wasser- und Raumtemperatur sollen gleich sein und während des Versuchs konstant gehalten werden.

### *Zeitaufwand*

Der Zeitaufwand für die Quellversuche ist z. T. sehr hoch, weil in mehreren Laststufen be- und entlastet wird und jeweils die Konsolidation abgewartet werden muß. Von einer Zeitdauer bis zu einem Monat, und wenn besonders differenzierte Messungen erforderlich sind, auch bis zu mehreren Monaten, ist auszugehen. Der reine Arbeitszeitaufwand kann größenordnungsmäßig mit etwa 8 - 12 h angesetzt werden.

---

[14] Verrohrung und anschließende Überschüttung.
[15] Tonmineral, das aus einer regelmäßigen Wechsellagerung von Chlorit und Smectit oder Vermiculit besteht.

## 4. 1. 7  Scher- und Druckfestigkeit

EBERHARD DAHMS und LOTHAR FRITZ

### 4. 1. 7. 1  Rahmenscherversuch

*Prinzip*

Der Rahmenscherversuch ist ein direkter Scherversuch, bei dem der Probe-körper in 2 übereinanderliegende, starre Rahmen eingebaut und konsolidiert wird. Das Abscheren der Probe erfolgt bei konstanter Auflast durch relatives Verschieben der Rahmen gegeneinander (Abb. 4.17).
Beim Normalversuch[18] wird die Probe mit so geringer Schergeschwindigkeit abgeschert, daß kein Porenwasserüberdruck auftritt (konsolidierter, entwäs-serter Versuch/D-Versuch). Es können jedoch auch volumenkonstante Versu-che, unter entsprechender Steuerung der Belastung durchgeführt werden (v. SOOS 1990).
Die Scherkraft $F_h$ wird über einen Kraftaufnehmer und der Scherweg über einen Weggeber gemessen. Bruchscherfestigkeit $\tau_f$ und Gleitscherfestigkeit $\tau_r$ können bestimmt werden. Anhand dieser Meßwerte werden dann die Boden-parameter $\varphi'_{(f)}$ und $\varphi'_{(r)}$ (Reibungsbeiwert) und $c'_{(f)}$ und $c'_{(r)}$ (Kohäsion) ermittelt.
Der Ab- und Zufluß von Porenwasser wird über beiderseits der Probe an-geordnete Filtersteine ermöglicht.

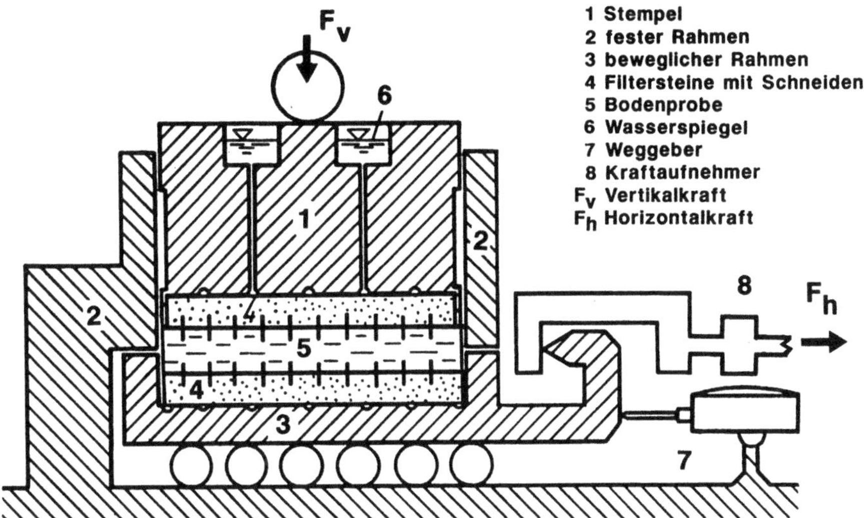


Abb. 4.17. Rahmenschergerät nach KREY. (Nach v. SOOS 1990, geändert)

---

[18] Eine Norm, DIN 18137 T. 3, befindet sich 1997 im Entwurf.

### Anwendung

Die Kenntnis der Scherfestigkeit des Gesteins und des Gesteinsverbandes ist erforderlich, um die Standfestigkeit des Deponieauflagers zu beurteilen und entsprechende Nachweise führen zu können. Der Rahmenscherversuch wird mit jeweils der Körnung des Probenmaterials angepaßter Größe der Versuchsapparatur und der dafür erforderlichen Probengröße sowohl bei grobkörnigen als auch bei feinkörnigen Böden angewendet.

Wenn Charakteristika des Gesteinsverbandes („Gebirgskennwerte") ermittelt werden sollen, können auch Großscherversuche mit Abmessungen von 0,3 x 0,3 bis 1 x 1 m - ggf. in situ - erforderlich sein. Hierbei können auch die Scherbeiwerte vorgegebener Trennflächen des Gesteinsverbandes, z. B. von Klüften oder Schichtflächen bestimmt werden.

Rahmenschergeräte werden darüber hinaus auch zur Bestimmung des Scherwiderstandes zwischen Kunststoffdichtungsbahnen oder Geotextilien und dem darunter oder darüber folgenden Boden oder einem anderen Teilelement eines Dichtungssystems verwendet.


### Probenvorbereitung und Einbau

Aus Bohrkernen oder Sonderproben kann die Probe bei rundem Querschnitt in ähnlicher Weise wie für den KD-Versuch mit Hilfe eines Probenringes mit vorgesetztem Schneidring ausgestochen, ggf. ausgeschnitzt und dann in den Scherkasten eingebaut werden.

Scherrahmen mit rundem Probenquerschnitt sind beim Einbau derartiger Proben erheblich günstiger in der Handhabung als Rahmen für quadratische Probenquerschnitte, weil die Ecken bei letzteren häufig brechen und nachgearbeitet werden müssen und die Verdichtung auch bei Verwendung quadratischer Stempel nicht immer gleichmäßig genug ist.

Gestörte Proben feinkörniger Böden können z. B. aufbereitet, mit einem Wassergehalt im Bereich der Fließgrenze eingebaut und dann mit der jeweils erforderlichen Auflast konsolidiert oder im Proctor-Gerät mit einer den Projektforderungen entsprechenden Dichte hergestellt und dann mit Hilfe eines Schneidringes in den Scherkasten übertragen werden.

Grobkörnige Böden können mit vorgegebener Dichte eingebaut werden.

Beim Einsatz von Filtersteinen mit gezahnter Oberfläche ist bei festerem Probenmaterial die Ober- und Unterfläche der Probe dem Profil der Filtersteinoberfläche entsprechend zu profilieren. Bei der Verwendung von Filtersteinen mit Schneiden (Abb. 4.17) oder aufgelegten, mit Schneiden versehenen metallenen Lochplatten ist davon auszugehen, daß sich die Schneiden beim Konsolidieren der Probe in das Probenmaterial eindrücken. Durch die Zahnung bzw. die Schneiden soll gewährleistet werden, daß die Scherspannungen gleichmäßig auf die gesamte Fläche der Probe wirken.

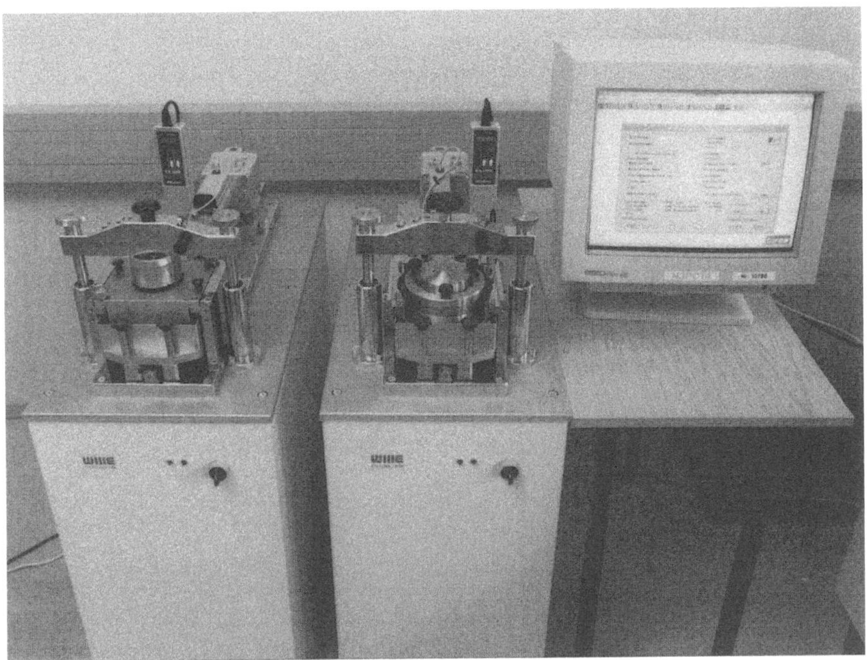

**Abb. 4.18 a.** Laborversuchseinrichtung für Rahmenscher- und KD-Versuche für Proben
10 x 10 cm

### *Versuchsdurchführung*

Im Normalfall wird die Probe bei den Versuchen unter Wasser gesetzt. Nach
Aufbringen einer der Fragestellung des Projektes entsprechenden Auflast wird
die Probe zunächst konsolidiert. Die dazu erforderliche Zeit ist unterschiedlich, bei der geringen Probenhöhe ist die Konsolidierung auch bei bindigen
Böden bei den kleinen Schergeräten (Abb. 4.18 a) im allgemeinen nach 24 h
abgeschlossen, während bei Untersuchungen in den 30 x 30-Scherahmen
(Abb. 4.18 b) die doppelte Zeit erforderlich sein kann. Die Probe darf aber erst
abgeschert werden, wenn die Konsolidationssetzungskurve in den (flacher verlaufenden) Bereich der Sekundärsetzung eingetreten ist.

Zu einer Versuchsserie gehören jeweils mindestens 3 Einzelversuche mit
unterschiedlicher Auflastspannung.

Die Schergeschwindigkeit ist so zu regeln, daß kein Porenwasserüberdruck
auftritt, um zuverlässige Werte zu erhalten. Dies ist bei jedem Boden verschieden und hängt außerdem von den Abmessungen der Probe und den Entwässerungsbedingungen ab.

**Abb. 4.18 b.** Laborversuchseinrichtung für Rahmenscherversuche für Proben 30 x 30 cm

Bei einer Probenhöhe von 25 mm und oberer und unterer Entwässerung kann etwa folgender Wert für den Vorschub gewählt werden (EAU 1990):

        schwach bindige Böden  $v = 0{,}10$ mm/min
        stark bindige Böden     $v = 0{,}03$ mm/min

Der Arbeitsausschuß „Ufereinfassungen" merkt dazu an, daß bei weichen bindigen Böden wegen der langsamen Schergeschwindigkeit zu hohe Reibungswinkel ermittelt werden können und die Werte daher mit einem Teilsicherheitsbeiwert zu versehen (abzumindern) sind (EAU 1990).

### *Auswertung*

Die Veränderung der Scherspannung mit zunehmender Verschiebung der Probenhälften gegeneinander wird als „Scherverschiebungslinie" registriert (Abb. 4.19 und 4.20 ), üblicherweise für jeweils 3 Versuche mit dem gleichen Probenmaterial und jeweils unterschiedlicher Auflastspannung.

Das erste deutliche Maximum im Verlauf der Linie jedes Einzelversuchs ist der Wert für die Bruchgrenze oder Bruchscherfestigkeit $\tau_f$.

Der Wert für die Gleitscherfestigkeit oder Restscherfestigkeit $\tau_r$ ist aus dem flach verlaufenden Teil der Kurve zu entnehmen.Wenn die Scherspannung im gesamten Verlauf des flachen Kurventeils weiter absinkt, ist derjenige Scherspannungswert maßgebend, der bei dem im Versuch maximal erreichten Verschiebungsweg (z. B. 15 mm) gemessen wird. Die Scherparameter sind auflastabhängig zu ermitteln und anzugeben, ggf. sind unterschiedliche Versuchsbedingungen einzuhalten, z. B. für den Bauzustand trockenes oder feuchtes und für den Endzustand nasses Milieu.

Die gemessenen Werte werden in einem $\tau$ - $\sigma$-Diagramm dargestellt, mit dessen Hilfe die Werte für die Scherfestigkeit, aufgegliedert in Reibungswinkel $\varphi'$ und Kohäsion $c'$ ermittelt werden können. Der Schnittpunkt mit der Ordinate (Auflastspannung $\sigma_1 = 0$) bezeichnet den Wert der Kohäsion und der Winkel der Geraden zur Abszisse entspricht dem Reibungswinkel des untersuchten Materials.

Die in Abb. 4.19 a und b dargestellten Versuchsergebnisse stammen von Proben aus dem Probefeld einer fertig eingebauten Abdichtungslage aus tonig-schluffigem Sand (Geschiebelehm).

Die in Abb. 4.19 a gezeigte Probe (ohne Bentonitzusatz) ist überkonsolidiert und reagiert im Versuch mit einem ausgeprägten Maximum. Bei den in Abb. 4.19 b dargestellten Versuchsergebnissen war dem Geschiebelehm vor dem Verdichten 1 % Bentonit (trocken) zugemischt worden. Durch Nachquellen des Bentonits im Versuch reagiert das Material dann eher wie locker gelagerter Sand, ohne ein ausgeprägtes Maximum im Scherverschiebungsdiagramm und zeigt insgesamt auch niedrigere Scherfestigkeitsbeiwerte.

In Abb. 4.20 sind die Unterschiede insbesondere im Kohäsionsanteil bei einem organischen Schluff (Klei) dargestellt, der im Falle von Abb. 4.20 a bereits vorkonsolidiert war und daher - bei sonst gleicher Zusammensetzung - eine deutlich höhere Kohäsion aufweist als die aus tieferen Lagen entnommene Probe in Abb. 4.20 b, wo die Entnahmeschicht noch nicht durch Dränmaßnahmen und Befahren konsolidiert war (Wassergehalt $w = 51$ %).

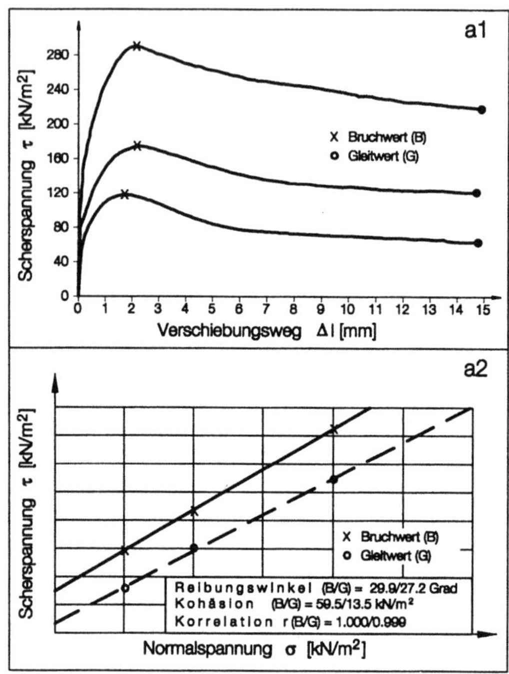


**a** Probe aus einem Bauabschnitt ohne Bentonitzusatz

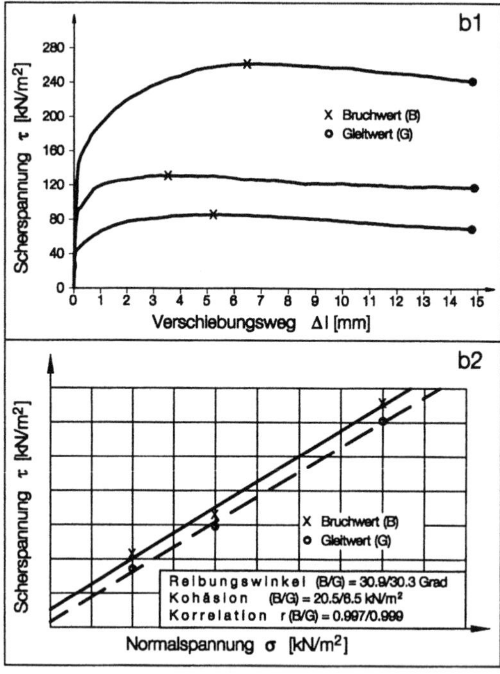


**b** Probe aus einem Bauabschnitt mit Bentonitzusatz (durch die Quellung des Bentonits aufgelockert)

**Abb. 4.19 a,b.** Scherverschiebungslinien und τ - σ - Diagramme von Rahmenscherversuchen; schluffigtoniger Sand („Geschiebelehm") einer mineralischen Dichtungsschicht

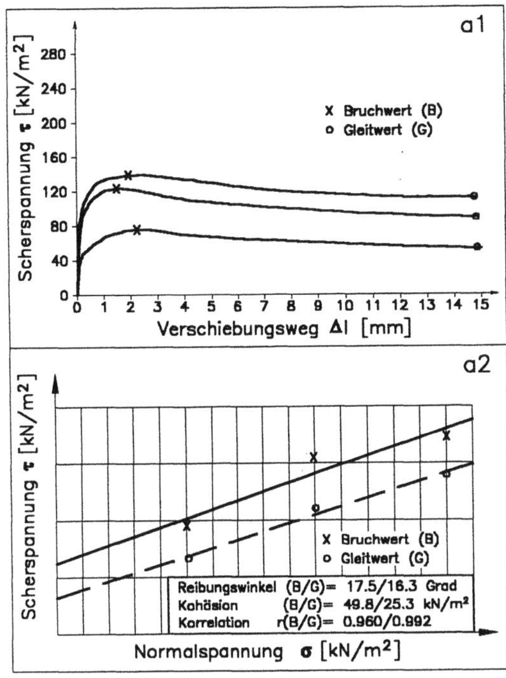



a: Konsolidiertes Material
(dränierte Oberflächenlage
Wassergehalt w = 28 %

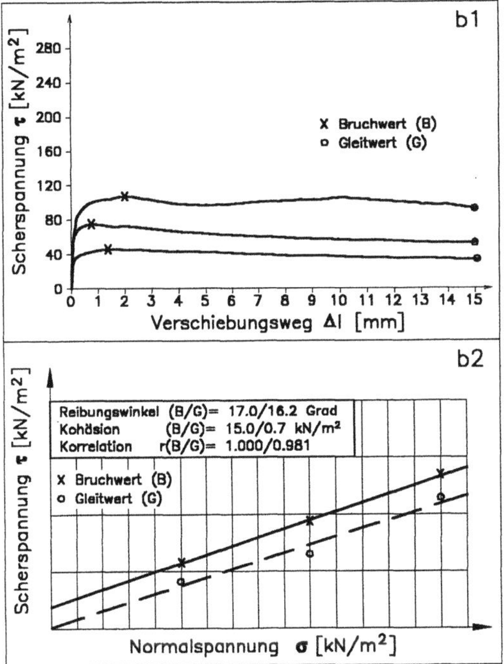



b: Nichtkonsolidiertes
Material (tiefere Lage,
Wassergehalt w = 51 %)

**Abb. 4.20 a, b.**
Scherverschiebungslinien
und τ - σ -Diagramme;
organischer Schluff („Klei"),
Auflager eines geplanten
Deponiestandortes

### Qualitätssicherung

Beim Einlegen der gezahnten oder mit Schneiden versehenen Filtersteine, sowie bei Verwendung glatter Filtersteine oder mit Schneiden versehener Lochplatten ist darauf zu achten, daß die Zahnung bzw. die Schneiden quer zur Scherrichtung liegen.

Wenn der Wert eines Einzelversuches sehr stark von der Ausgleichsgeraden im $\tau$ - $\sigma$ -Diagramm abweicht, ist die Probe auf Unregelmäßigkeiten zu untersuchen; z. B. können Grobkorneinlagerungen eine Verzahnung in der Scherfuge und damit zu hohe Werte bewirken.

Bei mit Hilfe von Ausstechzylindern gemäß DIN 4021 aus dem natürlichem Schichtverband entnommenen Proben („Sonderproben") können z. B. Feinschichtung (Sand-Ton-Wechselfolgen), bereichsweise Verkittung, oder auch Kluft- oder Harnischflächen zu irregulären Werten führen. In derartigen Fällen ist zu prüfen, ob es sich um Phänomene handelt, die für das Gestein oder den Schichtverband typisch sind und daher bei Berechnungen, die mit Hilfe der im Labor ermittelten Kennwerte durchgeführt werden, ggf. berücksichtigt werden müssen, oder ob es Fehlstellen sind, die bei Entnahme oder Einbau entstanden sind. Im letzteren Fall sind zusätzliche Versuche durchzuführen.

Die vollständige Wasserbedeckung der Probe ist zu sicherzustellen, wenn nicht besondere Fragestellungen (z. B. Nachweise für den Bauzustand) Abweichungen vom normalen Versuchsablauf erfordern. Dies gilt auch für Versuche mit im Deponiebau verwendeten Geotextilien und Kunststoffdichtungsbahnen, da auch bei diesen Materialien erhebliche Unterschiede auftreten, je nachdem, ob die Proben trocken, feucht oder naß (unter Wasser) untersucht werden. Generell sind auflastabhängige Scherparameter anzugeben.

Bei der Anordnung der Scherrahmen ist darauf zu achten, daß die Schubkraft allein durch die Probe und nicht teilweise durch Reibung zwischen den Rahmen übertragen wird. Die Haftreibung kann z. B. mit Hilfe von Teflonfolien vermindert werden. Für jede Versuchsserie sind den Ergebnissen auch Erläuterungen zur Versuchsdurchführung, insbesondere der Schergeschwindigkeit beizufügen.

Weitere Hinweise und Details zur Versuchsdurchführung, den Versuchsgeräten und zur Auswertung finden sich u. a. bei SCHULTZE & MUHS (1967), V. SOOS (1990) und in den Empfehlungen des Arbeitsausschusses „Ufereinfassungen" (EAU 1990).


### Zeitaufwand

Der zeitliche Aufwand einer Rahmenscherversuchsserie (3 Einzelversuche) ist je nach Durchlässigkeit des Bodens (Konsolidationsdauer) sehr unterschiedlich. Sie kann bei bindigen Böden bis zu etwa 7 Tagen in Anspruch nehmen (v. SOOS 1990, Tabelle1). Der reine Arbeitszeitaufwand, einschließlich Probeneinbau, Messungen und Auswertung beträgt in der Summe bei nichtbindigen Materialien etwa 1/2 , bei bindigen Materialien etwa 1 Arbeitstag.

Der apparative Aufwand ist hoch, insbesondere bei Großschergeräten für Probenabmessungen von 30 x 30 cm.

## 4.1.7.2  Triaxialversuch

### *Prinzip*

Eine zylindrische Bodenprobe wird in einer flüssigkeitsgefüllten Zelle einem allseitigen Druck (Zelldruck, Manteldruck) unterworfen. Über einen reibungsarm geführten, beweglichen Stempel wird in axialer Richtung eine Zusatzspannung aufgebracht und die Probe durch kontinuierlichen Vorschub des Stempels zum Bruch gebracht. Falls bis zu einer Verformung von 20 % der Anfangshöhe der Probe kein Bruch eintritt, gilt dieser Spannungszustand als Grenzbedingung. Der Probekörper wird gegen die Zellflüssigkeit durch eine Latexhülle abgedichtet. Die Versuchseinrichtung läßt sowohl Wasserzufuhr für die Sättigung der Probe als auch Wasseraustritt bei der Konsolidierung bzw. beim dränierten Versuch zu. Gemessen wird die Stempelkraft, die axiale Zusammendrückung in konstanten Zeitabständen, je nach Versuchsart auch das Volumen des aus der Probe austretenden Wassers und, bei geschlossenem Dränagesystem, auch der jeweilige Porenwasserdruck in der Probe.

Mit speziellen Zusatzeinrichtungen (Laser) können im Verlauf des Versuches auch Veränderungen des Probendurchmessers gemessen werden (BAUMGARTL et al. 1995).

DIN 18137 T 1 und 2 geben ausführliche Begriffsdefinitionen und Grundsatzinformationen sowie Erläuterungen zu den einzelnen Versuchsarten.

Für die Untersuchung von Festgesteinsproben sind spezielle Triaxialeinrichtungen erforderlich, mit der Möglichkeit, sehr hohe Zelldrücke zu erzeugen (MEISTER et al. 1984). Auf diese sehr aufwendigen Verfahren wird hier nicht näher eingegangen, ebenso nicht auf die für Festgesteinsuntersuchungen verwendeten dreiaxialen Druckversuche, bei denen ein würfelförmiger Probekörper durch jeweils 2, in den 3 Achsenrichtungen gegeneinander bewegte Stempel komprimiert werden kann (v. SOOS 1990).

### *Anwendung*

Der Triaxialversuch wird wegen der Möglichkeit der Messung des Porenwasserdruckverlaufes, der flexiblen Gestaltung der Versuchsabläufe und des - im Verleich zum einfachen Scherversuch - realitätsnäheren Bruchverlaufes v. a. dort eingesetzt, wo eine möglichst genaue Kenntnis (Meßbarkeit) der Zusammenhänge zwischen den auf die zu beurteilende Schicht im Bauwerks- oder Deponieuntergrund wirkenden Spannungen und dem Einfluß des Porenwassers, insbesondere des Porenwasserüberdrucks erforderlich ist. Durch den Manteldruck auf den Probekörper wird die teilweise behinderte Seitenausdehnung im Untergrund am besten nachgeahmt und die Bruchfläche kann sich frei ausbilden (PRINZ 1991).

Wenn stärker zusammendrückbare Lockergesteine, z. B. schwach konsolidierte Tone oder organische Schluffe an einem Deponiestandort die Barriereschicht bilden, kann eine differenzierte Ermittlung der Scherparameter für die Standsicherheitsnachweise erforderlich sein, um z. B. daraus auch Vorgaben für die zulässige Aufschüttungsgeschwindigkeit abzuleiten.

Der Triaxialversuch wird bevorzugt angewendet, wenn an möglichst wenig gestört entnommen Proben (Sonderproben nach DIN 4021) feinkörniger Böden die Scherparameter ermittelt werden sollen.

Die undränierte Scherfestigkeit $c_u$ wird in der Bodenmechanik häufig bei der Ermittlung von Tragfähigkeitsbeiwerten für bindige Böden herangezogen (u. a. DIN 4017).


***Versuchsdurchführung***

Es sind jeweils mindestens 3 Versuche mit dem gleichen Boden bei unterschiedlichen Zelldrücken durchzuführen. Probenhöhe und Probendurchmesser sollen folgendes Verhältnis aufweisen: $h / d \geq 2$.

DIN 18 137 T 2 gibt für die einzelnen Versuchsarten sehr detaillierte Erläuterungen zu den erforderlichen Geräten, zur Probenvorbereitung und zum Einbau, zur Durchführung der Konsolidation und Sättigung und insbesondere auch zur Ermittlung der größten zugelassenen axialen Vorschubgeschwindigkeit. Auch im Grundbautaschenbuch (v. SOOS 1990) finden sich zahlreiche Hinweise und Details zur Versuchsdurchführung bei den unterschiedlichen Versuchsanordnungen, sowie zur Qualitätssicherung.

Die am häufigsten angewendeten Versuchsarten sind:

*Konsolidierter, dränierter Versuch (D-Versuch)*

Beim dränierten Versuch (D-Versuch) kann das Porenwasser sowohl im Verlauf der Konsolidierung (nur allseitige Belastung durch den Zelldruck) als auch beim Schervorgang ungehindert abfließen (offenes Entwässerungssystem). Wenn die Probe bei Versuchsbeginn voll wassergesättigt war, kann die Volumenänderung der Probe über die ausgedrückte Wassermenge erfaßt werden. Beim Abscheren wird die Stauchungsgeschwindigkeit so niedrig gehalten (Tabelle 4.7), daß sich kein Porenwasserüberdruck in der Probe aufbauen kann. Sie ist der Bodenart, den Maßen des Probekörpers und den Entwässerungsbedingungen im Versuch anzupassen.

Wenn die Entwässerung über Filterstreifen am Probenmantel und über den unteren Filterstein gegeben ist und die Abmessungen der Probe den in Tabelle 4.7 genannten Werten entsprechen, kann der Abschervorgang mit den in dieser Tabelle genannten Geschwindigkeiten durchgeführt werden.

Mit dem Versuch werden die „effektiven Scherparameter, effektive" $\varphi'$ und $c'$ für den Fall unbehinderter Volumenänderung ermittelt (Abb. 4.21 a).

Der D-Versuch ist z. B. bei halbfesten Böden, bei denen eine Porenwasserdruckmessung schwierig ist, eher zu empfehlen als der CU-Versuch.

*Konsolidierter, undränierter Versuch (CU-Versuch)*

Der CU-Versuch wird so ausgeführt, daß Porenwasser nur während der Konsolidation, nicht jedoch während des Abschervorgangs abfließen kann. Neben der Stempelkraft wird bei dieser Versuchsart beim Abscheren auch der Porenwasserdruck im Probekörper gemessen.

**Tabelle 4.7.** Maximale axiale Vorschubgeschwindigkeit beim D-Versuch in Abhängigkeit von der Plastizitätszahl für eine Probe mit $h_0 = 7{,}2$ cm und d = 36 mm (DIN 18 137/2)

| Plastizitätszahl $I_p$ [%] | Maximale axiale Vorschub-geschwindigkeit [mm/min] |
|---|---|
| < 10 | 0,010 |
| Über 10 bis 25 | 0,005 |
| Über 25 bis 50 | 0,002 |
| > 50 | 0,001 |

Der Abschervorgang darf bis um den Faktor 10 schneller ausgeführt werden als der D-Versuch. Er muß jedoch so langsam verlaufen, daß sich der Porenwasserdruck gleichmäßig über den gesamten Probekörper verteilen kann.

Die Messung des Porenwasserdrucks erlaubt, sowohl die „totalen Scherparameter, totale" $\varphi_u$ (undränierter Reibungswinkel) und $c_u$ (undränierte Kohäsion) (Abb. 4.21 b) als auch die „effektiven Scherparameter, effektive" $\varphi'$ und $c'$, wie beim D-Versuch zu ermitteln, allerdings für den Fall mit verhinderter Volumenänderung.

### Unkonsolidierter, undränierter Versuch (UU-Versuch)

Beim unkonsolidierten, undränierten Scherversuch wird keine Sättigung durchgeführt und es wird weder bei der Konsolidation noch beim Abschervorgang eine Entwässerung und damit Volumenänderung der Probe zugelassen (geschlossenes Entwässerungssystem). Die Stauchungsgeschwindigkeit darf bis zu 1 % der Anfangsprobenhöhe betragen.

Es werden nur die „totalen Scherparameter, totale" $\varphi_u$ und $c_u$ ermittelt, für den Fall des konstant gehaltenen Wassergehalts der Probe. Im Falle von schneller Lastaufbringung, v. a. auf weichem Untergrund, sind diese Werte für Standsicherheitsnachweise für den Anfangszustand erforderlich.

Je nach Versuchsart sind folgende Meßwerte zu erfassen:
- Zeit t
- Zusammendrückung der Probe $\Delta h$
- Stempelkraft P
- Porenwasserdruck u (beim CU-Versuch)
- Ausgedrücktes Wasservolumen $\Delta V$ (beim D-Versuch)
- Zelldruck $\sigma_3$

### Auswertung

Je nach Versuchsart (D-Versuch, CU-Versuch oder UU-Versuch), die sich an den Bedingungen des jeweiligen Projektes orientiert, werden die unterschiedlichen, für das Projekt spezifischen Scherparameter z. B. $\varphi_u$ und cu oder $\varphi'$ und c' ermittelt.

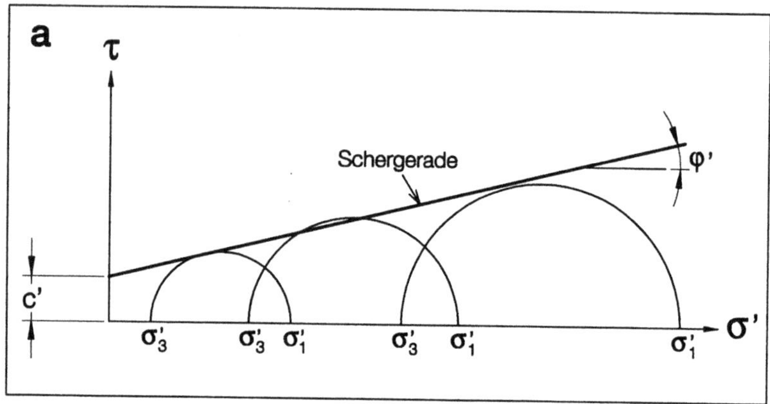


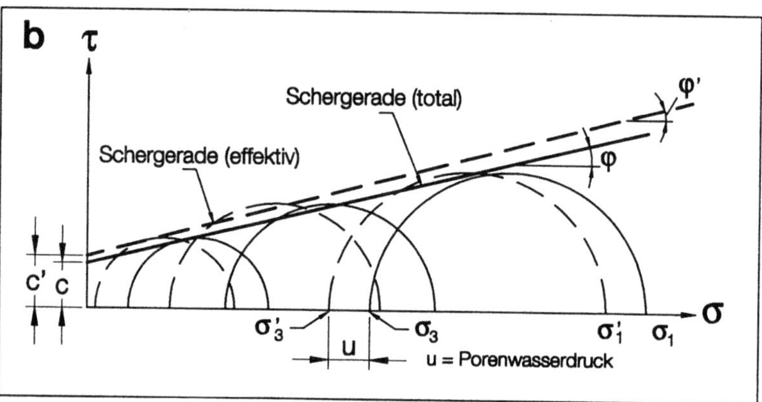


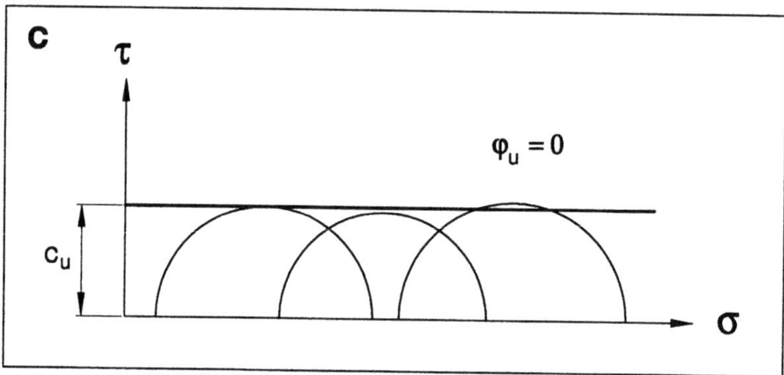


**Abb. 4.21 a-c.** Auswertung von Traxialversuchen; **a** D-Versuch, $\tau$ - $\sigma$ - Diagramm, **b** CU-Versuch, $\tau$ - $\sigma$ - Diagramm, **c** UU-Versuch, $\tau$ - $\sigma$ - Diagramm

Eine einfache Art der graphischen Ermittlung der Scherparameter ist die Darstellung der Versuchsergebnisse mit Hilfe der Mohrschen Spannungskreise für das Bruchkriterium, z. B. max. $\sigma_1 - \sigma_3$ (Abb. 4.21 a - c). Die Ausgleichsgerade (Tangente) an die Spannungskreise gibt durch ihre Steigung den Reibungswinkel $\varphi$ und durch den Ordinatenabschnitt die Kohäsion c an.

Beim D-Versuch (Abb. 4.21 a) erhält man mit der Steigung und dem Ordinatenabschnitt der Ausgleichsgeraden direkt die „effektiven Scherparameter" $\varphi'$ und $c'$.

Beim CU-Versuch (Abb. 4.21 b) ergibt sich aus der Ausgleichsgeraden der Gesamtspannungen die Schergerade für die „totalen Spannungen" mit den Scherparametern $\varphi$ und c. Zur Ermittlung der „effektiven Scherparameter" werden die Spannungskreise um das Maß des Porenwasserdruckes u nach links verschoben, wobei aber wegen der Beziehung $\sigma_1 - \sigma_3 = \sigma'_1 - \sigma'_3$ der Radius der Spannungskreise nicht verändert wird. Aus der Ausgleichgeraden der verschobenen Spannungskreise ergeben sich die „effektiven Scherparameter" $\varphi'$ und $c'$.

Beim UU-Versuch (Abb. 4.21 c) ergibt sich bei voll gesättigten feinkörnigen Böden ein gleichbleibender Wert für $\sigma_1 - \sigma_3 /2$ und damit für die Ausgleichsgerade ein Verlauf parallel zur Abszisse, d. h. $\varphi_u = 0$. Der Ordinatenabschnitt entspricht der undränierten Scherfestigkeit $c_u = 0{,}5 \cdot \text{max.} (\sigma_1 - \sigma_3)$.

Für teilgesättigte Proben desselben Materials ergibt sich bei größeren Drücken der gleiche Verlauf der Ausgleichsgeraden wie bei voll gesättigten Proben, d. h. ebenfalls $\varphi_u = 0$ , bei kleineren Drücken ergibt sich dagegen ein Anstieg der Geraden, d. h. $\varphi_u > 0$.

Auch die Auswertung mit den entsprechenden graphischen Darstellungen und Zahlenbeispielen für die einzelnen Versuchsarten ist in DIN 18 137 T 2 ausführlich erläutert.


### *Qualitätssicherung*

Für die Qualitätssicherung sind u. a. folgende Punkte wesentlich:

* Sorgfältige Herstellung homogener Probekörper mit planparallen und rechtwinklig zur Probenachse liegenden Endflächen, bzw. entsprechende Präparation der Probekörper aus gemäß DIN 4021 entnommenen Sonderproben
* Größtkorn bei ungleichförmigen Böden nicht über 1/5 und bei gleichförmigen nicht über 1/10 des Probendurchmessers
* Möglichst erschütterungsfreier Konsolidations- und Versuchsstand
* Auf die Bodenart, die Probenabmessungen und die Entwässerungsbedingungen der jeweiligen Versuchsart abgestimmte Vorschubgeschwindigkeit des Druckstempels
* Druckmeßgeräte und Druckminderer mit hohen Meß- und Regelgenauigkeiten.

### *Zeitaufwand*

Der apparative Aufwand für Triaxialversuche ist hoch, ebenso der Zeitaufwand. Je nach Art des Bodens ist von einer Dauer der jeweils auszuführenden 3 Einzelversuche einschließlich Herstellung der Proben, Einbau, Konsolidierung, Abschervorgang und Auswertung von ca. 2 - 14 Tagen auszugehen (v. SOOS 1990).

Der reine Arbeitszeitaufwand reicht von etwa 8 - 10 h beim UU-Versuch bis zu ca. 15 h beim CU- und D-Versuch.

## 4. 1. 7. 3  Einaxialversuch

### *Prinzip*

Beim einaxialen Druckversuch, auch Zylinderdruckversuch genannt, wird eine Probe zylindrischer oder prismatischer Form bei unbehinderter Seitendehnung mit konstanter Stauchungsgeschwindigkeit verformt. Der beim Versuch registrierte Höchstwert der Druckspannung wird als einaxiale Druckfestigkeit $q_u$ bezeichnet. Wenn die Registrierkurve des Versuchs keinen Höchstwert aufweist und sich die Probe bei weiterem Vorschub kontinuierlich weiter verformt, wird die bei einer Stauchung von 20 % der ursprünglichen Probenhöhe gemessene Druckspannung als Wert für die einaxiale Druckfestigkeit festgelegt.

### *Anwendung*

Der einaxiale Druckversuch eignet sich zur Ermittlung der Festigkeit bindiger Böden, sowie zur Untersuchung von Proben aus Bohrkernen nur mäßig verfestigter Ton- und Mergelsteine (z. B. Tertiär oder Kreide), also Gesteinen, die sich wegen ihrer Barrierewirkung als Untergrund von Deponien eignen.

Er wird auch zur Überprüfung der Festigkeit mineralischer Dichtwandmassen z. B. bei der Entwicklung geeigneter Mischungen zur Einkapselung von Altlasten angewendet (Abb. 4.22). Darüber hinaus können damit auch Rückschlüsse auf die Gewinnbarkeit/Lösbarkeit des Gesteins beim Aushub z. B. von Schlitzwänden abgeleitet werden.

Neben der Ermittlung der Festigkeit von Böden und von Reststoffen wie z. B. Klärschlamm-Filterkuchen (DRESCHER 1993) kann der einaxiale Druckversuch ferner zur Bestimmung der Sensitivität von besonders wasserempfindlichen Böden oder anderen Materialien angewendet werden. Bei einem als sensitiv bezeichneten Boden ist die einaxiale Druckfestigkeit einer aufbereiteten (durchgekneteten) Probe  erheblich niedriger als bei einer möglichst schonend („ungestört") aus dem natürlichen Schichtverband entnommenen - d. h. vorkonsolidierten - Probe desselben Materials bei gleichem Wassergehalt. Das Verhältnis beider Werte zueinander ist ein Maß der Sensitivität $S_t$ des untersuchten Materials und läßt Rückschlüsse auf das Verhalten gegenüber dynamischer Belastung, z. B. durch Befahren oder andere dynamische Lastfälle zu:

$$S_t = \frac{q_u(\text{"ungestört"})}{q_r(\text{aufbereitet})}$$

**Abb. 4.22.** Bestimmung der einaxialen Druckfestigkeit (Einphasendichtwandmasse für die Umschließung einer Sonderabfalldeponie)

Natürliche Böden mit Werten für $S_t > 4$ werden als sensitiv, mit Werten von $S_t > 8$ als sehr sensitiv bezeichnet (PECK et al.1974). Böden mit $S_t > 15$ sind unter der Bezeichnung „Quickton" bekannt. Die Untersuchung auf Sensitivität kann daher im Hinblick auf Standsicherheit und Setzungen erforderlich sein, wenn ein potentieller Deponiestandort zu beurteilen ist, der auf nur wenig konsolidierten und nicht durch natürliche Bindemittel („Porenzemente") verfestigten schluffig-tonigen Ablagerungen (z. B. quartären Alters) liegt.

Trotz eines hohen Schadstoffrückhaltepotentials kann die Sensitivität des Untergrundes in einem derartigen Fall zum Ausschlußkriterium für einen Standort werden.

### *Probenvorbereitung*

Die Probenkörper können aus Bohrkernen oder aus Sonderproben (DIN 40 21) herausgearbeitet oder aus aufbereitetem Material hergestellt sein. Die Probenhöhe sollte etwa das 2- bis 2,5fache des Probendurchmessers und der Probendurchmesser etwa das 6- bis 10fache des Größtkorndurchmessers betragen. Bei feinkörnigen Böden werden - wie bei Triaxialversuchen - Proben mit einem Durchmesser von 36 mm, ggf. auch größere Durchmesser verwendet. Wenn gestörtes Material untersucht wird, können die Proben in speziellen zylindrischen Halbschalen durch lagenweises Einstampfen mit vorgegebenen Dichten oder Wassergehalten hergestellt werden.

### *Versuchsdurchführung*

Maßgebend für Prüfgeräte und Versuchsdurchführung sind DIN 18 136 und DIN 18 137. Sie enthalten auch Beispiele für die Auswertung.

Für den Versuch können sog. Werkstoffprüfmaschinen verwendet werden, in denen die Probe freistehend zwischen 2 planparallelen Platten gestaucht wird (Abb. 4.22). Die Prüfkraft wird bei bindigen Böden mit einer Vorschubgeschwindigkeit von 1 % der Anfangshöhe des Probekörpers pro Minute aufgebracht. Wenn es sich um festere Tone/Tonsteine handelt, die eine Bruchstauchung von weniger als 4 % erwarten lassen, ist eine Vorschubgeschwindigkeit von 0,2 % der Anfangshöhe einzuhalten. Der Versuch wird beendet, wenn der Bruch eingetreten ist oder die Probehöhe sich bruchlos um 20 % der Anfangshöhe verringert hat.

Der Verlauf der Druckspannung kann kontinuierlich graphisch aufgetragen oder diskontinuierlich registriert werden.

### *Auswertung*

Der Verlauf der Druckspannung wird in einem Druck-Stauchungs-Diagramm dargestellt (Abb. 4.23). Die einaxiale Druckfestigkeit $q_u$ ergibt sich aus der maximal im Versuchsverlauf erreichten Druckspannung. Außerdem kann die Kohäsion des undränierten Materials $c_u$ von bindigen, wassergesättigten Böden aus der einaxialen Druckfestigkeit $q_u$ nach der Beziehung $c_u = q_u / 2$ ermittelt werden (DRESCHER 1984).

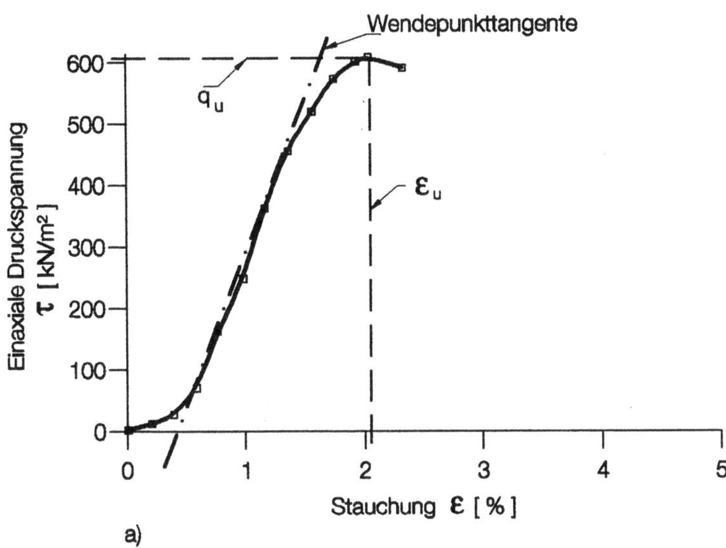


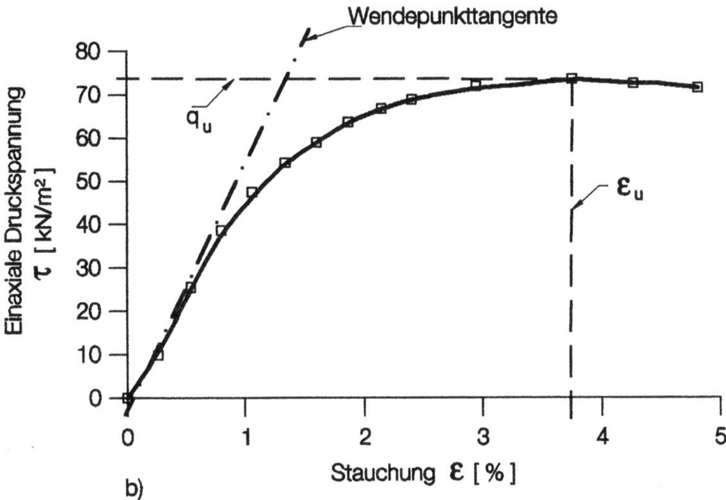


**Abb. 4.23 a,b.** Druck-Stauchungs-Diagramme einaxialer Druckversuche;
**a** Einphasendichtwandmasse der SAD in Abb. 4.22,
**b** Ton (TA; 65 % ≤ 0,002 mm; Ic = 0,7; Tertiär im Raum Helmstedt)

Der Modul der einaxialen Druckfestigkeit $E_u$ wird anhand der Neigung der Wendepunkttangente der Druck-Spannungs-Kurve ermittelt: $E_u = \Delta\,\sigma_1 / \Delta\,\varepsilon$. Je nach aufgabenspezifischer Fragestellung kann der Modul der einaxialen Druckfestigkeit auch anhand der Tangenten- oder Sekantenneigung der Druck-Stauchungs-Linie zwischen dem Nullpunkt ($\sigma_1 = 0$) und einem Drittel der Bruchspannung ($q_u/3$) ermittelt werden (v. SOOS 1990).

In dem Beispiel (Abb. 4.23 a) zeigt das zementgebundene Material der Dichtwandmasse mit einem schnellen Anstieg der Druckspannung auf 600 kN/m$^2$ bei geringer Verformung (2 %) ein im Sinne von PRINZ (1991) „sprödes" Verhalten, während der Tertiärton (Abb. 4.23 b) bei deutlich langsamerem Anstieg der Druckspannung auf nur rd. 70 kN/m$^2$ beim Bruchwert mit einer bereits doppelt so hohen Verformung (4 %) ein stark plastisches Verhalten aufweist.

### *Qualitätssicherung*

Die verwendete Werkstoffprüfmaschine muß eine annähernd konstante Vorschubgeschwindigkeit gewährleisten. Die Fehlergrenzen der Druckkraftmessung sollten 1 % der jeweiligen Höchstlast und diejenigen der Höhenmessungen der Probekörper 1‰ der Anfangshöhe nicht überschreiten. Wegen der sehr starken Abhängigkeit der einaxialen Druckfestigkeit vom Wassergehalt darf sich der Wassergehalt weder bei der Herstellung der Probe noch im Verlauf des Versuches ändern und es ist daher eine zügige Probenherstellung und Versuchsdurchführung erforderlich.

### *Zeitaufwand*

Der normale einaxiale Druckversuch erfordert etwa 1 Tag. Der reine Arbeitszeitaufwand ist mit etwa 2 h anzusetzen. Bei besonderen Fragestellungen können auch kürzere Versuchszeiten - „Schnellversuche" - möglich sein (DRESCHER 1993).

### 4. 1. 7. 4  Kompressionsversuch (KD-Versuch)

### *Prinzip*

Der Kompressionsversuch ist ein Druckversuch mit behinderter Seitendehnung. Das Kompressions-Durchlässigkeits-Gerät (KD-Gerät), vielfach nach TERZAGHI auch Oedometer (Quellmesser) genannt, besteht vereinfacht aus einem Metallring, der die Bodenprobe aufnimmt und die Querdehnung verhindert, und einer Belastungseinrichtung. Über einen Belastungsstempel wird die Probe axial belastet. Der Ab- und Zufluß von Porenwasser wird über beiderseits der Probe angeordnete Filtersteine ermöglicht.

## *Anwendung*

Der Kompressionsversuch dient der Ermittlung der Spannungs-Verformungs-Beziehungen und des Zeit-Setzungs-Verhaltens des Bodens. Der bei dem Versuch ermittelte Steifemodul wird für Setzungsberechnungen benötigt. Bei tonig-schluffigen Gesteinen geringer Duchlässigkeit kann in Verbindung mit dem Durchlässigkeitsbeiwert auch der sich über längere Zeiträume erstrekkende Setzungsverlauf des Deponieuntergrundes prognostiziert werden.

Bei den Setzungsberechnungen ist vereinfachend derjenige Steifemodul in die Rechnung einzuführen, der für den in der jeweiligen Schicht herrschenden Spannungsbereich zutrifft.


## *Probeneinbau und Versuchsdurchführung*

Aus dem Untersuchungsmaterial kann die  Probe mit einem Ausstechring entnommen oder - bei steif bis halbfestem Material - auch ausgeschnitzt (s. Kap. 4.1.8.1) und anschließend in den Probenring der KD-Zelle eingebaut werden. Die Belastung wird stufenweise aufgebracht. Die Abfolge der Laststufen soll im Normalfall einer geometrischen Reihe entsprechen, d. h. die jeweils nächste Laststufe ist doppelt so groß wie die vorhergehende. Die letzte Laststufe sollte so gewählt werden, daß sie mindestens ca. 50 % über der zu erwartenden Spannung im Untergrund liegt. Bei jeder Laststufe muß gewartet werden, bis die Setzungsgeschwindigkeit gegen Null geht, d. h., bis der Sekundärsetzungsbereich erreicht ist. Im Anschluß an die letzte Laststufe wird stufenweise entlastet.

Je nach Aufgabenstellung können auch, von anderen Laststufen ausgehend, Ent- und Wiederbelastungen eingeschaltet werden. Die Ent- und Wiederbelastungskurven verlaufen flacher als die Kurve der Erstbelastung und zeigen auf der Ordinate (Stauchungsachse) den elastischen und plastischen Stauchungsanteil an.

Detaillierte Erläuterungen zur Versuchsdurchführung finden sich im Grundbautaschenbuch (v. SOOS 1990)[17].


## *Auswertung*

Die Meßergebnisse werden in einem Druck-Setzungs-Diagramm in halblogarithmischem oder linearem Maßstab dargestellt (Abb. 4.24).

Aus der Tangentenneigung der im Versuch ermittelten Druck-Setzungs-Kurve wird der Steifemodul (Steifemodul $E_S$ = Elastizitäts-Modul bei behinderter Seitendehnung) errechnet. Da das Spannungs-Verformungs-Verhalten des Bodens nichtlinear ist, wird die im Versuch ermittelte Drucksetzungskurve abschnittsweise ausgewertet. Die Unterteilung der Kurve erfolgt in mehrere, für die Berechnungen zum jeweiligen Projekt erforderliche Spannungsabschnitte. Zur Berechnung des dem jeweiligen Kurvernabschnitt entsprechenden Steifemoduls ist es für praktische Belange ausreichend, die die Sekantenneigung des jeweiligen Kurvenabschnittes charakterisierenden Werte $\Delta\sigma'$ und $\Delta s'$ zu verwenden (s. Beispiel in Abb. 4.24). Darüber hinaus können für die einzelnen Laststufen Zeit-Setzungs-Diagramme aufgetragen werden.

---

[17] Eine Norm für den Kompressionsversuch wird z. Z. erarbeitet (DIN 18 135).

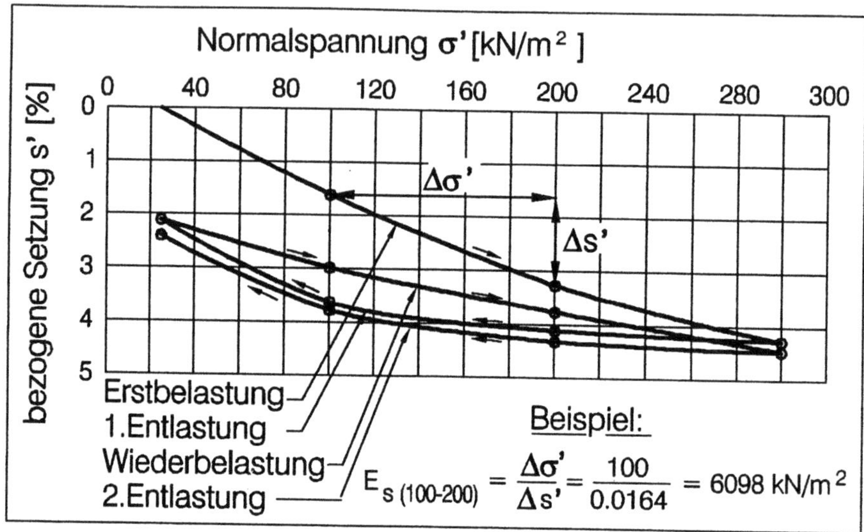


$$E_{s\,(100\text{-}200)} = \frac{\Delta\sigma'}{\Delta s'} = \frac{100}{0.0164} = 6098\ kN/m^2$$

**Abb. 4.24.** Auswertungsdiagramm eines KD-Versuchs

Aus dem Zeit-Setzungs-Diagramm kann bei Bedarf die Sofortsetzung und die primäre und sekundäre Konsolidationssetzung ermittelt werden. Auch zur Auswertung gibt das Grundbautaschenbuch ausführliche Erläuterungen (v. SOOS 1990).

## Qualitätssicherung

Jede Belastungsstufe eines Versuchs sollte die Konsolidierungssetzungen voll erfassen. Dies ist am besten aus einer versuchsparallel durchgeführten graphischen Darstellung des Setzungsverlaufs bei den einzelnen Laststufen zu erkennen (Zeit-Setzung-Diagramm).

Die Probe darf im Verlauf des Versuchs nicht austrocknen, andererseits sollte bei bestimmten Böden oder Versuchsverläufen ein Unterwassersetzen (Fluten) aber erst nach einer vorzugebenden Erstbelastung durchgeführt werden oder ganz unterbleiben (v. SOOS 1990). Verdunstungsschutz ist in jedem Fall erforderlich, über eine Wasserzugabe, das Fluten der Probe, ist daher für den Einzelfall zu entscheiden, z. B. ob die Probe unterhalb der Grundwasseroberfläche entnommen wurde oder ob die untersuchte Schicht später im Grundwasser liegen wird.

## Zeitaufwand

Für die Durchführung eines KD-Versuches mit mehreren Laststufen und ggf. Wiederbelastungsstufen sind etwa 7 - 20 Tage erforderlich. Die reine Arbeitszeit ist mit etwa 6 - 8 h anzusetzen.

# 4. 1. 8  Durchlässigkeit

EBERHARD DAHMS und  LOTHAR FRITZ

## 4. 1. 8. 1  Grundlagen

Um das Verhalten mineralischer Barriere- oder Dichtungsschichten beurteilen zu können, ist die Bestimmung der Gesteins- und der Gebirgsdurchlässigkeitsbeiwerte erforderlich.

Als (Gesteins-)Durchlässigkeitsbeiwert k wird die an Laborproben ermittelte Durchlässigkeit der Gesteinsmatrix im Porenraum bezeichnet und als (Gebirgs-)Durchlässigkeitsbeiwert $k_f$ die mit Hilfe von Feldversuchen (z. B. Pumpversuchen) ermittelte Gesamtdurchlässigkeit des Gesteinsverbandes, einschließlich der Wegsamkeiten z. B. auf Gesteinstrennflächen wie Schichtflächen und Klüften oder auf Auflockerungszonen.

Die hier behandelten Methoden betreffen nur die Ermittlung der Gesteinsdurchlässigkeit mit Hilfe von Laborversuchen.

*Begriffe*

*Filtergeschwindigkeit*

Als Filtergeschwindigkeit v wird der Durchfluß ($q = V_w / t$, Volumen Wasser $V_w$ pro Zeiteinheit t ) durch eine Probe mit der Querschnittsfläche A bezeichnet:

$$v = q / A$$

Für die Durchströmung steht jedoch nicht der gesamte Probenquerschnitt zur Verfügung, sondern nur der Porenraum zwischen den Feststoffen, soweit er zusammenhängende Porenkanäle bildet. Die wahre Fließgeschwindigkeit $v_W$ im Porenraum, auch als Bahngeschwindigkeit eines Wasserteilchens bezeichnet, ist daher erheblich größer als die Filtergeschwindigkeit und auch größer als die z. B. mit Hilfe von Markierungsstoffen (Tracern) meßbare Abstandsgeschwindigkeit $v_a$ des Wassers im Boden.

*Hydraulisches Gefälle  (Hydraulischer Gradient)*

Als hydraulisches Gefälle i  wird der hydraulische Höhenunterschied  h, bezogen auf die durchströmte Länge l, bezeichnet:

$$i = h / l$$

*Durchlässigkeitsbeiwert*

Der Durchlässigkeitsbeiwert k ist der Quotient aus Filtergeschwindigkeit v und hydraulischem Gefälle i bei laminarer Strömung:

$$k = v / i$$

### Anwendung

Der (Wasser-)Durchlässigkeitsbeiwert des Bodens wird für viele geotechnische Fragestellungen (z. B. Dränierung, Grundwasserabsenkung, Zeitsetzungsverhalten) benötigt.

Im Deponiebau sind Obergrenzen für den Durchlässigkeitsbeiwert k bei mineralischen Barriere- und Dichtungsschichten festgelegt, die nicht überschritten werden dürfen. In Kap. 9.3/9.4 der TA Abfall (1991) und TA Siedlungsabfall (1993) ist für künstlich eingebaute mineralische Barriereschichten ein Wert von $k \leq 1 \cdot 10^{-7}$ m/s festgelegt (für die mineralischen Basisdichtungen ein Wert von $k \leq 5 \cdot 10^{-10}$ m/s, für die Oberflächenabdichtungen ein Wert von $k \leq 5 \cdot 10^{-9}$ m/s). Der Niedersächsische Dichtungserlaß (1988) fordert für künstliche (nachgebesserte) Barriereschichten eine Durchlässigkeit von $k \leq 1 \cdot 10^{-8}$ m/s.

Die Bestimmung des Durchlässigkeitsbeiwertes ist daher im Deponiebau sowohl für die Eignungsprüfung mineralischer Barriere- und Dichtungsmaterialien, als auch im Zuge der Qualitätssicherung bei der Nachbesserung natürlicher Barrieren sowie der Herstellung mineralischer Dichtungsschichten unerläßlich.

Im Vergleich zu Feldversuchen haben bei Laborversuchen die untersuchten Bereiche nur sehr kleine Abmessungen:

      Probendurchmesser  70 - 100 mm

      Probenhöhe         25 - 120 mm

Laboruntersuchungen haben jedoch den Vorteil, daß bei einigen Versuchsanordnungen der Einfluß unerschiedlicher Auflasten oder unterschiedlicher Gradienten auf die Durchlässigkeit der Gesteinsmatrix untersucht werden kann. Derartige Untersuchungen sind v. a. bei der Beurteilung des Untergrundverhaltens von Standorten für Haldendeponien von Bedeutung.

### Versuchsgrundlagen

Zur Ermittlung des Durchlässigkeitsbeiwertes im Labor (Abb. 4.25) wird die Probe in ein oben und unten offenes festes zylindrisches Gefäß (Versuch im Versuchszylinder oder in der KD-Zelle) oder in eine oben und unten offene flexible Hülle (Versuch in der Triaxialzelle) so eingeschlossen, daß kein Wasser (oder andere Prüfflüssigkeit) über die Mantelfläche zu- oder abfließen kann und keine Umläufigkeit im Bereich des Probenmantels auftritt. Die Probe wird an der Ober- und Unterfläche durch Filtersteine begrenzt und unter Aufbringen eines hydraulischen Gefälles von entlüftetem Wasser oder einer anderen Prüfflüssigkeit durchströmt.

Unabhängig davon, ob der k-Wert durch Messung der Zulauf- oder der Ablaufmenge bestimmt wird, ist so lange zu messen, bis der jeweils errechnete k-Wert annähernd konstant bleibt, sofern nicht eine andere Vorgabe besteht, wie z. B. ein- oder mehrfacher Austausch der dem Gesamtporenvolumen entsprechenden Wassermenge.

Maßgebend für Anforderungen an die Prüfgeräte und die Versuchsdurchführung ist DIN 18130, Teil 1, in der auch Rechenbeispiele für die Auswertung gegeben werden.

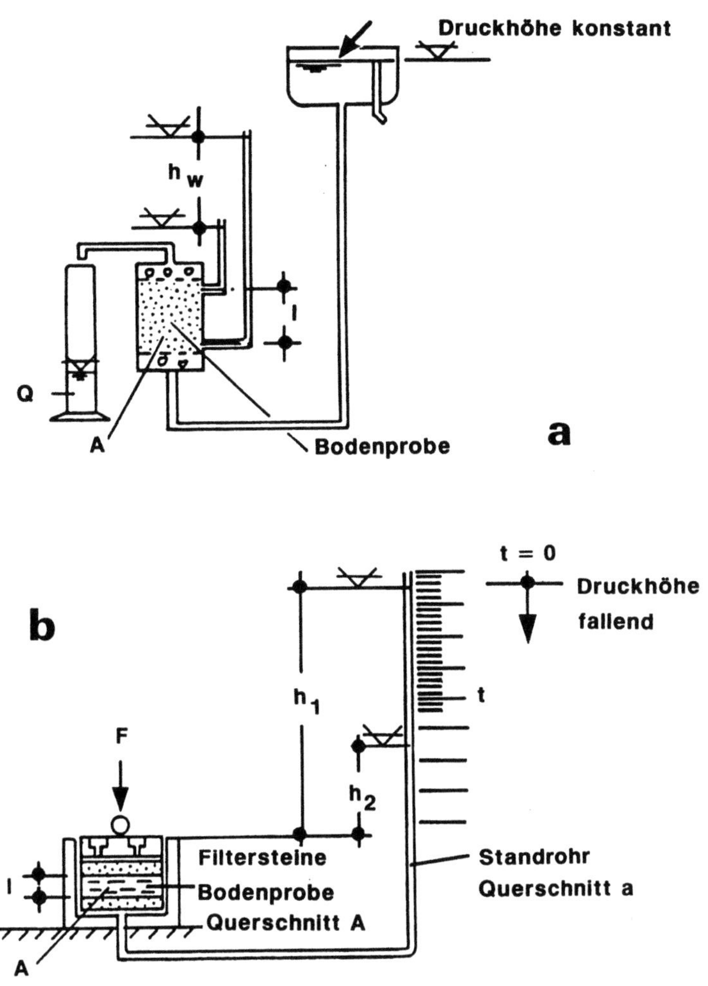


**Abb. 4.25 a, b.** Ermittlung des Durchlässigkeitsbeiwertes von Böden im Laborversuch
a Versuchsanordnung mit konstanter Druckhöhe (für grobkörnige Böden)
b Versuchsanordnung mit veränderlicher (fallender) Druckhöhe (für feinkörnige Böden)

Bei Versuchen mit aggressiven Medien ist vorher die gesamte Versuchs-
einrichtung auf Korrosionsbeständigkeit gegenüber den vorgesehenen
Prüfflüssigkeiten zu testen. Stahl-Entnahmezylinder, Messingverbindungen,
Metallfilterplatten oder andere nicht resistente Metallteile sind durch entspre-
chend resistente Stähle, Keramik oder Kunststoffe, z. B. Teflon, Polyethylen,
Polypropylen, zu ersetzen.

**Tabelle 4.8.** Korrekturbeiwert zur Berücksichtigung der Viskosität (Zähigkeit) des Wassers

| Temperatur [°C] | 5 | 10 | 15 | 20 | 25 |
|---|---|---|---|---|---|
| | 1,158 | 1,000 | 0,874 | 0,771 | 0,686 |

*Temperatur*

Der k-Wert ist temperaturabhängig, weil die Viskosität des Wassers mit steigender Temperatur sinkt.

Die Versuche zur Ermittlung des k-Wertes sind bei annähernd konstanter Raum- und Probentemperatur durchzuführen. Bei sehr geringen hydraulischen Gradienten fallen Temperaturschwankungen wesentlich stärker ins Gewicht als bei hohen Gradienten.

Der k-Wert wird standardmäßig ( DIN 18 130) auf eine Vergleichstemperatur umgerechnet und mit der Temperatur als Index gekennzeichnet, z. B. $k_{10}$. Die im Normalfall gewählte Vergleichstemperatur von 10 °C entspricht der mittleren Grundwassertemperatur. Bei der Auswertung ist daher ein der Versuchstemperatur entsprechender Korrekturbeiwert zu berücksichtigen (Tabelle 4.8).

*Sättigung*

Lufteinschlüsse in den Poren der Probe können den Porenquerschnitt einengen und damit die Durchlässigkeit verringern. Aus diesem Grund ist, bei laminarer Strömung, der Durchlässigkeitsbeiwert bei voller Wassersättigung am höchsten. Die Sättigungszahl der Probe darf sich daher während der Meßphase des Versuchs nicht ändern.

Weil die Bodenproben vor dem Einbau unterschiedlich teilgesättigt sind, ist bei Beginn des Versuchs eine weitgehende Sättigung der Probe anzustreben, um reproduzierbare Versuchsbedingungen zu gewährleisten. Um eine Vergleichbarkeit der Ergebnisse zu ermöglichen, wird in der TA Abfall (1991) und TA Siedlungsabfall (1993) die Durchströmung der Probe sowohl bei der Sättigung als auch beim Meßvorgang von unten nach oben gefordert. Auf diese Weise läßt sich die restliche Luft (ohne hohe Drücke) am zuverlässigsten durch die Prüfflüssigkeit verdrängen. Eine 100 %ige Sättigung ist bei feinkörnigen Böden kaum erreichbar, und sie würde auch den Praxisbedingungen nicht entsprechen.

Die Durchführung der Sättigung mit Drücken von z. B. $4 - 6 \cdot 10^5$ Pa - wie bei der Bestimmung der Scherparameter im Triaxialgerät - ist für routinemäßige Bestimmungen des Durchlässigkeitbeiwertes bei Deponieprojekten nicht ohne Risiken, weil Veränderungen der Porenraumgeometrie und Porengrößenverteilung und damit auch der Durchlässigkeit nicht auszuschließen sind.

Um derartige Effekte zu vermeiden, gibt der Niedersächsische Dichtungserlaß (1988) vor, daß weder bei der Sättigung, noch bei der Durchströmung mit einem höheren Gradienten als i = 50 gearbeitet werden darf (was bei einer Probenhöhe von 10 cm einem Druck von nur $0,5 \cdot 10^5$ Pa entspricht).

## Hydraulisches Gefälle

Für die Eignungsnachweise und die Überprüfung mineralischer Barriere- und
Abdichtungsmaterialien für Deponien ist ein hydraulischer Gradient von

$$i = 30$$

vorgeschrieben (TA Abfall/TA Siedlungsabfall), um die Vergleichbarkeit der
Versuchsergebnisse zu gewährleisten.

Nach diesen Richtlinien sind bei Überprüfungen im Verlauf der Ausführung von Deponiebaumaßnahmen „Schnellversuche" mit höheren Gradienten
zulässig, aber nur, wenn durch eine ausreichende Anzahl von Vergleichsver-
suchen die Übertragbarkeit der Schnellversuchsergebnisse auf die bei dem
jeweiligen Projekt verwendeten mineralischen Barriere- oder Abdichtungsmaterialien nachgewiesen worden ist.

Gemäß DIN 18 130, Kap 4.6 ist bei einer Wahl des hydraulischen Gefälles
nach praktischen Gesichtspunkten aber zu gewährleisten, daß „das Durch-
strömungsverhalten dem Fließgesetz von Darcy entspricht (linearer Strö-
mungsbereich), das Korngefüge nicht verändert wird und durch die Durchströmung keine Konsolidierung oder Schwellung der Probe bewirkt wird".

## Kolmation

Das teilweise oder vollständige Verschließen von Poren in einem Filterstein
durch das Einspülen von Fein- oder Feinstanteilen aus einer Probe wird als
Kolmation bezeichnet.

Insbesondere bei Böden mit geringem Feinstkornanteil, z. B. Materialien
zur Nachbesserung einer Barriere, denen Bentonit zugemischt worden ist und
die möglicherweise einen instabilen Kornaufbau aufweisen, kann es zur Aus-
spülung von Feinstteilen aus der Probe und zu Kolmation im Filterstein der
Ausströmseite kommen, wenn die Sättigung oder der Versuch mit hohen
Gradienten durchgeführt werden. Dadurch können zu niedrige Durchlässigkeitsbeiwerte ermittelt werden. Der Versuch sollte in derartigen Fällen daher
mit kleinen Gradienten beginnen, die allmählich gesteigert werden. Bei Versuchsende ist der Filterstein auf ausgeschwemmte Feinstteile zu prüfen, und
der Versuch ist, ggf. mit entsprechend geänderter (gröberer) Abdeckung an
der Ausströmseite, zu wiederholen. Außerdem muß in derartigen Fällen die
innere Suffosionssicherheit[18] des untersuchten Materials geprüft werden.

## Probenahme und Probenvorbereitung

Für die k-Wert-Bestimmung im Labor werden Proben aus mineralischen Bar-
riere- oder Dichtungsschichten mit Hilfe von  Stahlzylindern nach DIN 4021
mit folgenden Abmessungen entnommen:

  Durchmesser: 100 mm  
  Höhe:    50/100/120 mm

---

[18] Suffosion: Austrag von Feinstkorn aus dem Porenraum durch Wasser.

Beim Eintreiben des Entnahmezylinders in den Boden ist darauf zu achten, daß die Probe nicht komprimiert wird und im Zylinder verkantet oder - bei festerem Material - nicht stückig auflockert und reißt. In derartigen Fällen sind neue Proben zu entnehmen, bis sie visuell als einwandfrei bewertet werden können.

Die Proben dürfen keinesfalls austrocknen und sind daher sofort mit Kunststoffkappen und Kunststoffklebeband luftdicht zu verschließen und - falls keine unverzügliche Bearbeitung erfolgt - kühl, aber frostfrei zu lagern.

Vor dem Einbau in die Untersuchungsapparatur sind Ober- und Unterseite der Probe auf Unversehrtheit zu überprüfen und ggf. sind herausgebrochene Stellen kleinräumig abzugleichen. Dabei dürfen die Flächen aber nicht insgesamt verschmiert werden, weil dadurch die Durchlässigkeit verändert wird.


## 4. 1. 8. 2  Bestimmung im Versuchs-/Entnahmezylinder

### Prinzip

Die Probe wird im Entnahmezylinder nach DIN 4021 (s. Abschn. Probennahme) belassen oder in einen Versuchszylinder entsprechender Größe eingebaut und zwischen eine Kopf- und Fußplatte aus geeignetem Kunststoff eingespannt. Die Platten sind mit Filtersteinen und Dichtungsringen versehen und haben Anschlüsse für die Zu- und Ableitung des Wassers.

Zur Messung des einlaufenden Wassers ist die Apparatur mit einem Standrohr (Kapillare mit 3 mm Innendurchmessser und 1 m Länge) verbunden. Ein Zusatzdruck kann durch fein dosierbare Druckluft aufgegeben werden. Die Probe wird nur mit dem Durchströmungsdruck beaufschlagt und im Versuch von unten nach oben durchströmt. Der Wasserzulauf in die Probe wird mit Hilfe der Kapillare gemessen. Das auslaufende Wasser wird aufgefangen und kann z. B. durch Wägung ebenfalls gemessen werden (Abb. 4.26).


### Anwendung

Der Versuch in der hier erläuterten Ausführung eignet sich für die Untersuchung gemischt- und feinkörniger Böden (Tone und Schluffe). Bei gemischtkörnigen Böden ist zu gewährleisten, daß Probenhöhe und -durchmesser mindestens das 5fache des maximalen Korndurchmessers des Größtkorns des Probenmaterials betragen.

Die Methode eignet sich auch für Serienuntersuchungen größerer Probenmengen, wobei alle Proben an eine gemeinsame Druckerzeugungseinheit angeschlossen und mit dem gleichen Zusatzdruck beaufschlagt werden können (Abb. 4.27).

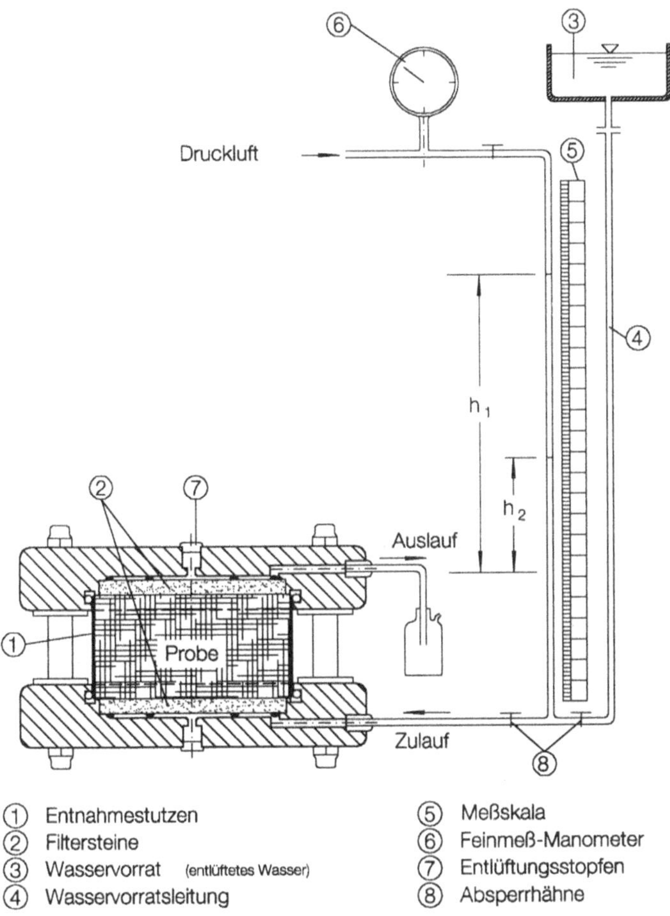


**Abb. 4.26.** Versuchsapparatur zur k-Wert-Bestimmung im Versuchs-/ Entnahmezylinder
bei fallender Druckhöhe

## Versuchsdurchführung

Ober- und Unterseite der Probe werden vor dem Einbau auf Unversehrtheit
überprüft, Fehlstellen sind ggf. auszufüllen, ohne dabei aber die Ober- oder
Unterseite der Probe großflächig zu verschmieren.

Die Durchströmung erfolgt von unten nach oben mit entlüftetem Wasser
oder der jeweils erforderlichen anderen Prüfflüssigkeit. Die einlaufende Wassermenge wird mit Hilfe des gemessenen Absenkbetrages der Kapillare ermittelt. Das aus der Probe auslaufende Wasser wird über eine sehr kurze Zufüh-

rung in einer kleinen Glasflasche aufgefangen und die Menge durch Wägung bestimmt. Es wird so oft nachgefüllt und so lange gemessen, bis die zulaufende - ggf. auch die auslaufende - Wassermenge pro Zeiteinheit bzw. der errechnete k-Wert annähernd konstant ist. Bei jeder Messung ist auch die Temperatur des Wassers zu messen. Wenn Durchlässigkeitsbeiwerte für unterschiedliche Gradienten bestimmt werden, kann der Versuch mit derselben Probe mit erhöhtem Gradienten fortgesetzt werden.

## *Qualitätssicherung*

Zur Ermittlung der Auslaufmenge muß die Auffangflasche bei schwach oder sehr schwach durchlässigen Böden wegen der geringen Durchflußmengen möglichst klein sein und darf nur eine sehr kurze Zuführung und eine sehr kleine Druckausgleichsöffnung haben, weil sonst Verdunstungseffekte das Ergebnis verfälschen.

**Abb. 4.27.** Labor-Versuchseinrichtung zur serienmäßigen k-Wert-Bestimmung im Versuchs-/Entnahmezylinder mit fallender Druckhöhe

Wenn die Probe nicht aus dem Entnahmezylinder ausgepreßt, sondern direkt darin untersucht wird, kann die Unversehrtheit und das dichte Anliegen des Probenmantels an der Zylinderwand erst nach Ende des Versuchs überprüft werden. Andererseits hat es auch Vorteile, daß die Probe im Entnahmezylinder belassen wird. Dadurch kann sie nicht beim Auspressen aus dem Zylinder komprimiert oder beim anschließenden Einbau in eine andere Versuchsapparatur, z. B. Triaxial- oder KD-Gerät, gestört werden. Bei länger laufenden Versuchen unter Verwendung von Entnahmezylindern aus normalem Stahl können aber Korrosionserscheinungen die Innenwandung so weit angreifen, daß die Zylinder für weitere Durchlässigkeitsversuche unbrauchbar werden.

### Zeitaufwand

Für die Versuchsdauer einer k-Wert-Bestimmung im Entnahmezylinder sind bei Routineuntersuchungen mineralischer Dichtungsschichten etwa 1-2 Wochen anzusetzen, bei besonderen Fragestellungen oder Versuchsbedingungen auch mehrere Wochen oder sogar Monate.

Nach wenigen Tagen können aber mit dieser Methode bereits Aussagen hinsichtlich der Einhaltung/Unterschreitung bestimmter Höchstwerte (z. B. nach TA Abfall/ TA Siedlungsabfall) möglich sein, insbesondere, wenn die Versuche zur Beschleunigung mit höheren Druckgradienten durchgeführt werden (s. auch Kap. 4.1.8.3).

Der reine Arbeitszeitaufwand einschließlich Einbau, Messungen und Auswertung beträgt in der Summe mehrere Stunden. Hierbei ist von einer routinemäßigen Bestimmung an einer Probe aus einer mineralischen Deponieabdichtungsschicht mit einer Gesamtlaufzeit des Versuchs von bis zu 14 Tagen auszugehen.

## 4. 1. 8. 3  Bestimmung im Triaxialgerät

### Prinzip

Bei dieser Versuchsanordnung wird die Probe einer isotropen statischen Belastung (Zelldruck) unterworfen, die geringfügig höher ist als der Durchströmungsdruck. Die zylindrische Probe ist von einer Gummihülle umgeben, die durch den Zelldruck an den Probenmantel gedrückt wird und Umläufigkeiten verhindert. Durchströmungs- und Zelldruck werden über getrennte Regler mit Feinmanometer entsprechend dem für den Versuch erforderlichen Gradienten eingestellt (Abb. 4.28).

Die ein- und auslaufenden Prüfflüssigkeitsmengen können gemessen werden.

### Anwendung

Die Methode eignet sich vor allem für Material mit genügend Eigenfestigkeit oder Kohäsion, weil die Probe nur von der Gummihülle umgeben in der wassererfüllten Zelle frei steht und der Zelldruck möglichst nur wenig über dem Durchströmungsdruck liegen darf, um die Struktur der Probe nicht zu verändern.

Die modifizierte Triaxialmethode wird vielfach für die k-Wert-Bestimmung an Proben aus mineralischen Dichtungs- und Barriereschichten angewendet, die überwiegend eine steif bis halbfeste Konsistenz aufweisen, aber auch für Proben aus Dichtwänden[19].

## *Probenvorbereitung*

Ausreichend feste Proben aus Bohrkernen oder aus Entnahmezylindern können von Hand mit den Gummihüllen ummantelt und in die Triaxialzelle eingebaut werden. Empfindlichere, leichter verformbare Proben werden mit einer hydraulischen Presse vorsichtig aus dem Entnahmezylinder ausgepreßt und mit einer speziellen Vorrichtung gleichzeitig mit der Gummihülle ummantelt (DIN 18 130, Bild 4).

Bei dieser Methode kann neben der Ober- und Unterseite der Probe auch der Probenmantel vor dem Einbau auf Unversehrtheit überprüft werden. Fehlstellen sind ggf. auszufüllen, ohne dabei aber die Ober- oder Unterseite der Probe großflächig zu verschmieren.

## *Versuchsdurchführung*

Die Probe wird auf der Ober- und Unterseite mit je einem wassergesättigten Filterstein bedeckt in die Zelle eingebaut. Anschließend wird der Zelldruck aufgebracht, um die Gummihülle an den Probenmantel anzupressen. Durch Messung des Absenkbetrages in der Bürette oder, bei sehr geringen Durchflußmengen, einer Kapillare (Abb. 4.28), wird die in die Probe einfließende Wassermenge ermittelt und mit Hilfe eines Auffanggefäßes die aus der Probe ausfließende Wassermenge. Bei jeder Messung ist auch die Temperatur des Wassers zu messen.

Die Gesamtdauer des Versuchs und die Anzahl der Einzelablesungen richtet sich nach den Erfordernissen des jeweiligen Projektes. In jedem Fall wird so lange gemessen, bis die zulaufende - ggf. auch die auslaufende - Wassermenge pro Zeiteinheit bzw. der errechnete k-Wert annähernd konstant ist.

Bei extrem niedrigen Werten kann die Messung auch mit Hilfe einer horizontal liegenden kalibrierten Glaskapillare durchgeführt werden, in der als Marke eine Luftblase von der Strömung mitgeführt wird.

Sollen Durchlässigkeitsbeiwerte für unterschiedliche Gradienten bestimmt werden, kann der Versuch mit derselben Probe mit erhöhtem Gradienten fortgesetzt werden. Eine Erniedrigung des Gradienten ist dagegen nicht zu empfehlen (HORST 1997).

---

[19] Für die Bestimmung des Durchlässigkeitsbeiwerts von mineralischem Barriere- oder Abdichtungsmatrial ist die Untersuchung im Standard-Triaxialgerät mit einem Probendurchmesser von d = 36 mm nicht zu empfehlen, weil infolge dieses geringen Probendurchmessers durchlässigkeitsverringernde Konsolidationsvorgänge durch den Zelldruck nicht auszuschließen sind.

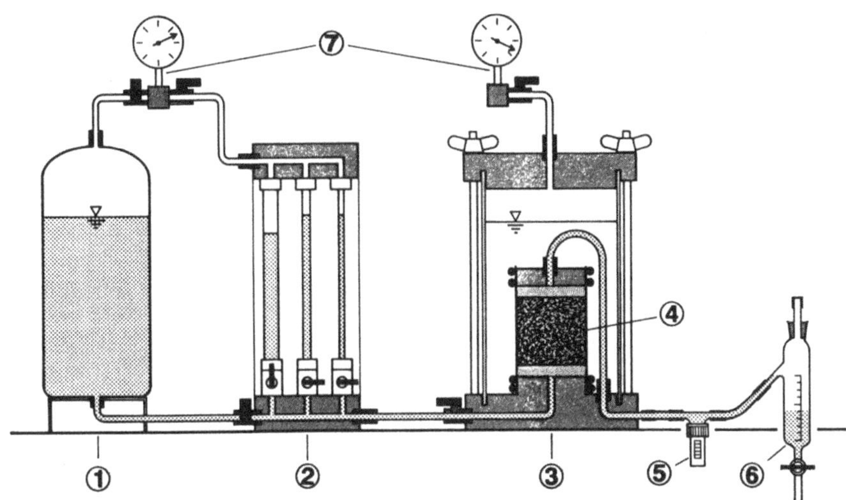

1. Vorratsbehälter für Prüfflüssigkeit
2. Einlaufkontrolle mit Umschaltmöglichkeit auf verschiedene Durchlaufmengen
3. Triaxialzelle
4. Probe (Abmessungen: d = 10 cm, h ≤ 15 cm)
5. Anschlußmöglichkeit für Leitfähigkeitstester / pH-Meter
6. Auffangeinrichtung für auslaufende Prüfflüssigkeit (wahlweise: Meßzylinder)
7. Druckregler mit Manometer

**Abb. 4.28.** Durchlässigkeitsversuch mit modifizierter Triaxialzelle, Prinzipskizze (System
TU Braunschweig, HORST 1994a)

## Qualitätssicherung

Die Gummi- oder Kunststoffhüllen für die Probekörper sollten eine gewisse
Mindestdicke aufweisen (ca. 0,25 - 0,40 mm), um nicht selbst - bei den sehr
niedrigen k-Werten der Dichtungsmaterialien - eine nicht vernachlässigbare
Durchlässigkeit aufzuweisen. Sie sollten aber auch nicht zu dick sein, um
noch flexibel genug am Probenmantel anzuliegen.

Der wesentliche Vorteil der Triaxialzellen gegenüber Versuchsmethoden,
bei denen der Probekörper in einem Zylinder mit starrer Wand untersucht wird
(Versuchszylinder oder KD-Gerät), besteht darin, daß durch einen zusätzlichen
allseitigen Druck (Zelldruck) Randumläufigkeiten im allgemeinen ausge-
schlossen werden können.

Nach DIN 18 130 ist ein Zelldruck zulässig, der 20 % über dem höchsten
Druck des Porenwassers liegt. Die GDA-Empfehlungen (1993) lassen einen
$0,3 \cdot 10^5$ Pa über dem Durchströmungsdruck liegenden Zelldruck zu. Bei einer
Probenhöhe von 100 mm würde der Gradient i = 30 einem Durchströmungs-
druck von $0,3 \cdot 10^5$ Pa entsprechen. Ein um $0,3 \cdot 10^5$ Pa höherer Zelldruck läge
daher um 100 % über dem Porenwasserdruck.

Untersuchungen an der TU Braunschweig zeigten, daß die zu- und auslaufende Wassermenge bei einem Durchströmungsdruck von $0{,}36 \cdot 10^5$ Pa (i = 30, bei 120 mm Probenhöhe) und einem Zelldruck von $0{,}6 \cdot 10^5$ Pa über eine längere Zeit (>100 Tage) annähernd gleich blieb, und bei einer Erhöhung des Gradienten auf i = 50 nach 105 Tagen dann entsprechend anstieg (Abb. 4.29 a). Bei dem gleichen Durchströmungsdruck, aber einem - gleich ab Versuchsbeginn - doppelt so hohen Zelldruck ($1{,}2 \cdot 10^5$ pa) nahm die Durchströmung dagegen bis auf Null ab (Abb. 4.29 b). Bei gleichbleibendem Gradienten (i = 30) war die Probe anschließend rd. 50 Tage lang undurchlässig, d. h. sie nahm kein Wasser auf und gab auch keines ab, bis am 105. Tag der Gradient auf i = 50 erhöht wurde und erneut eine Durchströmung einsetzte (HORST 1994 b; 1997).

Zu hoher Zelldruck kann daher eine merkliche Konsolidierung des Probenkörpers und damit auch eine Verringerung der Durchlässigkeit auslösen. Die routinemäßigen Versuche zur k-Wert-Bestimmung werden deshalb am Institut für Grundbau und Bodenmechanik der TU Braunschweig mit einem Zelldruck gefahren, der nur etwa $0{,}2 \cdot 10^5$ Pa über dem Durchströmungsdruck liegt (HORST 1994 b). Das entspricht bei einer Probenhöhe von 120 mm und einem Durchströmungsdruck von $0{,}36 \cdot 10^5$ pa (i = 30) einem um etwa 50 % über dem Durchströmungsdruck liegenden Zelldruck..

Wie weit der Zelldruck erhöht werden darf, ohne daß eine unzulässige Verdichtung der Probe eintritt, und ob nicht durch - insbesondere zu schnell aufgebrachten - hohen Sättigungsdruck bei stark bindigen, schwach bis sehr schwach durchlässigen Böden ebenfalls Konsolidierungseffekte ausgelöst werden können, werden weitere Untersuchungen zeigen müssen.


### *Zeitaufwand*

Der Zeitaufwand ist - je nach Material und Art der Versuchsdurchführung - sehr unterschiedlich. Routineversuche mit mineralischen Barriere- oder Dichtungsmaterialien können etwa 1-2 Wochen in Anspruch nehmen. Bei niedrigem Gradienten und sehr dichtem Material können auch mehrere Wochen oder Monate Meßdauer erforderlich sein, wenn die Durchflußkonstanz abgewartet werden soll und möglicherweise auch Untersuchungen an der austretenden Prüfflüssigkeit vorgesehen sind.

Bei einem durch Eignungsuntersuchungen im Verhalten bekannten Material, z. B. zur Nachbesserung einer Barriere oder zur Herstellung einer Abdichtungsschicht, läßt sich im Verlauf der Einbauüberwachung bei den Durchlässigkeitstests anhand des Anfangstrends der Einlaufkurve der Durchlässigkeitsversuche bereits nach wenigen Tagen beurteilen, ob die Grenzwerte (z. B. der TA Abfall) eingehalten werden können (Abb. 4.1-30; SEHRBROCK 1992, BACHMANN & KNOLL 1994). Ist dies zu erwarten, können die untersuchten Flächen abgenommen und zum Weiterbau freigegeben werden, noch bevor Auslaufmengen gemessen werden können und bevor eine Konstanz der Meßwerte erreicht ist. Dies setzt aber voraus, daß auch die anderen, schneller zu ermittelnden bodenmechanischen Parameter des untersuchten Bodenmaterials (Trockendichte/Verdichtungsgrad, Wassergehalt etc.) den Anforderungen entsprechen.

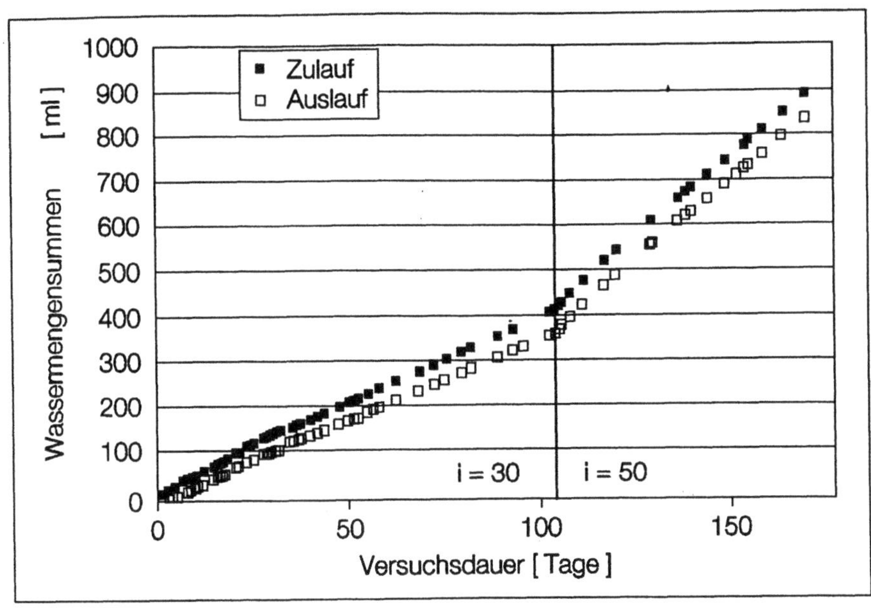


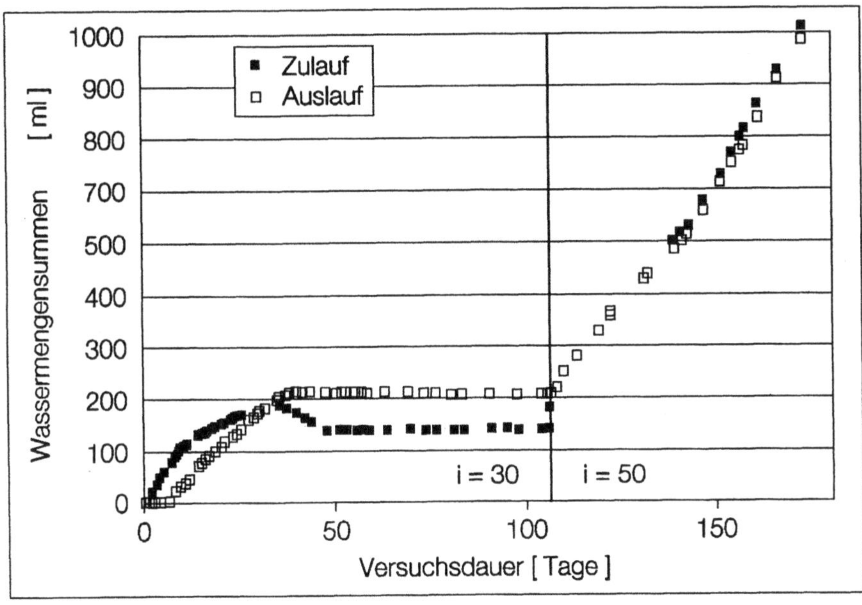


**Abb. 4.29.** Summen der Zu- und Ablaufmengen bei der k-Wert- Bestimmung in der modifizierten Triaxialzelle, Durchströmungsdruck i = 30 und i = 50, (Material: Ton, Unterkreide). *Oben*: Zelldruck: $0{,}6 \cdot 10^5$ Pa; *unten*: Zelldruck: $1{,}2 \cdot 10^5$ Pa. (Aus HORST 1994b, 1997).

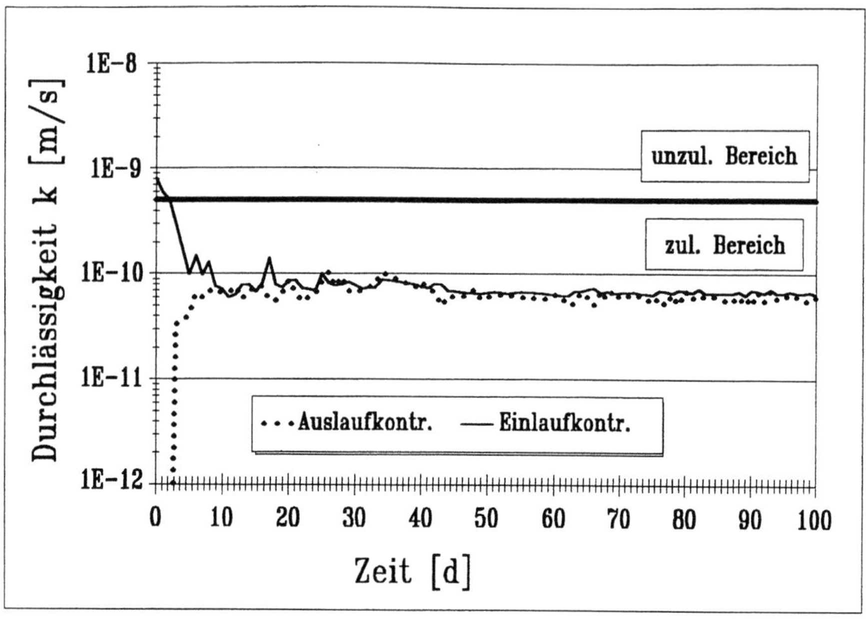


**Abb. 4.30.** Schnelles Absinken der Einlaufwerte unter den Grenzwert gem. TA Abfall/ TA Siedlungsabfall (k $\leq$5 x $10^{-10}$ m/s). Modifizierte Triaxialzelle, Meßwerte der Ein- und Auslaufmengen (BACHMANN & KNOLL 1994)

Der reine Arbeitszeitaufwand einschließlich Probeneinbau, Messungen und Auswertung, beträgt in der Summe etwa 3 h. Hierbei wird von einer routinemäßigen Bestimmung an einer Probe aus einer mineralischen Barriere- oder Deponieabdichtungsschicht mit einer Gesamtlaufzeit des Versuchs von bis zu 14 Tagen ausgegangen.

## 4. 1. 8. 4  Bestimmung im Kompressions-Durchlässigkeitsgerät (KD-Gerät)

*Prinzip*

Bei dem Versuch im KD-Gerät wird der Durchlässigkeitsbeiwert bei statischer Belastung des Propekörpers bestimmt. An der gleichen Probe können nacheinander Werte für mehrere Laststufen ermittelt werden.

Die Proben werden in Stahl-Probenringen untersucht und haben im Normalfall folgende Abmessungen:

d = 70 mm, h = 25 mm.

Der hydraulische Gradient wird mit einem Standrohr (Kapillare mit z. B. 3 mm Innendurchmesser) eingestellt. Ein Zusatzdruck kann durch fein dosierbare Druckluft aufgebracht werden.

Die Bestimmung des Durchlässigkeitsbeiwertes wird mit fallender Druckhöhe durchgeführt. Die Probe wird im Versuch von unten nach oben durchströmt. Der Wasserzulauf in die Probe wird mit Hilfe der Kapillare gemessen. Das auslaufende Wasser kann mit der normalen KD-Apparatur nicht aufgefangen und gemessen werden, hierzu sind umfangreiche Umbaumaßnahmen erforderlich. Deshalb wird die k-Wert-Bestimmung allein mit Hilfe der Messung des Wasserzulaufs in die Probe durchgeführt. Die Zulaufmenge wird mit einer Kapillare gemessen.

Für Versuche mit aggressiven Medien ist diese Versuchsapparatur wegen der vielen Metallteile nur schwer umzurüsten.

### *Probenvorbereitung und Einbau*

Bei Material von weicher Konsistenz kann der Probenring mit einem vorgesetzten Ausstechring direkt in eine Probe größeren Durchmessers gedrückt und die Probe unten abgeschnitten werden.

Bei Material von steifer oder halbfester Konsistenz, z. B. Sonderproben der Güteklasse 1 oder 2 nach DIN 4021 aus mineralischen Barriere- oder Dichtungsschichten, hat es sich in der Praxis bewährt, den Probenring mit angesetztem Ausstechring unter den Stempel des Auspreßgerätes auf die Probenoberfläche zu setzen und dann den größeren Entnahmeprobendurchmesser durch Abschnitzen von allen Seiten an den Durchmesser des Ringes anzupassen, dabei die Probe allmählich vorsichtig von unten in den Ring zu drücken und dann mit einer Feinsäge unten abzuschneiden. Gröbere Einschlüsse im Bereich des Probenmantels werden dabei nicht übersehen und können entfernt und durch Material der abgeschnitzen Probenreste ersetzt werden. Durch diesen schonenden Einbau werden Randumläufigkeiten weitestgehend vermieden.

Die Probenober- und -unterfläche darf beim Einbau nicht verschmiert oder besonders geglättet, sondern nur abgezogen werden, um nicht eine Deckschicht mit geringerer Durchlässigkeit als im Inneren der Probe zu erzeugen.

### *Versuchsdurchführung*

Nach dem Einbau wird die gewünschte Belastung aufgebracht und die Probe konsolidiert, bis durch Meßuhrablesung die Konsolidation erkennbar eingetreten ist.

Die im jeweiligen Ableseintervall in die Probe einströmende Wassermenge wird durch das Maß der Wasserspiegelabsenkung im Standrohr ermittelt. Bei extrem niedrigen Werten kann die Messung auch mit Hilfe einer horizontal liegenden kalibrierten Glaskapillare durchgeführt werden, in der als Marke eine Luftblase von der Strömung mitgeführt wird.

Die Dauer der Meßzeit richtet sich nach der jeweiligen Fragestellung. In jedem Fall wird so lange gemessen, bis die Wassermenge pro Zeiteinheit und der daraus ermittelte k-Wert annähernd konstant sind.

### Qualitätssicherung

Während der Konsolidierungsphasen muß gewährleistet sein, daß das aus der Probe in den unteren Filterstein abgepreßte Porenwasser druckfrei abgeleitet wird. Die ausreichende Durchlässigkeit der Filtersteine ist regelmäßig zu überprüfen.

Infolge der geringen Probenhöhe besteht bei der Bestimmung im KD-Gerät eine größere Gefahr, daß durch Umläufigkeit an der Innenwand des Probenringes, sowie durch Klüfte/Schichtfugen oder durch beim Einbau entstandene Bruchflächen erhöhte Durchlässigkeiten gemessen werden. Sowohl beim Ein- als auch beim Ausbau ist daher besonders auf diese Fehlermöglichkeiten zu achten, und ggf. ist der Versuch mit einer Parallelprobe zu wiederholen.

Beim Versuch im KD-Gerät (ebenso wie im Triaxialgerät) kann die Probe bei der Durchführung mit einer der späteren Deponieauflast entsprechenden Belastung geprüft werden. Dadurch kann für das verwendete Barriere- oder Dichtungsmaterial der Einfluß der Deponieauflast auf den Durchlässigkeitsbeiwert ermittelt werden.

In diesem Zusammenhang ist aber zu beachten, daß der in der abfallrechtlichen Vorschrift (z. B. TA Abfall/TA Siedlungsabfall) oder der Projektgenehmigung geforderte zulässige Höchstwert für mineralische Dichtungsschichten für den auflastfreien Zustand der Dichtungsschicht gilt und der Versuch daher sowohl bei der Eignungsprüfung des Materials als auch bei der Einbauüberwachung ohne eine der späteren Überschüttung entsprechende zusätzliche Auflast durchgeführt werden muß.

Bei sehr niedrigen Werten ($k < 1 \cdot 10^{-10}$ m/s) können Verdunstungseffekte die Ergebnisse stark beeinflussen, so daß dagegen stets Vorkehrungen getroffen werden und darüber hinaus im Ergebnisbericht genaue Angaben über die Versuchsanordnung und -dauer mitgeliefert werden müssen.

### Zeitaufwand

Der Zeitaufwand ist - je nach Material - sehr unterschiedlich. Infolge der geringen Probendicke (20 - 30 mm) ist aber generell schneller mit dem Erreichen einer konstanten Durchflußmenge zu rechnen als bei den anderen Verfahren mit Probenhöhen von 50 - 120 mm. Bei niedrigem Gradienten und sehr schwach durchlässigem Material können aber auch bei der Bestimmung im KD-Gerät mehrere Wochen Meßdauer erforderlich sein, um eine Durchflußkonstanz zu erreichen. Andererseits können auch bei der k-Wert-Bestimmung im KD-Gerät bereits nach wenigen Tagen Aussagen hinsichtlich der Einhaltung/Unterschreitung bestimmter Höchstwerte (z. B. nach TA Abfall/TA Siedlungsabfall) möglich sein, insbesondere, wenn die Versuche zur Beschleunigung mit höheren Druckgradienten durchgeführt werden (s. Kap. 4.1.8.3).

Der reine Arbeitszeitaufwand, einschließlich Probeneinbau, Messungen und Auswertung, beträgt in der Summe etwa 3 h. Hierbei wird von einer routinemäßigen Bestimmung an einer Probe aus einer mineralischen Barriere- oder Deponieabdichtungsschicht mit einer Gesamtlaufzeit des Versuchs bis zu etwa 14 Tagen ausgegangen. Bei Versuchen mit mehreren Laststufen kann sich der Arbeitszeitaufwand verdoppeln.

### 4. 1. 8. 5  Bestimmung im Standrohrgerät

Bei dem Versuch im Standrohrgerät n. DIN 18 130 T 1 wird die Probe in einem zylindrischen Gefäß mit fester Wandung (Ausstech- oder Versuchszylinder nach DIN 40 21/DIN 18 127) untersucht. Bei grob- und gemischtkörnigen Böden (Sand bis Kiessand) kann der k-Wert, nach Sättigung im offenen Wasserbad, mit einer Durchströmungsrichtung von oben nach unten ermittelt werden.

Für die Untersuchung feinkörniger Böden ist das Standrohr durch ein kalibriertes Kapillarrohr zu ersetzen bzw. zu ergänzen. Der Versuch entspricht im wesentlichen dem oben beschriebenen Versuch im Entnahme- bzw. Versuchszylinder (Kap. 4.1.8.2), routinemäßig mit der Durchströmungsrichtung von oben nach unten.

Für die Untersuchung von Barriere- oder Deponieabdichtungsmaterial muß der Versuch technisch so verändert werden, daß eine Durchströmung von unten nach oben erfolgt, wie es in den Deponierichtlinien TA Abfall/ TA Siedlungsabfall vorgeschrieben ist.

Wenn eine auf den Standrohr- bzw. Kapillarendurchmesser und ein gleichbleibendes Meßzeitintervall bezogene spezielle Skala verwendet wird, kann an dieser Skala der k-Wert direkt abgelesen werden.

Der Versuch eignet sich für Baustellenlabors, wo keine Einrichtungen zum Aufbringen von zuätzlichem Druck vorhanden sind.

### 4. 1. 8. 6  Auswertung der Meßergebnisse

Der Durchlässigkeitsbeiwert k kann sowohl anhand der Einlauf- als auch anhand der Auslaufmenge der Wassers bzw. der Prüfflüssigkeit ermittelt werden. Bei vergleichenden Untersuchungen hat sich die Messung der Zulaufmenge als zuverlässiger herausgestellt als die Messung der Ablaufmenge (HORST 1997).

Bei allen Versuchsanordnungen sind mehrere aufeinanderfolgende Ablesungen erforderlich, bei fallender Druckhöhe ggf. mehrere Meßzyklen mit jeweils erneuter Auffüllung der Kapillare. Aus der jeweils in der Meßzeit/Meßzeitspanne zu- oder ausgelaufenen Wassermenge wird der k-Wert errechnet. Erst wenn die Werte annähernd konstant bleiben, ist ein Mittelwert zu errechnen und als Ergebnis anzugeben. Zu Beginn des Versuchs ist bei der Messung der Zulaufmenge häufig eine größere Wasseraufnahme der Probe zu beobachten, aus der sich höhere k-Werte als im weiteren Verlauf des Versuchs ergeben. Dieser Effekt ist durch die Aufsättigung der Probe zu erklären. Die höheren Werte (s. Abb. 4.30) der Sättigungsphase sind nicht in die Mittelwertbildung einzubeziehen.

Bei Versuchen mit konstanter Druckhöhe (Abb. 4.25a) erhält man den k-Wert nach folgender Gleichung:

$$k = \frac{Q}{A \cdot t} \cdot \frac{l}{h_w}$$

A  = Querschnittsfläche der Probe $[m^2]$
l  = Höhe des Probekörpers [m]
$h_w$ = Differenz der Standrohrspiegelhöhen [m]
t  = Meßzeit [s]
Q  = Durchflußmenge in der Meßzeit $[m^2]$

Bei Versuchen mit fallender Druckhöhe (Abb. 4.25b) wird der k-Wert mit der folgenden Gleichung ermittelt:

$$k = \frac{a \cdot l}{A \cdot t} \cdot ln\frac{h_1}{h_2}$$

a  = Querschnittsfläche des Standrohres $[m^2]$
A  = Querschnittsfläche der Probe $[m^2]$
l  = Höhe der Probe (= Länge der Sickerstrecke) [m]
t  = Zeitspanne zwischen jeweils 2 aufeinanderfolgenden Ablesungen [s]
$h_1$ = Wasserhöhe im Standrohr zu Beginn der Meßzeitspanne [m]
$h_2$ = Wasserhöhe im Standrohr am Ende der Meßzeitspanne [m]

Bei allen Versuchen werden darüber hinaus die Dichten sowie der Porenanteil n und die Porenzahl e bestimmt, so daß auch der Wassergehalt und die Sättigungszahl der Probe vor und nach dem Versuch angegeben werden können. Berechnungsbeispiele finden sich in DIN 18 130.

Die ermittelten k-Werte können bei feinkörnigen Böden und wiederholten Versuchen, insbesondere bei längerer Versuchsdauer, etwa um den Faktor 2 variieren. Dies ist v. a. auf schwankende Auslaufmengen zurückzuführen, die wegen der sehr geringen Absolutmengen diskontinuierlich („tröpfchenweise") aufgefangen und gemessen werden. Bei den Ergebnissen sind daher Mittelwerte zu bilden und anzugeben.

Bei der Bestimmung von Durchlässigkeitsbeiwerten an mineralischen Barriere- und Dichtungsmaterialien sollten den Ergebnissen stets folgende Erläuterungen beigefügt werden:

- Detaillierte Beschreibung der Versuchsanordnung
- Abmessungen des Probekörpers
- Max. Sättigungsdruck sowie ggf. Druckstufen und Zeitdauer des Druckanstiegs bis zum höchsten Sättigungsdruck
- Max. Zelldruck bei der modifiz. Triaxialmethode
- Max. Durchströmungsdruck
- Dauer des Versuchs
- Bestimmung anhand der Einlauf- oder Auslaufmenge

# 4.2 Mineralogische Verfahren

## 4.2.1 Mineralanalyse

### 4.2.1.1 Röntgendiffraktometrie

HEINRICH RÖSCH

## 1 Prinzip

Die Röntgendiffraktometrie (XRD = X-Ray Diffraction Analysis) oder röntgenographische Phasenanalyse beruht auf der Interferenz (Beugung) von Röntgenlicht oder Röntgenstrahlen (elektromagnetische Strahlung mit Wellenlängen im Bereich von $10^{-10}$ m = 1 Å) mit/an dreidimensional-periodisch aufgebauten Kristallgittern. BRAGG & BRAGG (1913) reduzierten die Beugungserscheinungen auf eine geometrische Reflexion und fanden als Zusammenhang zwischen dem Abstand der parallelen, mit Atomen belegten Netzebenenschar d, dem Einfallswinkel zwischen Röntgenstrahl und diesen Netzebenen $\vartheta$ („Glanzwinkel") sowie der Wellenlänge des Röntgenlichtes $\lambda$ (s. Abb. 4.31):

$$n \cdot \lambda = 2d \cdot \sin\vartheta \quad \text{(Braggsche Gleichung).}$$

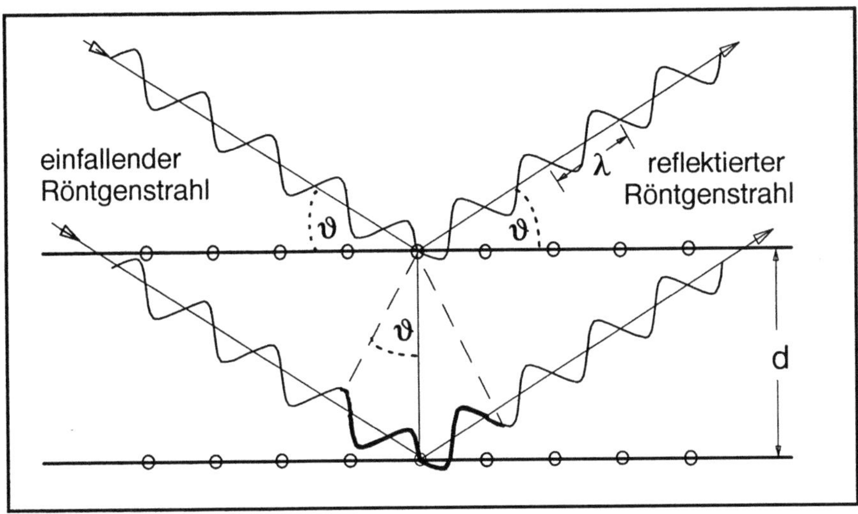


**Abb. 4.31.** Beugung bzw. Reflexion von Röntgenstrahlen an einer Netzebenenschar: Der untere Strahl hat einen um $2 \cdot \lambda$ längeren Weg zurückzulegen (dicke Sinuslinie) und genügt damit der Braggschen Reflex-Bedingung $n \cdot \lambda = 2d \cdot \sin\vartheta$

Das ganzzahlige n läßt sich als Erweiterung der die Netzebene beschreibenden Miller-Indizes n · h, n · k, n · l auffasssen, so daß sich die Braggsche Gleichung in der Pulverdiffraktometrie vereinfachen läßt zu

$$\lambda = 2d \cdot \sin \vartheta \qquad (13)$$

Wenn 2 der 3 Variablen bekannt sind, ist die dritte bestimmbar. In der Pulverdiffraktometrie ist die Wellenlänge der verwendeten Röntgenstrahlung bekannt (z. B. CuKα-Strahlung mit $\lambda = 1{,}54184$ Å), und der Beugungswinkel $2\vartheta$, unter dem durch Reflexion / Beugung an der Netzebenenschar ein Reflex entsteht, ist meßbar. Die Netzebenenabstände d der - unbekannten - Substanz können daraus bestimmt werden. - Dieses durch d-Werte und Intensitäten definierte Pulverdiagramm ist nun Grundlage jeder qualitativen und quantitativen Phasenanalyse, und zwar sowohl für die manuelle als auch für die rechnergesteuerte Auswertung.

## 2  Anwendung, Genauigkeit

Die Phasenanalyse mit Hilfe der Röntgendiffraktion (= Röntgenbeugung) ist heute die wichtigste Methode zur Bestimmung der Zusammensetzung feinkörniger Mineralgemenge, insbesondere von Tonen. Die Identifizierung (*„qualitative Analyse"*) von Tonmineralen im Sedimentgestein und die Abschätzung ihrer Konzentrationen (*„halbquantitative Analyse"*) - etwa in 3 Stufen als „Hauptkomponenten", „Nebenkomponenten" und „Spuren" - erfolgt heute überwiegend mittels Röntgenbeugung; die Methode gehört zum Standardrepertoire jedes mineralogischen Labors.

Auch die *quantitative* röntgenographische Phasenanalyse hat eine lange Tradition, seit NAVIAS (1925) erstmals Mullit in keramischen Produkten bestimmte. Daß trotzdem die Zahl der verläßlichen quantitativen röntgenographischen Mineralanalysen in der Literatur gering ist - z. B. im Vergleich zu quantitativen chemischen Analysen mit Hilfe der Röntgenfluoreszenzanalyse[22] - liegt an einer Vielzahl präparativer, meßtechnischer und besonders mineralogisch-kristallographischer Einflüsse, die im folgenden diskutiert werden. Trotz revolutionären Fortschritts auf technisch-elektronischem Gebiet gehören darum quantitative röntgenographische Phasenanalysen komplexer Mineralgemenge, wie sie Tongesteine darstellen, auch heute noch zu den schwierigsten mineralogischen und materialtechnischen Bestimmungen überhaupt.

So ist auch die erreichbare Präzision von Ergebnissen mit Hilfe der röntgenographischen Phasenanalyse nicht allgemein voraussagbar. CARTER et al. (1987) bestimmten Quarz und Cristobalit[23] in Bentoniten mit einer Nachweisgrenze von 0,01% für Quarz und 0,03% für Cristobalit sowie einem absoluten Analysenfehler, der besser als 0,3% lag. CHUNG (1974a, b, 1975) analysierte synthetische Gemische reiner Substanzen mit Standardabweichungen zumeist unter 1%. Genauigkeiten in dieser Größenordnung sind in der Tonmineral-

---

[22]  Näheres zur Röntgenfluoreszenzanalyse (RFA) im Band Geochemie dieses Handbuchs.
[23]  Cristobalit ist eine spezielle Modifikation von $SiO_2$. Die häufigste dieser Modifikationen ist der Quarz.

analytik illusorisch; Standardabweichungen von 10% oder Absolutfehler von
± 5% bei mittleren Konzentrationen müssen hier als realistische Analysenge-
nauigkeiten gelten - sorgfältige Probevorbehandlung und reproduzierbare Präparation vorausgesetzt. Im Vergleich zur Präzision von Röntgenfluoreszenzanalysen (BGR-Labor: Standardabweichung von 10 Hauptelemente-Messungen
des gleichen Präparates < 0,01% absolut und relativ) müßte man bei der röntgenographischen *Tonmineral*-Phasenanalyse besser von semiquantitativer Analyse sprechen. Daß aber trotz aller Probleme praxistaugliche quantitative Phasenanalysen von Tongesteinen in mehr Fällen, als zumeist angenommen, möglich sind, wird im Abschn. 5 „Semiquantitative Analyse: Kombination mehrerer Methoden" gezeigt.

Zu warnen ist jedoch vor dem im komerziellen Deponiebaustoffbereich zu beobachtenden Anspruchsdenken: Verläßliche quantitative Phasenanalysen komplex zusammengesetzter Tone sind nicht billig. Laboratorien, die solche Analysen zu Preisen unter 200 DM pro
Probe anbieten, ist von vornherein mit Skepsis zu begegnen. Dabei ist der Begriff „quantitativ" in der Tonanalytik keinesfalls mit „prozentgenau" gleichzusetzen, sondern mit den o.
a. realistischen Standardabweichungen von 10 %.

Auf die Kostenfrage sowie auf die Problematik überzogener Genauigkeitsanforderungen
wird in Abschn. 6 noch etwas genauer eingegangen.


## 3 Probenvorbehandlung

Wichtigste Voraussetzung für ein optimales Analysenergebnis ist die repräsentative Probenahme. Das Röntgenpräparat, das je nach Verfahren eine Masse
zwischen einem Gramm und wenigen Milligramm hat, muß reproduzierbar für
die Gesamtprobe (z. B. den weiträumigen Deponieuntergrund) stehen. Falls
daran zu zweifeln ist, sollte mit mehreren Stichproben eine statistische Überprüfung erfolgen.

Um einen ersten Überblick über die Zusammensetzung des Tones zu erhalten, genügt ein Schnelldurchlauf der Gesamtprobe im Diffraktometer, nachdem
die Probe kurz aufgemahlen und mit Ethylenglykol/Glyzerin gesättigt wurde
(s. u.). Genauere Untersuchungen erfordern eine erheblich aufwendigere Pro-
benvorbehandlung.


### *Korngrößentrennung*

Die Auftrennung der Probe in mehrere Korngrößenfraktionen (je nach Material, z. B. > 63 / 63-20 / 20-6,3 / 6,3-2 / < 2 μm) hat einige wichtige Vorteile:
- Einzelne Minerale sind in bestimmten Fraktionen deutlich  - häufig sogar
  selektiv- an- /abgereichert (s. Abb. 4.3)
- Geringe Mengen einzelner (Ton-)Minerale können vielfach nur so nachgewiesen werden
- Zusammen mit den Prozentangaben der Korngrößenanalyse (s. Kap. 4.1.1)
  läßt sich dadurch bereits häufig eine halbquantitative Phasenanalyse mit
  ausreichender Genauigkeit durchführen
- Durch weitere Untersuchungen an den Einzelfraktionen kann die Quantifizierung der Phasenanalyse erheblich verbessert werden (s. Abschn. 5, Semiquantitative Analyse, S. 154).

Die Korngrößen-Fraktionierung kann nach der Atterberg-Methode (s. Kap. 4.1.1) erfolgen, oder - da für die Röntgenpräparate nicht viel Substanz benötigt wird - auch nach dem Pipettverfahren (Kap. 4.1.1). Eventuell enthaltene Bindemittel wie Carbonate, Eisen-/Aluminiumoxide und organisches Material sollten vorher entfernt und ihre Anteile bestimmt werden (Kap. 4.1.1; TRIBUTH 1991; MEHRA & JACKSON 1960; KOHLER & WEWER 1980).

### *Aufmahlung*

Die Methode der röntgenographischen Phasenanalyse heißt auch „Pulverdiffraktometrie", weil dem Röntgenstrahl unter jedem Beugungswinkel $\vartheta$ möglichst viele Kristall-Netzebenen zur Reflexion/Beugung angeboten werden sollen (s. Abb. 4.31). Da die Eindringtiefe des Röntgenstrahls in das Präparat mit der Absorption der Probe („Massenschwächungskoeffizient") zusammenhängt, ist auch die optimale Partikelgröße und -zahl vom untersuchten Material abhängig. Für die Praxis bedeutet dies, daß der optimale Korndurchmesser für überwiegend silicatische Röntgenpräparate bei < 30 µm liegt, für carbonatische bei 10-20 µm und für oxidische bei < 10 µm. Für toniges Material ist ein Aufmahlen auf 20-30 µm („Fingerprobe": Das Pulver muß sich „mehlig" anfühlen) ausreichend.

Vorsicht ist geboten beim Zerkleinern in automatischen Mühlen, besonders in Scheibenschwingmühlen: Die Kristallgitter empfindlicher Tonminerale, aber auch vieler anderer Minerale, können angegriffen werden, Gips kann in das Halbhydrat (Bassanit) und weiter zum Anhydrit entwässern, Calcit zu Aragonit umgewandelt werden, und Quarzkörner können sich mit einer amorphen Opalhülle umgeben. Die sicherste und in fast allen Fällen ausreichende Methode ist das Handaufmahlen im Achatmörser, evtl. unter Aceton oder Alkohol. Selbstverständlich müssen Korngrößenfraktionen unter 2 µm nicht aufgemahlen werden.

Schwierigkeiten beim Zerkleinern können Glimmerminerale bereiten. Hier hat sich ein Aufmahlen unter flüssiger Luft als vorteilhaft erwiesen, weil die Schichtpakete spröde werden und zerbrechen, statt ausgewalzt zu werden.

### *Präparation*

Die Anfertigung von *Ton*-Röntgenpräparaten für die qualitative und quantitative Analyse unterscheidet sich nicht prinzipiell. Im Gegensatz zu fast allen anderen Phasenanalysen, bei denen Texturpräparate vermieden werden müssen, ist bei der Tonmineralanalyse ein Textureffekt gewollt. Textureffekt heißt, daß schichtförmige Kristallite wie Tonminerale vorzugsweise parallel zur Oberfläche des Röntgenparaparates orientiert sind. Bei Tonmineralen konzentriert sich die Auswertung nahezu ausschließlich auf die (00l)-Reflexe, deren Netzebenen schichtparallel liegen; die (hkl)-Reflexe sind meist um eine Größenordnung schwächer und u. a. deshalb zur Analyse ungeeignet.
Die Grundbedingungen, die an gute Röntgenpräparate und zuverlässige Analysen gestellt werden müssen, haben MOORE & REYNOLDS (1989) sehr anschaulich zusammengestellt, von der Zerkleinerung unterschiedlicher Gesteine über chemische Vorbehandlung und Korngrößentrennung bis zur Anfertigung von speziellen Röntgenpräparaten für individuelle Bestimmungsmethoden.

Es gibt zahlreiche Verfahren zur reproduzierbaren Anfertigung von Texturpäraparaten wie Sedimentation aus einer Suspension, Absaugen auf Filter, Einstreichen des trockenen oder angeteigten Pulvers in Präparatehalter etc. (die besonderen Präparationsverfahren, die der Identifizierung von Tonmineralen dienen, werden im Kap. 4.2.1.1, Abschn. 4 besprochen). Eine Diskussion von Vor- und Nachteilen der gebräuchlichsten Verfahren findet sich bei BISH & REYNOLDS (1989).

Entscheidend für hochwertige Analysenergebnisse sind 3 Voraussetzungen:

- Die oberflächennahen Schichten des Präparates müssen optimal texturiert sein. Diese Oberfläche trägt nämlich wesentlich mehr zur Intensität der Röntgenreflexe bei als die tieferen Schichten, die von der zunehmenden Absorption des Röntgenstrahls betroffen sind.
- Das Präparationsverfahren muß sorgfältig auf seine Reproduzierbarkeit hin überprüft werden.
- Es darf keine Entmischung des Mineralgemenges durch schichtweise Sedimentation innerhalb des Präparates erzeugt werden.

Eine Rotation des Präparates während des Diffraktometerdurchlaufs trägt zur besseren Zählstatistik bei.

Texturpäparate können bei der qualitativen Analyse für alle Phasenbestimmungen verwendet werden; bei der quantitativen Analyse müssen sie auf die überwiegend tonmineralführenden Fraktionen beschränkt bleiben. Alle anderen Phasenanalysen sind nach Möglichkeit an texturarmen Präparaten durchzuführen (BISH & REYNOLDS 1989).

## 4 Qualitative Analyse

Die qualitative röntgenographische Phasenanalyse beruht auf dem Prinzip, daß jede kristalline Substanz ein charakteristisches Pulverdiagramm - sozusagen einen Fingerabdruck - liefert, und daß auch im Gemisch jedes individuelle Diagramm erhalten bleibt, wenn auch (teil-)überlagert durch die Diagramme der anderen Phasen.

Die Identifizierung von Phasen (Mineralen) in einem Gemenge (Gestein) kann deshalb manuell oder rechnergestützt durch Vergleich des Röntgendiagramms mit den entsprechend aufgenommenen Diagrammen reiner Phasen erfolgen. Als international am weitesten verbreitetes Vergleichswerk gilt seit langem die PDF-Datei (früher JCPDS-, davor ASTM-Datei), die auf Karteikarten (seit kurzem eingestellt), in Buchform, als CD-ROM und auf Magnetband die d-Werte, Intensitäten und weitere Daten von z. Z. über 60.000 anorganischen und 20.000 organischen Bezugsphasen enthält. Die verschiedenen Gerätehersteller in der Röntgendiffraktometrie liefern Suchprogramme mit, die sich u. a. der PDF-Datei (oder besser einer eigenen Vergleichsdatei) bedienen und Vorschläge zur Identifizierung des unbekannten Diagramms machen.

Bei der Tonmineralanalyse stoßen diese automatischen Suchprogramme häufig an ihre Grenzen, weil wegen komplexer Wechsellagerung und geringer Kristallitgröße vielfach asymmetrische und breite Röntgenreflexe entstehen, die vom Rechner schwer zu verarbeiten sind.

Es kann hier nicht Aufgabe sein, eine Einführung in die Tonmineral-Analytik zu geben. Eine Detailinterpretation von Tondiagrammen erfordert viel Erfahrung. Auch die Aufnahmebedingungen (Divergenzblende, Meßzeiten), Untergrundkorrekturen, Ermittlung von Peakhöhen- oder integralen Intensitäten, Auflösung koinzidierender Linien etc. erfordern eingehende Beschäftigung mit der Materie. Hilfreiche Hinweise und eine systematische Einführung in das Gebiet finden sich in BRINDLEY & BROWN (1980); MOORE & REYNOLDS (1989); JASMUND & LAGALY (1993); ALLMANN (1994) sowie THOREZ (1975).

Wichtige Unterscheidungsmöglichkeiten zwischen Tonmineralen liefern auch einige einfache Behandlungs-/Präparationsmethoden (intrakristalline Reaktionen), die in Ton-Laboratorien routinemäßig eingesetzt werden:

- Trockenes Pulverpräparat: Standardpräparation, in vielen Fällen ausreichend
- Glykol-/Glyzerinbehandlung: definierte Expansion der Basisreflexe von Smectiten und quellfähigen Anteilen in Wechsellagerungsmineralen auf ca. 18 Å (Einlagerung der Glykol-/Glyzerinmoleküle in den Zwischenschichten)
- Erhitzen auf 520 °C ca. 1 h: Zusammenbruch des Kaolinitgitters (Unterscheidungsmöglichkeit zwischen Kaoliniten und Chloriten)
- Hydrazin-/Dimethylsulfoxidbehandlung: u. a. definierte Expansion des Basisabstandes gut kristallisierter Kaolinite (im Gegensatz zu fehlgeordneten Kaoliniten)

Die Verschiebung der Basisreflexe der wichtigsten Tonmineralgruppen ist in Tabelle 4.9 zusammengestellt.


## 5   (Semi-)quantitative Analyse

Basis-Informationen sowie übersichtliche Zusammenstellungen zu Grundlagen, Anwendung und Grenzen der verschiedenen Verfahren finden sich u. a. bei KLUG & ALEXANDER (1974); RÖSCH (1968); MOORE & REYNOLDS (1989) sowie SNYDER & BISH (1989).

Tabelle 4.10 gibt einen Überblick über einige gängige Verfahren der (semi-) quantitativen röntgenographischen Phasenanalyse. Für alle Methoden existieren Anwendungsbeispiele, z. T. aus der Literatur, z. T. aus eigenen Laboratorien; selten jedoch sind Beispiele aus der Tonmineralanalytik. Das hat seinen Grund darin, daß die eigentliche Problematik bei jeder Phasenanalyse von Tonen - nicht nur der röntgenographischen - in der weiten Variabilität der Tonminerale liegt. Während z. B. alle Quarz-Beugungsspektren, unabhängig von Genese, Vorkommen und Mineralparagenese, nahezu identisch sind, werden die Röntgendiagramme der Tonminerale extrem stark beeinflußt durch Kristallinität, Korngröße, isomorphen Ersatz, Fehlordnung und andere kristallographische Parameter.

Die Schwierigkeit liegt deshalb in der Beschaffung eines geeigneten Standards. Fast alle Methoden der quantitativen röntgenographischen Phasenanalyse verwenden Bezugsstandards, mit denen die Konzentration der unbekannten Phase im Gemenge verglichen wird. Wenn der Bezugsstandard identisch ist mit der zu messenden Phase, können mit verschiedenen röntgenographischen

Methoden Mineralanteile mit Standardabweichungen unter 1% ermittelt werden (s. Abschn. 2). Bei falschem, d. h. nicht-identischem Bezugsstandard können die Analysenergebnisse nicht nur um Prozente, sondern um einen Faktor 2 - 5 (!) falsch liegen, wie Ringversuche kompetenter Laboratorien mehrfach ergaben.

**Tabelle 4.9.** Unterscheidungsmöglichkeiten verschiedener Tonminerale: Beeinflussung der Basisreflexe ohne / mit Behandlung:

1: unbehandeltes Pulverpräparat,  2: Glykol/Glyzerin,  3: Erhitzen auf 520 °C,

4: Hydrazin/DMSO

| Tonmineral | Behand-lung | 7 | 10 | 10,4 - 11,2 | $d$ [Å] 12 | 13 | 14 | 17-18 |
|---|---|---|---|---|---|---|---|---|
| | *1* | + | | | | | | |
| Kaolinit | *2* | + | | | | | | |
| | *3* | | | | | | | |
| | *4* | | | + | | | | |
| b-achsen-fehl- | *1* | + | | | | | | |
| geordneter | *2* | + | | | | | | |
| Kaolinit | *3* | | | | + | | | |
| („Fireclay") | *4* | + | | | | | | |
| | *1* | + | | | | | + | |
| Chlorit | *2* | + | | | | | + | |
| | *3* | + | | | | | + | |
| | *4* | + | | | | | + | |
| | *1* | | | | + —— + —— + | | | |
| Smectit | *2* | | | | | | | + |
| | *3* | | + | | | | | |
| | *4* | | | | | | + | |
| | *1* | | + | | | | | |
| Illit/Glimmer | *2* | | + | | | | | |
| | *3* | | + | | | | | |
| | *4* | | + | | | | | |

**Tabelle 4.10.** Ausgewählte Verfahren der (semi-)quantitativen röntgenographischen Phasenanalyse, mit Kurzbeurteilung sowie Hinweisen auf weiterführende Literatur. Zusätzliche Informationen im Text

| Methode | Vorteile | Nachteile | Literatur |
|---|---|---|---|
| Halbquantitative Abschätzung | Schnell, billig, meist ausreichend | Nicht quantitativ! | KLUG & ALEXANDER (1974) |
| Berechnung / Messung des Massenschwächungskoeffizienten $\mu^*$ | Kein Einmischen, nur Intensitätsmessung | $\mu^*$ messen / berechnen problematisch | KLUG & ALEXANDER (1974) |
| Compton-Strahlung als Innerer Standard | Kein Einmischen | Sonderinstallation, lange Meßzeiten | SAHORES (1973) |
| Addition (Zumischung) | Recht genau | Zumischen schwierig | KLUG & ALEXANDER (1974) |
| Standardeichkurven | Recht genau | Reines Eichmaterial, aufwendige Präparation | CULLITY (1978) |
| Faktoren | Auf Tonminerale zugeschnitten, Normierung | Nicht quantitativ | TRIBUTH (1991) |
| Chung | Weltweit verbreitet, $k_i$-Werte publiziert | Inneren Standard einmischen schwierig | CHUNG (1974a, b; 1975) |
| Lauterjung | Kein Einmischen, Gesamtspektren | Gute Referenzdaten erforderlich | LAUTERJUNG et al. (1985) |
| Kombinierte Verfahren | Sehr genau | Oft aufwendig und teuer | ZANGALIS (1991) |
| Rietveld | Standard-frei, sehr genau | Aufwendig; Fehlordnung der Tonminerale (noch) nicht berechenbar | MALMROSS & THOMAS (1977) |

Abb. 4.32 zeigt, warum z. B. kein gemeinsamer Kaolinit-Bezugsstandard verwendet werden kann: Die Röntgendiagramme von 3 Kaoliniten unterschiedlicher Kristallinität/Fehlordnung, aber mit der identischen chemischen Zusammensetzung $Al_2 [(OH)_4 / Si_2O_5]$, sind sehr verschieden.

Von einer quantitativen röntgenographischen Phasenanalyse kann man deshalb nur sprechen, wenn sichergestellt ist, daß nahezu identische Bezugsstandards zur Verfügung stehen, oder wenn die Ergebnisse durch eine Kombination verschiedener analytischer Verfahren erzielt werden können.

Im folgenden sollen darum aus der Vielzahl ausgeklügelter und für spezielle Aufgaben erprobter Methoden der röntgenographischen Phasenanalyse nur 3 Verfahren vorgestellt werden, die
a) ohne großen Aufwand zu halbquantitativen Ergebnissen führen
b) mit erheblichem Aufwand in vielen Fällen quantitative Ergebnisse garantieren.

### *Faktorenanalyse*

Das Verfahren wurde - nach zahlreichen Vorgängermodellen - von LAVES & JÄHN (1972) eingeführt und von TRIBUTH (1991) wesentlich überarbeitet. Es liefert für Tonmineralgemenge in Böden, den komplexesten Fall der Tonmineralanalyse, Ansätze zur Quantifizierung, wenn auch unter großen Vorbehalten.

Das Prinzip beruht auf der Ermittlung von Umrechnungsfaktoren der integralen Röntgeninterferenzen verschiedener Ton- und Nichttonminerale. Das Verfahren kann manuell - mit einfachen graphischen Hilfsmitteln - oder EDV-gestützt angewandt werden, z. B. durch Verknüpfung mit dem bewährten quantitativen Auswerteprogramm von LAUTERJUNG et al. (1985).

Detailllierte Angaben zur Vorbehandlung der Proben und zur Durchführung der Röntgenanalyse finden sich bei TRIBUTH (1991), ebenso wie eine kritische Wertung der Möglichkeiten und Grenzen der Methode.
Vorteile des Verfahrens sind, daß

- auch die hochkomplexen Tonmineralgemenge in Böden - u. a. die von TRIBUTH (1991) „labile Minerale" genannten Anteile - in der Analytik berücksichtigt werden,

- damit eine gewisse Standardisierung eingeführt wurde, die zwar nicht unbedingt „richtige", aber doch vergleichbare Analysenwerte liefert - ein umso höher zu bewertender Vorteil, je mehr Laboratorien nach einer Standardmethode arbeiten.

Nachteil des Verfahrens ist, daß es bezugsstandardfrei arbeitet und damit die große Vielfalt der Tonminerale nur ungenügend berücksichtigt; die Ergebnisse sind darum bestenfalls semiquantitativ.

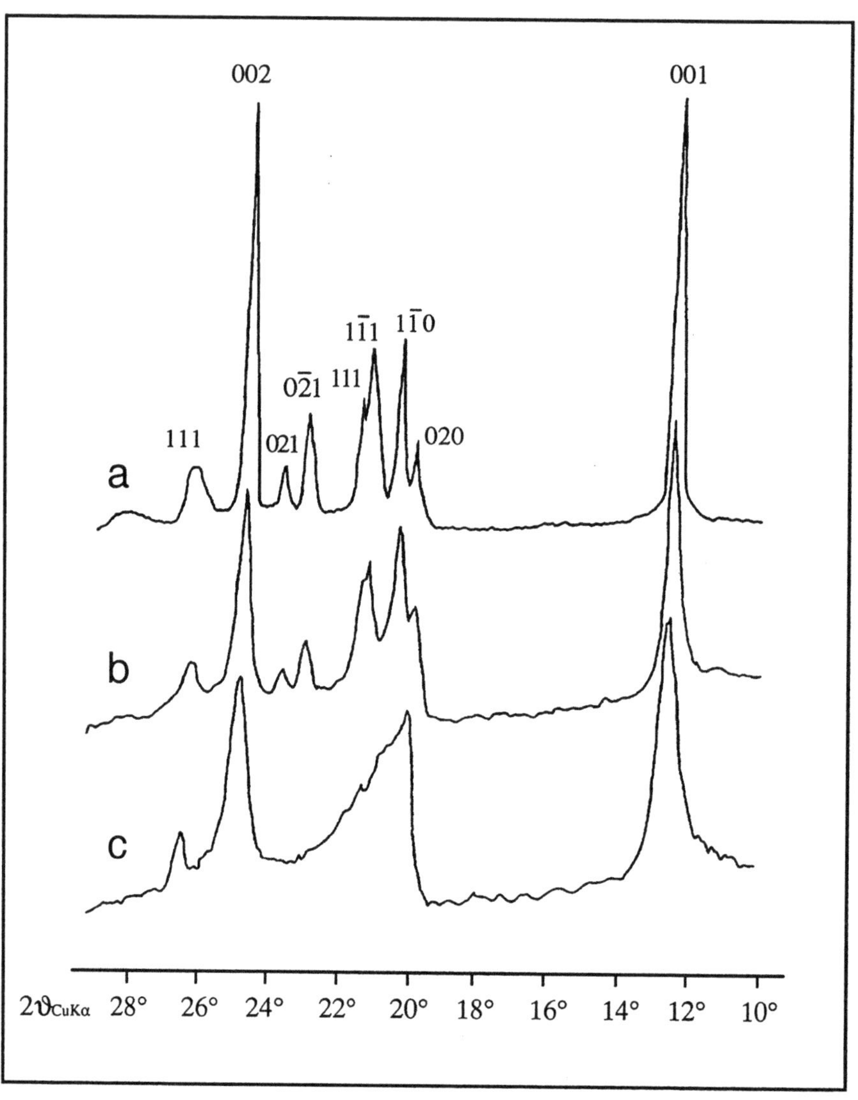


**Abb. 4.32.**   Röntgendiffraktogramme von Kaoliniten mit unterschiedlicher Fehlordnung (CuKα-Strahlung):

a   Kaolinit von Keokuk, Iowa  - Ziffern: Miller-Indizes hkl der Netzebenen,
b   Kaolinit aus der Leitschicht, Grube Rohrhof bei Maxhütte, Oberpfalz,
c   Kaolinit aus Flöz 13, Grube Rohrhof.

(Aus KÖSTER & LAGALY 1993)

### *Innerer Standard*

Die Anwendung von Verfahren, die mit einem inneren Standard arbeiten, hat eine lange Tradition. Der wesentliche Vorteil liegt darin, daß die Massenschwächungskoeffizienten (d. h. der Einfluß der Matrix auf die Röntgenintensitäten) nicht bekannt sein müssen. Zum internationalen Durchbruch verhalf CHUNG (1974a, b; 1975) der Methode, indem er 2 Varianten des Innere-Standard-Verfahrens publizierte, die einfach anzuwenden sind und in vielen Fällen zuverlässige Ergebnisse liefern.

Bei der „*matrix flushing method*" wird der Probe eine geeignete Standardsubstanz (z. B. Korund) beigemischt, und der Anteil $x_i$ einer Komponenete i läßt sich nach

$$x_i = \frac{x_C}{k_i} \cdot \frac{I_i}{I_c} \qquad (14)$$

berechnen, wobei $x_c$ bzw. $I_c$ Anteil bzw. Röntgenintensität des Standards c (z. B. Korund mit dem (113)-Reflex bei d = 2,085 Å) im Gemenge sind, $I_i$ die Intensität eines Reflexes der Komponente i, und $k_i$ das Verhältnis der Reflexintensität i zur Standardintensität c, das vorher in einem 1:1-Präparat der beiden Substanzen i und c bestimmt wurde. Wenn alle Einzelkomponenten nach dieser Methode bestimmt wurden, kann als Differenz zu 100 % der Anteil röntgenamorphen Materials abgeschätzt werden.

Eine Schwierigkeit dieser Methode - wie jeder Innere-Standard-Methode - darf nicht unerwähnt bleiben: Die homogene Einmischung des Standards in die Probe ist nicht unproblematisch und erfordert sorgfältige Reproduzierbarkeitstests!

Die Methode des „*auto-flushing / adiabatic principle*" nutzt die Erkenntnis, daß das Verhältnis von Konzentration und Reflexintensität eines Komponentenpaares im Gemenge nicht durch andere Komponenten beeinflußt wird. Nach dieser Voraussetzung läßt sich eine Gesamtphasenanalyse nach

$$x = \frac{1}{1 + \frac{k_i}{I_i} \sum_{j=2}^{n} \frac{I_j}{k_j}} \qquad (15)$$

durchführen, wobei $I_j$ bzw. $k_j$ die Intensitäten bzw. Reflex-Intensitätsverhältnisse der übrigen Komponenten j sind, die außer i die zu analysierende Probe zusammensetzen.

Mit diesen beiden Verfahren - z. T. modifiziert - werden heute die meisten quantitativen röntgenographischen Phasenanalysen durchgeführt. Ihre Verbreitung beruht zum einen auf der relativ einfachen Handhabung, die außerdem Spielraum für individuelle Präparationsvarianten läßt, zum anderen aber in der Möglichkeit, auf publizierte Werte von Bezugsstandards zurückgreifen zu können: Die $k_i$-Werte (auch RIR = „Reference Intensity Ratio" genannnt) von (14) und (15), d. h. die Verhältnisse von Reflexintensitäten der unbekannten Phase $I_i$ zur Reflexintensität von Korund $I_c$, im 1:1-Reinpräparat gemessen, sind inzwischen für mehr als 3000 Substanzen sorgfältig bestimmt und in den PDF-Dateien publiziert worden.

Trotzdem kann nicht genug davor gewarnt werden, diese publizierten $k_i$ / RIR-Werte als Basis für quantitative Phasenanalysen zu verwenden. Um schnell grobe, halbquantitative Anhaltspunkte über die Phasenanteile zu erhalten, sind die $k_i$ - Werte geeignet. Quantitative Konzentrationsangaben sind - ähnlich wie über die Faktorenanalyse - jedoch nicht zu erwarten. Wenn aber die Möglichkeit besteht, eigene $k_i$-Werte an „möglichst identischen" Tonmineral-Bezugsstandards zu messen - am besten unter Verwendung mehrerer Referenzlinien - eignet sich (15) hervorragend zur quantitativen Gesamt-Phasenanalyse eines Tones, bzw. Gleichung (14) zur quantitativen Bestimmung einzelner Komponenten.

Aber auch Ansätze zur vorteilhaften Direktverwendung der standardfreien röntgenographischen Phasenanalyse für Tonminerale sind gemacht worden. So geben MELKA (1996) sowie MELKA & ZOUBKOVÁ (1996) Hinweise, wie die Fehlordnung von Kaoliniten über den Kristallinitätsindex nach HINCKLEY (1963) sowie nach HUGHES & BROWN (1979) durch einen modifizierten $k_i$-/RIR-Wert berücksichtigt werden kann.

Um die einfache Handhabung und die hohe Genauigkeit einer solchen standardfreien Analyse zu zeigen, sei im folgenden je ein Beispiel für beide Varianten (14) und (15) unter Verwendung der Originalmeßwerte aus CHUNG (1974a) gebracht:

a) Eingewogen und gemessen wurden:

| Substanz | g | $I_i$ | $k_i$ | % theor. | % gefunden |
|---|---|---|---|---|---|
| ZnO | 0,9037 | 4661 | 4,35 | 34,43 | 36,41 |
| CaCO$_3$ | 0,7351 | 2298 | 2,98 | 28,00 | 26,20 |
| SiO$_2$ (Gel) | 0,4234 | 0 | | 16,13 | 15,95 |
| Al$_2$O$_3$ (Korund) | 0,5629 | 631 | | 21,44 | - |

Berechnungsbeispiel nach Formel (14):

$$X_{ZnO} = \frac{x_{Al_2O_3}}{k_{ZnO}} \cdot \frac{I_{ZnO}}{I_{Al_2O_3}} = \frac{21,44 \cdot 4661}{4,35 \cdot 631} = 36,41\ \%$$

($x_{Al_2O_3}$ ist der zugemischte, beliebige Korundanteil; % SiO$_2$ ist die Differenz zu 100 %)

Die Bestimmung der $k_i$ - Werte erfolgte nach $\quad k_i \; = \; \dfrac{I_i}{I_{Korund}}$

| | $I_i$ | $I_{Korund}$ | $k_i$ |
|---|---|---|---|
| ZnO | 8178 | 1881 | 4,35 |
| CaCO$_3$ | 4437 | 1491 | 2,98 |

Die Übereinstimmung von gefundenen und theoretischen Werten ist gut - das liegt natürlich in erster Linie an den kristallographisch gut definierten Substanzen sowie der Identität zwischen analysierter Substanz und Standard ($k_i$).

b) Eingewogen und gemessen wurden:

| Substanz | g | $I_i$ | $k_i$ | % theor. | % gefunden |
|---|---|---|---|---|---|
| ZnO | 1,8901 | 5968 | 4,35 | 41,49 | 41,32 |
| KCl | 1,0128 | 2845 | 3,87 | 22,23 | 22,12 |
| LiF | 0,8348 | 810 | 1,32 | 18,32 | 18,48 |
| Al$_2$O$_3$ | 0,8181 | 599 | 1,00 | 17,96 | 18,01 |

Berechnungsbeispiel nach (15):

$$X_{ZnO} = \cfrac{1}{1 + \dfrac{k_{ZnO}}{I_{ZnO}}\left(\dfrac{I_{KCl}}{k_{KCl}} + \dfrac{I_{LiF}}{k_{LiF}} + \dfrac{I_{Al_2O_3}}{k_{KAl_2O_3}}\right)} = \cfrac{1}{1 + \dfrac{4,35}{5968}\left(\dfrac{2845}{3,87} + \dfrac{810}{1,32} + \dfrac{599}{1,00}\right)} = 41,32\,\%$$

Die Genauigkeit der Variante b (Gesamtphasenanalyse) ist nochmals um eine Größenordnung besser als diejenige der Bestimmung von Einzelkomponenten. Grund ist die Kompensation und Mittelung von Meßfehlern über alle Komponenten.

### Kombination mehrerer Methoden

Abgesehen von Spezialfällen können von Phasenanalysen komplexer Tongesteine, die ausschließlich auf Röntgendiffraktometrie beruhen, keine quantitativen Ergebnisse erwartet werden. Unter „Spezialfällen" sind zumeist monomineralische bzw. einfach zusammengesetzte Tone zu verstehen oder Serienanalysen ähnlich aufgebauter Gesteine (Beispiel: Kaolinindustrie in Cornwall/England). Die relativ raren Beispiele glaubwürdiger Analysen komplexer Tone in der Literatur basieren entweder auf der Möglichkeit, identische Standard-Tonminerale zu verwenden, oder das Ergebnis ist eine Synthese aus mehreren Analysenverfahren, in denen die Röntgenbeugung einen - meist den zentralen - Beitrag lieferte.

Daß man bei einem Gestein, das aus Calcit, Quarz, Kaolinit und Hämatit besteht, neben der qualitativen Röntgendiffraktion nur die chemische Zusammensetzung benötigt, um die Komponenten mit der hohen Präzision der chemischen Analyse berechnen zu können, ist selbstverständlich. Die Fälle, in denen schon durch einfache Kombination von chemischer Analyse und qualitativer Röntgenbeugung sehr genaue Phasenanalysen berechnet werden können, sind viel häufiger als allgemein angenommen.

Eine ganz wesentliche Rolle für die Praxis spielen Zusatzinformationen („quantitative Bausteine"), die andere Verfahren zur Konzentration einzelner Komponenten in dem Gemenge beisteuern können. Einige seien im folgenden angedeutet:

- Durch Feinfraktionierung in enge Korngrößen-Intervalle und Behandlung mit einem chelatbildenden Komplexbildner (KOHLER &WEWER 1980) erfolgt i. allg. eine deutliche Konzentration einzelner Phasen, häufig so selektiv, daß dann eine Röntgenfluoreszenzanalyse der Fraktion, zusammen mit der Röntgenbeugung, leicht zur quantitativen Phasenanalyse führt. Diese gut bestimmten Korngrößenfraktionen können anschließend hervorragend als Standardmaterial zur Analyse einer Serie ähnlich zusammengesetzter Proben dienen

- Quarz und einige unproblematische Minerale können meist separat - z. B. über (14) - bestimmt werden, Kaolinit und Quarz gegebenenfalls auch mit Hilfe der IR-(Infrarot-)Spektroskopie (FLEHMIG & KURZE 1973; s. Kap. 4.2.1.2)

- Thermische Analysen, insbesondere die recht genaue Thermogravimetrie (Kap. 4.2.1.4) - und auch hier vorzugsweise wieder in Kombination mit einer Korngrößenfraktionierung - können gute Beiträge zur Quantifizierung von Carbonaten, Tonmineralen etc. liefern. $C_{ges}$, $C_{org}$, $S_{ges}$ lassen sich durch Hochtemperaturverbrennung (1800 °C) im Sauerstoffstrom und anschließende IR-Messung von $CO_2/SO_2$ ermitteln, der Gesamt-Carbonatgehalt auch nach Scheibler oder coulometrisch (Kap. 4.4.1)

- Die Ermittlung der äußeren (BET-)Oberfläche und der Kationenaustauschkapazität sowie bestimmter Kationenaustauschreaktionen (Ca/Mg; K/NH$_4$: JOHNSON et al. 1985), die Alkylammonium-Methode (LAGALY 1991), die Karl-Fischer-Titration (DULTZ & V. REICHENBACH 1995) u. a. physikochemische Methoden liefern wertvolle Bestimmungen und Anreicherungsmöglichkeiten für Tonminerale. Viele dieser Verfahren erfordern allerdings einen hohen analytischen Aufwand; für die geotechnische Praxis

sind nur Kationenaustauschvermögen und BET-Oberfläche von Bedeutung (Kap. 4.2.1.3)
- Eisenoxide in ihrer großen Variationsbreite lassen sich durch selektive chemische Reaktionen quantitativ bestimmen (Kap. 4.4.2).

Als *praktisches Beispiel* der „Analysenstrategie" durch Kombination dreier Verfahren möge ein komplex zusammengesetzter Tonstein aus Ecuador dienen:

1) Die qualitative Röntgenbeugungsanalyse ergab:

| | |
|---|---|
| Hauptkomponenten: | *Smectit + Mixed-layer-Minerale, Quarz* |
| Nebenkomponenten: | *Feldspat (wahrscheinlich ein saurer Plagioklas), Calcit, Siderit* |

Nebenkomponenten bis Spuren: *Kaolinit, Muskovit-Illit, Apatit*

Spuren: *Chlorit*

Unter den 10 nachgewiesenen Phasen sind allein 5 Mischkristalle, d. h. Phasen mit variabler chemischer Zusammensetzung.

2) Zunächst sollte man jetzt versuchen, die „chemischen Bausteine" - die Kationenoxide, z. B. aus der Röntgenfluoreszenzanalyse gewonnen - auf die Minerale zu verteilen:

| Phasen | $SiO_2$ | $Al_2O_3$ | CaO | MgO | $K_2O$ | $Na_2O$ | $Fe_2O_3$ | $P_2O_5$ | LOI |
|---|---|---|---|---|---|---|---|---|---|
| Smectit | + | + | + | + | | | + | | + |
| Kaol. | + | + | | | | | | | + |
| Chlorit | + | +? | | + | | | +? | | + |
| Quarz | + | | | | | | | | |
| Calcit | | | + | | | | | | + |
| Feldsp. | + | + | + | | +? | + | | | |
| Mix-L. | + | + | + | +? | | | | | + |
| M.-Illit | + | + | | | + | | | | + |
| Siderit | | | | | | | + | | + |
| Apatit | | | + | | | | | + | + |

LOI: loss on ignition = Glühverlust, ?: Zuordnung und Gehalte variabel, Mix-L.: Mixed-layer-Minerale, M.-Illit: Muskovit-Illit

Im vorliegenden Fall kann man leicht erkennen, daß eine chemische Analyse der Gesamtprobe nicht weiterhilft; lediglich Apatit ist separat berechenbar.

3) Eine Fraktionierung der Gesamtprobe durch Siebung plus Atterberg-Verfahren in 5 Korngrößenklassen ergibt bereits eine deutliche Phasen-Anreicherung in bestimmten Fraktionen:

| < 2 µm<br>33 Gew.-% | 2 - 6,3 µm<br>8 Gew.-% | 6,3 - 20 µm<br>14 Gew.-% | 20 -63 µm<br>18 Gew.-% | > 63 µm<br>27 Gew.% |
|---|---|---|---|---|
| *Smectit* | *Kaolinit* | *Musk.-Illit* | *Feldspat* | *Siderit* |
| *Mixed-layer-Mineral* | *Quarz* | *Quarz* | *Quarz* | *Quarz* |
| *(Quarz)* | *(Chlorit)* | *Calcit* | *Calcit* | *Feldspat* |
| *(Kaolinit)* | *(Smectit)* | *(Chlorit)* | | *(Apatit)* |

Smectit und Mixed-layer-Minerale liegen im wesentlichen in der Tonfraktion vor, Kaolinit bzw. Illit in den beiden Schlufffraktionen. Eine Phase in Klammern bedeutet, daß sie akzessorisch auftritt.

4) Der Versuch, die chemisch ermittelten Oxide in den einzelnen Korngrößen-Fraktionen auf die Minerale zu verteilen, sieht jetzt schon sehr viel erfolgversprechender aus: Als Beispiel sei die 20 - 6,3 µm-Fraktion gezeigt:

| Phasen | $SiO_2$ | $Al_2O_3$ | CaO | MgO | $K_2O$ | $Fe_2O_3$ | LOI | Summe |
|---|---|---|---|---|---|---|---|---|
| M.-Illit | 27,02 | 8,77 | | | 2,42 | 2,37 | 6,82 | 47,4 |
| Quarz | 23,0 | | | | | | | 23,0 |
| Calcit | | | 13,78 | | | | 10,82 | 24,6 |
| Chlorit | 2,17 | | | 2,18 | | | 0,65 | 5 * |
| | 52,19 | 8,77 | 13,78 | 2,18 | 2,42 | 2,37 | 18,29 | 100,0 |

* = empirisch abgeschätzt

Beim Chlorit handelt es sich um einen Talk-Chlorit, dessen Konzentration aus dem Röntgendiagramm der Fraktion empirisch mit ca. 5% abgeschätzt wurde. Da die Fraktion nur mit 14% an der Gesamtprobe beteiligt ist, spielt es keine Rolle, ob der Chlorit-Anteil auf 5 oder 10 % eingestuft wurde (innerhalb dieser Spanne kann man mit einiger Erfahrung durchaus schätzen): Der Unterschied bei der Chlorit-Konzentration in der Gesamtprobe liegt dabei unter 1% absolut.

5) Das Ergebnis der so durchgeführten Phasenanalysen der Einzelfraktionen und der Gesamtprobe sieht dann folgendermaßen aus:

| Phasen | < 2 µm | 2 - 6,3 µm | 6,3 - 20 µm | 20 - 63 µm | > 63 µm | Summe | Anteil [%] |
|---|---|---|---|---|---|---|---|
| Smectit + Mix.-layer | 29,7 | 0,4 | | | | 30,1 | 30 |
| Chlorit | | 0,8 | 0,7 | | | 1,49 | 1 |
| Quarz | 1,98 | 2,24 | 3,22 | 4,68 | 8,64 | 20,76 | 21 |
| Calcit | | | 3,44 | 5,20 | | 8,64 | 9 |
| Feldspat | | | | 8,12 | 8,37 | 16,49 | 16 |
| Kaolinit | 1,32 | 4,56 | | | | 5,88 | 6 |
| Illit | | | 6,64 | | | 6,64 | 7 |
| Siderit | | | | | 8,19 | 8,19 | 8 |
| Apatit | | | | | 1,80 | 1,80 | 2 |
| | 33 % | 8 % | 14 % | 18 % | 27 % | 100 % | 100 % |

Die in der letzten Spalte ausgewiesenen Mineralkonzentrationen - mit vertretbarer Genauigkeit auf ganze Prozente gerundet - sind das Ergebnis einer Kombination von 5 chemischen Vollanalysen, einer Korngrößenfraktionierung und 6 halbquantitativen Röntgenbeugungsanalysen.

Dieses Beispiel sowie die beiden Rechenbeispiele nach CHUNG (1974 a,b) im Abschnitt „Innerer Standard" wurden bewußt ausführlich vorgestellt, weil es sich hier um die z. Z. höchste erreichbare Analysengenauigkeit handelt. Wenn irgend möglich, sollte versucht werden, die Untersuchungsstrategie auf eine dieser Methoden, die die hohe Präzision der chemischen Analyse integrieren, abzustimmen. Das ist häufiger möglich, als allgemein angenommen, und kann z. B. auch dadurch erreicht werden, daß die chemische Zusammensetzung einzelner Tonkomponenten separat mit Hilfe der Mikrosonde oder mikroskopisch bestimmt wird.


## 6  Technischer und zeitlicher Aufwand

Ganz deutlich muß bei der Bilanzierung zwischen qualitativer, halbquantitativer und quantitativer Tonmineral-Phasenanalyse unterschieden werden.

Die qualitative und semiquantitative Analyse setzen eine einfache röntgendiffraktometrische Ausstattung und sehr wenig präparativen Aufwand voraus. Neben einem Generator mit Röntgenröhre (vorzugsweise Cu-Strahlung) und einem Diffraktometer ist lediglich ein (Graphit-)Monochromator sehr zu empfehlen. Suchprogramme und die PDF-Datei auf CD-ROM erleichtern die Arbeit, sind aber keine Voraussetzung für qualitativ hochwertige Analysen. Für die Routine-Praxis sind i. allg. tonmineralogische Grundkenntnisse erforderlich, die in wenigen Wochen erworben werden können.

Die Investition für diese Mindestausstattung liegt z. Z. deutlich unter 150.000 DM. Für eine zu empfehlende komfortablere Variante müssen jedoch mindestens 200.000 DM investiert werden.

Wesentlich anders sieht die Rechnung bei der quantitativen Analyse aus: Voraussetzungen sind neben einer optimalen röntgendiffraktometrischen Ausstattung inclusive Präparatedrehung, flexibler Auswerte-Software u. v. a. auch die Möglichkeit, verläßliche Röntgenfluoreszenzanalysen, Korngrößentrennungen/-bestimmungen sowie einige der aufgeführten Spezialuntersuchungen durchzuführen. Der Aufwand für diese fachübergreifende Analytik ist einerseits finanziell sehr hoch, andererseits erfordern diese Untersuchungen detailliertes Fachwissen und langjährige fachspezifische Erfahrung. Kommerzielle Anbieter für diese Analytik sind rar, insbesondere, was die Vertauenswürdigkeit der Analysen angeht.

Der zeitliche Aufwand für eine „normale" qualitativ-halbquantitative röntgenographische Phasenanalyse einer Tonprobe liegt bei etwa 1 h. Für die quantitative Analyse ist er nicht allgemein kalkulierbar, sondern sehr probenabhängig. Das angegebene Beispiel einer kombinierten Analyse, das hier in mehreren Punkten etwas vereinfacht dargestellt wurde, erforderte etwa 80 Arbeitsstunden erfahrener Techniker und Wissenschaftler.

Grundsätzlich sollte deshalb bei jeder quantitativen Anforderung vorher geprüft werden, ob der erhebliche Mehraufwand gegenüber einer meist ausreichenden semiquantitativen Beurteilung gerechtfertigt ist.


## 4. 2. 1. 2 Infrarot-Spektroskopie

Peer-L. Gehlken


## 1 Physikalisches Prinzip

Bei der Wechselwirkung von elektromagnetischer Strahlung mit Materie treten physikalische Effekte wie Reflexion, Streuung und Absorption auf. Die Infrarot-(IR-)Spektroskopie (infrarot-spektroskopische Phasenanalyse) beruht auf dem Absorptionsvorgang: Werden Moleküle oder mehratomige Radikale in Gasen, Flüssigkeiten oder Festkörpern von Infrarot-Strahlen getroffen, können sie durch Absorption von Strahlungsenergie in Schwingungen versetzt werden, falls die Frequenz einer ihrer Eigenschwingungen mit der Frequenz der einfallenden Strahlung übereinstimmt und zusätzlich eine Änderung des Dipolmoments in Größe oder Richtung eintritt.

Bei Kristallen spielen die sog. „inneren Schwingungen" eine große Rolle. Hier schwingen Atome innerhalb des Molekülverbandes unter dem Einfluß starker Bindungskräfte gegeneinander. Durch die Aufnahme diskreter Energiebeträge aus der kontinuierlichen Infrarot-Strahlung zeigen die in das Kristallgitter eingebauten komplexen Molekülgruppen (z. B. $SiO_4^{4-}$, $SO_4^{2-}$, $CO_3^{2-}$, $OH^-$) im Infrarot-Bereich ein jeweils charakteristisches Schwingungsspektrum, das in den meisten Fällen aufgrund der vielen möglichen Schwingungsformen den Eindruck einer kontinuierlichen Bande erweckt. Die Molekülgruppen treten - je nach vorliegendem Kristallgittertyp - untereinander in Wechselwirkung. Das hat für bestimmte Moleküle eine geringfügige Änderung ihrer Eigenfrequenzen zur Folge, wodurch eine qualitative Unterscheidung von Mineralen ermöglicht wird. Die inneren Schwingungen von Kristallen sind also ein „Fingerabdruck" der jeweiligen Gitterverhältnisse. Die Frequenzen sind in erster Näherung von der Masse der an der Schwingung beteiligten Atome und funktionellen Gruppen, den zwischen ihnen herrschenden Bindungskräften, der räumlichen Umgebung und der Geometrie der schwingenden Gruppen abhängig. Zweiatomige Moleküle können nur Valenzschwingungen (Streckung bzw. Kürzung der Bindung), gewinkelte dreiatomige zusätzlich Deformationsschwingungen (Veränderung des Valenzwinkels) ausführen.

Da die Menge der absorbierten Energie von der Zahl der vom Infrarot-Strahl getroffenen Moleküle abhängt, liefert die IR-Spektroskopie auch quantitative Informationen.

Wichtige Mineralbanden liegen im mittleren IR-Spektralbereich (Grundschwingungsbereich), d. h. bei Wellenzahlen von 4000 - 400 cm$^{-1}$ (Wellenlängen von 2,5 - 25 µm).


## 2 Anwendungsbereich

Die IR-Spektroskopie läßt sich ebenso wie andere physikalische Verfahren (z. B. Röntgendifffraktometrie, Mikroskopie) mit Erfolg zur qualitativen und quantitativen mineralogischen Untersuchung von natürlichen Phasengemengen - insbesondere auch von Böden und Tonen, die als Deponiebasis dienen oder als Grundstoffe der mineralischen Deponieabdichtungen eingebaut werden - und auch technisch-mineralischen Produkten einsetzen.

Gegenüber der Röntgendiffraktometrie besitzt die IR-Spektroskopie den Vorteil, daß neben kristallinen auch mikrokristalline Komponenten und unter der Voraussetzung, daß die Substanzen geeignete Molekülgruppen enthalten, zusätzlich amorphe Substanzen bestimmt werden können. Diese amorphen Komponenten sind in tonigen Gesteinen oft mit den silicatischen Tonmineralen vergesellschaftet. Da sich im Gegensatz zur Röntgenphasenanalyse bei der quantitativen IR-Analyse Kristallinitätsunterschiede, wie sie häufig bei Tonmineralen zu beobachten sind, nicht stark auswirken und ferner keine Textureffekte auftreten (FLEHMIG & KURZE 1973), bietet die IR-Spektroskopie einen weiteren wesentlichen Vorteil.

Mit Hilfe infrarot-spektroskopischer Verfahren lassen sich darüber hinaus Analysen zur Kristallchemie, Messungen von Ordnungs-Unordnungseffekten, Kristallinitätsbestimmungen und Untersuchungen von Isotopieeffekten vornehmen.

Die IR-Spektroskopie stellt im organischen Bereich, ihrem klassischen Anwendungsgebiet, eine wichtige Analysenmethode dar. Bei der Untersuchung von Deponiematerialien kann sie zur Bestimmung der organischen Substanz herangezogen werden.

Wesentliche Beiträge zu den theoretischen Grundlagen der IR-Spektroskopie sowie zur experimentellen Durchführung und Auswertung von IR-Aufnahmen können dem umfassenden Werk von FARMER (1974), das auch zahlreiche Absorptionsspektren sedimentärer Mineralphasen enthält, entnommen werden.

## 3 Qualitative Analyse

Die IR-Spektroskopie ist bei der Identifizierung unbekannter Substanzen, insbesondere dort, wo röntgenographische Aussagemöglichkeiten erschwert sind, ein vielfach angewandtes Verfahren. Die Zusammensetzung einer gegebenen Probe kann leicht durch den Vergleich ihres IR-Spektrums mit Spektren bekannter Substanzen gefunden werden. Da bestimmte funktionelle Gruppen wie etwa die $SiO_4^{4-}$-, $CO_3^{2-}$- oder $OH^-$-Gruppe spezifische Absorptionsbanden besitzen, deren Wellenzahlen weitgehend unabhängig vom Rest des Moleküls sind, kann eine unbekannte Probe oft auch schon anhand der Absorptionsfrequenzen solcher Gruppen (Tabelle 4.11) identifiziert werden.

Die Möglichkeiten der infrarot-spektroskopischen Phasenanalyse sollen an einigen wichtigen Vertretern aus der Gruppe der für die Geotechnik relevanten sedimentären und bodenbildenden Minerale aufgezeigt werden. Bei den im Text angegebenen IR-Daten handelt es sich - soweit nicht anders erwähnt - um eigene Meßwerte, die mit einem Mattson-3000-FTIR-Spektrometer aufgenommen worden sind.

**Tabelle 4.11.** Schwingungsfrequenzen $[cm^{-1}]$ funktioneller Gruppen in sauerstoffhaltigen Mineralen. (Nach FARMER 1974)

| Gruppe | Valenzschwingungen $[cm^{-1}]$ | Deformationsschwingungen $[cm^{-1}]$ |
|---|---|---|
| XOH | 3750 - 2000 | 1300 - 400 |
| $H_2O$ | 3660 - 2800 | 1690 - 1590 |
| $CO_3$ | 1600 - 1300 | 900 - 670 |
| $SO_4$ | 1200 - 1100 | 680 - 600 |
| $SiO_4$ (i) | 1000 - 800 | 550 - 450 |
| $SiO_4$ (k) | 1200 - 900 | 800 - 400 |

(i) isolierte Polyeder, (k) kondensierte Polyeder

### *Hydroxide und kristallwasserhaltige Substanzen*

Da die Bindungskräfte auch von den nachbarschaftlichen Verhältnissen, die im Kristallgitter herrschen (Einfluß anderer Kationen und Gitterbestandteile), abhängig sind, treten die OH-Schwingungen der verschiedenen Hydroxide, die häufig das Bindemittel in tonigen Gesteinen darstellen, nicht bei einer einheitlich festen Frequenz, sondern in einem größeren Bereich auf. Durch die geringfügige Änderung ihrer Eigenfrequenzen lassen sich die einzelnen Hydroxide unterscheiden (Tabelle 4.12).

Bei kristallwasserhaltigen Substanzen kann das $H_2O$-Molekül neben den Valenzschwingungen auch Deformationsschwingungen ausführen. Die zugehörigen Absorptionen liegen im Bereich 1700-1600 $cm^{-1}$ und ermöglichen, das Vorliegen von OH-Gruppen bzw. $H_2O$-Molekülen zu erkennen.

### *Tonminerale (Phyllosiliate)*

Als diagnostische Molekülgruppe hat sich für die Tonminerale die OH-Gruppe erwiesen (Tabelle 4.13). Die OH-Valenzschwingungen werden überwiegend durch die zugeordneten Kationen, untergeordnet durch benachbarte Kationen oder Wasserstoffbrückenbindungen beeinflußt.

**Tabelle 4.12.** OH-Schwingungsfrequenzen [$cm^{-1}$] ausgewählter Hydroxide

| Mineral | Wellenzahlen [$cm^{-1}$] | | | | | | |
|---|---|---|---|---|---|---|---|
| Gibbsit | 3620 | 3525 | 3460 | 3390 | 3375 | | |
| Böhmit | | | | | | 3295 | 3090 |
| Goethit | | | | | | 3150 | |

**Tabelle 4.13.** Signifikante OH-Valenzschwingungsfrequenzen [$cm^{-1}$] in Tonmineralen

| Mineral | Wellenzahlen [$cm^{-1}$] | | | | | |
|---|---|---|---|---|---|---|
| Kaolinit | 3697 | 3669 | 3652 | 3620 | | |
| Kaolinit-D | 3697 | | 3652 | 3620 | | |
| Halloysit | 3695 | | | 3620 | | |
| Berthierin [a] | | | | | 3590 | |
| Illit | | | 3630-3620 | | | |
| Montmorillonit | | | 3630-3620 | | | |
| Nontronit | | | | | | 3560 |
| Chlorit (Mg-reich, Pennin) | | | | | 3580 | |
| Chlorit (Fe-reich, Thuringit) | | | | | | 3540 |

[a] Serpentinmineral (s. Kap. 1.1.2).

### Zweischichtminerale

Bei der Untersuchung von Tonen leistet die IR-Spektroskopie v. a. bei der Bestimmung von Kaolinit neben Chlorit, wo röntgenographische Aussagen schwierig sind, eine große Hilfe. Die sehr intensive Absorptionsbande des Kaolinits bei ca. 3700 cm$^{-1}$ zeigt bereits bei einem Gehalt von 0,03 % eine Extinktion von 0,1 und wird nicht durch die OH-Valenzschwingungsbande des an die Tone adsorptiv gebundenen bzw. in das Gitter der Tonminerale eingebauten Wassers überlagert (FLEHMIG & KURZE 1973).

Mit Hilfe der IR-Spektroskopie können zum einen die kristallinen Ordnungszustände der Kaolinite (geordnete bzw. fehlgeordnete Strukturen (Kaolinit-D, früher Fireclay-Mineral genannt) bestimmt (FLÖDVARY & KOCSARDY 1982) und zum anderen aufgrund der Zahl der auftretenden OH-Valenzschwingungsbanden auch verschiedene Polytypen bei den Kaolinmineralen (Kaolinit, Halloysit, Metahalloysit, Dickit und Nakrit) unterschieden werden (MAREL & KROHMER 1969).

Beim Vergleich der IR-Spektren der trioktaedrischen Serpentinminerale (im wesentlichen Antigorit, Chrysotil und Berthierin) mit den Spektren der dioktaedrischen Kaolinminerale lassen sich deutliche Unterschiede erkennen. Bei den Serpentinmineralen liegen die Si-O-Valenz- und Deformationsschwingungen sowie die OH-Deformationsschwingungen bei niedrigeren Frequenzen als die entsprechenden Schwingungen der Kaolinminerale (RUSSEL 1987). Innerhalb der Gruppe der Serpentinminerale kann eine Unterscheidung am besten anhand der OH-Valenzschwingungsbanden vorgenommen werden.

### Dreischichtminerale

Die in den Absorptionsspektren dioktaedrischer und trioktaedrischer Zweischichtminerale zu beobachtenden Unterschiede treten auch deutlich in den Spektren der Dreischichtminerale Pyrophyllit (dioktaedrisch) und Talk (trioktaedrisch) auf (RUSSEL 1987).

Im Vergleich zu den reinen Dreischichtmineralen Pyrophyllit und Talk zeigen Schichtsilicate mit unregelmäßiger oktaedrischer/tetraedrischer Substitution (wie z. B. Illite, Montmorillonite) verbreiterte OH-Absorptionsbanden, da die Substitutionen Gitterverzerrungen innerhalb der Strukturen bewirken. Scharfe Banden treten nur bei gut geordneten Strukturen ohne merkliche Substitutionen oder bei Strukturen mit regelmäßigem Ersatz auf (z. B. FARMER & RUSSEL 1964).

Illite zeichnen sich durch eine breite OH-Absorptionsbande im Bereich von 3630-3620 cm$^{-1}$ aus. Übergänge zwischen Muskoviten und Illiten bzw. Illiten und Montmorilloniten können im OH-Valenzschwingungsbereich nicht abgelesen werden. Im Infraroten unterscheiden sich auch K-Glimmer (Muskovit) nicht von Na-Glimmern (Paragonit). Aussagen zur Kristallchemie bzw. zu kristallchemischen Änderungen des Grundgitters (Oktaeder- und Tetraederschichtkomplex) von Glimmern/Illiten lassen sich im Gegensatz zum Zwischenschichtbereich unmittelbar an den Mineralspektren ablesen (STUBICAN & ROY 1961; GEHLKEN 1987). Ein zunehmender isomorpher Ersatz von Al durch Mg+Fe$_{tot}$ in den Oktaederschichten der Glimmer/Illite äußert sich beispielsweise in signifikanten Bandenverschiebungen zu niedrigeren Wellenzahlen hin (GEHLKEN 1987; FLEHMIG & GEHLKEN 1988, 1989).

Illite und Montmorillonite können an einer beim Illit bei 750 cm$^{-1}$ auftretenden Absorptionsbande unterschieden werden.

Al-reiche dioktaedrische Smectite weisen bei 3630-3620 cm$^{-1}$ eine relativ scharfe Al-Al-OH-Bande auf, die sich bei ansteigender tetraedrischer Substitution von Si$^{4+}$ durch Al$^{3+}$ verbreitert (STUBICAN & ROY 1961). Eine sichere Unterscheidung der dioktaedrischen Smectite Montmorillonit und Beidellit kann anhand der Absorptionsbanden bei 818 cm$^{-1}$ und 770 cm$^{-1}$ durchgeführt werden, die nicht beim Montmorillonit, aber beim Beidellit auftreten (RUSSEL 1987). Eine Zunahme des oktaedrischen Ersatzes von Al durch Fe$^{3+}$, Fe$^{2+}$ und Mg$^{2+}$ bewirkt eine zunehmende Bandenverbreiterung; beim Vorliegen des trioktaedrischen Nontronites hat die Substitution durch Fe$^{3+}$ zusätzlich eine Verschiebung der Absorptionsbande bei 3630-3620 cm$^{-1}$ in Richtung niedrigerer Wellenzahlen bis zu 3560 cm$^{-1}$ (Fe$^{3+}$Fe$^{3+}$OH) zur Folge (STUBICAN & ROY 1961).

Die variable chemische Zusammensetzung der Chlorite drückt sich deutlich in den IR-Spektren aus. Bei den Chloriten muß zwischen den OH-Valenzschwingungen, die aus der talkähnlichen Schicht (3680-3660 cm$^{-1}$) und denen, die aus der Hydroxidzwischenschicht (Mg$_3$[OH]$_6$, brucitähnlich; 3580-3560 cm$^{-1}$ und 3460-3410 cm$^{-1}$) resultieren, unterschieden werden (HÖDING & STÖRR 1992). Kristallchemische Informationen zum Al-Gehalt lassen sich v. a. durch Bestimmung von Bandenfrequenzen und Intensitätsverhältnissen im OH-Deformations- und Si-O-Deformationsschwingungsbereich gewinnen, ein oktaedrischer Fe-Einbau drückt sich in erster Linie im OH-Valenzschwingungsbereich aus (HÖDING & STÖRR 1992). Die Variationsbreite einer mineralspezifischen Hydroxylbande reicht von 3580 cm$^{-1}$ bei sehr Mg-reichen Chloriten (z. B. Pennin) bis zu 3540 cm$^{-1}$ bei sehr Fe-reichen Chloriten (z. B. Thuringit; FLEHMIG & KURZE 1973).


*Schichtminerale mit Wechsellagerungsstruktur*

Bei der Bestimmung von Wechsellagerungsmineralen unterliegt die infrarotspektroskopische Bestimmung deutlichen Grenzen, da nur die Endglieder einer Übergangsreihe erfaßt werden können; so wird z. B. bei den in Böden häufig auftretenden Illit-Smectit-Wechsellagerungen der Illitanteil als reiner Illit und der Smectitanteil als reiner Smectit ermittelt (SCHREIER 1988).


*Amorphes SiO$_2$ und Quarz*

Amorphes SiO$_2$ zeigt das Grundmuster eines Silicat-Spektrums, in dem die Absorptionen der Valenz- (bei 1100 cm$^{-1}$) und Deformationsschwingungen (bei 470 cm$^{-1}$) zu erkennen sind. Bei 800 cm$^{-1}$ tritt eine zusätzliche schwächere Bande auf.

Das Quarz-Spektrum, das gegenüber dem von amorphem SiO$_2$ bei etwa gleicher Lage der Hauptabsorptionen durch eine Feinstruktur (Auflösung der Hauptabsorptionen in mehrere Einzelbanden) gekennzeichnet ist, zeigt deutlich, daß bei chemisch gleicher Zusammensetzung die kristalline Struktur und der Ordnungsgrad einer Substanz für den Charakter des Absorptionsspektrums von entscheidender Bedeutung sind. Je höher der Ordnungsgrad einer Substanz ist, desto mehr Absorptionen treten im Spektrum auf.

Charakteristisch für Quarz ist das Bandendublett bei 798/778 cm$^{-1}$. Mit Hilfe der 798cm$^{-1}$-Absorptionsbande, die stark korngrößenabhängig ist (CHESTER & GREEN 1968), kann der Quarzgehalt in Mineralgemengen selbst bei Konzentrationen unterhalb von 1 Gew.-% quantitativ bestimmt werden.

### *Feldspäte*

Die Bestimmung der Feldspäte erfolgt überwiegend anhand der Si-Al-O-Deformationsschwingungen. Feldspäte weisen in Abhängigkeit von der Al-Si-Verteilung unterschiedliche Ordnungszustände auf. Bei den Kalifeldspäten ist dieses Verhalten, das sich deutlich in den IR-Spektren dokumentiert, stark ausgeprägt. Zwischen dem geordneten Mikroklin- und dem ungeordneten Sanidinzustand sind alle Übergänge möglich (LAVES & HAFNER 1956).

Eine Unterscheidung der Feldspäte Albit und Mikroklin kann im Bereich von 790-720 cm$^{-1}$ durchgeführt werden. Während Tief-Albit hier 4 scharfe Absorptionsbanden aufweist, sind beim Mikroklin nur 2 scharfe Banden vorhanden (HAFNER & LAVES 1957).

Bei den Plagioklasen (Kalknatronfeldspäten) läßt sich die chemische Zusammensetzung (Anorthit-Gehalt) durch signifikante Bandenverschiebungen im Bereich von 649 cm$^{-1}$ (Albit) bis 618 cm$^{-1}$ (Anorthit) bestimmen (THOMPSON & WADSWORTH 1957).

### *Carbonat-Minerale*

Carbonat-Minerale mit Calcit- (Calcit, Magnesit, Siderit) und Dolomit-Struktur (rhomboedrisch) sowie Aragonit-Struktur (rhombisch) zeigen die für die $CO_3$-Gruppe charakteristischen Absorptionsbanden (Tabelle 4.14): eine starke, breite Bande im Bereich von 1480-1410 cm$^{-1}$ (Valenzschwingung), eine scharfe bei 890-850 cm$^{-1}$ (Deformationsschwingung) und eine schwächere, scharfe Bande bei 750-710 cm$^{-1}$ (Deformationsschwingung).

**Tabelle 4.14.** Charakteristische Schwingungsfrequenzen [cm$^{-1}$] der $CO_3$-Gruppe in Carbonatmineralen

| Mineral | Wellenzahlen [cm$^{-1}$] | | | | |
|---|---|---|---|---|---|
| Calcit | 1428 | | 876 | 712 | |
| Magnesit | 1448 | | 886 | 748 | |
| Siderit | 1418 | | 866 | 737 | |
| Dolomit | 1432 | 1083 | 883 | 729 | |
| Aragonit | 1476 | 1083 | 858 | 712 | 700 |

Im Aragonit führen Symmetrieerniedrigungen zur Aktivierung weiterer Absorptionsbanden.

Eine Identifizierung der rhomboedrischen Carbonat-Minerale gelingt am leichtesten an der Deformationsschwingung im Bereich von 750-710 cm$^{-1}$.

Carbonatminerale liegen in der Natur selten als reine Phasen, sondern zumeist als Mischkristalle vor. Als Funktion der Kationensubstitutionen lassen sich in den Carbonat-Mischkristallen signifikante Verschiebungen der Deformationsschwingungen im Bereich von 890-850 cm$^{-1}$ und 750-710 cm$^{-1}$ feststellen. Da die Positionen der Frequenzen der reinen Endglieder der Carbonat-Minerale stark differieren, muß bei der Auswertung der Frequenzlagen der Deformationsschwingungen die vollständige chemische Zusammensetzung berücksichtigt werden (BÖTTCHER & GEHLKEN 1995; BÖTTCHER et al. 1992, 1993). Der Chemismus rhomboedrischer Carbonat-Minerale kann leicht aus den von BÖTTCHER & GEHLKEN (1995); BÖTTCHER et al. (1992, 1993) entworfenen graphischen Darstellungen, in denen die beiden Deformationsschwingungen gegeneinander aufgetragen worden sind, entnommen werden.

Mit Hilfe der Infrarot-Spektroskopie lassen sich bei Carbonat-Mineralen Isotopieeffekte feststellen. Neben den Absorptionsbanden im Bereich von 890-850 cm$^{-1}$ zeigen sich schmale, zu kleineren Wellenzahlen hin verschobene Satellitenbanden, die auf das $^{13}$C-Isotop zurückzuführen sind (STERZEL & CHORINSKY 1968). Der $^{13}$C-Gehalt kann quantitativ durch Messung der Frequenzlagen der Satellitenbanden bestimmt werden (BÖTTCHER & GEHLKEN 1995).

In Abbildung 4.33 ist das FTIR-(Fourier Transform Infrared-) Spektrum eines Mehrkomponentensystems aus dem sedimentären Bereich, das die Mineralphasen Kaolinit, Illit/dioktaedrischer Glimmer, Chlorit, Calcit, Dolomit, Quarz, Albit und Mikroklin enthält, dargestellt. Die Valenz- und Deformationsschwingungen der Molekülgruppen XOH, CO$_3$ und SiO$_4$ sind in dem Spektrum deutlich zu erkennen. Zur Charakterisierung der einzelnen Mineralphasen lassen sich die folgenden mineralspezifischen Absorptionsbanden heranziehen: für die Schichtsilicate die Hydroxylbanden, so die von Kaolinit (K) bei 3697 cm$^{-1}$, die von Illit/Glimmer (I) bei 3621 cm$^{-1}$ (diese Bande wird allerdings von einer Hydroxylbande des Kaolinits überlagert) und die von Chlorit (C) bei ca. 3560 cm$^{-1}$; für die Carbonat-Minerale die Deformationsschwingungen von Calcit (Cc) bei 712 cm$^{-1}$ und Dolomit (D) bei 729 cm$^{-1}$; für die Tektosilicate die Grundschwingungen von Quarz (Qz) bei 798/778 cm$^{-1}$ (Quarzdublett) sowie die von Albit (A) und Mikroklin (M) bei 648 cm$^{-1}$.

Obwohl die Hydroxylschwingungen von Kaolinit und Illit/Glimmer bei 3621 cm$^{-1}$ koinzidieren (starke Verbreiterung der OH-Absorptionsbande), läßt sich hier Illit/Glimmer neben Kaolinit bestimmen. Bei den Carbonat-Mineralen treten ebenfalls Überlappungen einzelner Banden auf, eine sichere Unterscheidung ist aber an den Deformationsschwingungen im Bereich von 750-710 cm$^{-1}$ möglich. Die Absorptionsbanden der Feldspäte Albit und Mikroklin überlagern sich bei 648 cm$^{-1}$. An dieser Bande kann nur der Gesamtfeldspatgehalt bestimmt werden. Die Ermittlung des Mengenverhältnisses von Mikroklin zu Albit läßt sich röntgendiffraktometrisch vornehmen (FLEHMIG 1983).

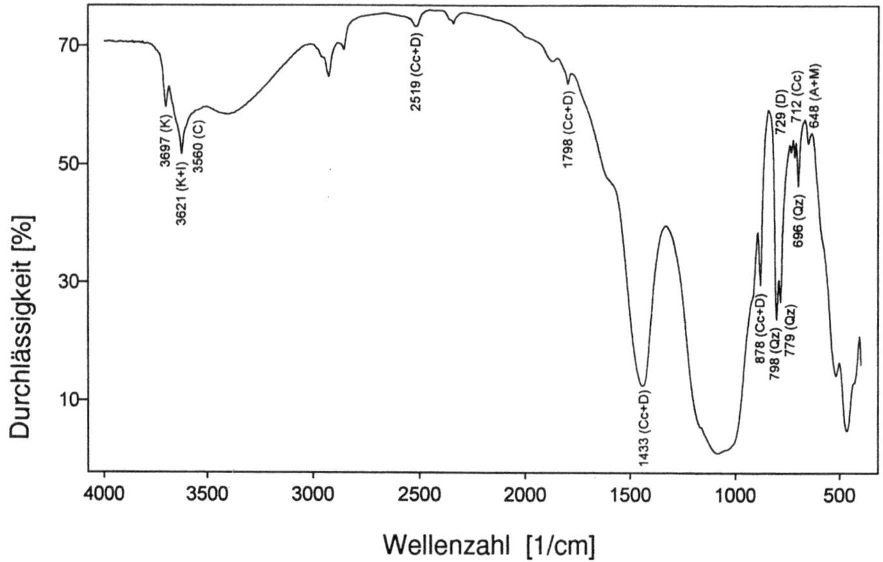


**Abb. 4.33.** FTIR-Spektrum eines carbonatischen Schluffes (2 mg Gesamtprobe/198 mg KBr, Aufmahlung in Isopropylalkohol), Deponie Schöneiche/Berlin (Eignungsvorprüfung)

Die Auswertung der FTIR-Aufnahme ergibt für die Schluffprobe (Abb. 4.33) folgende mineralogische Zusammensetzung (Gew.-%): Kaolinit ca. 6 %, Illit ca. 30 %, Chlorit ca. 5 %, Calcit ca. 13 %, Dolomit ca. 6 %, Quarz ca. 32 %, Albit ca. 4 % und Mikroklin ca. 4 %.

Abbildung 4.34 zeigt ein weiteres Beispiel für ein FTIR-Spektrum eines klastischen Lockergesteines. Hier handelt es sich um einen Ton, der sich aus den Mineralphasen Kaolinit-D, Illit/dioktaedrischer Glimmer, Chlorit, Smektit (Montmorillonit) und Quarz zusammensetzt. Die Tonminerale (Phyllosilikate) können anhand der Hydroxylbanden diagnostiziert werden: Kaolinit-D (Kd) bei 3697 cm$^{-1}$ und bei 3652 cm$^{-1}$, Illit/Glimmer (I) und Smectit (S) bei 3622 cm$^{-1}$ (zu dieser Absorption trägt auch Kaolinit-D bei) und Chlorit (C) bei ca. 3555 cm$^{-1}$; Quarz (Qz) läßt sich durch die Grundschwingungen bei 798/778 cm$^{-1}$ (Quarzdublett) bestimmen.

Auch in diesem Beispiel treten Überlappungen der Hydroxylschwingungen auf. Obwohl die Absorptionsbanden von Kaolinit-D, Illit/Glimmer und Smectit (Montmorillonit) bei 3622 cm$^{-1}$ koinzidieren, können die 3 Tonminerale (Phyllosilikate) rechnerisch nebeneinander bestimmt werden. Für die quantitative Analyse muß die Extinktion der Wasserbande bei 1630 cm$^{-1}$ (Deformationsschwingung) berücksichtigt werden (vgl. SCHREIER 1988).

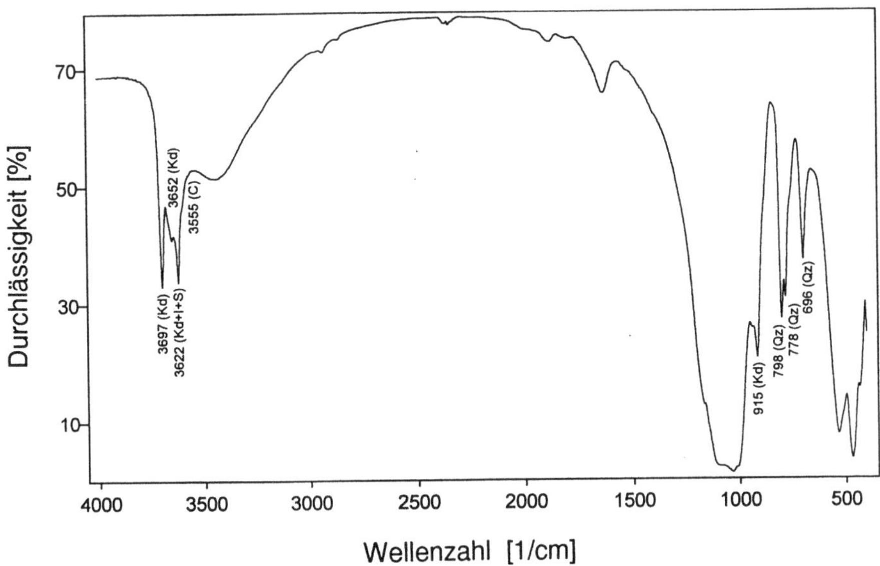



**Abb. 4.34.** FTIR-Spektrum eines Tones (1 mg Gesamtprobe/199 mg KBr), Deponie Süd-brandenburg (Neubau der Sonderabfalldeponie)

Die Auswertung der FTIR-Aufnahme ergibt für den Ton (Abb. 4.34) folgenden Mineralbestand (Gew.-%): Kaolinit-D ca. 35 %, Illit/Glimmer ca. 18 %, Chlorit ca. 7 %, Smectit (Montmorillonit) ca. 10 %, Quarz ca. 30 %. Bei eigenen phasenanalytischen Untersuchungen von mineralischem Abdichtungs- und Barrierematerial, das in Deponien eingesetzt worden ist, hat sich gezeigt, daß die infrarot-spektroskopische Nachweisgrenze für Kaolinit, Quarz und Carbonatminerale noch unter 1 Gew.-% liegt, während sie sich bei anderen Mineralphasen in günstigen Fällen zwischen 2 - 5 Gew.-% bewegt.

## 4 Quantitative Analyse

Die IR- (FTIR-) Spektroskopie bietet interessante Möglichkeiten der quantitativen Mineralbestimmung.

Das Prinzip der quantitativen Bestimmung beruht auf der Tatsache, daß die Extinktion der Absorptionsbanden proportional zur Konzentration der Phasen ist. Das Gesamtspektrum ergibt sich durch einfache Addition der Spektren der einzelnen Phasen.

Die Basisbeziehung der quantitativen Analyse wird durch das Absorptionsgesetz ausgedrückt. Durchstrahlt man zur Aufnahme des Absorptionsspektrums eine Substanz der Konzentration c mit monochromatischem Licht der

Wellenlänge $\lambda$, so gilt für das Verhältnis $I_0 / I$ von einfallender zu durchgelassener Strahlungsintensität bei einer durchquerten Schichtdicke d das Lambert-Beer-Gesetz:

$$E_\lambda \;=\; \log (I_0 / I) \;=\; \varepsilon \cdot c \cdot d.$$

$E_\lambda$ : Extinktion bei der Wellenlänge $\lambda$,  $\varepsilon$: molarer Extinktionskoeffizient

Quantitativ können mit Hilfe der Infrarot-Spektroskopie v. a. die Mineralphasen bestimmt werden, die intensive, sich nicht mit Absorptionsbanden anderer Minerale überlagernde mineralspezifische Banden hoher Symmetrie aufweisen. In den Fällen, in denen Überlagerungen einzelner Banden auftreten, lassen sich die Beeinflussungen rechnerisch erfassen, da an jeder Analysenbande die Gesamtextinktion gleich der Summe der von den einzelnen Komponenten hervorgerufenen Einzelextinktionen ist.

Der im Lambert-Beer-Gesetz bei gegebener Schichtdicke zwischen Extinktion und Konzentration formulierte lineare Zusammenhang kann durch Korngrößeneffekte, zu hohe Konzentrationen oder durch inhomogene Verteilungen der Probensubstanz gestört werden (FLEHMIG & KURZE 1973; SCHREIER 1988).

Für Minerale sedimentärer Mehrkomponentensysteme und somit auch von mineralischem Abdichtungs- und Barrierematerial bietet das von FLEHMIG & KURZE (1973) entwickelte quantitative infrarot-spektroskopische Verfahren eine Analysengenauigkeit, mit der sich die einzelnen Mineralphasen in engen Grenzen quantifizieren lassen. Mit Hilfe eines Iterationsverfahrens erhält man bei dieser Methode akzeptable Werte, wobei die relativen Fehler selten über 10 % hinausgehen. Die zunächst für die Mineralphasen Illit/Muskovit, Chlorit, Kaolinit, Quarz und Calcit geltende infrarot-spektroskopische Bestimmungsmethode ist in der Vergangenheit um zahlreiche Mineralphasen wie z. B. Albit und Mikroklin (FLEHMIG 1983) erweitert worden.

Für quantitative Bestimmungen sind möglichst reine Eichproben und eine genaue Kenntnis der Korngrößen und der Kristallinität von Eichsubstanz und Probe unabdingbare Voraussetzung. Die Fehlergrenzen einer quantitativen Mineralbestimmung hängen nicht zuletzt von der Wahl der bestmöglichen Standards ab.

Schwierigkeiten können sich bei der quantitativen infrarot-spektroskopischen Bestimmung ergeben, wenn die Präparationseinflüsse nicht genügend berücksichtigt werden. Wesentlich für quantitative Arbeiten ist eine exakte Einhaltung der Zerkleinerungsbedingungen der Proben, da die Bandenschärfe mit abnehmender Korngröße zunimmt. Dies zeigt sich eindrucksvoll am Quarzdublett bei 798/778 cm$^{-1}$, das mit abnehmender Korngöße stärker aufgespalten auftritt. Bei der quantitativen Bestimmung des Quarzgehaltes in verschiedenen Korngrößenfraktionen einer Probe ist es erforderlich, die Extinktionskoeffizienten für jede Kornfraktion neu zu errechnen. Die Extinktionen werden darüber hinaus durch den Kristallinitätszustand und durch chemische Substitutionen beeinflußt. So lassen sich - um nur einige Beispiele zu nennen - Kaolinite nur dann quantitativ bestimmen, wenn ihr kristalliner Ordnungszustand zuvor erfaßt worden ist; mit zunehmender Ordnung ist eine beträchtliche Vergrößerung der Extinktionskoeffizienten zu verzeichnen. Da Mineralphasen wie Illite, Smektite oder Chlorite u. a. eine deutliche Abhängigkeit der Extinktion von der chemischen Variabilität zeigen, muß ihre Zusammensetzung für quantitative Berechnungen bekannt sein.

Schließlich ist darauf hinzuweisen, daß meist nur die gleichzeitige Anwendung mehrerer analytischer Verfahren eine sichere quantitative Aussage über sämtliche in sedimentären Mineralgemengen auftretenden Mineralphasen zuläßt.


## 5 Aufnahme- und Präparationstechnik; technischer und zeitlicher Aufwand

Mineralische Proben werden üblicherweise in pulverisierter Form gemessen. Zur Untersuchung von Pulverproben stehen grundsätzlich die Durchlichttechnik (Preßtechnik) und die diffuse Reflexion zur Auswahl.

Im Zusammenhang mit der FTIR-(Fourier Transform Infrared-)Technik wird die Methode der diffusen Reflexion auch als DRIFT (Diffusive Reflectance Infared Fourier Transform) bezeichnet. KORTÜM (1969) beschreibt die Grundlagen und stellt zahlreiche Anwendungsmöglichkeiten der Reflexionsspektroskopie vor.

Die Durchlichttechnik ist für infrarot-spektroskopische Bestimmungen sedimentärer Minerale das gängigste Verfahren. Als Präparationsmethode wird dabei i. allg. die KBr-Preßtechnik angewandt. Voraussetzung für reproduzierbare analytische Ergebnisse ist die Herstellung eines nahezu durchsichtigen Preßlings mit Probenkonzentrationen von 0,1 - 1%. Nach Homogenisierung von Probenmaterial und KBr wird das Gemisch unter Vakuum bei einem Druck von ungefähr 7,5 t/cm$^2$ ca. 5 min lang gepreßt. Um den Störeinfluß des Wassers gering zu halten, sollten KBr und Untersuchungsmaterial vorher bei 110 °C getrocknet werden (FLEHMIG & KURZE 1973). KBr eignet sich als Trägersubstanz, da es im mittleren Infrarot-Spektalbereich keine Absorptionen zeigt.

Wenn die durchschnittliche Korngröße des Probenmaterials oder Einbettungsmittels die Wellenlänge des einfallenden IR-Strahls (2,5-25 µm) übersteigt, kann das Auftreten von Streustrahlung und Reflexion nicht vermieden werden (FLEHMIG & KURZE 1973; SCHREIER 1988). Da durch Streuung an zu großen Partikeln Bandenverzerrungen mit gleichzeitigen Intensitätsabnahmen (Christiansen-Effekt) hervorgerufen werden, müssen die Partikel vor der Untersuchung auf eine Korngröße < 2 µm gebracht werden. Um empfindliche Mineralphasen (Mineralphasen, die Wasser verlieren oder kristallinen Änderungen unterliegen) nicht zu zerstören, sollte die Aufmahlung der Probensubstanz mit einer flüchtigen, inerten organischen Flüssigkeit, wie z. B. Isopropylalkohol (Naß-Mahlen) erfolgen (RUSSEL 1987). Da das Naß-Mahlen bei harten Substanzen (Quarz u. a.) häufig mehrfach wiederholt werden muß und somit bei Serienuntersuchungen zu zeitaufwendig ist, bietet sich für Fraktionen > 2 µm (und natürlich auch für die

Gesamtproben) alternativ die Herstellung von zwei KBr-Preßtabletten an. Die eine Tablette, bei der die Probensubstanz nur kurz gemahlen wird, dient zur Bestimmung der Tonminerale, die andere, bei der das gesamte Probenmaterial durch Trocken-Mahlen auf eine Korngröße < 2 µm gebracht wird (Mahldauer ca. 15 min), zur Bestimmung der anderen Mineralphasen.

In den modernen FTIR-Spektrometern gelangt die Strahlung der IR-Lichtquelle in ein Interferometer und wird an einem Strahlenteiler in 2 Strahlengänge aufgeteilt. An Spiegelsystemen werden die Strahlen so reflektiert, daß eine zeitlich veränderliche optische Wegdifferenz zwischen ihnen erzeugt wird. Im Probenraum werden die Strahlen auf der Probe fokussiert und gelangen von dort auf den IR-Detektor. Durch das Interferometer folgt der IR-Strahlung ein Strahl eines He-Ne-Lasers, der zur Kontrolle der Stellung des beweglichen Interferenzspiegelsystems dient und eine genaue Zeitbasis liefert. Das in der sog. Zeitdomäne entstehende Interferogramm wird durch eine Fourier-Transformation in die Frequenzdomäne, d. h. das Infrarot-Spektrum umgerechnet. Im Gegensatz zu den heute als veraltet anzusehenden dispersiven Gittergeräten, bei denen die Wellenbereiche einzeln abgefahren werden, wird bei den FTIR-Spektrometern das gesamte Spektrum simultan aufgezeichnet, was eine enorme Zeitersparnis bedeutet (GRIFFITHS & DEHASETH 1986).

Positiv wirken sich bei der Infrarot-Spektroskopie die kurzen Meßzeiten (bei der FTIR nur einige Sekunden) und die geringen Probenmengen (wenige Milligramm) aus. Selbst beim Vorliegen von weniger als 1 mg Substanz können mit Hilfe von Mikrotechniken reproduzierbare Ergebnisse erlangt werden. Die Herstellung von Mikropreßlingen erlaubt dann sogar die Untersuchung von Substanzmengen im Mikrogramm-Bereich.

Die FTIR-Spektroskopie ist im Vergleich zur Röntgendiffraktometrie wesentlich weniger zeitaufwendig und kann daher bei weitem kostengünstiger betrieben werden. Für die Probenpräparation, die Aufnahme und die Auswertung sind bei halbquantitativen infrarot-spektroskopischen Phasenanalysen von Mineralgemengen in der Regel 45 min zu veranschlagen. Quantitative Mineralanalysen von Einzelproben lassen sich i. allg. in wenigen Stunden durchführen. Bei Serienuntersuchungen reduziert sich der Zeitaufwand erheblich, da die Erstellung der Eichkurven (Berechnung der Extinktionskoeffizienten) nur einmal vorgenommen werden muß und die Analysengeschwindigkeit darüber hinaus durch eine sinnvolle Probenvorbereitung gesteigert werden kann.

Die Anschaffungskosten eines FTIR-Spektrometers liegen mit ca. 60.000 DM deutlich unter denen eines Röntgendiffraktometers.

## 4. 2. 1. 3 Berechnung von Tonmineralgehalten aus kolloidchemischen und chemischen Kenngrößen

EWALD ERWIN KOHLER und HARALD HEIMERL

## 1 Tonmineralgehalte aus kolloidchemischen Kenngrößen

### Prinzip und Anwendungsbereich

Der Gehalt an quellfähigen Tonmineralen, d. h. Smectiten, wobei es sich im wesentlichen um Montmorillonit handelt, können aus der spezifischen Oberfläche und der Kationenaustauschkapazität berechnet werden. Zur Smectitanalyse stehen heute verschiedene Methoden zur Verfügung, von denen die besten allerdings eine hohen Zeitaufwand erfordern.

### Probenvorbehandlung

Voraussetzung sind möglichst reine Tonmineralkonzentrate. Andernfalls müssen die Bindemittelphasen mit 2,0 M Acetatpuffer oder 0,1 M EDTA entfernt werden. Die Untersuchung sollte allein an der bindemittelbefreiten Tonfraktion durchgeführt werden, da sich die Smectite nur hier finden (KOHLER et al. 1989). Die Berechnung der Smectitgehalte kann durch die Bestimmung der Schichtladungen präzisiert werden.

### Smectitgehaltsbestimmung aus den Oberflächenwerten

Aus der äußeren Oberfläche $O_{auß}$ (BET-Oberfläche durch Stickstoffadsorption) und der spezifischen oder Gesamtoberfläche $O_{ges}$ (Bestimmung durch Ethylenglykol- oder Methylenblaubelegung) läßt sich die innere Oberfläche $O_{inn}$ berechnen, die nur von den Smectiten bestimmt wird:

$$O_{inn} = O_{ges} - O_{auß} \, . \tag{16}$$

Smectite besitzen eine innere Oberfläche von ca. 800 m²/g. Der Smectitgehalt $Gt_{Sme}$ in [%] berechnet sich dann nach (17):

$$Gt_{Sme} \, [\%] = 100 \, \frac{O_{inn} \, m^2/g}{800 \, m^2/g} \tag{17}$$

Problematisch bei diesem Verfahren ist v. a. die Tatsache, daß bei der Bestimmung der Gesamtoberfläche methodische Probleme auftreten, die sich dann auf die Berechnung des Smectitgehalts auswirken. Eine exakt definierte Belegung kann nur selten hergestellt werden.

### *Smectitgehaltsbestimmung aus der Kationenaustauschkapazität (KAK) und der äußeren (BET-) Oberfläche*

Aus der Stickstoffadsorption wird zunächst die äußere Oberfläche $O_{auß}$ nach BET bestimmt. Durch Multiplikation der Festladungsdichte $\sigma_{auß}$ der äußeren Tonmineraloberflächen mit der äußeren Oberfläche $O_{auß}$ ergibt sich der Anteil der äußeren Oberflächen an der Kationenaustauschkapaziät $KAK_{auß}$. Die Festladungsdichte wird dabei - unter schwach-alkalischen Milieubedingungen, wie sie bei vielen KAK-Bestimmungen eingestellt werden - näherungsweise mit 0,003 mval/m² (HEIMERL 1995) angenommen.

$$ KAK_{au\beta en} \left[ \frac{mval}{100\,g} \right] = \sigma_{au\beta en} \left[ \frac{mval}{m^2} \right] O_{au\beta en} \left[ \frac{m^2}{g} \right] \cdot 100 \ . \tag{18} $$

Aus (19) ergibt sich der Anteil der inneren Oberflächen an der Kationenaustauschkapazität $KAK_{inn}$ als Differenz der experimentell bestimmten Gesamtkationenaustauschkapazität $KAK_{ges}$ abzüglich der äußeren Kationenaustauschkapazität $KAK_{auß}$ zu:

$$ KAK_{inn} \left[ \frac{mval}{100\,g} \right] = KAK_{ges} \left[ \frac{mval}{100\,g} \right] - KAK_{au\beta} \left[ \frac{mval}{100\,g} \right] \ . \tag{19} $$

Da die Smectite je nach Schichtladung eine $KAK_{inn}$ zwischen 90 und 120 mval/100g besitzen (HEIMERL 1995), kann der Smectitgehalt durch Quotientenbildung mit diesem Referenzwert errechnet werden (hier näherungsweise 95 mval/100g):

$$ Gt_{Sme}\,[\%] = 100 \ \frac{KAK_{inn}\,[mval/100\,g]}{95 \quad [mval/100\,g]} . \tag{20} $$

In hochgeladenen Smectiten (z. B. mesozoische Tone Nordbayerns) sollte mit einem Referenzwert von 120 mval/100g gerechnet werden.

Alternativ kann aus der $KAK_{inn}$ auch mit der Oberflächenladung $\sigma_{inn}$ eine innere Oberfläche $O_{inn}$ berechnet werden. Es gilt:

$$ O_{inn}\,[\,m^2/g] = \frac{KAK_{inn}\,[mval/100\,g]}{100\,\sigma_{inn}\,[mval/m^2]} . \tag{21} $$

Die Festladungsdichte der inneren Oberflächen der Smectite $\sigma_{inn}$ kann zwischen 0,0010 mval/m² bis 0,0019 mval/m² angenommen werden. Für hochgeladene Smectite ist der letztere Wert maßgebend.

## *Berechnungsbeispiele*

RICHTER (1994) veröffentlichte für die Fraktion < 0.6 µm von Proben aus der Oberen Süßwassermolasse (Bayern) u. a. die KAK-Werte, die BET-Werte (äußere Oberfläche) und die Montmorillonitgehalte. Dabei wurden die Montmorillonitgehalte aus den Natriumwerten berechnet. Die Montmorillonitgehalte wurden den nach (20) berechneten Montmorillonitgehalten gegenübergestellt. Dabei wurde für die $KAK_{inn,Sme}$ ein Referenzwert von 90 mval/100 g angenommen (Tabelle 4.15).

Mit Ausnahme der Probe Laimering 3 ist die Übereinstimmung zwischen chemisch und kolloidchemisch bestimmten Montmorillonitgehalten zufriedenstellend z. T. auch gut bis sehr gut.

**Tabelle 4.15.** Kolloidchemische Kenngrößen und Montmorillonitgehalte

| Tonproben aus der Oberen Süßwassermolasse | $KAK_{ges}$ [mval/100g] | $O_{auß}$ [m²/g] | $KAK_{inn}$ [mval/100g] | Montmorillonit nach (20) [%] | Montmorillonit nach RICHTER (1994) [%] |
|---|---|---|---|---|---|
| Hammerschmiede 1 | 67,3 | 45 | 53,8 | 60 | 62 |
| Hammerschmiede 2 | 69,2 | 57 | 52,1 | 63 | 64 |
| Königshausen 1 | 73,7 | 64 | 54,4 | 60 | 66 |
| Laimering 1 | 108,0 | 81 | 83,7 | 93 | 100 |
| Laimering 2 | 97,8 | 42 | 85,2 | 95 | 97 |
| Laimering 3 | 65,5 | 120 | 29,5 | 3 | 61 |
| Unterneul 1 | 69,7 | 74 | 47,5 | 53 | 63 |
| Weiden 1 | 55,5 | 72 | 33,9 | 38 | 31 |
| Weiden 2 | 61,4 | 68 | 41,0 | 46 | 32 |
| Buttenwiesen 1 | 42,7 | 40 | 30,7 | 34 | 22 |
| Offheim 1 | 54,0 | 94 | 25,8 | 29 | 31 |
| Offheim 2 | 52,0 | 84 | 26,8 | 30 | 30 |

### Berechnung aus der Gesamtoberfläche und der KAK

Mit Ethylenglykol (DYAL & HENDRICKS 1950) wird die Gesamtoberfläche bestimmt. Aus Gleichung (22) läßt sich die innere Oberfläche ermitteln:

$$O_{innen} = \frac{\dfrac{KAK_{ges\,exp}\,[mval/100g]}{100} - \sigma_{außen}O_{ges}\,[m^2/g]}{\sigma_{innen} - \sigma_{außen}}. \tag{22}$$

Dabei sind $O_{innen}$ die innere Oberfläche, $O_{ges}$ die spezifische oder Gesamtoberfläche, $KAK_{gesamt,\,exp}$ die experimentell bestimmte Gesamtkationenaustauschkapazität und $\sigma_{innen}$ bzw. $\sigma_{außen}$ die Ladungsdichten der inneren Oberflächen (0,001 mval/m$^2$) und äußeren Oberflächen (0,003 mval/m$^2$).

Mit einer angenommenen inneren Oberfläche von 800 m$^2$/g für die reinen quellfähigen Anteile kann der Gehalt an quellfähigen Mineralen mit (23) bestimmt werden:

$$\textit{Gehalt an quellfähigen Mineralen}\,[\%] = \frac{O_{innen}}{800\,m^2/g} \cdot 100. \tag{23}$$

### Beispiel

An einer Tonprobe aus der Oberen Süßwassermolasse von Froschham/Bayern wurden mit Ethylenglykol eine spezifische oder Gesamtoberfläche von 414 m$^2$/g, eine äußere Oberfläche mit der BET-Methode von 47 m$^2$/g, eine KAK von 52 mval/100g und aus den Natriumwerten ein Anteil von quellfähigen Mineralen von 42% bestimmt (ROHKOWSKI 1993).

Nach (18) und (19) ergibt sich aus den BET- und KAK-Werten der Anteil quellfähiger Minerale zu 38%, aus der Gesamtoberflächen- und KAK-Bestimmung wird nach (22) und (23) ein Wert von von 43% ermittelt. Die nach (22) bestimmte innere Oberfläche von 361 m$^2$/g ist mit dem aus der Gesamtoberfläche abzüglich BET-Oberfläche errechneten Wert von 367 m$^2$/g nahezu identisch.

### Technischer Aufwand

Eine Charakterisierung der Oberflächen durch Bestimmung der Kationenaustauschkapazität und, daraus abgeleitet, die Erfassung des Anteils quellfähiger Tonminerale wird in GDA(1993) E 3-3 3.1 empfohlen.

Die zusätzliche BET-Bestimmung bzw. Bestimmung der Gesamtoberfläche sind zeitlich und finanziell zu vertreten. Wird die Gesamtoberfläche bestimmt, sollte über eine Röntgenaufnahme nachgewiesen werden, daß tatsächlich quellfähige Anteile vorhanden sind.

## 2 Tonmineralgehalte aus chemischen Kenngrößen

### *Prinzip und Anwendungsbereich*

Auf der Grundlage von chemischen Vollanalysen (RFA oder naßchemisch) können Mineralgehalte, speziell Tonmineralgehalte berechnet werden.

In der Praxis wird sehr häufig der Illit- und Glimmergehalt anhand der Kaliumionengehalte berechnet. Dies ist dann eine recht brauchbare Näherung, wenn der Kalifeldspatgehalt gegenüber dem Illit- und Glimmergehalt vernachlässigbar gering ist.

Die Berechnungen werden erleichtert mit Hilfe von Faktoren, die es erlauben, vom Oxidgehalt (angegeben in Gewichtsprozent) direkt in den Tonmineralgehalt umzurechnen.

Die Berechnungsgrundlage für die im folgenden angegebenen Umrechnungsfaktoren bilden Tonmineralanalysen, die bei JASMUND & LAGALY (1993) vorgestellt werden.

Für die Illite kann mit einen durchschnittlichen $K_2O$-Gehalt von 7,9 % gerechnet werden[24]. Dies bedeutet, daß der $K_2O$-Gehalt einer unbekannten Tonprobe mit einem Faktor von 12,7 multipliziert werden muß, um den Illitgehalt (100 %) zu erhalten. In den seltenen Fällen höherer Kalifeldspatgehalte läßt sich die Berechnung nur auf die Tonfraktion (< 2μ-Fraktion) der Probe anwenden, da sonst die Illitgehalte verfälscht werden.

Aus dem Gehalt an Aluminium- und Siliciumionen läßt sich v. a. der prozentuale Anteil des Kaolinits sehr exakt berechnen: Der analysierte $SiO_2$-Gehalt wird mit 2,11 oder der $Al_2O_3$-Gehalt mit 2,65 multipliziert.

Problematisch kann sich dieses Verfahren bei Anwesenheit weiterer aluminium- und silciumhaltiger Minerale gestalten. Entweder werden diese Minerale chemisch entfernt oder deren Aluminium- und Silciumionengehalte rechnerisch von den Gesamtgehalten an Aluminium und Silicium subtrahiert. In jedem Fall muß vor der chemischen Bestimmung eine qualitative Mineralanalyse durchgeführt werden.

Hinzuweisen ist darauf, daß die verschiedenen Ionen außer in den der Berechnung zugrundeliegenden Kristallgittern auch an Eisen- oder Aluminium-(oxid-)hydrate adsorptiv gebunden sein können. Den so möglichen Fehlerquellen muß durch die Kombination mit anderen Methoden begegnet werden.

Auch bei komplexen Tonmineralgemengen müssen weitere Bestimmungsmethoden herangezogen werden. Dabei wird in jedem Fall der Smectitgehalt mit Hilfe kolloidchemischer Verfahren und der Illitgehalt anhand des Kaliumionengehalts bestimmt.

---

[24] Im Einzelfall sind allerdings Abweichungen um mehrere Prozentpunkte vom angenommenen Mittelwert möglich.

## 4. 2. 1. 4  Thermoanalyse

KURT CZURDA

## 1  Thermoanalytische Methoden

Thermoanalytische Verfahren messen die physikalischen Eigenschaften einer Substanz und ihrer Reaktionsprodukte als Funktion einer Temperaturveränderung nach einem kontrollierten Temperaturprogramm. Sie können auch für die Tonmineral- oder Tongesteinsanalytik eingesetzt werden. Die temperaturabhängigen physikalischen Eigenschaften einer Probensubstanz (z. B. Gesteinspulver) werden in der Thermoanalyse vorwiegend gravimetrisch, dimensiometrisch und kalorimetrisch ausgenutzt. Dabei sind 4 Techniken gebräuchlich:

### *Thermogravimetrie (TG)*

Die Masse der Probensubstanz wird als Funktion der Temperatur gemessen, während die Probe einem kontrollierten Temperaturprogramm unterworfen wird. Die derivative Thermogravimetrie (DTG) liefert die erste Ableitung der thermogravimetrischen Kurve nach der Zeit oder der Temperatur.

### *Differentialthermoanalyse (DTA)*

Eine pulverförmige Probe und eine Referenzsubstanz werden einem kontrollierten Temperaturprogramm unterworfen, wobei jede der beiden Substanzen mit einem Thermoelement gemessen wird. Beide Thermoelemente sind gegeneinander geschaltet, und das $\Delta T$-Signal wird von einem Schreiber aufgezeichnet. Solange die Probensubstanz weder exotherme noch endotherme Wärmetönungen zeigt, weisen Probe und Referenzsubstanz gleiche Temperaturen auf. Treten in der Probensubstanz jedoch wärmeverbrauchende oder wärmeemittierende Reaktionen auf, so führt die auftretende Temperaturdifferenz zu einer Thermospannung, die der Schreiber registriert. Die Temperaturdifferenz wird als Funktion der Zeit $\Delta T = f\,(t)$ oder Temperatur $\Delta T = f(T)$ aufgezeichnet.

### *Dilatometrie*

Die Verformung einer Substanz wird als Funktion der Temperatur mit Hilfe von Geräten zur thermomechanischen Analyse (TMA) gemessen. Die Belastung der zu messenden Probe erfolgt statisch oder dynamisch. Die häufigste Anwendung der TMA-Technik liegt in der Analyse von Ölschiefern, wo thermomechanische Eigenschaften, die temperaturabhängige Deformation, die Anisotropie der Druckfestigkeit etc. von Interesse sind. Die thermomechanische Analytik findet daher v. a. in der keramischen Industrie Anwendung.

### *Dynamische Differenzkalorimetrie (DSC)*

Bei der Dynamischen Differenzkalorimetrie (DSC, differential scanning calorimetry; DIN 51005) wird der Wärmestrom zur Probe bzw. die Energiekompensation gemessen.

Zwei Meßmethoden sind gebräuchlich: die energiekompensierende dynamische Differenzkalorimetrie (energiekompensierende DSC) und die dynamische Wärmefluß-Differenzkalorimetrie (Wärmefluß-DSC).

Der Vorteil der DSC gegenüber der DTA liegt in der Möglichkeit, nicht nur Enthalpieänderungen während eines Reaktionsablaufes, sondern auch den Wärmeumsatz zu messen. Dazu muß die DSC-Kurve gegen die Zeit aufgetragen werden (Wärmemenge = Wärmestrom · Zeit). Speziell in der Mikrooberflächen- und quantitativen Tonmineralanalyse gewinnt die Methode zunehmend an Bedeutung.

## 2 Thermoanalyse in der Tonmineralbestimmung

Die Identifizierung und Bestimmung von Tonmineralphasen kann durch die Thermoanalytik nur unvolkommen und in einer der Röntgendiffraktometrie unterlegenen Weise durchgeführt werden. Dagegen können ergänzende charakteristische Details wie Wasserverlustreaktionen, Gitterdefekte oder die Identifizierung von Organo-Ton-Komplexen am besten thermoanalytisch ermittelt werden.

Allgemein sind bei Mineralen folgende thermische Effekte meßbar:

— Modifikationsänderungen (z. B. die Umwandlung von $\alpha$- in $\beta$-Quarz bei 573 °C)
— Zersetzung von Carbonaten
— Desorption von adsorbierter Feuchtigkeit (< 150 °C)
— Abgabe von Kristallwasser (Dehydratation) bis ca. 400 °C
— Abgabe von Konstitutionswasser (Hydroxylgruppen) bis ca. 1000 °C
— Exotherme Kristallisation von kristallinen Mineralen aus amorphen Enwässerungsprodukten (z. B. Spinell)
— Reduktion von Erzen

## 3 DTA- und DTG- Signale

Eine DTA-Kurve stellt durch negative und positive Peaks endotherme und exotherme Wärmetönungen dar. Abbildung 4.35 zeigt generalisiert den Verlauf einer $\Delta T/t$-Kurve (Temperaturdifferenz-Temperatur-Kurve) parallel zu einer TG/t-Kurve (Gewichtsverlust-Temperatur-Kurve). Die für Dreischichtsilicate typischen Reaktionen liegen bei ± 200 °C (Abgabe des Oberflächenwassers), ± 500 °C (Abgabe des Kristallwassers, d. h. Abgabe von gebundenem Wasser) und ± 800 ° C (Gitterkollaps und Rekristallisation).

Die Interpretation von DTA-Signalen wird dann besonders erschwert, wenn etwa innerhalb desselben Temperaturbereiches mehr als eine Reaktion abläuft. Die Signale überlagern sich, wie in Abb. 4.36 für ein idealisiertes Smectit-Signal dargestellt ist. Die Kurve 1 in A verdeutlicht mit dem Punkt a den Beginn der Oberflächenentwässerung, der Punkt b signalisiert die Maximaltemperatur dieser Reaktion und Punkt c zeigt das Ende der Reaktion und die scharfe

Rückwendung zur Basislinie an. Die Kurve 2 in A vereinigt in sich 2 Reaktionen, z. B. die Abgabe des Oberflächenwassers in 2 Phasen der Dehydratation. Der Punkt 2 d stellt hier den kombinierten Peak der beiden Reaktionen dar. Der Punkt c als Endpunkt des kombinierten Reaktionsablaufes liegt an derselben Stelle wie in Kurve A 1. Eine dritte Dehydrierungsreaktion zeigen die Kurven B 1 und B 2 im Punkt e an. Es könnte sich hierbei um eine verzögerte Schichtwasserabgabe aus Mixed-layer-Phasen handeln.

Den charakteristischen Unterschied in den mit Gewichtsverlust einhergehenden Entwässerungsreaktionen zeigen Abb. 4.37 bzw. 4.38 für Smectit und Kaolinit. Der in Abb. 4.37 dargestellte Gewichtsverlustverlauf für einen Na-Smectit zeigt drei Stadien der Niedrigtemperaturreaktion, nämlich Dehydrierungen bei 57 und 192 °C und eine Dehydroxilierung bei 659 °C. Exemplarisch für das Zweischichtsilicat Kaolinit sind die absolute und abgeleitete Kurve in Abb. 4.28 für einen Kaolinit aus Georgia, USA aufgezeichnet. Die Dehydroxilierung und der Gitterkollaps finden bei 572 °C statt.

In Abbildung 4.39 sind die DTA-Kurven mit ihren exothermen und endothermen Reaktionen für den Kaolinit und einen Ca-Montmorillonit direkt gegenübergestellt.

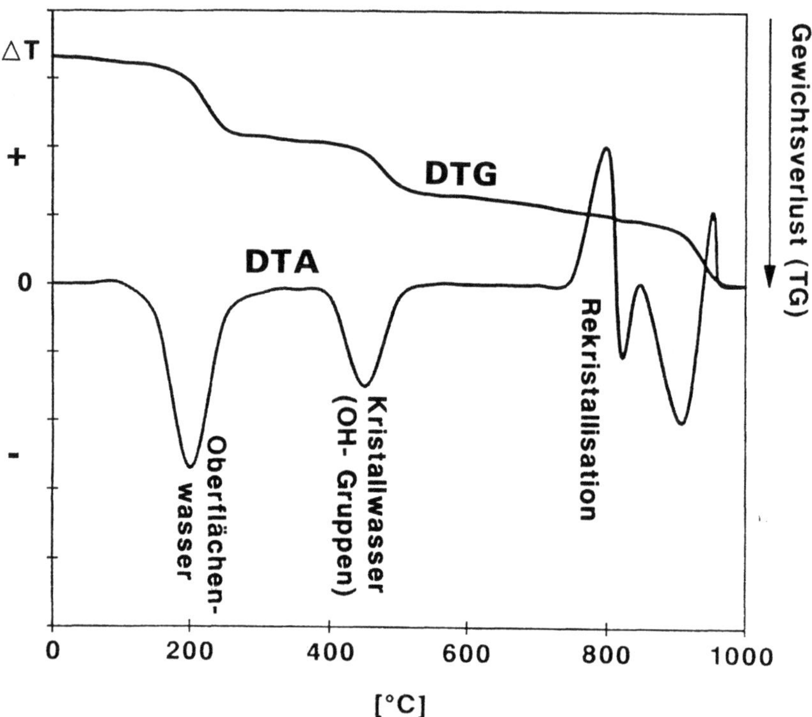



**Abb. 4.35.** DTA- und TG- Signale für Dreischichtsilicate, schematisiert, mit Charakterisierung der wichtigsten Reaktionen

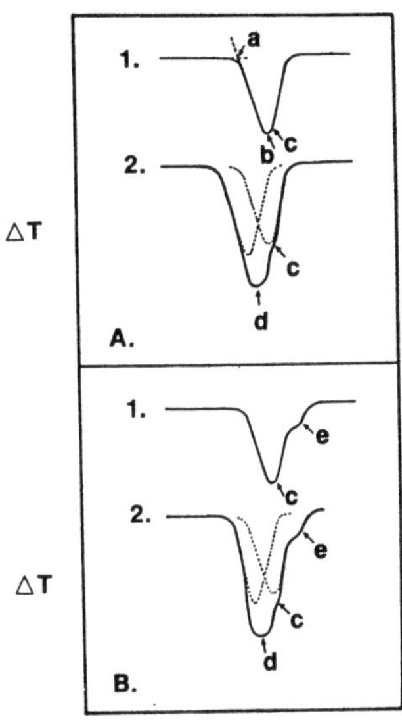

Abb. **4.36.** Idealisierte DTA-Kurve für
Smectit im Niedrigtemperaturbereich von
etwa 150- 200 °C. Zusammentreffen mehrerer
Phasen der Dehydratation.
Erläuterung der Punkte a - e im Text.
(Nach STUCKI et al. 1990)

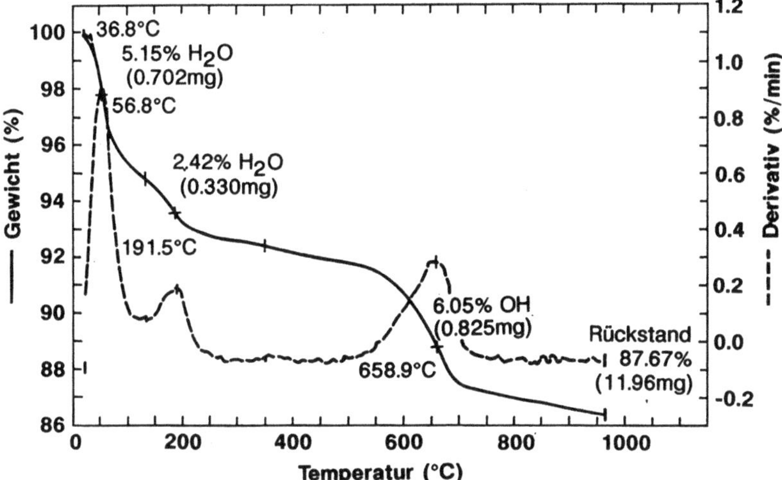


Abb. **4.37.** Thermogravimetrische Analyse für einen Na-Smectit, dargestellt in einer absoluten Gewichtsverlust- bzw. differenzierten Gewichtsverlustkurve. Die Dehydration findet bei
60 bzw. 190°C und die Dehydroxilierung bei 660 °C statt. Heizrate 10 °C/min in $N_2$-Atmo-
sphäre. (Nach STUCKI et al. 1990)

Weiterführende Literatur zur behandelten Thematik findet sich bei DECLEER &
VIAENE (1993), KROMER & SCHÜLLER (19982), STUCKI et al. (1990), TAN et
al. (1986), VELDE (1992), WIEDERHOLT (1981) und WIEDMANN & RIESEN
(1984).

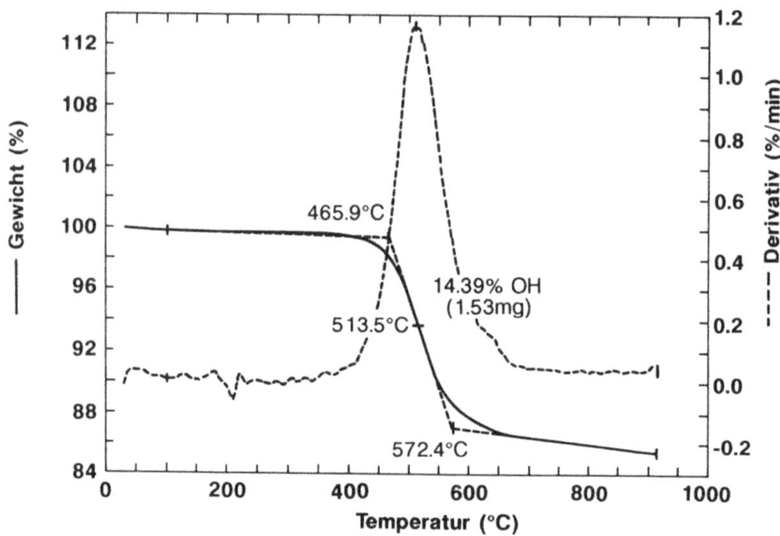



**Abb. 4.38.** Thermogravimetrische Analyse für einen Kaolinit aus Georgia/USA (nach STUCKI et al. 1990). Die Dehydroxilierung findet bei 570 °C statt. Heizrate 10 °C/min in $N_2$-Atmosphäre

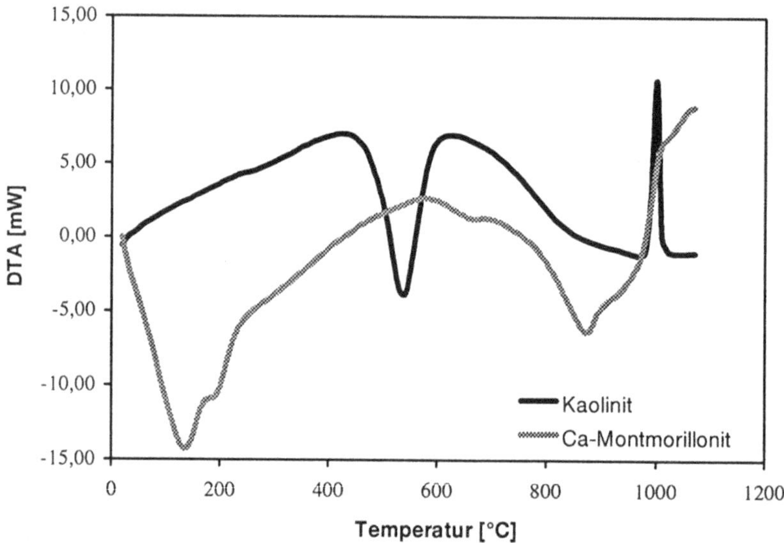



**Abb. 4.39.** DTA-Kurven für Kaolinit und Ca-Montmorillonit. Die endotherme Reaktion (negativer Peak) des Kaolinits bei ca. 520 °C zeigt die Dehydroxylierung an, während der exotherme Peak bei ca. 1000 °C der Neubildung von Mullit (thermisches Umwandlungsprodukt von Kaolinit) zuzuschreiben ist

## 4. 2. 2  Gefügeanalyse

BERNHARD MATTIAT

**Vorbemerkung**

Die Geologische Barriere wird in der Regel aus feinkörnigen Sedimentgesteinen aufgebaut, die zu einem wesentlichen Teil aus Tonmineralen bestehen. Das bedingt, daß die Gefügeelemente, die einen maßgeblichen Einfluß auf die Schadstofftransportvorgänge im Gestein  ausüben (wie z. B. Poren, Einregelung der Tonminerale, Größe, Verteilung und Zusammensetzung anderer Mineralphasen, Feinklüftung), meist so klein sind, daß sie nur mikroskopisch sichtbar gemacht werden können. So sind z. B. für die Rückhalteeigenschaften gegenüber Schwermetallen - v. a. Cadmium und Zink - der Chemismus, die Größe, Form und Verteilung von Carbonatphasen von entscheidender Bedeutung. Zuverlässige Aussagen hierüber - und dazu gibt es keine Alternative - sind nur durch mikroskopische Untersuchungen möglich. Ähnliches gilt auch für die Lokalisierung ausgeprägt toniger Bereiche in den in der Regel inhomogenen, d. h. örtlich schluff-, sand- oder kalkhaltigen Barrieregesteinen und für den Nachweis ihrer Verfügbarkeit für die Adsorption von Schadstoffen. Auch können z. B. Wegsamkeiten und Anreicherungen von bestimmten Schadstoffen im Gestein nur durch eine Kombination von Rasterelektronenmikroskopie und energiedispersiver Röntgenmikroanalyse (EDX) direkt sichtbar gemacht werden (z. B. nach Tracerversuchen, siehe Abb. 4.3.5).

Bei diesen natürlichen Gesteinen kann, wie gesagt, nicht von der Homogenität einer künstlichen Dichtung oder eines Betons ausgegangen werden. Die Präparate, an denen diese Untersuchungen durchgeführt werden, sind sehr klein im Verhältnis zu dem gesamten Gesteinskomplex. Diese beiden Umstände erfordern eine sorgfältig durchdachte Probennahme, um zu gewährleisten, daß die Analysendaten als repräsentativ für den untersuchten Gesteinskörper angesehen werden können. Der Beprobung müssen daher physikalische und sedimentpetrographische Untersuchungen (z. B. an Bohrkernen) vorausgehen. Dies sind insbesondere Korngrößenverteilung, Mineralbestand (durch Röntgendiffraktometrie), Carbonatgehalt, chemische Zusammensetzung (RFA), Kationenaustauschkapazität, Spezifische Oberfläche (BET-/$N_2$-Adsorption) und Gehalt an organischem  Kohlenstoff.

Neben diesen klassischen Verfahren haben sich für die die Voruntersuchung *radiometrische Dichtebestimmung* und *Transmissions-Computertomographie (CT)* bewährt. Auf beide wird im folgenden näher eingegangen.

Um eine artefaktfreie Darstellung des Mikrogefüges zu gewährleisten, sind spezielle Präparationsverfahren erforderlich, die im folgenden noch dargestellt werden.

## 4. 2. 2. 1 Voruntersuchungen

### 1 Radiometrische Dichtebestimmung

Dieses Verfahren (LORCH 1974) wird zur zerstörungsfreien Dichte- und Wasserbestimmung an Bohrkernen eingesetzt. Es hat sich als wichtige und einfach zu handhabende Voruntersuchung für eine gezielte und repräsentative Probenahme zur detaillierten Gefügeuntersuchungen bewährt.

Der Bohrkern wird im Meßpunktabstand von 5 mm mit einer Co 60-Quelle abgefahren. Mit Hilfe eines geeigneten Detektors wird auf der gegenüberliegenden Seite des Kerns die Intensität der austretenden Gammastrahlung gemessen (Abb. 4.40). Nach Eichung des Systems mit Substanzen bekannter Dichte werden die gemessenen Zählraten direkt in Dichtewerte umgerechnet.

### 2 Transmissions-Computertomographie (CT)

Auch hierbei handelt es sich um eine Methode zur zerstörungsfreien Messung an Proben, insbesondere an Bohrkernen. Man erhält damit wichtige Vorinformationen über Material-Inhomogenitäten innerhalb der Proben. So können z. B. Feinklüfte bis zu einer Spaltbreite von 0,2 mm, aber auch andere, beispielsweise durch unterschiedliche Mineralisationen hervorgerufene Dichte-Inhomogenitäten sichtbar gemacht und genau lokalisiert werden.(Abb. 4.41)

Anhand der gewonnenen Tomogramme läßt sich später eine gezielte Probenahme für weitere Detailuntersuchungen durchführen.

Bei der CT wird der Probekörper mit Röntgenstrahlung abgetastet und mit einem CCD-Zeilendetektorsystem die Reststrahlung gemessen (Abb. 4.42). Je nach Material und Probengröße kommen neben der Röntgenstrahlung auch

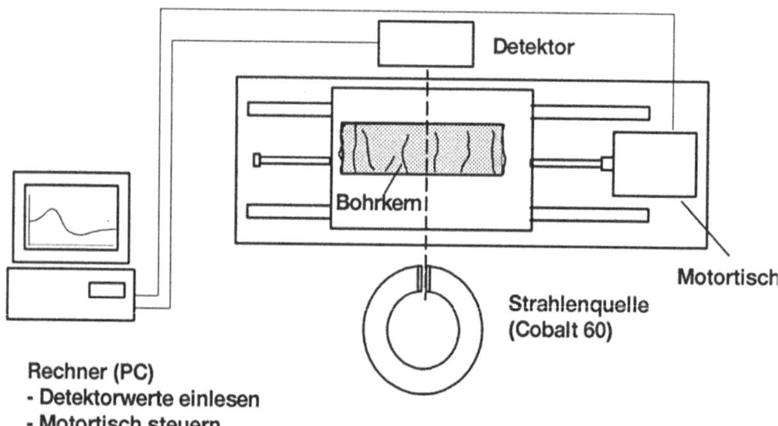


**Abb. 4.40.** Meßanordnung für die zerstörungsfreie radiometrische Dichtebestimmung an Bohrkernen. (Nach LORCH 1974)

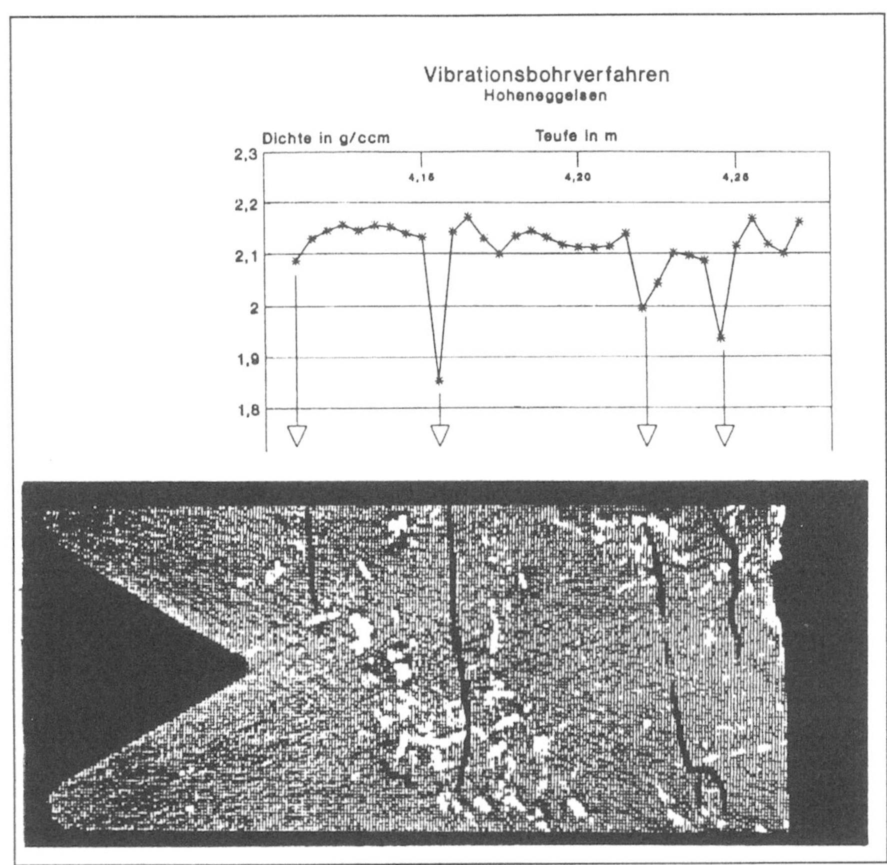


**Abb. 4.41.** Gegenüberstellung eines einfachen Dichteprofils, das mit radiometrischer Dichtebestimmung gewonnen wurde, und dem Tomogramm einer Transmissions-Computertomographie. Das Tomogramm zeigt deutlich Feinkluftsysteme sowie Bereiche erhöhter Dichte, hervorgerufen durch Sekundärkristallisation von Siderit und Pyrit. Unterkreide-Tonstein, Hoheneggelsen

Radionukleidstrahler (Co 60, Ir 192) oder Elektronenlinearbeschleuniger (LINAC) zum Einsatz.

Bei der Messung wird für ein bestimmtes Volumenelement der Absolutwert des linearen Massenschwächungskoeffizienten (MSK) geliefert, der ein Maß für die absorbierte Strahlung ist. Die in Abhängigkeit von der kleinen Wellenlänge vorherrschende Comptonstreuung bedingt eine Proportionalität des MSK zur Dichte (REIMERS et al. 1987).

Durch eine komplexe Berechnung, die Fast-Fourier-Transformation (FFT) der ermittelten MSK, ist es möglich, für ein begrenztes Volumenelement die Dichte zu bestimmen.

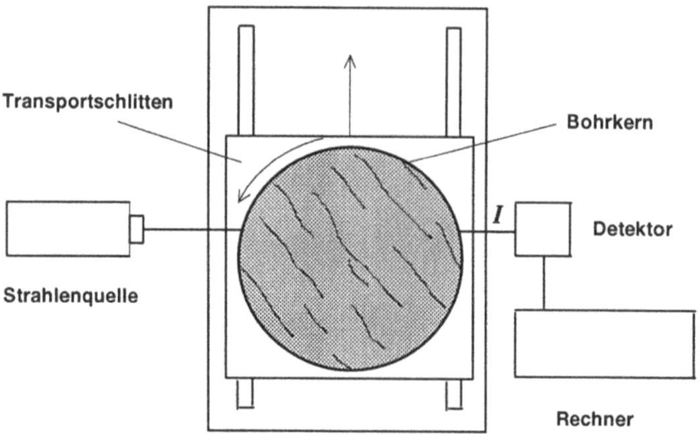


**Abb. 4.42.** Schematische Darstellung des Prinzips der CT

## 4. 2. 2. 2  Lichtmikroskopie

Die lichtmikroskopische Untersuchungen von Tonsteinen richtet sich auf folgende Gesteinsmerkmale:
- Mineralogischer Aufbau: Mineralbestand, Anordnung und Verteilung einzelnerMineralphasen (besonders wichtig bei Carbonatphasen, aber auch bei Tonmineralen)
- Korngrößenverteilung
- Porenraum und Feinklüftung
- Mineralneubildungen (z. B. durch diagenetische Prozesse).

Die Untersuchungen werden vorrangig mit dem Polarisationsmikroskop an Dünnschliffpräparaten durchgeführt.
Eine solche Dünnschliffaufnahme zeigt Abb. 4.43.

Zur Herstellung von *Dünnschliffen* (Schliffdicke von ca. 30 µm) werden die Tongesteinsproben in Kunstharz eingebettet.

Ein weit verbreitetes Kunstharz ist Araldit-D, dem zur Senkung der Viskosität einige Tropfen Trichloräthylen beigemischt werden. Die Imprägnierung der getrockneten Probe erfolgt am besten im Vakuum. Bei hohen Wassergehalten können Schrumpfrisse das Mikrogefüge beeinträchtigen.

Das Epoxidharz Spurr (Hersteller: TAAB Laboratories Equipment Ltd.) zeichnet sich durch seine niedrige Viskosität und unkomplizierte Handhabung aus und eignet sich gut zur Präparation und Weiterverarbeitung gefriergetrockneter REM-Präparate.

Für eine Tränkung von Proben, bei denen die Trocknung zu Gefügeänderungen führen kann, bieten sich hydrophile, niedrig viskose Kunstharze an. Gute Ergebnisse werden mit dem wasserlöslichen Melaminharz Nanoplast (Handelsbezeichnung: Nanoplast FB 101, Hersteller: Rolf Bachhuber Chemikalien) erzielt.

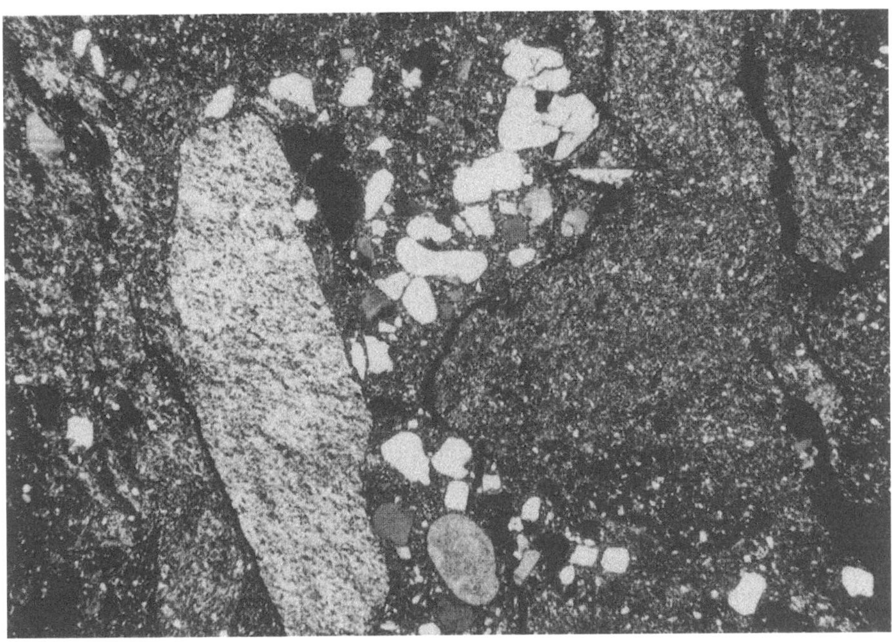

**Abb 4.43.** Lichtmikroskopische Dünnschliffaufnahme. Vergrößerung ca. 70 fach. Das Präparat stammt aus einer künstlich erstellten mineralischen Dichtung. Umläufige Feinklüftung um „Tonpellets" zeigt, daß es nicht gelungen ist, das Material vor dem Einbringen und Verdichten ausreichend zu homogenisieren (KOMODROMOS & MATTIAT 1989)

Auf ein weiteres Epoxidharz, Bisphenol-A (Handelsbezeichnung: Bisphenol-A XW 396/367, Hersteller: Ciba-Geigy), weist KISTEN (1996) hin. Aufgrund seiner extrem geringen Viskosität eignet es sich besonders gut zur Vakuumimprägnierung gefriergetrockneter Proben. Zum Aufkitten der so getrockneten Probenkörper auf Objektträger empfiehlt KISTEN (1996) das Epoxidharz Körapox. (Handelsbezeichnung: Körapox 439, Hersteller: Kömmerling). Derartige Dünnschliffpräparate eignen sich besonders zur kombinierten licht- und rasterelektronenmikroskopischen Untersuchung.

Beispielhaft sei hier die Herstellung eines Dünnschliffs aus einer mit Araldit-D getränkten Gesteinsprobe skizziert:

- Trocknen der Probe im Trockenschrank bei ca. 60 °C
- Herstellen einer Mischung aus Araldit-D und dem Härter HY 951 im Verhältnis 10 : 1. Zur Herabsetzung der Viskosität kann etwas Trichloräthylen beigemischt werden
- Bestreichen der für die Untersuchung vorgesehenen trockenen Probenoberfläche mit dieser Mischung (falls erforderlich, einige Male wiederholen)
- Reaktion im Trockenschrank bei ca. 60 °C ca. 12 h
- Sägen - Formatieren - Schleifen

- Aufkleben der geschliffenen und (z. B. im Ultraschallbad) gereinigten Fläche auf einen geeigneten Objektträger (zum Kleben verwendet man wieder die o. g. Mischung)
- Schleifen der Gegenfläche auf Dünnschliffdicke (ca. 30 µm)
- Abdecken mit geeignetem Deckglas, wenn nur lichtmikroskopische Untersuchungen vorgesehen sind. Sollen zusätzlich rasterelektronenmikroskopische Detailuntersuchungen durchgeführt werden, bleibt der Schliff ohne Abdeckung

Für das Schneiden empfindlicher Proben zur Herstellung von 30 - 50 µm starken Dünnschnitten hat sich das Sägemikrotoms „Leitz 1600" besonders gut bewährt. Es gewährleistet, daß keine Deformationen auftreten und das Gefüge erhalten bleibt. Normalerweise ist weder ein Nachschleifen noch ein Polieren der Schnittflächen erforderlich.

### 4. 2 .2. 3  Rasterelektronenmikroskopie (REM)

Gefügeelemente feinkörniger Tongesteine liegen vielfach im 1-µm-Bereich und darunter. Sie lassen sich im Lichtmikroskop nicht mehr erkennen. Dann wird mit Erfolg das Rasterelektronenmikroskop (REM) eingesetzt.

Neben dem gegenüber dem Lichtmikroskop etwa zehnmal höheren Auflösungsvermögen (Vergrößerung) bietet die Rasterelektronenmikroskopie eine Reihe weiterer wesentlicher Vorteile bei der Untersuchung von Mikrogefügen:
- eine wesentlich höhere Tiefenschärfe, selbst bei hoher Vergrößerung. Das ermöglicht u. a. ein besseres Erkennen der räumlichen Anordnung der einzelnen Gefügeelemente (Abb. 4.45). Durch Erzeugung von Stereobildpaaren (bei leicht verändertem Kippwinkel des REM-Objekttisches) läßt sich eine dreidimensionale Auswertung der Gefügeparameter durchführen.
- ein weiter Vergrößerungsspielraum, der von der „Lupenvergrößerung" (etwa 20fach) nahezu stufenlos bis etwa 40.000fach (Lichtmikroskop bis 1000fach) reicht.

Die mit Hilfe eines zusätzlichen Detektors in Verbindung mit einem geeigneten Spektrometer durchführbare energiedispersive Röntgenmikroanalyse (EDX) ermöglicht über die Gefügeanalyse hinaus gleichzeitig, qualitative bis halbquantitative Untersuchungen zur chemischen Zusammensetzung interessierender Präparatbereiche. So lassen sich z. B. Carbonatphasen lokalisieren oder Schadstoffe und die entsprechenden „Wegsamkeiten" im Gefüge nachweisen. Die Röntgenmikroanalyse ist insbesondere bei der Auswertung von Tracerversuchen von großem Nutzen (Abb. 4.44).

In den allermeisten Fällen führt diese Kombination von rasterelektronenmikroskopischer Gefügeabbildung mit der qualitativen bis halbquantitativen EDX-Analyse zu den gewünschten Aussagen. Wenn quantitative chemische Aussagen über bestimmte Probenbereiche getroffen werden sollen, muß über den gesamten Untersuchungsbereich für den Detektor am REM ein konstanter Abnahmewinkel geschaffen werden. Dies ist nur an polierten Anschliffen möglich.

Nach dem gleichen Prinzip wie der EDX-Detektor am REM arbeitet auch die *Elektronenstrahlmikrosonde*. Bei derartigen Untersuchungen geht jedoch die

„plastische" Darstellung der Gefügeelemente verloren. Ähnliches gilt für die *Protonenmikrosonde (PIXE)*, die gegenüber der energie- bzw. wellenlängendispersiven Röntgenmikroanalyse (EDX bzw. WDX) wesentlich günstigere Nachweisgrenzen aufweist.

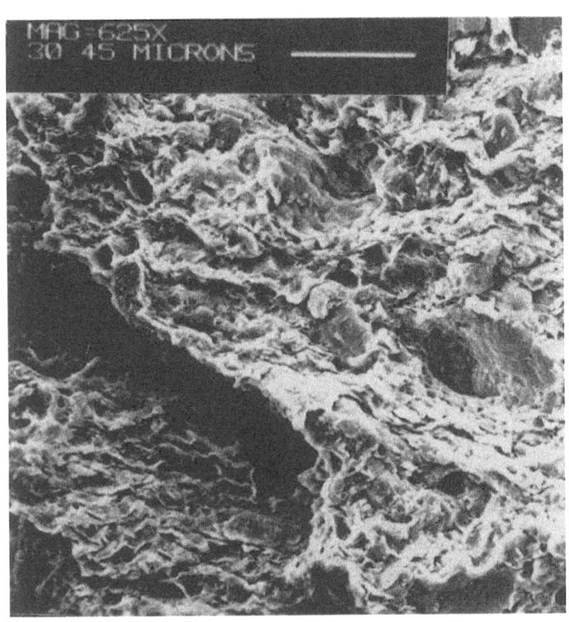


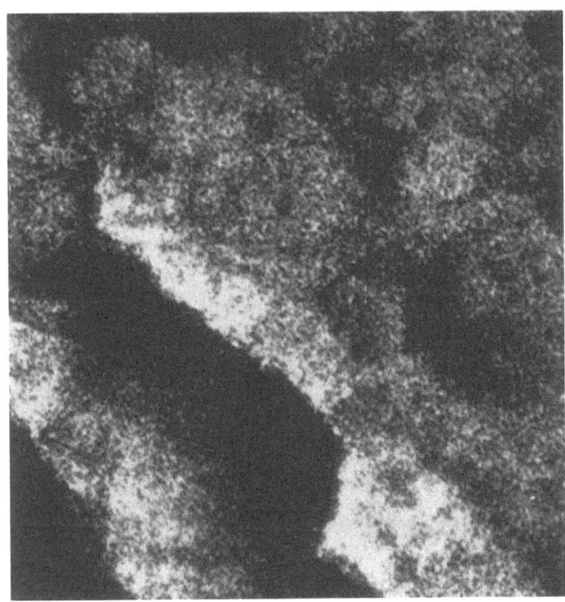

**Abb 4.44.**
*Oben*: REM-Bild der Bruchfläche (Gefrierbruch) einer Tonsteinprobe mit Feinkluft nach einem Durchströmungsversuch mit einer CsBr-Lösung als Tracer;
*Unten*: EDX-Elementverteilungsbild für Cäsium an der gleichen Stelle. Cs-Anreicherungen (helle Bereiche) an den Klufträndern und in besonders tonreichen Partien der Probe. Vergrößerung 575fach

**Abb. 4.45.** REM-Übersichtsaufnahme (geringe Vergrößerung, etwa 400fach). Die Aufnahme stammt von der Schnittfläche eines „Dünnschliffgegenstücks" nach Araldit-D-Einbettung. Unterkreidetonstein, Münchehagen

Die REM-Untersuchung der Präparate erfolgt im Hochvakuum. Bei wasserhaltigen Tongesteinsproben ist daher besonderes Augenmerk auf die *Trocknung* zu legen, damit es zu keinerlei Veränderungen im Mikrogefüge kommt. Bewährt hat sich in diesem Zusammenhang die *Gefrierpräparation (Gefrierschock-Gefrierbruch -Gefriertrocknung*, MATTIAT 1969*)*.

Man schneidet 10 - 15 mm lange, 2 - 5 mm starke stäbchenförmige Präparate aus der Probe heraus, die durch schockartiges Gefrieren in schmelzendem Stickstoff (Temperatur -209,8 °C) in ihrem ursprünglichen Zustand fixiert werden. Bei relativ geringen Wassergehalten und einer möglichst hohen

„Durchfriergeschwindigkeit" liegt das gesamte Wasser der Probe gewisserma-
ßen als „unterkühlte Schmelze", d. h. in glasiger Form vor (Vitrifikation). Eine
Störung des Mikrogefüges durch Eiskristallbildung wird dabei unterbunden.

Um zu vermeiden, daß es beim Gefrierschock zu einer isolierenden Gas-
ummantelung des Präparates kommt (Leidenfrost-Phänomen), wird der flüssige
Stickstoff durch Evakuieren so weit abgekühlt, bis er beginnt, fest zu werden
(„Schmelzender Stickstoff", dazu UMRATH 1974). Das heißt, es muß immer
darauf geachtet werden, daß die Temperatur des Stickstoffs möglichst weit unter
seiner Siedetemperatur liegt. Das gilt auch für die Verwendung von Propan,
Isopentan und Frigen, die ebenfalls oft zur Gefriertrocknung eingesetzt werden.

Der zu geringen Durchfriergeschwindigkeit durch eine sich bildende isolie-
rende Eiskruste kann man begegnen, indem man die Dimensionen der Präparate
möglichst klein hält, wobei allerdings dann zunehmend mit Schneidartefakten zu
rechnen ist. Bei der Dimensionierung der Präparate muß man jedoch immer ab-
wägen zwischen der Gefahr von Schneidartefakten (Probe zu klein) und der Möglichkeit einer Eiskernbildung bei zu großen Präparaten. Die Gefahr einer Eis-
artefaktbildung ist bei dieser Art des Gefrierschockens immer gegeben, besonders natürlich bei Untersuchungsmaterial mit hohem Wassergehalt (Abb. 4.46).

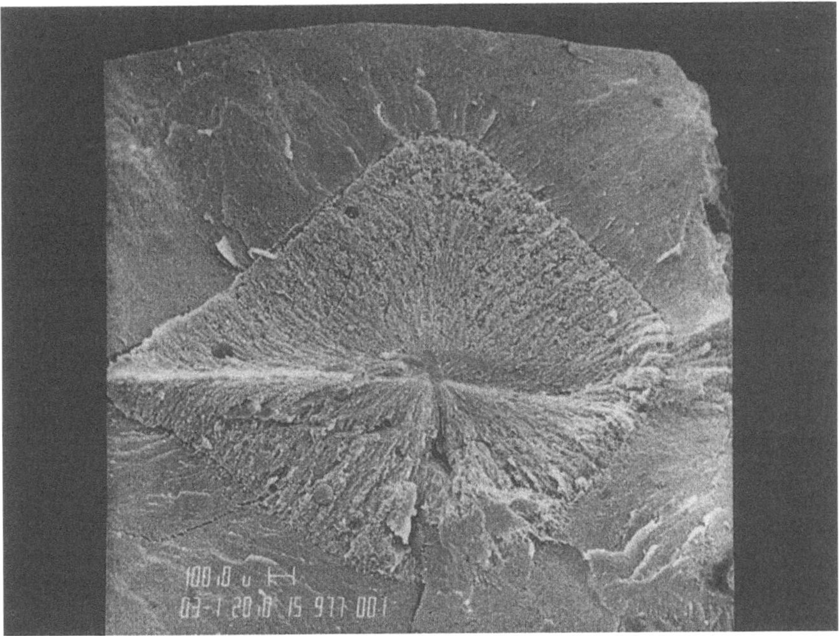

**Abb. 4.46.** REM-Übersichtsaufnahme (bei geringer Vergrößerung, etwa 400fach). - Das
Präparat stammt aus einem Kolbenlotkern einer „Erzschlammprobe" aus dem Atlantis-II-
Tief (Rotes Meer). Im Kern des Präparates kam es zu deutlichen Eiskristallstörungen. Ursa-
che: sehr feinkörniges Material, bestehend aus Fe- und Mn-Oxid-hydraten, bei einem
Wassergehalt > 50 Gew.-%; zu geringe Durchfriergeschwindigkeit. Dadurch kam es nur im
Randbereich des Präparates zu der gewünschten Vitrifikation des „Eises". Zur besseren
Demonstration derartiger Phänomene wurde hier ein Extrembeispiel gewählt, wie es bei der
üblichen Deponietechnik kaum auftritt

Die schockgefrorenen Stäbchen werden unter flüssigem Stickstoff quer gebrochen (Gefrierbruch). Hierfür werden die verschiedensten Brechvorrichtungen benutzt, die alle das Ziel haben, einen möglichst glatten Bruch zu erzeugen, denn an diesen Bruchflächen werden später die eigentlichen rasterelektronenmikroskopischen Untersuchungen durchgeführt.

Normalerweise folgt auf diesen Gefrierbruch eine spezielle Gefriertrocknung. Dafür wird das Präparat unter flüsssigem Stickstoff in den ebenfalls mit flüssigem Stickstoff vorgekühlten Rezipienten einer Gefriertrocknungsanlage überführt.

Dort führt man die Gefriertrocknung bei Temperaturen um -100 bis -90 °C durch (die Temperatur von - 80 °C darf dabei unter keinen Umständen überschritten werden, weil sonst die Gefahr einer Eiskristallbildung besteht), und in einem Hochvakuum (besser als $10 - 5 \cdot 10^5$ Pa). Unter diesen Bedingungen sublimiert das Eis aus der Probe unter Umgehung der flüssigen Phase. Die aus der Probe sublimierten Wassermoleküle schlagen sich an der Oberfläche eines mit flüssigem Stickstoff gekühlten „Kondensators" nieder, der sich in unmittelbarer Nähe der Probenoberfläche befindet (Kühlfalle).

Die Gefriertrocknung dauert 3 - 4 Tage.

Diese Zeit kann abgekürzt werden, wenn man die Gefriertrocknung in 2 Phasen durchführt. Die erste Phase, etwa 12 h (z. B. über Nacht), erfolgt unter den dargestellten Bedingungen. Man kann dann davon ausgehen, daß die interessierende Bruchfläche ohne Artefaktbildung getrocknet und stabil ist. In der zweiten Phase kann man dann die Temperatur auf etwa -20 °C erhöhen. Dabei kommt es zwar zu Eisartefaktbildungen im Inneren der Probe; das stört aber nicht, da bei der Rasterelektronenmikroskopie nur die Oberfläche untersucht wird. Auf diese Weise kann man die Trocknungszeit um mindestens einen Tag verkürzen und auch den Sticksoffverbrauch reduzieren.

Die trockenen, auf Zimmertemperatur erwärmten Proben können dann problemlos im Sputter-Verfahren mit einer leitenden Schicht (z. B. Gold) versehen werden.

Manche Proben sind nach einer Gefriertrocknung sehr empfindlich. Gute Erfahrungen wurden mit einer stabilisierenden Kohleschicht gemacht, die vor der Goldbeschichtung „thermisch" aufgetragen wird (sog. „Sandwich-Beschichtung").

Eine andere Möglichkeit der Untersuchung der gefriergeschockten Probe im REM besteht darin, daß man die tiefgefrorenen Präparate mit Hilfe einer entsprechenden Transfereinrichtung ohne Raumluftkontakt auf einen Kühltisch im REM überführt und dort im tiefgefrorenen Zustand (z. B. bei < -100 °C) untersucht. Dieses relativ aufwendige Verfahren hat den Vorteil, daß man auch Untersuchungen an den fixierten Poren- bzw. Kluftwässern durchführen kann und damit z. B. Informationen über den Porenwasserchemismus mit Hilfe der EDX-Analyse erhält.

Schließlich ist es, wie bereits erwähnt, auch möglich, unabgedeckte Dünnschliffe, bzw. deren beim Schneiden entstandene Gegenstücke im REM zu untersuchen. Das hat den großen Vorteil, daß man Bereiche, die sich bei der lichtmikroskopischen Übersichtsuntersuchung als interessant erwiesen haben, „nahtlos" im REM einer Detailuntersuchung unterziehen kann (KOMODROMOS & MATTIAT 1989).Verfügt das REM nicht über die Möglichkeit der Röntgenmikroanalyse (EDX bzw. WDX), so können Dünnschliffe rasterelektronenmikroskopisch auch in Verbindung mit einem Rückstreuelektronendetektor analysiert werden.

Durch Rückstreuelektronenbilder lassen sich Bereiche mit Elementen großer Ordnungszahlunterschiede diffenziert abbilden. So heben sich Schwermetallanreicherungen deutlich von der silicatischen Matrix ab und Migrationswege von Schadstofflösungen lassen sich damit problemlos erkennen (KISTEN 1996).

# 4.3 Physikalisch-chemische Verfahren

## 4.3.1 Kationenaustauschkapazität

HARALD HEIMERL

### 4.3.1.1 Prinzip und Anwendungsbereich

Eine der fundamentalen Eigenschaften von Tonmineralen ist ihre Fähigkeit, an der Tonmineralmatrix angelagerte Kationen austauschen zu können. Auch pseudoamorphe Sesquioxide und Huminstoffe können Kationen anlagern. Die Summe der an die Tonmineraloberfläche gebundenen und in den Zwischenschichten liegenden austauschbaren Kationen wird als Kationenaustauschkapazität (KAK) bezeichnet. Sie ist definiert als Äquivalentsumme der rücktauschbaren Kationen, d. h. der nach der Kationenbelegung der Mineraloberfläche quantitativ desorbierten (rückgetauschten) Kationen. - Die KAK wird in meq/100 g angegeben.

Die Höhe der KAK hängt bei den Tonmineralen von der Schichtladung und der Zugänglichkeit der Zwischenschichten (der inneren Oberfläche) ab. Das Austauschvermögen der Tone für Anionen ist nur gering.

Da die Kationenaustauschkapazität im sauren pH-Bereich kleiner ist als im neutralen und schwach alkalischen, wird zwischen „potentieller KAK" ($KAK_{pot}$), das ist die maximal mögliche KAK, und „effektiver KAK" ($KAK_{eff}$) unterschieden. Die $KAK_{pot}$ wird mit einer bei einem pH-Wert von etwa 8 gepufferten Lösung ermittelt und entspricht so einem carbonatgepufferten tonigen Sediment bzw. Boden. Die effektive KAK, die mit schwach oder ungepufferten Salzlösungen bei annähernd bodeneigenem pH-Wert bestimmt wird, liegt umso weiter unterhalb der potentiellen KAK, je tiefer der pH-Wert und je höher der Anteil variabler Ladungen ist.

Die KAK wurde früher auch als T-Wert bezeichnet. Der daneben benutzte S-Wert beschreibt die Gesamtsumme aller sorbierten basischen Kationen, im wesentlichen Natrium, Kalium, Magnesium und Calcium. Der Anteil der basischen Kationen an der KAK wächst mit steigendem pH. Umgekehrt nimmt der Anteil saurer Kationen, vornehmlich Aluminium, Eisen, Mangan und Protonen mit sinkendem pH zu. Die Basensättigung der Kationenaustauscher ist eine in der Bodenkunde wichtige ökologische Kenngröße.

Die Kationenaustauschkapazität korreliert in Tonen und Tongesteinen mit dem Tonmineralbestand (Tabelle 1.1), dem Anteil an Tonfraktion, mit der spezifischen Oberfläche, dem Gehalt an organischer Substanz sowie indirekt mit den bodenmechanischen Eigenschaften des Tons. Sie ist ein wichtiger Indikator für das *Schadstoffrückhaltevermögen* .

Die Bestimmung der Kationenaustauschkapazität wird in den Empfehlungen zu geotechnischen Eignungsprüfungen (GDA E 3-3 3) angesprochen und die Barium- und Ammonium-Methode genannt.

Eingehend behandelt wird die Kationenaustauschkapazität in DIN 19684 bzw. ISO 11260 und 13536. Beim DIN-Verfahren handelt es sich um eine Weiterentwicklung der von MEHLICH (1948) vorgestellten, auf dem Rücktausch von Bariumionen beruhenden Methode. Die Barium-Methode wird aber auch in ihrer ursprünglichen Form noch eingesetzt.

Alle mit Bariumionen arbeitenden Methoden, also auch das genormte Verfahren, leiden darunter, daß anwesende Carbonate vorher mit EDTA-Lösungen oder Acetatpuffer-Lösungen entfernt werden müssen, da sie sonst das Ergebnis verfälschen. Auch die Verwendung von Ammoniumionen ist wegen der nicht vollständigen Reversibiltät der Ammonium-Bindung an glimmerartigen Tonmineralen keine befriedigende Alternative. Nur das Silberthioharnstoff-Verfahren in seiner von DOHRMANN & ECHLE (1994) modifizierten Form (siehe Abschn. 4.3.1.4) erlaubt die genaue Bestimmung der Kationenaustauschkapazität speziell carbonathaltiger Tone.

Aus der Vielzahl unterschiedlichster Verfahren seien einige Methoden herausgegriffen, die in der geotechnischen Praxis von Bedeutung sind. Eine vergleichende Übersicht gibt DOHRMANN (1996).

## 4.3.1.2 Ammonium-Methode

Die Ammonium-Methode ist das am weitesten verbreitete und in der geotechnischen Praxis bevorzugt eingesetzte Verfahren zur Bestimmung der KAK.

Die Probe, die carbonatfrei sein muß, wird mehrmals mit einer Austauschlösung aus Ammoniumacetat behandelt und das überschüssige Ammoniumacetat anschließend mehrmals ausgewaschen.

Die Analytik der Ammoniumionen kann, entsprechend DIN 38406-E5-1, spektralphotometrisch mit Natriumdichlorisocyanurat/Natriumsalicylat erfolgen, oder der Ton wird, wie in GDA E 3-3 vorgeschlagen, nach Kjeldahl destilliert und der freiwerdende Ammoniak mit Natronlauge rücktitriert.

Beide Verfahren sind zeitaufwendig. Das schnellste und dem Kjeldahl-Verfahren an Genauigkeit gleichwertige Verfahren ist die Bestimmung des Ammoniumions mit einer ammoniumsensitiven Gasdiffusionselektrode. Die Handhabung und Probenvorbereitung zur Messung ist einfach.

## 4.3.1.3 Barium-Methode

Die Probe, die vor der Analyse entcarbonatisiert werden muß, wird mit einer $BaCl_2$-Lösung, die mit Triethanolamin und HCl auf einen pH-Wert von 8,2 gepuffert ist, behandelt. Dabei werden die adsorbierten Kationen gegen Bariumionen getauscht. Die in der Lösung enthaltenen Kationen werden mittels AAS, ICP-OES oder flammenphotometrisch analysiert. Zusätzlich muß titrimetrisch der H-Wert (Maß für die Äquivalentsumme sorbierter saurer Kationen (Al, Fe, Mn und $H^+$) bestimmt werden. Die potentielle KAK errechnet sich aus der Konzentration an mit $MgCl_2$-Lösung rückgetauschten Bariumionen. Alternativ läßt sich die KAK als Summe der mit $BaCl_2$ ausgetauschten Kationenäquivalente darstellen. In salzfreien Proben müssen beide Werte annähernd gleich sein.

Bei der Berechnung wird von zweiwertigen Bariumionen ausgegangen. wobei unberücksichtigt bleibt, daß Barium in einer $BaCl_2$-Lösung nicht nur als

$Ba^{2+}$, sondern auch äquimolar als $BaCl^+$ gebunden werden kann. Der berechnete KAK-Wert ist damit immer etwas höher als eine reale KAK.

Die Barium-Methode liefert generell höhere Werte für die Kationenaustauschkapazität als die Ammonium-Methode.

### 4. 3. 1. 4  Silberthioharnstoff-Methode

Viele Bestimmungsmethoden der Kationenaustauschkapazität liefern oft fehlerhafte Werte, v. a. bei Anwesenheit von Calciumcarbonat. Diese Fehlerquellen entfallen bei der von CHHABRA et al. (1975) vorgestellten Silberthioharnstoff-($AgTu^{25}$-)Methode. Sie basiert auf dem Eintausch eines stark selektiv von Austauschern bevorzugten metallorganischen Komplex-Kations (Ag-Thioharnstoff).

Zur Versuchsdurchführung wird die Probe mit Silberthioharnstofflösung aufgeschlämmt, geschüttelt und zentrifugiert. Die überstehende klare Lösung wird dekantiert und auf austauschbare Natrium-, Kalium-, Magnesium-, Calcium-, Aluminiumionen (evtl. auch Mangan- und Eisenionen) sowie Protonen analysiert. Aus der Differenz zwischen dem eigesetzten und nach dem Versuch verbleibendem Silber wird der KAK-Wert (T) berechnet.
Bei quellfähigen Tonmineralen liefert die Methode allerdings stark überhöhte T-Werte. Der Zeitaufwand ist sehr gering.

Die von DOHRMANN & ECHLE (1994) modifizierte Silberthioharnstoff-Methode ($AgTu_{Calcit}$) erlaubt eine wesentlich genauere Bestimmung des austauschbaren Calciums. Dazu wird die die Austauschlösung vor der Analyse an Calcit gesättigt, so daß sich während des Schüttelversuchs kein weiteres Calciumcarbonat mehr lösen kann. Das austauschbares Calcium wird aus der Differenz zwischen eingesetztem und nach dem Versuch gefundenem Calcium berechnet. Die in quellfähigen Tonen überschüssig angelagerten AgTu-Kationen werden durch zweimaliges Auswaschen wieder desorbiert, was zu korrekten T-Werten führt.

Das $AgTu_{Calcit}$-Verfahren ist vielfach erprobt. Es ist einfach handhabbar und in jedem tonmineralogischen/chemischen Labor mit üblicher Ausstattung (AAS, falls vorhanden auch ICP-OES) kostengünstig und schnell durchführbar. Die Richtigkeit und Reproduzierbarkeit der Ergebnisse ist sehr gut, die Daten sind gut mit denen der Ammoniumacetat-Methode vergleichbar.

### 4. 3. 1. 5  Technischer Aufwand

Der arbeitstechnische Aufwand zur Bestimmung der Kationenaustauschkapazität ist angesichts der Bedeutung dieses Parameters für die Beschreibung des Adsorptionsvermögens und der Oberflächeneigenschaften vertretbar. Da zur Bestimmung der Kationenaustauschkapazität eine Reihe von Verfahren und Analysemethoden zur Auswahl steht, kann vielfach mit der vorhandenen Laborausstattung gearbeitet werden, so daß zusätzliche Anschaffungen nicht erforderlich sind.

---

[25] Tu von lat./engl. thiourea = Schwefelharnstoff

## 4. 3. 2  Spezifische Oberfläche und Mikroporosität

KURT CZURDA

Die festen Komponenten eines Bodens oder Gesteins erfüllen nie das gesamte Volumen, sondern zwischen den Partikeln verbleiben Hohlräume charakteristischer Größe und Form. Die Korngrößenverteilung, die Kornform und -textur bestimmen, ebenso wie die bindende Matrix, das Porenvolumen und damit die Quantität der sog. äußeren Oberflächen. Als Matrix binden v. a. Carbonat, Kieselsäure, organische Substanz und diverse Eisen- und Mangan-Oxide/ Hydroxide die Komponenten.

Die *äußere Oberfläche* ist durch die freiliegenden Oberflächen der Festpartikel definiert. Dazu treten sog. *innere Oberflächen*, die nur Schichtsilicaten (z. B. Montmorilloniten, Vermiculiten), hohlfasrigen Silicaten (z. B. Palygorskiten) und Zeolithen mit ihren charakteristischen Kanal-/Käfig-Strukturen eigen ist. Die äußeren und inneren Oberflächen bilden zusammen die Gesamt- oder *spezifische Oberfläche*.

Dreischicht-Tonminerale wie Smectite und Vermiculite mit i. allg. elektronegativer Oberflächenladung ändern je nach Wasser- und Kationenangebot z. B. ihre Zwischengitterdimension und können zu kleineren Partikeln dispergieren oder zu größeren koagulieren. Diese Prozesse ändern auch die Qualität und Quantität der spezifischen Oberfläche. Das Mikrogefüge, das sich in Abhängigkeit vom elektrostatischen Feld um die Tonpartikel, dem chemischen Milieu des Porenwassers und den lithostatischen Überlagerungsdrücken ändert, nimmt charakteristische Formen an. Im Extremfall sind die Elementargitter zu Schichtstapeln flokkuliert und bilden über negative Basalflächen und positive Kantenladungen eine Fläche-Kante-Kartenhausstruktur. Bei niedriger Kationenkonzentration bzw. niedrigen pH-Werten kann sich ein disperses Gefüge als Folge gegenseitiger Abstoßung durch Ladungsgleichheit ausbilden, bei hohen Überlagerungsdrücken und abgesättigten Oberflächen (z. B. bei Kaoliniten) kann ein drucksenkrechtes Parallelgefüge entstehen.

### 4. 3. 2. 1  Porengrößenklassifikation

Gemäß der Klassifikation der „International Union of Pure and Applied Chemistry" (IUPAC 1985) und Modifikationen nach anderen Autoren lassen sich Poren nach ihrem Größendurchmesser wie folgt einteilen:

| | |
|---|---|
| Makroporen | $d > 50$ nm |
| Mesoporen | $d = 50$ nm bis $> 2$ nm |
| Mikroporen | $d = 2$ nm bis $> 0,02$ nm. |

Zwischen den Aggregaten eines Sediments, zwischen den einzelnen Tonmineralkristallen eines Aggregates (z. B. Tonmineralstapel) und zwischen den Elementarschichten innerhalb eines Tonmineralkristalles entstehen Porenräume, die in Anlehnung an die Durchmesserklassifikation wie folgt eingeteilt werden in Intra-Aggregat-Poren, interkristalline Poren und intrakristalline Poren (Abb. 4.47).

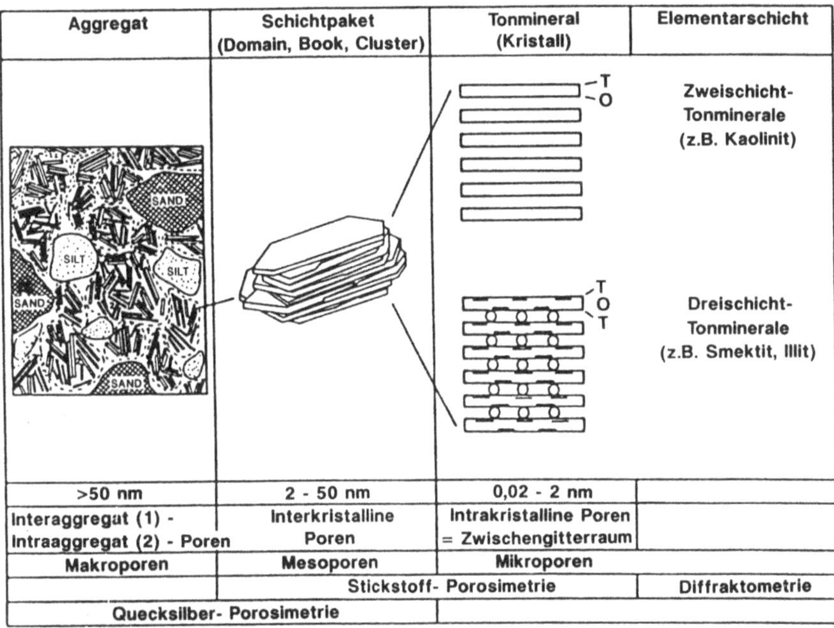


**Abb. 4.47.** Mikroporenklassifikation nach Porengröße und Position innerhalb der gefügebildenden Einheiten. (Aus HAUS 1993)

## 4. 3. 2. 2   Nachweismethoden für Mikroporosität und spezifische Oberflächen

Die verschiedensten wissenschaftlichen Disziplinen wie z. B. die Materialwissenschaften oder die Petrographie haben eine Vielzahl von Meßmethoden entwickelt. Keine dieser Methoden erfaßt jedoch den gesamten derzeit meßbaren Porengrößenbereich. Für die meisten Anwendungsbereiche ist eine Kombination verschiedener Methoden sinnvoll.

Die Oberflächen von Tonen mit ihren extrem kleinen Partikeln und einem hohen Mikroporenanteil, der allerdings überwiegend nicht durchflußwirksam ist, werden bevorzugt mittels Adsorptionsmethoden gemessen. Einen Überblick über alle Methoden zur Charakterisierung von Oberflächen (von denen hier nur einige behandelt werden können) gibt Tabelle 4.16.

Die in der Tabelle aufgeführten Meßmethoden sind jeweils nur für spezifische Porengrößen anwendbar, wobei für Tonmineralgemische (Ton und Tongesteine) nur die Adsorption- und Hg-Intrusionsmethodik sowie - stark eingeschränkt - die Rasterelektronenmikroskopie in Frage kommen. Abb. 4.48 stellt die Meßbereiche der verschiedenen Methoden dar.

**Tabelle 4. 16.** Methoden zur Charakterisierung von Oberflächen

| | |
|---|---|
| Optisch | Lichtmikroskopie<br>Rasterelektronenmikroskopie<br>Holographie<br>Röntgenkleinwinkelstreuung[a] |
| Mechanisch | Sieben, Abtasten<br>Gravimetrie<br>Raster-Tunnelmikroskopie[b] |
| Hydrodynamisch | Gasströmung<br>Flüssigkeitsströmung<br>Hydrostatisch: Intrusion (Quecksilberporosimetrie)<br>Extrusion (Luft/Wasser), pF-Kurve<br>Dichtemessungen mit Meßflüssigkeiten verschiedener Molekülgrößen |
| Adsorption | Physisorption: $N_2$, Ar, $H_2$, $CO_2$<br>Chemisorption: $N_2$ (Stickstoffporosimetrie), Ar, $H_2$, $CO_2$<br>Wasser<br>Adsorption aus Lösungen: Methylenblau, Ethylenglykol, Glycerol<br>Negative Adsorption |

[a] Näheres zu dem hier nicht behandelten Verfahren bei NORRISH & RAUSELL-COLOM (1963)
[b] Spezifische elektonenmikroskopische Technik zur Analyse der atomaren Struktur und der physikalisch-chemischen Zusammensetzung von Oberflächen


## 4. 3. 2. 3 Prinzip der Adsorptionsmethodik (vgl. dazu Kap. 4. 3. 3)

Zwischen Adsorbens (z. B. Ton) und Adsorptiv (z. B. Wasser mit gelösten Kationen) wirken unterschiedliche Kräfte, die sich als physikalische Adsorption (Physisorption) oder chemische Adsorption (Chemisorption) auswirken. Der dann an der Oberfläche fixierte Feststoff wird als Adsorbat bezeichnet. Die Bindungskräfte der Physisorption sind relativ schwach, d. h. die sich entwickelnde Sorptionswärme, die als Richtgröße zur Unterscheidung der Adsorptionszustände dient, ist gering. Die physisorptiven Bindungskräfte sind: Van-der-Waals-Kräfte, Ion-Dipol-Wechselwirkungen, Dipol-Dipol-Wechselwirkungen und Wasserstoffbrückenbindungen. Die Sorptionswärme der Chemisorption entspricht der Bildungswärme einer chemischen Reaktion und ist entsprechend hoch.

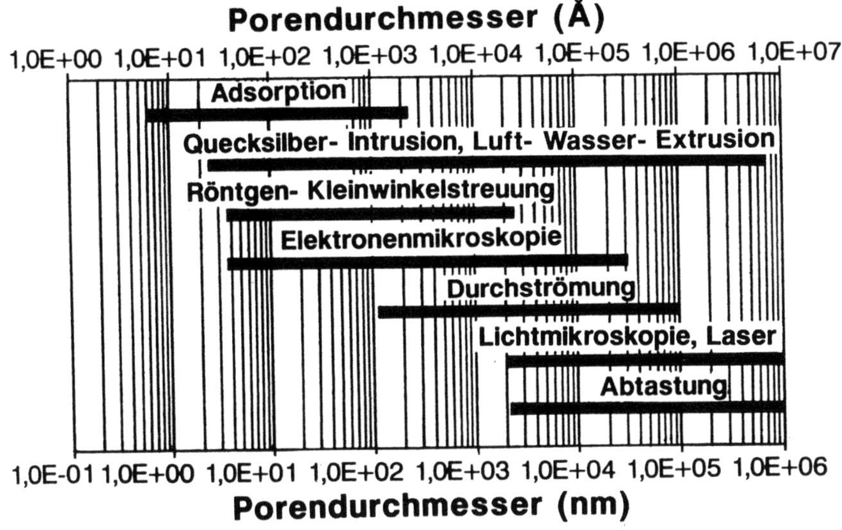


**Abb. 4.48.** Meßmethoden und Meßbereiche zur Bestimmung spezifischer Oberflächen

Unter Adsorption versteht man im Reaktionsprozeß zwischen Tonoberflächen und Gasen die Anreicherung von Molekülen oder Atomen aus der Gasphase an der Tonmineraloberfläche (Kap. 4.3.3). Die Oberfläche ist i. allg. heterogen bezüglich der Attraktionskräfte, d. h. es stehen Bereiche mit unterschiedlichen Adsorptionsenergien zur Verfügung. Adsorptiv und Adsorbat stehen in einem dynamischen Gleichgewicht, wobei ein Teil der Feststoffe in der Gasphase verbleibt und der Rest an den Tonoberflächen adsorbiert wird. Diese Verteilung kann durch eine Volumenkonzentration in der Gasphase [mol/cm$^3$] oder durch eine Oberflächenkonzentration der adsorbierten Teilchen [mol/cm$^2$] charakterisiert werden.

Zur Aufstellung der sog. Langmuir-Isothermen (Kap. 4.3.3). trägt man das bei konstanter Temperatur adsorbierte bzw. desorbierte Gasvolumen pro Masseneinheit des eingesetzten Adsorbens [cm$^3$/g] gegen den relativen Druck $P_i / P_o$ auf. Aus den auf diese Weise entwickelten Sorptionsisothermen lassen sich Informationen über die Porengrößenverteilung und die spezifische Oberfläche ableiten.

## 1 Stickstoffporosimetrie

Die Gasadsorptionsmessung mittels Stickstoff ist die gebräuchlichste Methode zur Bestimmung der Festkörperoberfläche. Ein diesbezüglicher Entwurf der DIN 66131 liegt vor. Bei diesem volumetrischen Verfahren wird, ausgehend von einem Hochvakuum, eine kontrollierte Menge eines Adsorptivs in einen geeichten Probenbehälter mit der darin befindlichen Probe eingeleitet. Das

Adsorptiv reichert sich entsprechend dem Adsorptionspotential auf der Probenoberfläche an. Die Methode beruht auf dem Rechenverfahren nach BRUNAUER, EMMET und TELLER (1938), der sog. BET-Theorie.

$$\frac{P_i}{V_{ads} \cdot (P_0 - P_i)} = \frac{1}{V_m \cdot C} + \frac{C - 1}{V_m \cdot C} \cdot \frac{P_i}{P_0} \qquad (24)$$

$P_i$: Druck im Probengefäß; $P_0$: Sättigungsdampfdruck; $V_{ads}$: adsorbiertes $N_2$-Volumen; $V_m$: spezifisches Volumen; C: BET-Konstante (bestimmt durch Adsorptionsenthaltpie)

Trägt man die linke Seite der Gleichung gegen $P_i/P_0$ auf, so resultiert eine Gerade mit definiertem Gültigkeitsbereich (Abb. 4.49).
Die Neigung der Geraden und der Ordinatenabschnitt b lassen sich durch lineare Regression ermitteln.

$$\eta_m = 1/(a+b) \; und \; C = a/b + 1 \qquad (25)$$

Neigung $a = C - 1/\eta_m C$; Ordinatenabschnitt $b = 1/\eta_m C$; $\eta_m$ = Zahl der adsorbierten Moleküle bei monomolekularer Bedeckung; C = BET-Konstante

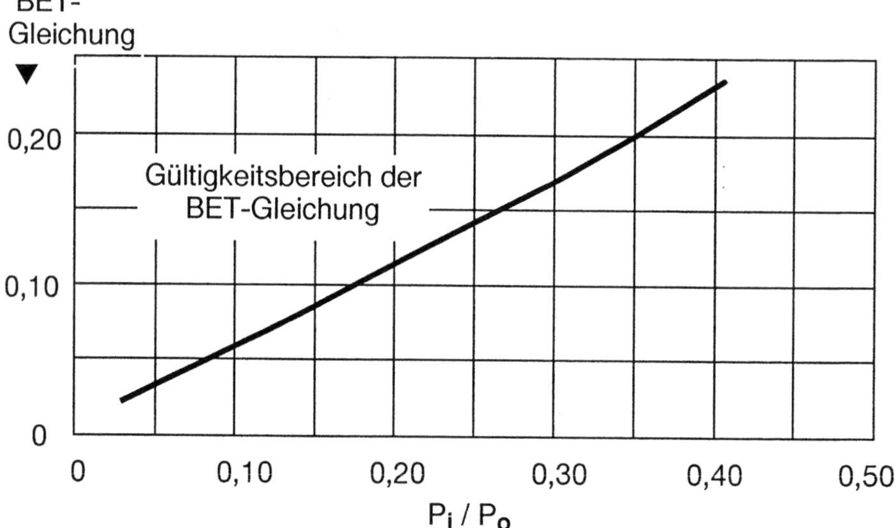


**Abb. 4.49.** BET-Isotherme exemplarisch für Kaolinit

Die spezifische Oberfläche $S_{BET}$ ergibt sich bei bekannter Loschmidt-Zahl $N_l$ und Querschnittsfläche des Adsorbates $A_m$ (16,2 Å für das Stickstoffmolekül) aus:

$$S_{BET} = \eta_m \cdot N_L \cdot A_m \cdot (m^2 / g)$$ (26)

Die Oberflächenbestimmung bezieht sich wegen der Größe des Stickstoffmoleküls und der fehlenden Dipolwirkung mit den Gegenionen immer nur auf die äußere Oberfläche (s. Tabelle 4.17).

Soll jedoch die gesamte Oberfläche, d. h. auch die inneren Oberflächen der Zwischengitterräume, bestimmt werden, so empfiehlt sich die Anwendung der Wasserdampfadsorption.

Der Verlauf der Adsorptions- und Desorptionsisothermen in Abb. 4.50 läßt Rückschlüsse auf die Porengröße und die Adsorptions- und Desorptionsmechanismen zu. Die Adsorptionsisotherme des Na-aktivierten Bentonits zeigt

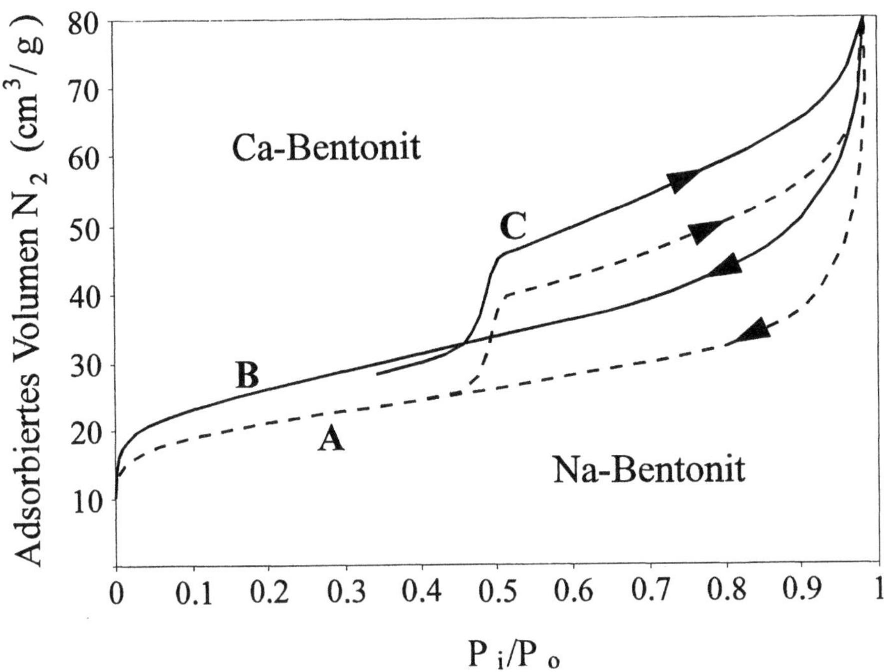


**Abb. 4.50.** Ad-/Desorptionsisotherme eines Natrium- und Calcium-Bentonits. Beim Calcium-Bentonit ist das Adsorptionsvermögen im Mikroporenbereich größer als beim Natrium-Bentonit. Nähere Erläuterung im Text

bei $P_i/P_o = 0$ einen steilen Anstieg A, der die Gasfüllung des Porenraumes anzeigt. Der flache Anstieg B-C ist Ausdruck der kontinuierlichen Bildung von dünnen Adsorptivlagen an den Partikeloberflächen. Ab C beginnt die Kapillarkondensation in den feinsten Mesoporen.

Mit zunehmendem Druck werden immer mehr Poren gefüllt, bis beim Sättigungsdampfdruck $P_i/P_o = 1$ das gesamte System mit $N_2$-Kondensat gefüllt ist. Der sigmoidale Verlauf der Isotherme ist typisch für gemischt mikro- und makroporöse Sedimente. Wird der relative Druck $P_i/P_o$ wieder abgesenkt, kommt es zu einer stark verzögerten Evaporation des Gases. Die Desorptionskurve trifft erst bei C durch einen steilen Abfall wieder auf die Adsorptionskurve. Diese Hysterese ist auf verschiedene Mechanismen der Kondensation und Evaporation zurückzuführen. Die Form der Hystereseschleife erlaubt Rückschlüsse auf die Porengeometrie.

Die oben angesprochene Wasserdampfadsorption zur Bestimmung auch der inneren Oberflächen und somit der gesamten spezifischen Oberfläche beruht, mit gewissen Einschränkungen, ebenfalls auf der BET-Theorie. Im Stickstoffmolekül sind 2 Stickstoffatome durch eine kovalente Bindung miteinander verbunden. Trotz gleichmäßiger Ladungsverteilung innerhalb des Moleküls entsteht durch Schwankungen in der Ladungsdichte der Elektronenhülle ein fluktuierender Dipol. Durch Wechselwirkung zwischen diesen momentanen Dipolen und der Tonmineraloberfläche werden schwache, ungerichtete Anziehungskräfte erzeugt. Die Größe des Moleküls verhindert zudem das Eindringen in den Zwischengitterraum. Das stark polare Wasserstoffmolekül bildet Wasserstoffbrückenbindungen aus, und diese Bindungskräfte führen im Sinne der Adsorptionstheorie zu einer Steigerung der Bindungsfähigkeit von $H_2O$-Dipolen an die Tonmineraloberflächen.

Die Stickstoff- und Quecksilberporosimetrie werden als genormte und am häufigsten angewendete Methoden hier näher beschrieben. Die Wasserdampfadsorption ist komplexer, liefert allerdings auch zusätzliche Oberflächenparameter. Sie kann hier nicht detailliert dargestellt werden.


## 2 Quecksilberporosimetrie

Auch diese Methodik zählt zu den häufiger angewendeten Verfahren, und sie ist daher ebenfalls in einem Normenentwurf (DIN 66133) enthalten.

Das Prinzip der Quecksilberporosimetrie beruht auf der Intrusion einer nichtbenetzenden Flüssigkeit - Quecksilber - in Kapillare. Bestimmt wird die Porengrößenverteilung. Das Quecksilber füllt die Poren nicht spontan, sondern nur bei Aufbringen eines genügend großen Druckes, der vom Kontaktwinkel, der Oberflächenspannung des Quecksilbers und der Porengröße abhängt. Der Kontaktwinkel (auch: Benetzungswinkel) errechnet sich aus der maximalen Höhe eines auf der Oberfläche des Tonplättchens aufliegenden Quecksilbertropfens. Er wird gemäß DIN 66133 mit 140° festgelegt.

## 4. 3. 2. 4  Zahlenwerte für Porosität und spezifische Oberfläche

Exemplarisch werden in Tabelle 4.17 Porositäts- und Oberflächenwerte charakteristischer Tonminerale und Tonmineralgemische angegeben. Die Werte wurden z. T. stickstoffadsorptiv, z. T. wasserdampfadsorptiv bestimmt.

**Tabelle 4.17.** Porositäts- und Oberflächenwerte ausgewählter Ton- und Tonmineralgemische. (Nach HAUS (1993)

| Material | Korndichte $[g/cm^3]$ | Äußere Oberfläche $(N_2)$ $[m^2/g]$ | Gesamtoberfläche $(H_2O)$ $[m^2/g]$ | Porenvolumen $[cm^3/g]$ | Porosität $[\%]$ |
|---|---|---|---|---|---|
| Kaolinit | 2,62 | 8,9 | 9,0 | 0,287 | 43,5 |
| Illit | 2,67 | 12,6 | 22,3 | 0,187 | 33,2 |
| Ca-Bentonit | 2,71 | 29,6 | 403,8 | 0,281 | 42,7 |
| Na-Bentonit | 2,71 | 50-120 | 750-840 | n. b. | n. b. |
| Keuper-Ton (Bad.-Württ.) | 2,66 | 49,8 | n. b. | 0,223 | 37,2 |

## 4. 3. 3  Adsorption und Desorption

REINHARD WIENBERG

### 4. 3. 3. 1  Prinzip und Anwendungsmöglichkeiten

Für die Rückhaltung von Schadstoffen im Untergrund stellt die Adorption den wichtigsten, gegenüber der reinen Wasserbewegung verzögernden Faktor dar.

Die Adsorption gehört zu den Eignungsanforderungen für die Geologische Barriere von Deponiestandorten, die in der Technischen Anleitung zum Abfallgesetz (TA Abfall 1991) niedergelegt sind s. Kap. 3.2.1). Hier werden die Begriffe Adsorptionsvermögen und Schadstoffrückhaltepotential offenbar als Synonyme verwendet (vgl. Kap. 1.3.1.1). Ein direkt handhabbares Kriterium für das Adorptionsvermögen wird allerdings nicht angegeben; indirekt wird die Anforderung durch die Vorgabe, daß ein Mindestanteil an Tonmineralen vorhanden sein muß, ausgefüllt, wobei vorausgesetzt wird, daß die Tone die wesentlichen Sorbenten darstellen. Im folgenden wird dargestellt, wie darüber hinaus das Adorptionsverhalten untersucht werden kann.

### 4. 3. 3. 2  Grundlagen, Definitionen und Größen

Unter *Adsorption* versteht man die aufgrund molekularer Kräfte stattfindende Anlagerung von Gasen und gelösten Stoffen (*Sorbate*) an Phasengrenzflächen, d. h. an der Oberfläche eines festen Stoffes oder an flüssigen Grenzflächen (*Sorbenten*). Der umgekehrte Vorgang, die Ablösung sorptiv gebundener Stoffe von den Phasengrenzflächen, wird als *Desorption* bezeichnet.

Zur Theorie der Sorption an geogenen Feststoffen liegen zusammenfassende Arbeiten für Gewässersedimente (WIENBERG et al. 1987, 1990), Böden und Deponietone vor (WÜSTENHAGEN et al. 1990, WAGNER 1992), auf die hier verwiesen wird. Im folgenden soll lediglich eine kurze Einführung gegeben werden.

Abhängig von den Bindungsenergien unterscheidet man bei der Sorption zwischen Physisorption und Chemisorption.

Bei der *Physisorption* wirken Van-der-Waals-Kräfte mit Sorptionsenthalpien im Bereich von 4 - 8 kJ/mol. Unter Van-der-Waals-Kräften versteht man dabei elektrostatische Kräfte. Physisorptiv angelagerte Teilchen sind meist vollständig reversibel gebunden.

Bei der *Chemisorption* liegen ionische und koordinative Bindungen vor. Bei der Desorption bleibt häufig ein Teil des Sorbates „irreversibel" gebunden. Eine Zwischenstellung zwischen Physi- und Chemisorption nehmen die Wasserstoffbrückenbindungen ein.

Bei Sorptionsuntersuchungen wird üblicherweise so vorgegangen, daß bekannte Feststoffmengen mit wäßrigen Lösungen der zu untersuchenden Schadstoffe ins Gleichgewicht gebracht (equilibriert) werden. Danach wird jeweils der Anteil, der sich in der Lösung befindet ($C_{eq}$) und derjenige, der an den Feststoffen sorbiert vorliegt ($C_s$), bestimmt. Das Verhältnis $C_s/C_{eq}$ wird im folgenden (Feststoff-Wasser-) *Konzentrationsverteilung* oder *Verteilungskoeffizient* genannt.

Die Beziehung zwischen den beiden Fraktionen $C_s$ und $C_{eq}$ in Abhängigkeit von der Gleichgewichtskonzentration $C_{eq}$ wird als *Sorptionsisotherme* bezeichnet. Zur Darstellung der Isothermen wird der unter Gleichgewichtsbedingungen am Feststoff sorbierte Schadstoffanteil gegen die Konzentration in der Lösung aufgetragen (Abbildung 4.51).

Die *Langmuir-Isotherme* (Fall a) zeigt mit zunehmendem Gehalt des Sorbats in der Lösung einen Plateaubereich (eine weitergehende Sorption findet nicht statt) und ist typisch für Fälle, bei denen die Zahl der Sorptionsplätze (z. B. durch die Ionenaustauschkapazität) begrenzt ist.

$$\textit{Langmuir - Isotherme:} \quad C_s = \frac{Q_o \cdot b\, C_{eq}}{1 + b\, C_{eq}} \tag{27}$$

In zahlreichen Fällen werden die Ergebnisse besser durch die empirische *Freundlich-Isotherme* charakterisiert (Fall c). Man geht davon aus, daß die in einer Mehrschichtsorption sorbierten Teilchen selbst wieder mit dem gelösten Sorbat in Wechselwirkung treten.

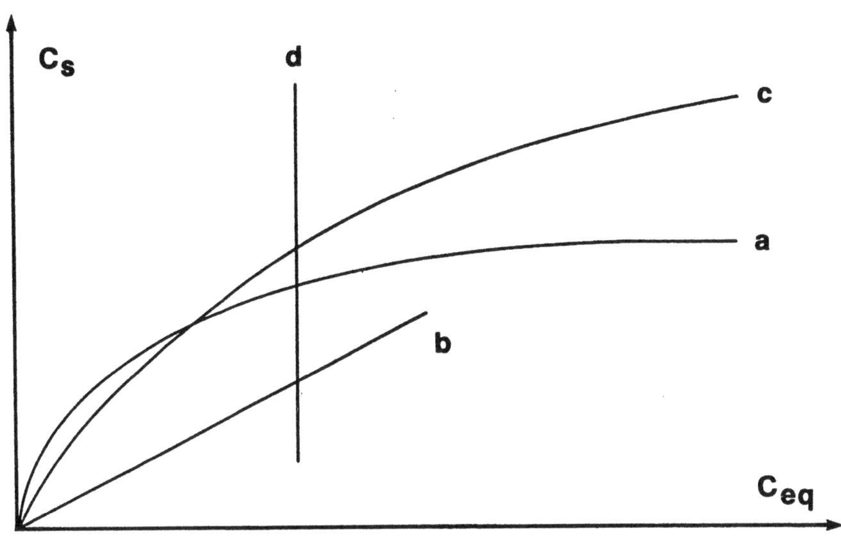


**Abb. 4.51.** Verschiedene Sorptionsisothermen: *a* Langmuir-Isotherme; *b* lineare Isotherme; *c* Freundlich-Isotherme; *d* Fällungs-Auflösungsbeziehung. (Aus WIENBERG 1990)

*Freundlich-Isotherme*: $\qquad C_s = K_F \cdot C_{eq}^{\,1/n}$ $\qquad\qquad$ (28)

$C_s$: am Feststoff sorbierter Anteil; $C_{eq}$: Konzentration der Lösung bei Gleichgewichtsbedingungen; $K_F$: Freundlich-Sorptionskoeffizient n: empirische Konstante

Häufig und insbesondere bei niedrigen Konzentrationen und kleinen Konzentrationsspannen in der Lösung ist n nahezu oder gleich 1 und es liegt eine *lineare Sorptionsisotherme* vor (Fall b).

$$C_s = K_p \cdot C_{eq} \qquad\qquad (29)$$

In diesem Fall sind die Konzentrationsverteilungen konstant und ergeben den *linearen Sorptionskoeffizienten*, der im folgenden bei organischen Sorbaten als Kp-Wert, bei anorganischen als $K_d$-Wert bezeichnet wird.

Findet ausschließlich *Fällung /Auflösung* statt, stellt sich bei jeder Konzentration am Feststoff die gleiche Sättigungskonzentration in der Lösung ein (Fall d).

## 4. 3. 3. 3  Methoden der Adorptions- und Desorptionsmessungen

### 1  Bestimmung aus Schüttelversuchen

#### *Durchführung der Versuche*

Bei Schüttel- (Batch-) versuchen wird der Feststoff in einer wäßrigen Lösung des Sorbates suspendiert, eine definierte Zeit geschüttelt und anschließend die Lösung abgetrennt. Es werden die Konzentrationen in der wäßrigen Phase sowie im Feststoff ermittelt.

Zu diesem Grundschema gibt es zahlreiche, problemspezifische Ausführungsweisen. Andererseits liegt eine Normung nach der Methode OECD-Norm 106 Adsorption/Desorption vor (OECD 1981/1993). Diese Methode wurde für die Bestimmung des Sorptionsverhaltens von Agrochemikalien an typischen landwirtschaftlich genutzten Böden geschaffen: In Glasschliff-Zentrifugengläsern wird unkontaminierter Boden im Gewichtsverhältnis 1 : 5 (z. B. 5 g Boden und 25 ml Lösung) mit einer Lösung, die den Schadstoff und 0,01 m/l $CaCl_2$ in deionisiertem Wasser enthält, ins Sorptionsgleichgewicht gebracht. Die Gefäße werden 16 h geschüttelt. Anschließend wird zentrifugiert, der klare Überstand dekantiert und die Konzentration in der wäßrigen Phase vermessen. Durch Wägung wird der Wassergehalt des Zentrifugenrückstandes ermittelt und mit einem geeigneten Lösemittel, in welchem das Sorbat gut löslich sein muß, der Schadstoffgehalt ermittelt. Der in dem Restwasser enthaltene Sorbatanteil wird rechnerisch berücksichtigt. Eine Stoffbilanz zeigt, ob es zu Verlusten, z. B. durch Verflüchtigung oder Bildung nicht extrahierbar gebundener Rückstände gekommen ist.

Variationen dieses Vorgehens sind v. a. bei folgenden Bedingungen angbracht:

- Bei einem Feststoff-Wasser-Verhältnis von 1 : 5 ist bei hochsorptiven Schadstoffen und Substraten die Gleichgewichtskonzentration in Wasser oft so gering, daß die Bestimmungsgrenzen der Analytik unterschritten werden. In solchen Fällen wird das Verhältnis üblicherweise stark herabgesetzt.
- Das Sorptionsgleichgewicht ist oft bereits nach wenigen Minuten erreicht; in solchen Fällen kann die Schüttelzeit erheblich verkürzt werden. Umgekehrt treten Fälle auf, bei denen eine sehr langsame Gleichgewichtseinstellung erfolgt, und die Versuchsdauer dementsprechend verlängert werden muß.
- Bei sorptiven, organischen Substanzen *muß* mit Glasgefäßen gearbeitet werden, um Wandsorption zu verhindern. Andererseits ist bei Schwermetallen der Einsatz von Kunststoffgefäßen (z. B. Polyethylen) üblich.
- Statt zu zentrifugieren, wird gelegentlich auch mit Membran- oder Papierfiltern filtriert. Dies ist wegen der Sorptivität des Filtermaterials für organische Substanzen nicht geeignet; bei anorganischen Sorbaten muß in Vorversuchen sichergestellt werden, daß keine Sorption am Filtermaterial stattfindet.

Besonders zu beachten und zu erfassen sind Stoffverluste während des Schüttelversuches. Bei sehr flüchtigen Substanzen muß daher der feststoffgebundene Anteil extraktiv ermittelt und kann nicht aus der Sorptionsbilanz berechnet werden. Gelegentlich wird parallel ein Kontrollversuch ohne Boden durchgeführt, um so die Verflüchtigung oder den chemischen Abbau mit zu erfassen. Da sich aber lediglich der Anteil verflüchtigt, der in der wäßrigen Phase gelöst und nicht sorbiert vorliegt, wird der Verflüchtigungsanteil in einem derartigen Kontrollversuch überschätzt. Weiterhin zu beachten sind Verluste durch biologischen Abbau, insbesondere bei längerdauernder Gleichgewichtseinstellung. Bewährt hat sich in diesem Fall die Vergiftung durch Zugabe einer Spatelspitze Natriumacid pro Versuchsgefäß.

### Sorptionsisothermen

Bei der Bestimmung der Sorptionsisothermen werden die Schadstoffkonzentrationen variiert. Die Variationsbreite richtet sich nach den zu erwartenden Konzentrationen in der Umwelt; nach der OECD sollte sie bis zur halben Wasserlöslichkeit, aber nicht über 5 mg/l gehen. Sinnvoll ist eine möglichst breite Konzentrationsspanne, am besten über mehrere Dekaden, soweit die verwendete Analytik dies zuläßt. Auf diese Weise läßt sich eine Isotherme nach Langmuir oder Freundlich leichter erkennen. Die OECD-Norm gibt z. B. 0,04; 0,2; 1 und 5 mg/l an. Enge Prüfintervalle ergeben dagegen meist nur annähernd lineare Beziehungen und spiegeln das Sorptionsverhalten der Schadstoffe oft nicht richtig wider.

### Sorptionskinetik

Bei der Aufnahme der Sorptionskinetik wird der Sorptionskoeffizient in Abhängigkeit von der Equilibrier-Zeit (Stunden bis Wochen) gemessen, wobei der Zeitpunkt der Gleichgewichtseinstellung des Schadstoffes zwischen Feststoff und der Lösung ermittelt wird. Bei der graphischen Darstellung wird der Verteilungskoeffizient $K_p$ ($C_s/C_{eq}$) gegen die Zeit aufgetragen. Ändern sich die $K_p$-Werte nicht mehr, so ist das Sorptionsgleichgewicht erreicht.

Die Sorptionskinetiken lassen sich auf zweierlei Weise bestimmen. Zum einen werden so viele Versuchsparallelen angesetzt, wie Zeitschritte geplant sind. Nach dem jeweils erreichten Zeitschritt wird ein Einzelversuch beendet, und die Gleichgewichtskonzentrationen werden wie oben ermittelt. Zum anderen wird ein größerer Ansatz hergestellt, z. B. 200 g Boden auf 1 l Wasser. Nach einer jeweils vorgegebenen Zeit wird unmittelbar nach dem Schütteln ein definierter Anteil (z. B. 25 ml) der noch aufsuspendierten Mischung entnommen, zentrifugiert, und die feststoffgebundenen Anteile bzw. die Lösungskonzentrationen werden bestimmt. Dabei wird in Kauf genommen, daß evtl. vorhandenes Grobkorn sehr rasch sedimentiert und bei der Entnahme der Suspension unterrepräsentiert ist, weil das Grobkorn im Vergleich zum Feinkorn in der Regel nur geringen Anteil am Sorptionsgeschehen hat (GERTH 1985).

### Desorptionsversuche

Bei aufeinanderfolgenden (konsekutiven) Desorptionsversuchen gilt das Augenmerk der Frage, ob mit jedem Desorptionsschritt die Konzentrationsverteilungen zunehmen; ist dies der Fall, kann es als Hinweis auf „resistierende

Komponenten" der Sorption gelten; zumindest ein Teil des Sorbats wird nicht nur sorbiert, sondern an den Feststoffen „irreversibel" gebunden (DI TORO et al. 1982). Diese Feststoffe würden somit eine Schadstoffsenke darstellen, d. h., die Schadstoffe würden der Umwelt entzogen werden.

Bei kombinierten Sorptions-/Desorptionsversuchen wird zunächst ein Sorptionsversuch, wie oben beschrieben, durchgeführt. Nach der Gleichgewichtseinstellung (bzw. entsprechend der OECD-Norm nach 16 h) wird wie üblich zentrifugiert und dekantiert, nicht jedoch der Boden extrahiert. Statt dessen wird mit unkontaminiertem Wasser wieder bis zum Originalvolumen aufgefüllt. Dieser Schritt wird in der Regel mehrmals als konsekutiver Desorptionsschritt wiederholt. Erst nach dem letzten Schritt wird auch eine Feststoffextraktion durchgeführt. Alle Einzelschritte werden unter Wägekontrolle durchgeführt, um eine vollständige Bilanz zu ermöglichen. Während die Wasserkonzentrationen stets gemessen werden, ist dies beim Boden nur nach dem letzten Schritt der Fall; für alle anderen Schritte muß die Bodenkonzentration aus der Bilanz errechnet werden.

Beim reinen Desorptionsversuch enthält der Boden bereits zu Versuchsbeginn die Kontamination, so daß der Sorptionsschritt entfällt. Ansonsten ist das Vorgehen identisch.


### *Grenzen der Versuchsanordnung*

Die Schüttelversuche stellen Modellversuche dar, die mit geringem Aufwand Aussagen zum Einfluß verschiedenster Randbedingungen auf die Sorption erlauben. Besonders geeignet sind die Schüttelversuche für Screening-Untersuchungen zur Bewertung von Umweltchemikalien bzw. verschiedener Sorbenten. Andererseits sind die Ergebnisse wegen einer Reihe von möglichen Versuchsartefakten nicht immer und unmittelbar auf natürliche Verhältnisse zu übertragen:

- Durch die Aufschwemmung oder Zerkleinerung des Materials werden sekundär reaktive Oberflächen geschaffen, die zu erhöhter Sorption führen können
- Durch die Aufschwemmung können kolloidale Feststoffbestandteile in Lösung gehen. Als „dritte Phase" können diese Kolloide Sorbatstoffe binden und in der Lösung halten. In diesem Fall wird eine zu niedrige Sorption gemessen
- Das Feststoff-Wasser-Verhältnis ist weit von den natürlichen Bedingungen im Boden entfernt. Es ist jedoch bekannt, daß dieses Verhältnis erheblichen Einfluß auf die Sorptivität haben kann
- Das Gefüge des Bodens wird zerstört. Aber eine Reihe von sorptionsanalogen Vorgängen (z. B. Porenfiltration, Diffusion in blind endende Porenschläuche, BOUTWELL et al. 1986) wird wesentlich durch die Gefügestruktur mitbestimmt

Um die Einschränkungen bezüglich der Aussage der Schüttelversuche einschätzen und für den speziellen Fall bewerten zu können, sollten regelmäßig einzelne Verifizierungsversuche mit einer weiteren Methode (s. u.) durchgeführt werden.

*Anwendungsbeispiele*

In Abb. 4.52 sind als Beispiel im Schüttelversuch ermittelte Sorptionsisothermen für 4 organische Sorbate dargestellt. Geprüft wurde eine schluffige Probe des Hamburger Glimmertons.

Die Abbildung und die zugehörige Tabelle zeigen, daß die Isotherme für Parathion am höchsten liegt, gefolgt von Dichlorbenzol, Toluol und schließlich von der praktisch nicht sorbierten organischen Säure 2,4-D. Bei den ersten 3 Isothermen zeigt sich, daß die Steigung der Geraden nahe 1 ist, es liegt also eine annähernd lineare Sorptionsisotherme vor. Bei 2,4-D ist dagegen mit $1/n = 0{,}75$ eine Freundlich-Isotherme zu finden. Insgesamt ist dieser Sorbent zwar im Vergleich zu anderen Substraten recht sorptiv, flüchtige organische Substanzen wie z. B. die BTEX oder LCKW werden aber kaum, organische Säuren gar nicht retardiert.

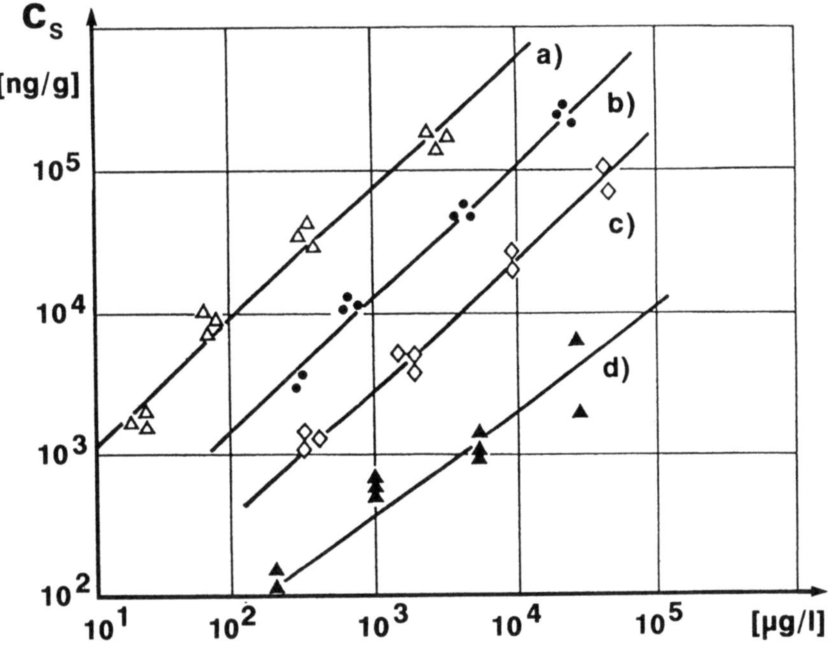


**Abb. 4.52.** Sorptionsisothermen für 4 organische Substanzen in der schluffigen Fazies des Hamburger Glimmertons. (Aus WÜSTENHAGEN et al. 1990)

| Substanz | $K_F$[1] | $1/n$[2] | $K_D$-Bereich[3] |
|---|---|---|---|
| a) Parathion | 140 | 0,92 | 60 - 130 |
| b) 1,3-Dichlorbenzol | 19 | 0,92 | 10 - 18 |
| c) Toluol | 6 | 0,91 | 2 - 4 |
| d) 2,4-D | 2,3 | 0,75 | 0,3 - 0,6 |

[1] (Freundlich-)Sorptionskoeffizient [2] Empirische Konstante [(28) in Kap. 4.3.3.2]
[3] Linearer Sorptionskoeffizient

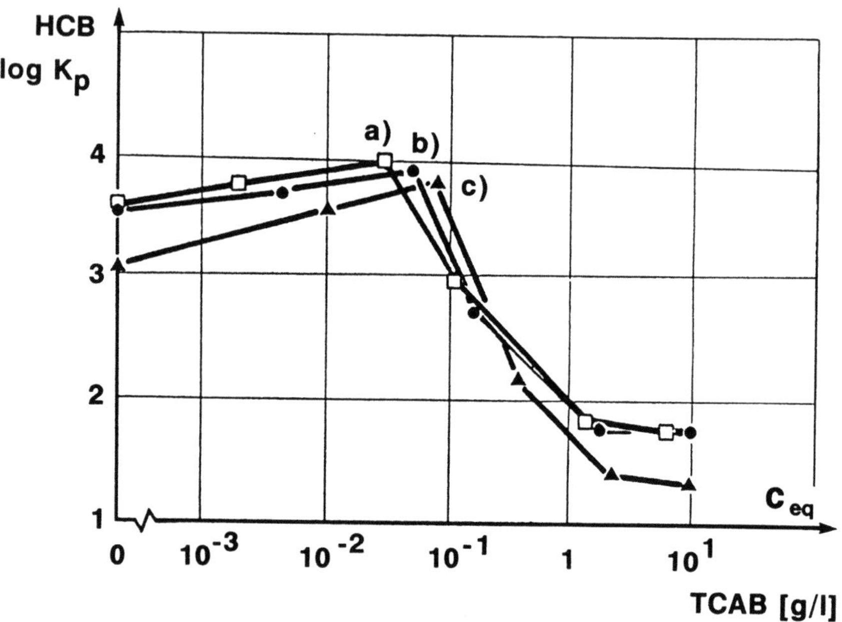


**Abb. 4.53.** Einfluß des kationischen Tensids ODTMAB (Oktadecyltrimethylammonium-bromid) = TCAB (Trimethylcetylammoniumbromid) auf die Sorption von Hexachlorbenzol an 3 Proben (a - c) in der schluffigen Fazies des Hamburger Glimmertons. (Aus WÜ-STENHAGEN et al. 1990)

Abb. 4.53 zeigt die Ergebnisse eines Schüttelversuchs an 3 verschiedenen Proben des Glimmertons, bei dem der Einfluß verschiedener Randbedingungen, hier steigender Konzentrationen eines kationischen Tensids, auf die Adsorption von Hexachlorbenzol untersucht wurde. Ohne zusätzliche Anweseneit von Tensid liegt der $K_d$-Wert für Hexachlorbenzol zwischen 1000 und 4000, diese Substanz ist also hoch sorptiv. Bei geringen Konzentrationen des Tensids wird die Sorptivität um das 4- bis 8fache gesteigert. Oberhalb einer Tensidkonzentration um 30 bis 100 mg/l nimmt die Sorptivität dagegen sehr stark ab.

## 2 Bestimmung aus der effektiven und der apparenten Diffusion

### Berechnungsweise

Die Grundlagen und die Methoden für die Untersuchung der apparenten (= scheinbaren) Diffusion finden sich in Kap. 4.3.4. Für die Bestimmung der Sorptionskoeffizienten sind grundsätzlich alle Versuchsanordnungen zur instationären Diffusion ebenfalls geeignet.

Die mit sorptiven Substanzen gemessenen scheinbaren Diffusionskoeffizienten enthalten sowohl die Impedanzen als auch die Sorption in Form der Retardationsfaktoren [Kap. 4.3.4, (32) - (34)].

Bei bekannter Impedanz läßt sich somit aus der effektiven ($D_{eff}$) und der apparenten Diffusion ($D_a$) eines Stoffes der Feststoff-Wasser-Konzentrationsverteilungskoeffizient $K_d$ wie folgt berechnen:

$$R = \frac{D_{eff}}{D_a} \; ; \quad K_d = \frac{n_e}{\rho_d}(R-1) \, . \tag{30}$$

Dabei bezeichnet R den Retardationsfaktor, $\rho_d$ die Trockendichte, $n_e$ die Porosität und $K_d$ die Konzentrationsverteilung der Spezies zwischen der Flüssig- und der Feststoffphase.

In der Regel ergeben $K_d$-Werte für unpolare organische Substanzen, die aus Diffusionsversuchen und die aus Schüttelversuchen bestimmt werden, in der Größenordnung gute Übereinstimmungen (GERTH 1991; Tab. 4.18). Dagegen fand WAGNER (1992) bei Schwermetallen sehr starke Abweichungen.

**Tabelle 4.18.** Vergleich der aus Schüttelversuchen ($K_{df}$) und aus Diffusionsversuchen ($K_{ddif}$) ermittelten Verteilungskoeffizienten. Daten von GERTH (1991), neu berechnet

| | | | | |
|---|---|---|---|---|
| Klei: | pH = 5,8; | $f_{oc}$ = 0,01; | $\rho d$ = 1,35 t/m$^3$; | $n_e$ = 0,4 |
| Mudde: | pH = 4,5; | $f_{oc}$ = 0,08; | $\rho d$ = 0,38 t/m$^3$; | $n_e$ = 0,7 |
| Torf: | pH = 3,9; | $f_{oc}$ = 0,20; | $\rho d$ = 0,31 t/m$^3$; | $n_e$ = 0,8 |

| | Stoff | $K_{df}$ | $K_{ddif}$ | $K_{df}/K_{ddif}$ |
|---|---|---|---|---|
| *Klei* | $\gamma$-HCH | 9,2 | 8,9 | 1,0 |
| | 2,4,5-T | 2,0 | 0,5 | 4,0 |
| | Atrazin | 6,2 | 2,1 | 2,9 |
| *Mudde* | $\gamma$-HCH | 465 | 445 | 1,1 |
| | 2,4,5-T | 103 | 204 | 0,50 |
| | Atrazin | 73 | 261 | 0,28 |
| *Torf* | $\gamma$-HCH | 500 | 536 | 0,93 |
| | 2,4,5-T | 204 | 524 | 0,39 |
| | Atrazin | 84 | 451 | 0,19 |

### Grenzen der Versuchsanordnung

Der wesentliche Vorteil dieser Versuchsanordnung gegenüber den Schüttel-versuchen ist durch die Möglichkeit gegeben, mit wenig oder nicht gestörten Bodenproben und bei ihrem natürlichen Feststoff-Wasser-Verhältnis zu arbeiten. Eine Zerstörung des Gefüges findet nicht statt, auch werden wahrschein-lich keine neuen reaktiven Oberflächen geschaffen. Folgende Nachteile zeigen allerdings auch hier Grenzen auf:

– Voraussetzung für die rechnerische Bestimmung der Sorptivität ist die zuverlässige Bestimmung der effektiven Diffusion. Die Voraussetzung, daß die gewählten Diffusionstracer weder sorbiert werden, noch sonst mit den Feststoffen reagieren ist aber nicht immer gegeben. Zu beachten sind bei anioni-schen Tracern z. B. Anionensorption, Ionenausschluß oder Ionensiebeffekte.

– Schwierig ist die Bestimmung des diffusionswirksamen Porenraumes. Er wird immer gemeinsam mit der Impedanz erfaßt und läßt sich nicht von ihr trennen. Außerdem ist er stoffabhängig: Substanzen, die z. B. in die Zwischen-schichten der Tonminerale diffusiv eindringen können, steht mehr Porenraum zur Verfügung als denen, die dazu nicht in der Lage sind. Welcher Porenraum ist schließlich diffusionswirksam in Relation zur jeweiligen Molekülgröße?

### Berechnungs- und Anwendungsbeispiele

In Kap. 4.3.4, Abb. 4.57, sind die Diffusionsprofile für Chlorid und $\gamma$-HCH für Hamburger Marschenklei wiedergegeben. Der Diffusionskoeffizient für Chlorid lautet: $D_{eff} = 7,6 \cdot 10^{-10}$ m$^2$/s. Der Diffusionskoeffizient im reinen Wasser beträgt für Chlorid $D_0 = 2,03 \cdot 10$-9 m$^2$/s (Tabelle 4.21 in Kap. 4.3.4). Nach (2) in Kap. 4.3.4 ergibt sich daraus eine Impedanz von $\gamma = 0,34$.

Für Hexachlorcyclohexan beträgt der apparente Diffusionskoeffizient $D_a = 6,2 \cdot 10^{-12}$ m$^2$/s. Berechnet man nach Kap. 4.3.4 den Diffusionskoeffizienten von Hexachlorcyclohexan in reinem Wasser, so ergibt sich: $D_0 = 5,2 \cdot 10^{-10}$ m$^2$/s. Nach (2) ist $D_{eff} = D_0 \cdot \gamma = 1,9 \cdot 10^{-10}$ m$^2$/s. Daraus ergibt sich nach (34) ein Retardationskoeffizient von $R = D_{eff}/D_a = 31$. Bekannt war weiterhin die Porosität (0,4) und die Trockendichte (1,35 t/m$^3$). Nach (34) beträgt der Sorp-tionskoeffizient somit: $K_d = 8,9$.

## 3 Bestimmung aus Säulen-Perkolationsversuchen

### Durchführung der Versuche

Säulen-Perkolationsversuche verschiedenen Maßstabs werden besonders des-halb durchgeführt, weil dieser Versuchsansatz die natürlichen Bedingungen mit einem durchströmten Bodenkörper in seiner natürlichen Lagerung am ehesten nachbilden läßt. Ähnlich wie beim Diffusionsversuch ist es das Ziel, den Retardationskoeffizienten R zu ermitteln und daraus bei bekannter Trok-kenrohdichte, Porosität und Impedanz die Feststoff-Wasser-Konzentrations-verteilung zu errechnen.

Im einfachsten Fall, bei linearen Isothermen, fehlendem Abbau oder Reaktivität und konstanter Konzentration beim Zufluß ergeben die am Säulenende auftretenden Konzentrationen Durchbruchkurven mit Wendepunkten bei 50 % der Zulaufkonzentration zum Zeitpunkt $t_{0,5}$ (Durchbruchzeit). In diesem Fall ergibt das Verhältnis der Durchbruchzeiten bzw. der Transportgeschwindigkeiten für den jeweiligen Schadstoff und einen nicht retardierten Tracer (z.B. Cl⁻, Br⁻ oder tritiiertes [radioaktiv markiertes] Wasser) den Retardationskoeffizienten.

Um beim Säulen-Perkolationsversuch auch den Diffusionskoeffizienten und ggf. den Abbaukoeffizienten zu erhalten, werden die allgemeine Transportgleichung, wie in Kap. 3.5 dargelegt, analytisch gelöst und die Konzentrations-Zeit-Daten durch iterative Variation der Diffusions-, Sorptions- und Abbaukoeffizienten bis zur Minimierung der Abweichungsquadrate der Lösung angepaßt.

Bei sehr sorptiven Schadstoffen und Böden sowie geringer Durchlässigkeit werden die Durchbruchzeiten extrem groß. In diesem Fall wird die Bodensäule - bei SCHNEIDER et al. (1991) z. B. nach mehreren Versuchsjahren - stratigraphiert und in den einzelnen Bodenscheiben die Konzentration ermittelt. Die Konzentrations-Weg-Daten zum Zeitpunkt der Probenzerteilung werden ebenfalls iterativ der entsprechenden analytischen Lösung der Transportgleichung angepaßt.

Bei nicht linearen Sorptionsisothermen und bei Nicht-Gleichgewichten wird die Form der Durchbruchkurven bzw. der Konzentrationsprofile in charakteristischer Weise verändert. In diesen Fällen gibt es keine analytischen Lösungen der Transportgleichung, sondern nur numerische, iterative Lösungsansätze.

Für Säulen-Perkolationsuntersuchungen wurde eine Vielzahl verschiedener Versuchsanordnungen eingesetzt: Sie reichen von großvolumigen Lysimetern im $m^3$-Maßstab bis zu HPLC-Stahldrucksäulen mit 12 mm Durchmesser und 290 mm Länge (SCHWARZENBACH & WESTALL 1981). Dazwischen liegen Versuchsansätze mit Glassäulen, z. B. bei SCHNEIDER et al. (1991), mit 80 mm Durchmesser und 1200 mm Länge. Eingesetzt wurden auch abgewandelte Oedometer-Anlagen, so daß mit variierter Auflast gearbeitet werden kann, und Triaxial-Durchlässigkeitsmeßzellen.

Neben konstanter Zulaufkonzentration wird auch mit alternierenden Konzentrationen gearbeitet. So wird das Sorptionsverhalten bei konstanter Zulaufkonzentration und anschließend das Desorptionsverhalten bei Verwendung unkontaminierter Versuchslösung untersucht. Durch injektionsartiges Zugeben der Schadstoffe in begrenzter Zeit ergeben sich Minimum-Maximum-Minimum-Kurven mit charakteristischer Asymmetrie bei verschiedenen nicht linearen Isothermen.

*Grenzen der Versuchsanordnung*

Insgesamt sind Säulenansätze die wirklichkeitsnächsten Versuche. Alle Versuchsanordnungen mit Säulen-Perkolation sind im Vergleich zu den Schüttelversuchen und den Diffusionsversuchen sehr aufwendig. Bei besonders sorptiven Schadstoffen und Sorbenten werden die Versuchszeiten sehr lang, so daß in angemessenen Zeiträumen nicht mit einem Schadstoffdurchtritt zu rechnen ist. In diesem Fall kann durch Probenstratigraphierung und Schadstoffbestimmung in den Probenscheiben versucht werden, die Sorption zu berechnen. Wenn dies erforderlich wird, scheint aber der strömungslose Versuch, also der Diffusionsversuch im instationären Zustand, einfacher zu sein und zuverlässiger zum Ziele zu führen.

Die bei der Bestimmung der Sorptivität aus dem Diffusionsversuch genannten Probleme gelten auch hier: Die Trennung der Einflußgrößen diffusionswirksamer Porenraum und Sorptivität ist schwierig. Die Voraussetzung, daß die gewählten Diffusiontracer weder sorbiert werden, noch sonst mit den Feststoffen reagieren, muß auch hier gegeben sein.

Besonders wichtig ist eine adäquate Perkolationsgeschwindigkeit, so daß sich die erforderlichen Gleichgewichte in der zur Verfügung stehenden Zeit einstellen können. Bei zu hohen Durchflußraten werden erheblich zu geringe Sorptivitäten ermittelt.

### *Anwendungsbeispiel*

In Abb. 4.54 ist als Beispiel die Bestimmung des Diffusionskoeffizienten für Chlorid aus der Durchbruchkurve und für Blei aus dem Diffusionsprofil nach der Probenstratigraphierung dargestellt (WAGNER 1992). Aus dem Verhältnis der Transportgeschwindigkeiten für einen unretardierten Tracer (Cl) und für Blei ergeben sich Retardationskoeffizienten um 80.

In Tabelle 4.19 findet sich eine Gegenüberstellung von Retardationsfaktoren eines Auelehms, die aus Schüttel-, Diffusions- und Perkolationsversuchen sowie aus Abschätzungen nach Geländemessungen in situ errechnet wurden. Im Gegensatz zu den Ergebnissen bei den organischen Schadstoffen zeigen sich hier zwischen den Versuchsansätzen große Unterschiede. Die höchsten $K_d$-Werte treten regelmäßig bei den Schüttelversuchen auf, gefolgt von den Diffusionsversuchen und schließlich den Perkolationsversuchen. Die Ergebnisse der In-situ-Messungen liegen zwischen den Schüttel- und den Diffusionsversuchen. Die besonders niedrigen Werte bei der Perkolation wurden wahrscheinlich durch vergleichsweise hohe Durchflußraten und kinetische Nicht-Gleichgewichte verursacht (WAGNER 1992).

**Tabelle 4.19.**   Gegenüberstellung der Retardationsfaktoren (R) aus Laborversuchen und Geländemessungen an einem Auelehm. (Aus WAGNER 1992)

| Versuchsansatz | Blei | Cadmium | Zink |
|---|---|---|---|
| Laborversuch | | | |
| Schüttelversuch | 13000 | n.b. | 2200 |
| Diffusionsversuch | 7000 - 9000 | 135 - 160 | 315 - 900 |
| Perkolationsversuch | 45 - 83 | 9 - 34 | 5 - 7 |
| In-situ-Messungen | 3750 - 6500 | 375 - 650 | 1000 - 1700 |

## a) Chlorid - Durchbruchskurven

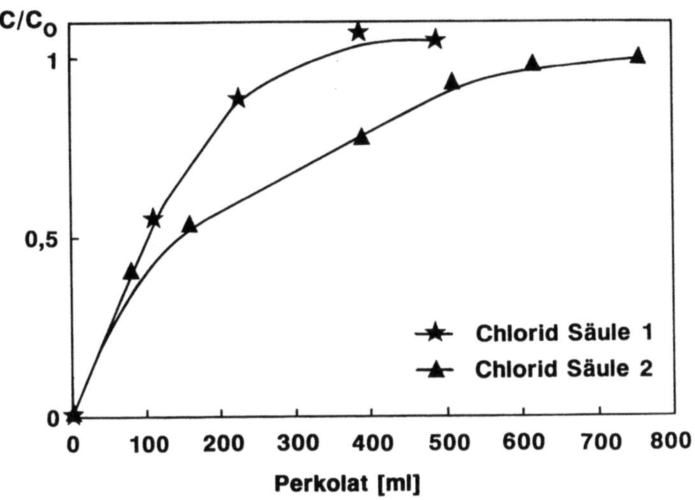



## b) Blei - Konzentrationsverteilung

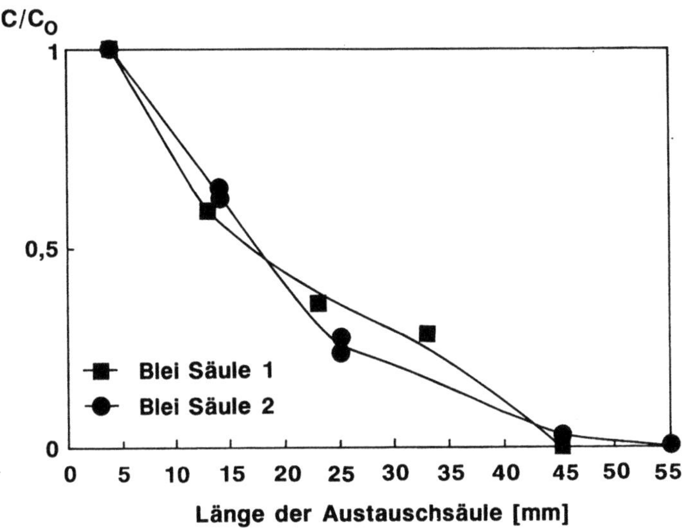



**Abb. 4.54. a** Bestimmung der Chlorid-Geschwindigkeit aus der Durchbruchkurve und **b** der Pb-Migrationsgeschwindigkeit aus der Konzentrationsverteilung in der Tonsäule; $C / C_0$: auf die Ausgangskonzentration der Lösung bezogene Konzentration im Perkolat a bzw. in der Porenlösung b

## 4  Technischer und zeitlicher Aufwand

Die Schüttelversuche sind sehr einfach und schnell durchzuführen. Eine geübte Person kann z. B. 30 Einzelansätze an einem Tag herstellen und am zweiten Tag die Versuche beenden. Der Aufwand wird dann im wesentlichen durch die nachgeschaltete Analytik bestimmt, kann jedoch bei Verwendung von Radioisotopen sehr stark verringert werden. Der geringe Aufwand ermöglicht die systematische und umfassende Untersuchung verschiedener Randbedingungen auf die Sorption. Bei der Ermittlung der apparenten und der effektiven Diffusion ergibt sich gleichzeitig die Bestimmung der Sorptionskoeffizienten. Der Versuchsaufwand ist wesentlich höher als beim Schüttelversuch (siehe auch die Bewertung des Versuchsaufwandes in Kap. 4.3.4).

Noch wesentlich aufwendiger ist der Perkolationsversuch. Bei sehr sorptiven Schadstoffen und Böden werden die Versuchszeiten extrem lang.

In der Praxis wird das Schadstoffrückhaltevermögen eines Barrieregesteins am besten bestimmt durch eine Kombination von Schüttelversuchen (Sorptionsisothermen, Sorptionskinetik, konsekutive Desorptionsversuche), auch unter Variation der Randbedingungen wie z. B. des „Meisterfaktors" pH bei der Schwermetallsorption und der Verifizierung der Versuchsergebnisse durch Säulenversuche, sei es als strömungsloser Diffusionsversuch oder als Perkolationsversuch.


## 4. 3. 4  Diffusion

HARALD HEIMERL und REINHARD WIENBERG


### 4. 3. 4. 1  Prinzip und Anwendungsmöglichkeiten

Neben der advektiven Wasserbewegung und der mechanischen Dispersion bestimmt die Diffusion maßgeblich den Transport von gelösten Substanzen im Deponieuntergrund. Dabei kann eine rein diffusive Schadstoffausbreitung auch dann erfolgen, wenn nur eine äußerst geringe oder keine advektive Strömung festzustellen ist. In einem gewissen Maße ist ein diffusiver Transport auch entgegen einem hydraulischen Gradienten (z. B. bei hoch anstehendem gespannten Grundwasser) möglich, insbesondere wenn die abdichtenden Schichten nur sehr gering durchlässig sind.

Diffusionsuntersuchungen an Proben aus dem Barrieregestein oder den Deponieabdichtungen sind neben Durchlässigkeitsversuchen (Kap. 4.1.8) und Sorptionsversuchen (Kap. 4.3.3) erforderlich, um direkten Aufschluß über die Mobilität von Schadstoffen zu erhalten. Diffusionsuntersuchungen sind daher auch in den Empfehlungen "Geotechnik der Deponien und Altlasten" der Deutschen Gesellschaft für Erd- und Grundbau vorgesehen (GDA 1993).

## 4. 3. 4. 2  Grundlagen, Definitionen und Größen

### 1  Definitionen und Gesetzmäßigkeiten der Diffusion

Durch die Brownsche Molekularbewegung befinden sich gelöste Teilchen in stetiger, ungerichteter Bewegung. Sobald Konzentrationsgradienten auftreten, führt ein statistischer Ausgleichsprozeß zum Bestreben, die Konzentrationsunterschiede auszugleichen. Dieser Prozeß heißt Diffusion.

Die Geschwindigkeit des diffusiven Ausgleichs läßt sich durch die Stoffmenge Q ausdrücken, die in der Zeiteinheit t durch eine Fläche A hindurchgeht. Nach den *Fickschen Gesetzen* ist die Stoffflußdichte dQ/Adt dem Konzentrationsgradienten proportional; die Proportionalitätskonstante D (Einheit: Fläche/ Zeit, also z. B. $m^2$/s) ist der Diffusionskoeffizient. Das 1. Ficksche Gesetz [(31) links] beschreibt den Transport an einer Stelle mit konstantem Konzentrationsgefälle (stationärer Fall). Das 2. Ficksche Gesetz [(31) rechts] berücksichtigt den Fall, daß sich die Konzentration an der Stelle x während des Diffusionsvorganges ändert (instationärer Fall).

$$dQ = -D \cdot A \frac{dC}{dx} \cdot dt \; ; \quad \frac{\partial C}{\partial t} = D \cdot \frac{\partial^2 C}{\partial x^2} \qquad (31)$$

Q: Stoffmenge; D: Diffusionskoeffizient; A: Fläche; C: Konzentration; x: Höhe, Länge; t: Zeit

### 2  Diffusion in porösen Medien

Für die Diffusion im Porenraum des Bodens steht nicht der gesamte Querschnitt, sondern nur der wassergesättigte Anteil der Poren zur Verfügung. Auch wird der Diffusionsweg eines Stoffteilchens um die Bodenpartikel herumgeführt und damit im Vergleich zum freien Wasser verlängert. Diese geometrische Behinderung der Diffusion wird als *Tortuosität* bezeichnet. Bei der Diffusion von Anionen können zusätzlich Behinderungen durch Anionenausschlußeffekte an negativ geladenen Oberflächen auftreten. Zudem ergeben sich aufgrund starker Wasserspannungen in unmittelbarer Nähe zur Oberfläche Veränderungen in der Viskosität des Wassers und damit eine zusätzliche Beeinträchtigung der Diffusion. Die Summe aller den Diffusionsvorgang behindernden Faktoren wird durch den *Impedanzfaktor* ausgedrückt (SCHNEIDER & GÖTTNER 1991). Der Tortuosität kommt dabei nach NYE 1979 die größte Bedeutung zu. Unter Einbezug dieser Einflußfaktoren ergibt sich bei der Diffusionsmessung in porösen Medien der *effektive Diffusionskoeffizient*, $D_{eff}$. Er wird aus dem Diffusionskoeffizienten der freien Lösung $D_0$ mit Hilfe des Impedanzfaktors $\gamma$ nach Gleichung 2 (links) erhalten. Die Bestimmung des Impedanzfaktors erfolgt in einem Diffusionsversuch mit Hilfe eines nicht retardierten Tracers, wie z. B. $Cl^-$, $Br^-$ oder mit tritiiertem (radioaktiv markiertem) Wasser nach Gleichung 2 (rechts).

$$D_{\textit{eff}} = D_0 \gamma ; \quad \gamma = \frac{D_{\textit{eff}}}{D_0} \quad . \tag{32}$$

Meist unterliegen die Schadstoffteilchen zusätzlich sorptiven Wechselwirkungen. Je stärker die Sorption, desto geringer wird scheinbar die Diffusion. Der unter dem Einfluß von Sorptionseffekten gemessene *apparente* (d. h. scheinbare) *Diffusionskoeffizient* $D_a$ muß um den Retardationsfaktor R [Sorptionsterm, (33)] korrigiert werden, um den effektiven Diffusionskoeffizienten $D_{\textit{eff}}$ zu erhalten (34).

$$R = 1 + \frac{\rho_d K_d}{n_e} \quad . \tag{33}$$

$$D_a = \frac{D_{\textit{eff}}}{R} = \frac{D_0 \gamma}{R} = \frac{D_0 \gamma \, n_e}{n_e + \rho_d K_d} \quad . \tag{34}$$

Dabei bezeichnet $\rho_d$ die Trockendichte, $n_e$ die Porosität und $K_d$ die Konzentrationsverteilung der Spezies zwischen der Flüssig- und der Feststoffphase.


### Stationäre und instationäre Diffusion

Der *stationäre Zustand* ist dann erreicht, wenn durch die Bodenprobe in gleichen Zeiten gleiche Stoffmengen diffundieren. Die Zeit bis zur Einstellung des stationären Zustandes in einer wenige Zentimeter dicken Tonschicht kann je nach migrierender Spezies beträchtlich sein und 1 bis 6 Monate oder mehr betragen. Im stationären Zustand stehen die Adsorptions- und Desorptionsvorgänge derart im Gleichgewicht, daß nur der Einfluß der Impedanz, aber keine Sorptionseffekte beschrieben werden können. Untersuchungen im stationären Zustand ergeben daher immer den effektiven Diffusionskoeffizienten, $D_{\textit{eff}}$.

Im *instationären Zustand* diffundieren in gleichen Zeiten unterschiedliche Stoffmengen durch die Bodenprobe. Man erhält lediglich bei nicht sorptiven Substanzen, z. B. Chlorid, den effektiven Diffusionskoeffizienten, $D_{\textit{eff}}$, ansonsten jedoch den apparenten Diffusionskoeffizienten, $D_a$. Ergebnisse werden schneller als mit dem stationären Versuchsaufbau erhalten. Darüber hinaus können Aussagen zur Sorptivität gewonnen werden.

Für nahezu ideale Tracer, wie z. B. Chlorid, werden im instationären und stationären Aufbau Diffusionskoeffizienten gleicher Größenordnung erhalten, da in beiden Fällen der effektive Diffusionskoeffizient gemessen wird. (Tabelle 4.20).

**Tabelle 4.20.** Meßergebnisse aus stationärem und instationärem Aufbau: effektive Diffusionskoeffizienten von Chlorid für Proben Nordbayerns und der Bayerischen Oberen Süßwassermolasse. (HEIMERL 1995)

| Probe | $D_{eff}$, Cl⁻ stationär [$10^{-6}$ cm²/s] | $D_{eff}$, Cl⁻ instationär [$10^{-6}$ cm²/s] |
|---|---|---|
| Ichenhausen | 3,8 | 5,4 |
| Aichach | 3,2 | 4,1 |
| Buttenwiesen | 4,3 | 8,0 |
| Kröning | 5,9 | 7,8 |
| Kleinbettenrain | 4,2 | 8,3 |
| Michelbach | 3,1 | 5,6 |
| Birkenschlag | 2,8 | 4,7 |

### 4. 3. 4. 3 Methoden zur Ermittlung des Diffusionskoeffizienten $D_0$ im reinen Wasser

Aus den in Tabelle 4.20 angegebenen effektiven Diffusivitäten und einem bekannten $D_0$ für Chlorid ($2{,}03 \cdot 10^{-5}$ cm²/s) lassen sich nach (32) Impedanzen von 0,14 - 0,41 angeben. In erster Annäherung läßt sich bei bekannter Impedanz auch für weitere Stoffe der effektive Diffusionskoeffizient nach (32) angeben, soweit für diese Substanz der Diffusionskoeffizient in reinem Wasser $D_0$ bekannt ist. Für 20 bzw. 25 °C gibt es für viele Substanzen tabellierte Diffusionskonstanten $D_0$. Fehlen jedoch tabellierte Werte, können die $D_0$-Werte nach mehreren Verfahren geschätzt werden.

Mit guter Näherung ergibt sich der Diffusionskoeffizient für *anorganische Ionen* in stark verdünnter wäßriger Lösung nach der Nernst-Einstein-Beziehung. Die Berechnung von $D_0$ erfolgt aus den Grenzleitfähigkeiten der Ionen im Wasser, $\lambda$ (in S cm²/mol), nach (35).

$$D = \frac{RT}{F^2} \cdot \frac{\lambda}{z^2} \cdot \qquad (35)$$

R ist die Gaskonstante (8,31451 J/mol·K), T die Temperatur in Kelvin (25 °C ≡ 298,15 K), F die Faraday-Konstante ($9{,}64846 \cdot 10^4$ C/mol), z die Ladungszahl der Ionen. $D_0$ erhält die Einheit JS cm² C⁻² = cm²s⁻¹. Die Grenzleitfähigkeiten von Ionen im Wasser, $\lambda$, finden sich für zahlreiche Ionen in Tabellenwerken (CRC-Handbook, S. D-169, dort als Equivalenz-Grenzleitfähigkeit, $\lambda/z$ angegeben). Für stark verdünnte Lösungen und für Wasser bei 25 °C berechnen sich z. B. die in Tabelle 4.21 angegebenen Diffusionskoeffizienten, $D_0$.

**Tabelle 4.21.** Diffusionskoeffizienten $D_0$ für ausgewählte Kationen und Anionen bei 25°C in stark verdünnten wäßrigen Lösungen

| Kationen $D_0$ $[10^{-5}cm^2s^{-1}]$ | | Anionen $D_0$ $[10^{-5}cm^2s^{-1}]$ | |
| --- | --- | --- | --- |
| $Li^+$ | 1,03 | $Cl^-$ | 2,03 |
| $Na^+$ | 1,33 | $Br^-$ | 2,08 |
| $K^+$ | 1,96 | $SO_4^{2-}$ | 1,07 |
| $Cd^{2+}$ | 0,719 | $CrO_4^{2-}$ | 1,13 |
| $Cr^{3+}$ | 0,595 | $H_2AsO_4^-$ | 0,905 |
| $Cu^{2+}$ | 0,713 | $AsO_2^-$ | 1,10 |
| $Pb^{2+}$ | 0,945 | | |
| $Zn^{2+}$ | 0,699 | | |

Der Diffusionskoeffizient ist abhängig von der Temperatur, der Viskosität der Lösung (die ihrerseits temperaturabhängig ist) und der Molekül- bzw. Ionengröße. Nach der Stokes-Einstein-Beziehung gilt für die Diffusion:

$$D = \frac{kT}{f} \; ; \; f = 6\pi\eta a \tag{36}$$

mit k als Bolzmann-Konstante ($1{,}38066 \cdot 10^{-23}$ $JK^{-1}$), $\eta$ als hydrodynamische Viskosität in der Einheit Centipoise (cp) und a als hydrodynamischer Radius des Teilchens. Faßt man alle Konstanten zusammen, so ist $D_T$, der Diffusionskoeffizient bei der Temperatur T (in K), proportional $T/\eta_T$, wobei $\eta_T$ die Viskosität des Wassers bei der Temperatur T ist. Daraus ergibt sich:

$$D_T = D_{298,15K} \cdot \frac{\eta_{298,15K}}{\eta_T} \cdot \frac{T}{298,15K} = D_{298,15K} \cdot K_T \tag{37}$$

wobei $K_T$ ein Temperatur-Korrekturfaktor für die Diffusion ist. In Tabelle 4.22 finden sich einige Werte für $K_T$ und für die hydrodynamische Viskosität bei verschiedenen Temperaturen im umweltrelevanten Bereich.

Bei *organischen Substanzen* gibt es eine Reihe von empirischen Struktur-Wirkungsbeziehungen für die Berechnung ihrer Diffusionskoeffizienten $D_0$. Als beste Methode wird von LYMAN et al. (1990) das Verfahren nach HAYDUK & LAUDIE (1974) empfohlen. Die Diffusionskoeffizienten $D_0$ (in $cm^2/s$) werden nach der folgenden empirischen Gleichung (38) berechnet:

$$D_{0,T} = \frac{13,26 \cdot 10^{-5}}{\eta_T^{1,14} \cdot V'^{0,589}_B}$$

(38)

$V'_B$ ist das LeBas-Molvolumen. Es wird aus den Maßzahlen für die Volumenanteile der einzelnen Atome des Moleküls und für bestimmte Strukturmerkmale summiert (Tabelle 4.23).

**Tabelle 4.22.** Temperatur-Korrekturfaktoren für die Diffusionskoeffizienten sowie die hydrodynamischen Viskositäten des Wassers bei verschiedenen Temperaturen

| Temperatur [°C] | hydrodynamische Viskosität $\eta$ | Temperatur-Korrekturfaktor $K_T$ für D |
|---|---|---|
| 5 | 1,519 | 0,547 |
| 10 | 1,307 | 0,647 |
| 15 | 1,139 | 0,756 |
| 20 | 1,002 | 0,874 |
| 25 | 0,8904 | 1 |
| 30 | 0,7975 | 1,135 |

**Tabelle 4.23.** Additive Volumenanteile von Atomen bzw. Strukturen für die Berechnung des LeBas-Molvolumens $V'_B$. (Aus LYMAN et al. 1990)

| Atom/ Struktur | Volumen [cm³/mol] | Atom/ Struktur | Volumen [cm³/mol] |
|---|---|---|---|
| C | 14,8 | Br | 27,0 |
| H | 3,7 | Cl | 24,6 |
| O | 7,4 | F | 8,7 |
| *In Methylethern und -estern* | 9,1 | I | 37,0 |
| *In Ethylethern und -estern* | 9,9 | S | 25,6 |
| *In höheren Estern und Ethern* | 11,0 | | |
| *In Säuren* | 12,0 | Ring *mit 3* | - 6,0 |
| *Mit S, P oder N verbunden* | 8,3 | *mit 4* | - 8,5 |
| N | | *mit 5* | - 11,5 |
| *Doppelt gebunden* | 15,6 | *mit 6 Atomen* | - 15,0 |
| *In primären Aminen* | 10,5 | Naphthalin-Ringsystem | - 30,0 |
| *In sekundären Aminen* | 12,0 | Anthracen-Ringsystem | - 47,5 |

*Beispiel*

Zu berechnen sei der Diffusionskoeffizient für 2,4,5-T (Trichlorphenoxy-essigsäure, $C_8H_5Cl_3O_3$) bei 25 °C.

1. Die dynamische Viscosität des Wassers beträgt nach Tabelle 4.22
   $\eta = 0,8904$ cp.
2. Das LeBas-Molvolumen berechnet sich nach Tabelle 4.23 wie folgt:

| | | |
|---|---|---|
| $8 \cdot C$ | $= 8 \cdot 14,8$ | $= 118,4$ |
| $5 \cdot H$ | $= 5 \cdot 3,7$ | $= 18,5$ |
| $3 \cdot Cl$ | $= 3 \cdot 24,6$ | $= 73,8$ |
| $1 \cdot O$ (Ether) | $= 1 \cdot 9,9$ | $= 9,9$ |
| $2 \cdot O$ (Säuren) | $= 2 \cdot 12,0$ | $= 24,0$ |
| $1 \cdot$ Ring mit 6 C-Atomen | $= 1 \cdot -15,0$ | $= -15,0$ |

| | |
|---|---|
| Summe: | $229,6$ cm$^3$/mol |

3. Aus (38) ergibt sich somit für 2,4,5 - T: $D_0 = 6,157 \cdot 10^{-6}$ cm$^2$/s.

### 4. 3. 4. 4  Experimentelle Methoden mit Bodenprobe

#### 1  Versuchsaufbau und -ergebnisse zur stationären Diffusion

Die stationäre Diffusion wird üblicherweise in Versuchsanordnungen untersucht, bei denen sich die Probe zwischen 2 Durchflußzellen befindet (Diffusionszelle, Abb. 4.55; MANN 1993; HEIMERL 1995). Dabei strömt auf der einen Seite der Probe eine schadstoffhaltige Lösung, auf der anderen Seite destilliertes Wasser. Aufgrund des Konzentrationsunterschiedes findet Diffusion statt. Die Konzentrationszunahme im destillierten Wasser wird analytisch erfaßt. Einsetzbar sind organische wie anorganische Verbindungen, vorausgesetzt, sie sind über den Beobachtungszeitraum stabil. Häufig wird Chlorid als Tracer verwandt, da in der Regel keine relevante Sorption stattfindet, und sich somit relativ bald stationäre Verhältnisse einstellen.

Die Bestimmung des Diffusionskoeffizienten erfolgt nach dem ersten Fickschen Gesetz nach Einstellung des stationären Zustandes aus (39). Es gilt:

$$D_i = -\left(\frac{\Delta Q}{A \Delta t}\right) / \left(\frac{\Delta C}{\Delta x}\right). \tag{39}$$

Dabei ist $\Delta Q$ die Menge an Substanz i, die in der Zeiteinheit $\Delta t$ durch die effektive Diffusionsfläche A einer Bodenprobe der Dicke $\Delta x$ transportiert wird. $\Delta C$ ist der Konzentrationsunterschied zwischen konzentrierter und verdünnter Lösung.

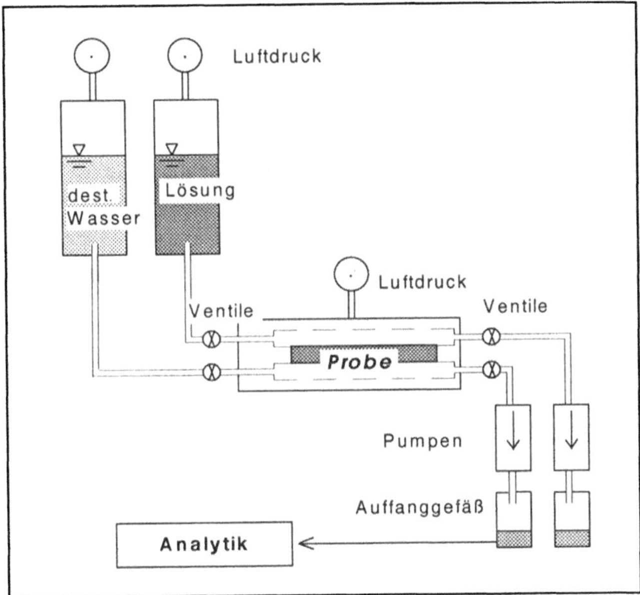


**Abbildung 4.55.** Zelle zur Bestimmung des effektiven Diffusionskoeffizienten $D_{eff}$ im stationären Versuchsansatz; DKS-Permeameter nach MANN (1993), HEIMERL (1995)

## 2 Anwendungsbeispiel zur stationären Diffusion

MANN (1993) erhielt mit obigem Aufbau (Abb. 4.55) die in Tabelle 4.24 angegebenen Versuchsergebnisse zur stationären Diffusion.

**Tabelle 4.24.** Diffusionskoeffizienten, $D_{eff}$, für verschiedene Schwermetalle und anorganische Anionen in Deponieabdichtungsmaterialien (MANN (1993)

| Diffundie-rendes Ion | 26 % Illit und 27 % Montmorillonit $D_{eff}$ [cm$^2$/s] | 65% Kies, 23% Sand und 12 % aktivierter Bentonit $D_{eff}$ [cm$^2$/s] |
|---|---|---|
| Cd | $6{,}3 \cdot 10^{-7}$ | $2{,}8 \cdot 10^{-7}$ |
| Cu | $6{,}3 \cdot 10^{-7}$ | |
| Zn | $6{,}3 \cdot 10^{-7}$ | $2{,}8 \cdot 10^{-7}$ |
| SO$_4^{2-}$ | $9{,}3 \cdot 10^{-7}$ | $2{,}8 \cdot 10^{-7}$ |
| Cl$^-$ | $1{,}8 \cdot 10^{-6}$ | $7{,}4 \cdot 10^{-7}$ |

## 3 Experimenteller Versuchsaufbau und Versuchsergebnisse zur instationären Diffusion

Für die Bestimmung des Diffusionsverhaltens im instationären Zustand kommen grundsätzlich 2 verschiedene Versuchsanordnungen in Frage. Im ersten Fall - von WAGNER (1992) als *Ein-* oder *Zwei-Kammer-Anordnung* bezeichnet - wird eine zylindrische Probe mit ihrer offenen Stirnfläche einer Schadstofflösung ausgesetzt (in-diffusion). Zur Bestimmung der Konzentrationen in Abhängigkeit von der Tiefe wird die Bodenprobe in entsprechend dünne Scheiben geschnitten. Bei einer Versuchsvariante enthält die Probe bereits die Schadstoffe und das Wasser ist zu Versuchsbeginn unbelastet (out-diffusion) und wird in regelmäßigen Abständen analysiert.

Die zweite, grundsätzlich verschiedene Versuchsanordnung ist die *Halbzellen-Methode*. Ein unbelasteter Probekörper wird mit seiner Stirnfläche gegen einen mit den Schadstoffen kontaminierten Probekörper gesetzt, so daß die Schadstoffe von der einen in die andere Halbzelle migrieren können. Ein typisches Beispiel stellt der Röhrchenversuch nach VAN DER SLOOT et al. (1989) dar (Abb. 4.56). In diesem Fall wird in ein Röhrchen ein unkontaminierter Substratanteil und mit einem Stempel ein kontaminiertes Gegenstück eingebracht. Die Kontaktfläche wird markiert; VAN DER SLOOT et al. (1989) verwenden dazu Thulium (ein Element aus der Gruppe der seltenen Erden), bei eigenen Versuchen erfolgte eine optische Markierung mit weißem Quarzmehl. Nach einer vorgegebenen Lagerungsdauer wird das Material aus dem Röhrchen mit einem Stempel herausgepreßt und in Scheiben geschnitten. Die Scheiben werden extrahiert und die Schadstoffe bestimmt.

Bei einer anderen Variante der Halbzellen-Methode sind die Substrate in beiden Halbzellen unbelastet und der Schadstoff wird durch Einbringen einer sehr dünnen, mit dem Tracer imprägnierten Tonscheibe oder eines Filterpapiers zugegeben.

Alle Versuchsanordnungen kommen sowohl für gestörte als auch für ungestörte Proben in Betracht. So können bei der Halbzellen-Methode z. B. Verfahren mit Stechringproben eingesetzt werden. Ungestörte Proben sind v. a. bei stark konsolidierten Proben mit einer ausgeprägt anisotropen Lagerung erforderlich; zu beachten ist dabei, daß je nach Entnahmeorientierung Diffusionskoeffizienten durchaus um eine Zehnerpotenz unterschiedlich sein können (KROOSS 1985). Das Arbeiten mit gestörten Proben (wie z. B. im Van-der- Sloot-Versuch) ist wesentlich einfacher und findet seine Berechtigung insbesondere bei wenig konsolidierten, wasserreichen Proben (z. B. Marschenklei) und bei Material, welches ohnehin aufbereitet als Deponieabdichtung eingebaut werden soll.

Die Diffusionskoeffizienten lassen sich aus den Konzentration-Zeit- bzw. Konzentration-Orts-Profilen ermitteln, indem für jede Versuchsgeometrie mit ihren Randbedingungen das 2. Ficksche Gesetz analytisch gelöst wird. Die Diffusionskoeffizienten werden so lange iterativ variiert, bis die Summe der Abweichungsquadrate der Meßwerte von den theoretischen Erwartungswerten ein Minimum erreicht.

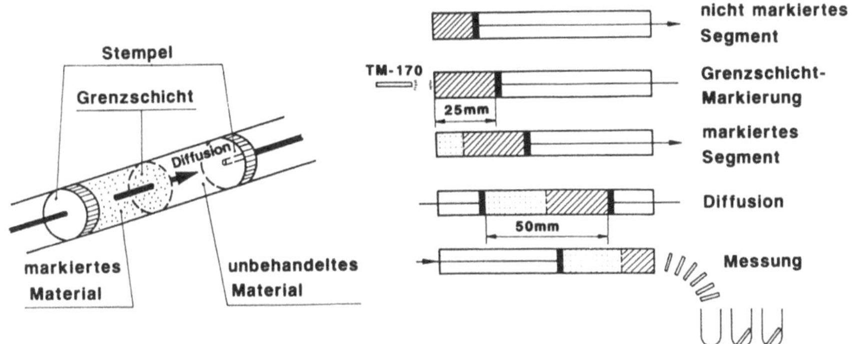



**Abb. 4.56.** Schematische Ansicht der Diffusionsröhre und Durchführung der Messung. (Nach VAN DER SLOOT et al. 1989)

Für zahlreiche Diffusions-Szenarien finden sich die analytischen Lösungen der Transportgleichung bei CRANK (1975). Für jede Randbedingung erhält man andere analytische Gleichungssysteme, auf deren Grundlage die Berechnungen durchgeführt werden.

*Fall 1:* Ein besonders einfacher Fall ist die Ein- oder Zwei-Kammer-Anordnung mit Schadstoffen im Lösungsreservoir im hohen Überschuß (unendliche Schadstoffquelle) und einer vernachlässigbar geringen Konzentration am unteren Ende der Zelle (halbunendliche Bodensäule). In diesem Fall wird der Diffusionskoeffzient über (40) bestimmt (CRANK 1975, dort Gleichung 2.45).

$$C \; = \; C_0 \; \mathrm{erfc} \frac{x}{2\sqrt{D_a t}} \; . \tag{40}$$

Dabei ist C die Konzentration in der Porenraumlösung am Ort x und zur Zeit t und $C_0$ die konstante Konzentration in der Porenraumlösung am oberen Ende des Bodenkörpers (am Ort „x gleich Null"). erfc(x) ist die komplementäre Errorfunktion, es gilt: erf(x) = 1 - erfc(x). Das Gaussche Fehlerintegral erf(x) ist in (41) angegeben.

$$\mathrm{erf}(x) \; = \; \frac{2}{\sqrt{\pi}} \int_{\eta=0}^{x} e^{-\eta^2} \, d\eta \tag{41}$$

Es kann mit Hilfe der Potenzreihe in (42) gelöst werden.

$$\mathrm{erf}(x) = \frac{2}{\sqrt{\pi}} \sum_{p=0}^{+\infty} \frac{-1^p \; x^{(2p+1)}}{(2p+1)p!} \tag{42}$$

Die Berechnung für andere Randbedingungen als bei Fall 1 ist komplizierter; zur Orientierung sollen hier die wichtigsten Fälle und die Nummer der Lösungsgleichungen bei CRANK (1975) angegeben werden:

*Fall 2*: wie Fall 1, jedoch mit erheblicher Konzentration am unteren Ende der Zelle (endliche Bodensäule): Gl 2.67.

*Fall 3*: wie Fall 2, zusätzlich jedoch Schadstoffmenge im Reservoir begrenzt: Gl. 4.45.

*Fall 4*: Mehrkammer-Anordnung; erste Halbkammer belastet, zweite unbelastet: Gl. 4.58.

*Fall 5*: wie Fall 4, jedoch beide Halbkammern mit unterschiedlichen Diffusionskoeffizienten (z. B. schadstoffbelastete Kammer gestört, schadstofffreie Kammer ungestört eingebaut): Gl. 3.45 und 3.46.

*Fall 6*: wie Fall 5, jedoch zusätzlich mit einem Diffusionswiderstand an der Trennfläche zwischen erster und zweiter Kammer: Gl. 3.49 und 3.50.


## 4  Anwendungsbeispiele zur instationären Diffusion

WAGNER (1992) führte Untersuchungen mit verschiedenen Tonen und Schwermetallen durch. Die Versuchsanordnung folgte der Zwei-Kammer-Methode. Hierbei wurden ungestört entnommene Tonproben mit einem Durchmesser von 9,5 und einer Höhe von 4 - 10 cm in Plexiglaszylinder eingebaut und an der offenen Stirnseite mit einer Schwermetallösung beaufschlagt. Nach 4 Monaten wurden die Proben in wenige Millimeter dicken Scheiben stratigraphiert und die Schwermetallgehalte bestimmt. Die ermittelten apparenten Diffusionskoeffizienten finden sich in Tabelle 4.25.

GERTH (1991) führte an holozänen Marschenablagerungen mit dem Van-der-Sloot-Röhrchen Diffusionsversuche mit organischen Schadstoffen und - zur Ermittlung der Impedanzfaktoren - mit Chlorid durch. Auf der Grundlage von GERTHs Daten erfolgte durch die Autoren eine Neuberechnung nach Fall 4. Die Ergebnisse für den Klei finden sich samt ermittelter apparenter Diffusionskoeffizienten in Abb. 4.57 (S. 234).


## 4. 3. 4. 5  Technischer und zeitlicher Aufwand

Untersuchungen im *stationären* Fall in den oben beschriebenen Zellen sind zeitaufwendig, aber nicht arbeitsintensiv. Für NaCl- oder KCl-Lösungen muß mit Versuchszeiten in der Größenordnung von mehreren Wochen gerechnet werden. Beim Einsatz von Lösungen mit Schwermetallionen ergeben sich Versuchszeiten von mehreren Monaten.

**Tabelle 4.25.** Diffusionskoeffizienten aus instationären Versuchen mit verschiedenen ungestörten Tonen und mit Schwermetallen. (Aus WAGNER 1992)

| Diffun-dierendes Ion | Illitisch-kaolinit. Ton $D\ [cm^2/s]$ | Illitisch-chloriti-scher Ton $D\ [cm^2/s]$ | Kaolinit.-Smect. Ton-mergel $D\ [cm^2/s]$ | Smectit. Ton-mergel $D\ [cm^2/s]$ | Illitisch-Smectit. Auelehm $D\ [cm^2/s]$ |
|---|---|---|---|---|---|
| Cd | $2 \cdot 10^{-7}$ | | $5 \cdot 10^{-8}$ | $1 \cdot 10^{-7}$ | |
| Cr | $2 \cdot 10^{-7}$ | | $1{,}5 \cdot 10^{-9}$ | $1 \cdot 10^{-8}$ | |
| Cu | $2{,}5 \cdot 10^{-7}$ | | $1 \cdot 10^{-8}$ | $4 \cdot 10^{-9}$ | |
| Pb | $4 \cdot 10^{-7}$ | | $8{,}5 \cdot 10^{-8}$ | $3{,}5 \cdot 10^{-8}$ | $1 \cdot 10^{-8}$ |
| Zn | $1 \cdot 10^{-7}$ | $2 \cdot 10^{-7}$ | $6 \cdot 10^{-8}$ | $1 \cdot 10^{-7}$ | $2 \cdot 10^{-7}$ |

Untersuchungen im *instationären* Fall sind weniger zeitaufwendig, insbesondere beim Arbeiten mit ungestörten Proben jedoch arbeitsintensiver. Während im stationären Versuch in der Regel nur die wäßrige Phase beprobt und vermessen wird, ist im instationären Versuchsansatz meistens am Ende des Versuches eine Probenstratigraphierung und Schadstoffextraktion aus der Feststoffphase erforderlich. Die Versuche mit nicht retardierten Tracern wie z. B. Chlorid dauern nur einen bis wenige Tage, können sich jedoch mit sehr sorptiven Substanzen auch über Monate erstrecken.

Der einfachste instationäre Versuchsansatz ist der Van-der-Sloot-Röhrchenversuch; er ist allerdings auf gestört eingebaute Proben begrenzt. Eine Arbeitskraft kann in wenigen Stunden den Versuch ansetzen und nach Versuchsende die Stratigraphierung durchführen. Sinnvoll sind etwa 20 Einzelproben und Analysen.

Eine erhebliche Aufwands- und Zeitersparnis kann bei beiden Versuchsansätzen bei Verwendung radioaktiv markierter Tracer erzielt werden.

Die Versuchsauswertung ist im stationären Versuch naturgemäß einfacher. Für den instationären Ansatz werden in der Regel PC-Programme mit iterativer Ermittlung der Diffusionskoeffizienten aus der analytischen Lösung der Transportgleichung eingesetzt. Dabei ist es gleichgültig, ob der einfache Fall 1 oder ein komplexer Rechengang wie im Fall 6 erforderlich ist; die Rechenzeit beträgt in allen Fällen höchstens wenige Minuten. Auf keinen Fall sollte man wegen des Rechenaufwandes eine komplexere Versuchsanordnung meiden, wenn diese die besseren Ergebnisse liefert.

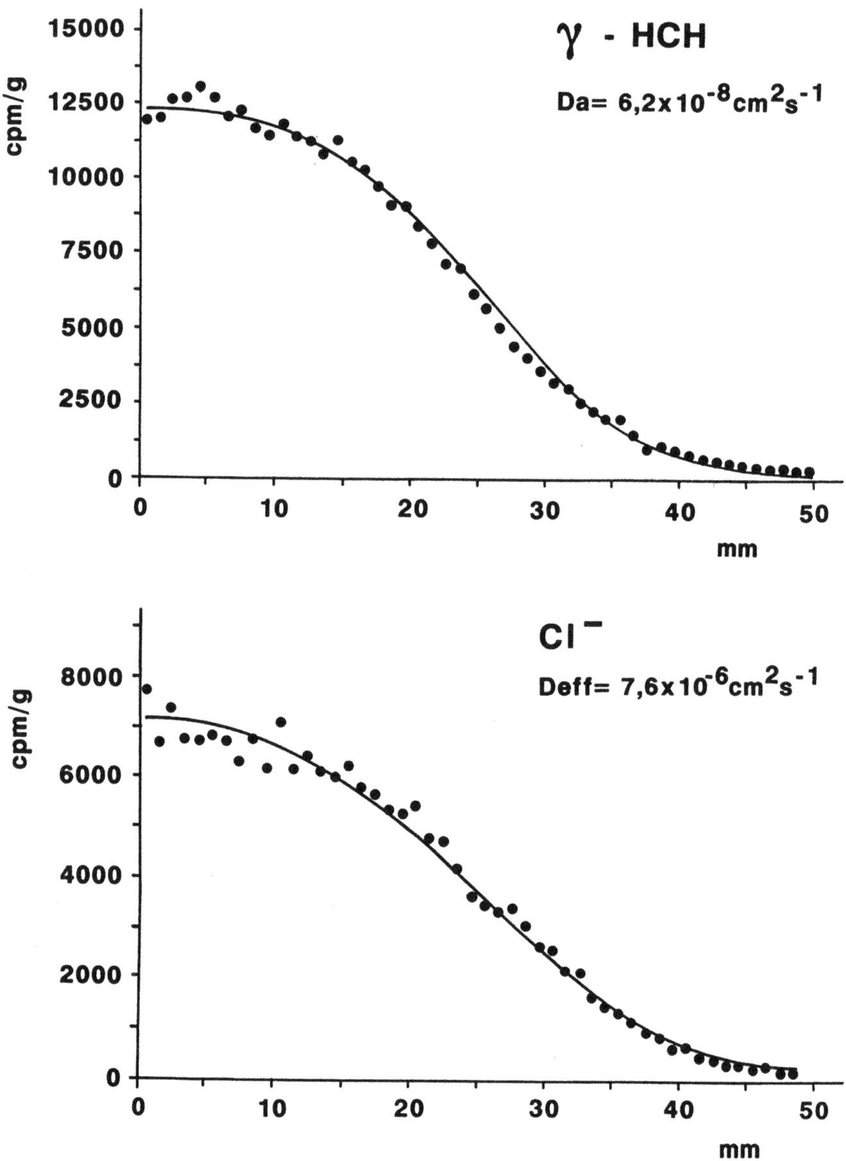



**Abb. 4.57.** Diffusionsprofile für γ-Hexachlorcyclohexan und für Chlorid. Substrat: Marschenklei, Hamburg

# 4. 4   Chemische Verfahren

Ewald Erwin Kohler und Harald Heimerl

Bei der Untersuchung von tonigen Deponieabdichtungssystemen werden chemische Verfahren eingesetzt zur Bestimmung der neben den Tonmineralen auftretenden *Begleitphasen.* Im wesentlichen sind dies Carbonate, pseudoamorphe silicatische Phasen, Eisen- und Aluminiumoxide bzw. Eisen- und Aluminiumhydroxo-Komplexe[26] sowie Huminstoffe. Weitere Nebenkomponenten von Tonsteinen sind u. a. Quarz, Feldspäte und Pyrit; sie haben jedoch keine Bedeutung für die Barriereeigenschaften des Gesteins.

Chemische Analysen dienen ferner dazu, aus dem Elementbestand Aussagen über die Mineralzusammensetzung zu treffen. Sie sollten dabei mit anderen Verfahren (s. Kap. 4.2.1) kombiniert werden. Auf die Bestimmung des Tonmineralgehaltes aus chemischen Kenngrößen wird hier nicht weiter eingegangen, dies wird in Kap. 4.2.1.3 behandelt.

Die als Begleitphasen auftretenden pseudoamorphen Phasen, Eisen- und Aluminiumoxide und -hydroxide und Huminstoffe können sich auf Mineraloberflächen und in Porenräumen als *Bindemittel* ablagern. V. a. auch die Carbonate, die in unverfestigten Tonen als Einzelkörner (in kristalliner Form oder als kalkiger Detritus) vorliegen, können bei der Verwitterung und der Diagenese mobilisiert werden und die Kornzwischenräume als Porenzement füllen. Die Bindemittel besitzen mit Ausnahme der Carbonate eine hohe spezifische Oberfläche. Bereits in geringen Gehalten beeinflussen sie als „surface coatings" wesentlich das Verhalten der Tone.

In Ergänzung zu der in Kap. 4.2.1 behandelten infrarot-(IR-)spektroskopischen und röntgendiffraktometrischen Bestimmung der Carbonate, Oxide und Tonminerale werden in diesem Kapitel chemische Aufschlußmethoden zur Analyse der Carbonate, Sesquioxide und der organischen Substanz behandelt.

Zur Bestimmung der nicht-tonigen Substanz in Gesteins- und Bodenproben sind die folgenden Normen und Richtlinien maßgeblich:

| | |
|---|---|
| DIN 4022-1 | Aufbrausen mit HCl |
| DIN 18129 | Kalkgehaltsbestimmung (Scheibler) |
| ISO 10694 (1995) | Volumetrische Bestimmung des Carbonatgehaltes |
| GDA E 3-1 6 | Calcit/Dolomit-Verhältnis, Sesquioxide |
| GDA E 3-3 3.4 | Calcit- und Dolomitanteil |
| GDA E 3-1 2 | Gehalt an organischer Substanz, Kalkgehalt |
| DIN 18128 (in Vorber.) | Gehalt an organischer Substanz durch Naßoxidation |
| DIN 19648 | Gehalt an organischer Substanz durch Naßoxidation |

---

[26] Diese Phasen werden als Sesquioxide bezeichnet. In Sesquioxiden steht die Anzahl der Metall- und Sauerstoffatome in einem Verhältnis von 2 : 3, z. B. $Fe_2O_3$.

ISO 10694 (1994)　　　　　Bestimmung von organischem und Gesamtkohlenstoff
DIN 18128　　　　　　　　Bestimmung des Glühverlusts
Verweis in TA Abfall vom (1991) und TA Siedlungsabfall (1993)

Die DIN 4022-1 ist als Voruntersuchung nur zum qualitativen Nachweis von Calcit und eingeschränkt von schwerer löslichem Dolomit geeignet.

Die Bestimmung der organischen Substanz auf der Basis des *Glühverlusts* eignet sich nur bei sehr hohen Organikgehalten. Natürlich vorkommende Tone haben aber oft nur gering Gehalte an organischer Substanz und die Ergebnisse sind meist verfälscht (VÖLKER 1991). Auf dieses Verfahren wird daher nicht weiter eingegangen.

Der Effekt von Bindemitteln läßt sich auch durch Korngrößenanalysen verdeutlichen. Dabei wird die Analyse vor und nach einer Bindemittelentfernung mit Ethylendiamintetraessigsäure-(EDTA-), Natriumdithionit-Bicarbonat-Pufferlösung nach MEHRA-JACKSON (1960) und/oder Acetat-Pufferlösung durchgeführt. Ist der analysierte Tonanteil (< 2 µm-Anteil") nach der Bindemittelentfernung signifikant höher, kann auf eine Bindemittelfunktion der entfernten mineralogischen Phase geschlossen werden.

Wesentlich bei allen chemischen Analysen ist die Qualitätssicherung der Meßergebnisse. Die Qualitätssicherung erfolgt mit Hilfe geochemischer Standards (HEINRICHS & HERRMANN 1990), statistischer Auswertung von Mehrfachbestimmungen (HEINRICHS & HERRMANN 1990; KÖSTER 1979) und durch Korrelation mit weiteren Verfahren wie Röntgendiffraktometrie, Korngrößenanalyse, Mikroskopie und IR-Spektroskopie. Entscheidend für die Qualitätssicherung ist darüber hinaus der Einsatz abgesicherter (evaluierter) Untersuchungsverfahren.

### 4. 4. 1　Carbonate

In den GDA-Empfehlungen (1993) wird die Untersuchung des Carbonatgehaltes, insbesondere, wenn das Carbonat als Bindemittel ausgebildet ist, als geotechnische Eignungsprüfung für Deponieabdichtungssysteme angesprochen. Wegen der unterschiedlichen chemischen Stabilität der Carbonate - Calcit $(CaCO_3)$, Dolomit $(CaMg[CO_3]_2)$ und Siderit $(FeCO_3)$ - wird in GDA E 3-3 3 die differenzierte Untersuchung der Carbonate empfohlen.

*Calcit:* Die der Analyse vorausgehende Extraktion erfolgt entspr. den GDA-Empfehlungen mit einer EDTA-Lösung (pH-Wert 4,5). Darüberhinaus kann Calcit auch durch eine Acetatpufferlösung nach TRIBUTH & LAGALY (1986a) gelöst werden.

*Dolomit* wird entspr. den GDA-Empfehlungen mit EDTA-Lösung (pH-Wert 8,0) und *Siderit* mit einer 0,1 m Salzsäure-Lösung extrahiert.

Calcium- und Magnesiumionen aus dem gelösten Calcit und Dolomit werden durch Maßanalyse nach GDA E 3-3 3 in Anlehnung an DIN 39406 E3-2 bestimmt. Statt der zeitaufwendigen Maßanalyse kann die Bestimmung auch mittels Atomadsorptionsspektroskopie (AAS)[27] erfolgen.

Für den Nachweis der Eisenionen im Eluat wird die ICP-OES nach DIN 38406 E-22 oder die AAS eingesetzt.

Der *Gesamtcarbonatgehalt* wird mit dem Scheibler-Finkener-Verfahren entspr. DIN 18129 oder mit dem nicht-genormten, sehr zuverlässigen Coulomat-Verfahren bestimmt. Das Scheibler-Finkener-Verfahren erlaubt auch eine näherungsweise Bestimmung des Calcit/Dolomit-Verhältnisses.

Eine Übersicht zu den verschiedenen chemischen Verfahren gibt Abb. 4.58.

### 4. 4. 1. 1 Probenvorbehandlung

Mergel sind häufig stark verfestigt, Tongesteine enthalten nicht selten stark-verfestigte carbonatreiche Bereiche. Die enthaltenen Carbonatminerale liegen z. T. relativ grobkörnig vor. Chemische Verfahren, aber auch die Röntgenphasenanalyse erfordern Korngrößen unter 5 µm. Daher muß das Gestein zerkleinert werden. Dabei werden nicht nur erhebliche Gitterstörungen hervorgerufen, sondern durch den Mahldruck und die damit verbundene Produktion energiereicher Oberflächenplätze entsäuert das Carbonat, d. h. Kohlendioxid wird frei (vgl. KÖSTER 1979). Diese Effekte lassen sich deutlich durch Differentialthermoanalyse nachweisen. Daher sollte nur von Hand in der Achatreibschale und nicht in der Scheibenschwingmühle zerkleinert werden.

### 4. 4. 1. 2 Scheibler-Finkener-Verfahren

Bei der Bestimmung der Gesamtcarbonatgehalte wird aus der getrockneten und auf < 0,06 mm zerkleinerten Probe in einem Gasometer nach Scheibler-Finkener mit Salzsäure Kohlendioxid freigesetzt. Der dabei entstehende Überdruck im geschlossenen Probengefäß wird als das Volumen des in einer Meßsäule verdrängten Wassers bestimmt. Unter Berücksichtigung der exakten Temperatur wird die Steighöhe der Wassersäule in den Carbonatgehalt umgerechnet und in Calcitäquivalenten angegeben.

Statt der volumetrischen Carbonatanalyse nach Scheibler wurde von KLOSA (1994) ein Verfahren vorgeschlagen, das das freigesetzte $CO_2$ über die Druckänderung erfaßt und mit Hilfe von Drucksensoren und deren Analogdatenerfassung mittels PC arbeitet. Das Meßgerät ermöglicht es, bis zu 10 Proben parallel zu messen. Unter Berücksichtigung einer unveränderten Probenvorbereitung ergibt sich damit gegenüber einem manuellen Gasometer eine Zeitersparnis von 60 - 70 %. Vorteilhaft ist ferner, daß die Ergebnisse unmittelbar im Anschluß an eine Messung verfügbar sind. Die Meßgenauigkeit entspricht derjenigen der Scheibler-Apparatur.

---

[27] Die AAS sollte entgegen dieser Empfehlung nicht nach einer EDTA-Laugung eingesetzt werden, wie zahlreiche Untersuchungen ergeben (KÖSTER 1979). Calcium- und Magnesiumionen im EDTA-Eluat sollten besser mit ICP-OES nach DIN 38406 E-22 bestimmt werden

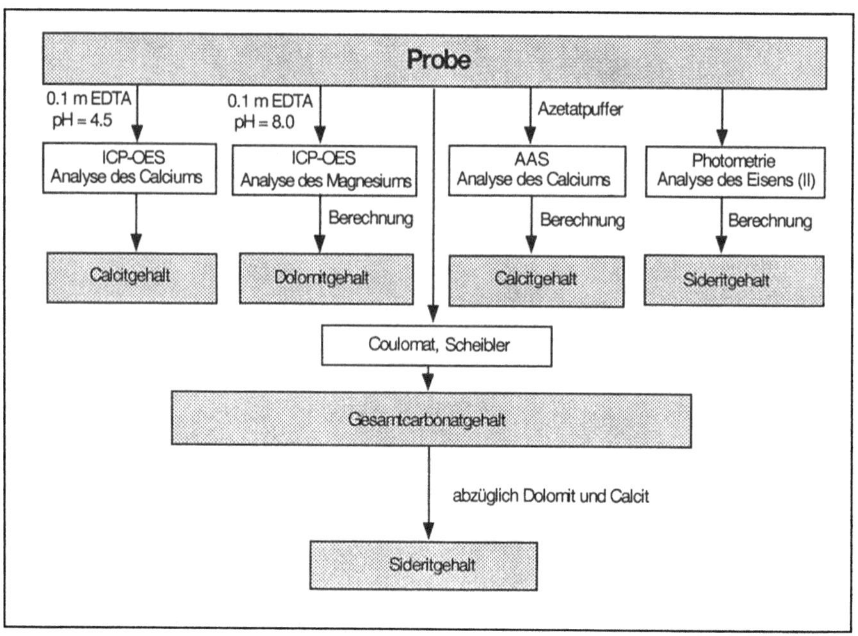


**Abb. 4.58.** Verfahren der Carbonatbestimmung

Das Scheibler-(Finkener-)Verfahren liefert sehr zuverlässige Werte, wenn das Carbonat als Calcit vorliegt. Die Werte sind jedoch u. U. zu gering, wenn es sich um extrem schwerlösliche Carbonate wie Ankerit[28] oder Siderit handelt. Auch nach 30minütiger Extraktionszeit ist hier oft die Gasentwicklung noch nicht vollständig abgeschlossen. Im Extremfall wird sogar der Dolomit innerhalb dieses Zeitraumes nur unvollständig gelöst. Anhand der Druck-Zeit-Diagramme kann im elektronisch gesteuerten Gasometer nach KLOSA (1994) eine nicht-beendete Laugung oft erkannt und dann die Extraktionszeit bis auf 12 h ausgedehnt werden.

### 4. 4. 1. 4  Coulomat-Verfahren (Coulometrie)

Die zu untersuchende Probe  wird im Stickstoffstrom auf 1200 - 1250 °C erhitzt. Aus den Carbonaten wird der anorganische Kohlenstoff  als $CO_2$ freigesetzt. Der organische Kohlenstoff (z. B. in Huminstoffen) verbleibt in der Probe. Das aus den Carbonaten freigesetzte $CO_2$ wird durch eine Bariumperchloratlösung (pH 10,1) geleitet und unter Bildung von Bariumcarbonat absorbiert. Die dabei verbrauchte Menge an Hydroxylionen wird durch

---

[28] Eisendolomit Ca (Fe,Mg) $[CO_3]_2$

Elektrolyse neu gebildet, bis der anfängliche pH-Wert wieder erreicht wird. Die bei der Elektrolyse verbrauchte Elektrizitätsmenge ist proportional der $CO_2$-Menge, die mit dem Bariumperchlorat zu Bariumcarbonat reagiert (ISO 10694 1995, HEINRICHS & HERRMANN 1990).

Im Gegensatz zur Scheibler-Analyse liefert das Coulomat-Verfahren auch bei Vorliegen des Carbonats als Siderit oder Ankerit immer sehr zuverlässige Werte. Zur Bestimmung des organischen Kohlenstoffs kann die mit heißem Stickstoff entcarbonatisierte Probe in einer zweiten Analyse in demselben Gerät mit heißem Sauerstoff behandelt werden. Der organische Kohlenstoff wird durch den Sauerstoff zu $CO_2$ oxidiert. Dieses wird wie oben bestimmt und daraus der Kohlenstoffgehalt berechnet.

### 4. 4. 1. 4  Chemische Extraktion

Carbonatische Phasen können durch Lösungen von Komplexbildnern (EDTA etc.) oder Säuren (Salzsäure, Essigsäure) in Lösung gebracht (ausgelaugt) werden (KÖSTER 1979, KOHLER & WEWER 1980).

Während im Falle der Umsetzung mit Säuren das Lösungsgleichgewicht durch die Freisetzung von Kohlendioxid bzw. die Bildung von Hydrogencarbonationen in Richtung der gelösten Ionen verschoben wird, erfolgt die Verschiebung des Lösungsgleichgewichts im Falle der Umsetzung mit Komplexbildnern über die Bildung sehr stabiler Metall-Komplexe.

Das Feststoff-Lösungs-Masseverhältnis bewegt sich je nach Carbonatgehalt bei der Extraktion zwischen 1 : 10 und 1 : 100.

### 4. 4. 1. 5  Differenzierung der Carbonate

Die verschiedenen Carbonate besitzen unterschiedliche Löslichkeit. Calcit wird leichter gelöst als Dolomit und Siderit. Daher ist in Tonen mit hohem Carbonatgehalt eine differenzierte Analyse der Carbonate wichtig.

Nach DIN 18129 7.3 läßt sich der Calcitanteil am Gesamtcarbonat über eine stark verkürzte Extraktionszeit bestimmen. Dabei werden Probe und Lösung (2,0 m HCl-Lösung) wie bei der Gesamtcarbonatbestimmung eingestellt. Da sich Calcit wesentlich schneller als Dolomit löst, wird der nach 30 s gelöste Carbonatanteil als calcitisches Carbonat, der Rest als dolomitisches bzw. schwerlösliches Carbonat interpretiert. Innerhalb von 30 s werden nur 2 - 3 % des Dolomits, aber praktisch der gesamte Calcit gelöst.

Der Vorteil der gasvolumetrischen Carbonatdifferenzierung besteht darin, daß Extraktion und Analytik der Carbonate in einem Arbeitsgang durchgeführt werden. Allerdings ist das so bestimmte Calcit/Dolmit-Verhältnis nur als Näherungswert anzusehen.

Zum Einsatz in der Deponietechnik eignet sich auch die selektive Lösung des Calcits im Gasvolumeter mit einem 2,0 m Acetatpuffer (pH 4,8) sowie einer 0,1 m EDTA-Lösung (pH 4,5) bei 20minütiger Extraktionszeit (HEIMERL 1995).

Die in GDA E 3-3 3.4 angesprochene titrimetrische Differenzierung von Calcit und Dolomit ist sehr zeitaufwendig und daher weniger empfehlenswert.

Zur differenzierten Bestimmung der Carbonate kann auch ein Verfahren zur Gesamtcarbonatbestimmung mit chemischen Verfahren kombiniert werden. Dabei wird z. B. das Gesamtcarbonat nach Scheibler-Finkener und der Calcit aus der Calciumionenanalyse nach einer Laugung mit 0,1 m EDTA bestimmt. Aus der Differenz von Gesamtcarbonat- und Calcitgehalt ergibt sich das schwerlösliche Carbonat, das in vielen Fällen mit dem Dolomitgehalt identisch ist.

### 4. 4. 1. 7  Technischer Aufwand

Der zeitliche Aufwand für die chemische Bestimmung des Carbonatgehaltes ist größer als bei der Röntgendiffraktometrie und IR-Spektroskopie. Die analytische Genauigkeit spricht dagegen für die chemischen Verfahren. Die quantitative Carbonatanalyse auf der Grundlage von chemischen Verfahren liefert Werte guter bis befriedigender Richtigkeit. Das gasvolumetrische Verfahren nach Scheibler ist apparatetechnisch wenig aufwendig und leicht durchzuführen. Darüber hinaus liefert es auf schnelle Weise richtige und reproduzierbare Ergebnisse zum Gesamtcarbonatgehalt sowie ausreichend richtige Ergebnisse zum Calcitgehalt. Es ist für den Routinebetrieb im geotechnischen Labor sehr empfehlenswert. Auch die anderen Extraktionsverfahren liefern unter dem Gesichtspunkt der Präzision und Richtigkeit ausreichend gute Ergebnisse. Sie sind allerdings apparatetechnisch und zeitlich aufwendiger. Eine gewisse Sonderstellung nimmt das Coulomat-Verfahren ein. Es ist apparatetechnisch aufwendig, hat aber den Vorteil, sowohl organischen als auch anorganischen Kohlenstoff analysieren zu können, und es ist damit nicht auf Carbonate beschränkt.

## 4. 4. 2  Sesquioxide

### 4. 4. 2. 1  Prinzip und Anwendungsbereich

In GDA E 3-1 6 wird die Bestimmung des Sesquioxidanteils (i. allg. Eisen- und Aluminiumoxide) als Untersuchung zur Veränderung der chemischen Langzeitbeständigkeit von Deponieabdichtungssystemen empfohlen.

Die Extraktion des Sesquioxide wird häufig nach MEHRA-JACKSON (1960)[29] durchgeführt. Bei diesem Verfahren wird die Probe wird mit einer 1,0 m Natriumhydrogencarbonat-Lösung sowie 0,3 m Natriumcitrat-Lösung versetzt und auf 80 °C erwärmt, anschließend gibt man Natriumdithionit zu. Nach Abschluß der Reaktion kann der Fe(II)-Gehalt im Filtrat mit AAS oder ICP-OES bestimmt werden.

---

[29] Die Extraktion nach MEHRA-JACKSON (1960) ist primär ein Verfahren zur reduktiven Lösung von Eisen(III)-oxiden, aufgrund der komplexierenden Eigenschaften des Citrats und Dithionits werden Carbonate teilweise auch angegriffen. (MOORE & REYNOLDS 1989).

## 4. 4. 2. 2  Technischer Aufwand

Der technische Aufwand für die Durchführung der chemischen Bestimmung der Sesquioxide ist hoch; der Einsatz der ICP-OES als Multielement-Methode gestattet es aber, Eisen, Aluminium und Mangan in der gleichen Aufschlußlösung zu bestimmen, wodurch die aufwendigen photometrischen Einzelbestimmungen entfallen können.

# 4. 4. 3  Organische Substanz

Die Bestimmung des Gehaltes an organischer Substanz ab 0,2 Gew.-% kann mittels chemischer Naßoxidation erfolgen. Eines der vielen möglichen Verfahren, das mit Wasserstoffperoxid arbeitet, für Tone aber weniger geeignet ist, wird z. Z. zur Normung vorbereitet (DIN 18128). Darüber hinaus kann das Coulomat-Verfahren eingesetzt werden.

Bei allen Methoden wird nur der organische Kohlenstoff analysiert. Um daraus den Gehalt an organischer Substanz zu bestimmen, muß für Mineralböden mit einem Faktor von 1,72 multipliziert werden (AG BODEN 1994)

Auf die Bestimmung der organischen Substanz mittels Glühverlust entsprechend DIN 38414-S3 wird hier - wie schon im einleitenden Abschnitt von Kap. 4.4 angesprochen - nicht eingegangen.

## 4. 4. 3. 1  Naßoxidation

Die quantitative Bestimmung der organischen Substanz erfolgt durch Umsetzung der Probe mit stark oxidierenden Lösungen (Naßoxidation). Die dabei verbrauchte Menge des Oxidationsmittels (z. B. Chromschwefelsäure) wird titrimetrisch oder photometrisch bestimmt (vgl. KRETZSCHMAR 1991; YEOMANS & BREMNER 1988) und in Äquivalente an organischem Kohlenstoff umgerechnet.

Die beste Näherung zur Bestimmung der organischen Substanz liefert das Chromschwefelsäure-Verfahren. Dabei wird die organische Substanz anhand der zu Cr(III) reduzierten Cr(VI)-Stoffmenge bestimmt. Hierzu werden die Proben mit Chromschwefelsäure versetzt, das entstandene Cr(III) photometrisch bei 578 nm analysiert und mit Hilfe einer Eichgeraden in Gehalt an organischem Kohlenstoff umgerechnet.

Der Gehalt an Chlorid, Fe(II)-, $NH_4^+$-Ionen und anderen oxidierbaren Stoffen sollte möglichst gering sein, sonst liefert das Naßoxidationsverfahren gegenüber dem exakteren Coulomat-Verfahren zu hohe Werte.

## 4. 4. 3. 2  Coulomat-Verfahren (Coulometrie)

Die zu untersuchende Probe wird im Sauerstoffstrom auf 1200 - 1250 °C erhitzt. Dabei wird der gesamte Kohlenstoff zu $CO_2$ oxidiert und freigesetzt. Das $CO_2$-Gas wird über die pH-Wert-Änderung einer Bariumhydroxid-Lösung coulometrisch erfaßt. Um den organischen Anteil des Gesamtkohlenstoffs zu erfassen, wird aus einer Parallelprobe durch Säurebehandlung (Salzsäure, Phosphorsäure) der Carbonatkohlenstoff freigesetzt. Der Nichtcarbonatkohlenstoff, der in Tonen und Tongesteinen in der Regel dem organischen Kohlenstoff entspricht, wird in einer zweiten Einwaage analysiert. Aus einer Differenz läßt sich der organische Kohlenstoff berechnen (HERRMANN 1975).

Alternativ kann im Gerät zunächst mit heißem Stickstoff das Carbonat und danach an der gleichen Probe mit heißem Sauerstoff der organische Kohlenstoff ausgetrieben und bestimmt werden

Das Coulomat-Verfahren ist das exakteste Verfahren zur Bestimmung des ganischen Kohlenstoffs bei Gehalten ab 0,1%.

### 4. 4. 3. 3 Technischer Aufwand

Das Coulomat-Verfahren erfordert einen erheblich höheren technischen und finanziellen Aufwand als die Naßoxidation, der Arbeitsaufwand ist dagegen geringer. Die coulometrische Analyse liefert präzise und richtige Werte, und neben dem organischen Kohlenstoffgehalt wird der carbonatische Kohlenstoffgehalt erfaßt.

Schwierigkeiten bereitet die Entsorgung der bei der Naßoxidation verwendeten Chromschwefelsäure.


# Literatur

*Bodenphysikalische Verfahren*

AG BODEN (1994): Bodenkundliche Kartieranleitung. - Ad-hoc-Arbeitsgruppe Boden der Geologischen Landesämter und der Bundesanstalt für Geowissenschaften und Rohstoffe. 4. Aufl., Hannover, 392 S.

BACHMANN, M., KNOLL, A. (1994): Hohes Qualitätsniveau mineralischer Dichtungen im Widerspruch zu schnellem Baufortschritt? - Mitt. Inst. Grundbau u. Bodenmechanik TU Braunschweig 43: 119-138

BAUMGARTL, T., WINKELMANN, P., GRÄSLE, W., HORN, R. (1995): Measurement of the interaction of soil mechanical properties and hydraulic processes with a modified triaxial test.- In: ALONSO, E. E., DELAGE, P. (Hrsg.): Unsaturated soils. - Proceed. 1st international conference on unsaturated soils (UNSAT), Paris, 6.- 8. Sept. 1995, p. 433-438; Balkema, Rotterdam,

BERNHARDT, C. (1990): Granulometrtie. Klassier- und Sedimentationsmethoden. - Deutscher Verlag für Grundstoffindustrie, Leipzig, 400 S.

BESENECKER, H., DÖRHÖFER, G., KOSCHEL, H. (1984): Das Wasserleitvermögen der Gesteine. - In: BENDER, F. (Hrsg.): Angewandte Geowissenschaften, Bd. III, S. 246-261. - Enke, Stuttgart,

BÖHLER, U. (1993): Der Wasseraufnahmeversuch nach ENSLIN/NEFF zur Qualitätskontrolle im Deponiebau. - Müll und Abfall 25 (11): 813 - 820

BREZINA, J. (1979): Particle size and settling rate distributions of sand-sized materials. - PARTEC, 2nd European Symposium on Particle Charakterisation, Nürnberg 24.-26. Sept., Nürnberg Messe GmbH, 21 S.

BREZINA, J. (1989): Sand Sedimentationsanalyse und Separation - mehr als 25 Jahre Forschung und Entwicklung. - In: DGG (Hrsg.): Geowissenschaftliche Forschung, neue Projekte. - Nachr. Dt. Geol. Ges. 41: 149-153

CASPER, H.-G. (1992): Untersuchungen zur Schadstoffimmobilisierung an schwermetallkontaminierten Böden. - Diplomarbeit, Ruhr-Universität Bochum

DACHROTH W. R. (1992): Baugeologie. - 2. Aufl.; Springer, Heidelberg Berlin New York Tokio, 531 S.

DEMBERG, W. (1991): Über die Ermittlung des Wasseraufnahmevermögens feinkörniger Böden mit dem Gerät nach Enslin/Neff. - Geotechnik 1991(3): 125 - 131

DGEG (Deutsche Gesellschaft für Erd- und Grundbau (1986): Empfehlung Nr. 11 des Arbeitskreises 19 Versuchstechnik Fels (jetzt: Deutsche Gesellschaft für Geotechnik/ DGGT, Arbeitskreis 5.1 - UG 4) - Quellversuche an Gesteinsproben. - Bautechnik 63: 100 - 104

Dichtungserlaß d. Nieders. Ministers für Umwelt (1988) : Durchführung des Abfallgesetzes; Abdichtung von Deponien für Siedlungsabfälle.- RdErl.d. MU v. 24. 06. 1988 - 207-62812/21-,-GültL 30/36-, Nds.Min.-Bl. Nr. 22/1988, S. 632; Hannover

DIN (Hrsg., 1997): Erkundung und Untersuchung des Baugrunds. - DIN-Taschenbuch 113, 6. Aufl., 408 S., Stand der abgedr. Normen: Oktober 1993. Beuth, Berlin

DIN (Hrsg., 1997): Partikelmeßtechnik. - DIN-Taschenbuch 133, 4. Aufl., 277 S., Stand der abgedr. Normen: Oktober 1996. Beuth, Berlin

DIN (Hrsg., 1991): Wasserbau 2. - DIN-Taschenbuch 187, 3. Aufl., 330 S., Stand der abgedruckten Normen: Mai 1991. Beuth, Berlin

DIN (Hrsg., 1996): Wasserwesen. Begriffe. - DIN-Taschenbuch 211, 3. Aufl., 424 S., Stand der abgedruckten Normen: März 1996. Beuth, Berlin

DOEGLAS, D. J. (1968): Grain-size indices, classification and environment. - Sedimentology 10: 83-100

DRESCHER, J. (1984): Bodenmechanische Methoden. - In: BENDER, F. (Hsg): Angewandte Geowissenschaften, Bd. III, S. 385-405. - Enke, Stuttgart

DRESCHER, J. (1993): Erfahrung bei der geotechnischen Untersuchung von Industrieschlämmen in Niedersachsen. - Veröff. Grundbauinst. Landesgewerbeanstalt (LGA) Bayern 67 (9. Nürnberger Deponieseminar), S. 139-160; Eigenverlag der LGA, Nürnberg

DÜRBAUM, H.-J., FRITSCH, J. (1985): Gravimetrie. - In: BENDER, F. (Hrsg): Angewandte Geowissenschaften, Bd. II, S. 1-52. - Enke, Stuttgart

DURST, F. und DOMNICK, J. (Hsg.) (1995): Preprints. - 4th Intern. Congr. Optical Particle Sizing, Nürnberg 21.-23. März 1995. - Nürnberg Messe GmbH, Nürnberg, 608 p.

EAU (1990): Empfehlungen des Arbeitsausschusses "Ufereinfassungen": Häfen und Wasserstraßen. - 8.Aufl.; Ernst, Berlin

ENGELHARDT, W. V. (1973): Sedimentpetrologie, Teil III: Die Bildung von Sedimenten und Sedimentgesteinen. - Schweizerbart, Stuttgart, 378 S.

FABBRI, B. (1992): Rohstoffanalysen nach neuestem Stand der Technik in Keramiklabors. - Keram. Ztschr. 44 (11): 744-748

FECKER, E., REIK, G. (1996): Baugeologie. - 2. Aufl.; Enke Stuttgart, 429 S.

FLEMMING, B., ZIEGLER, K. (1995): High-resolution grain size distribution patterns and textural trends in the backbarrier environment of Spiekeroog island (southern North Sea). - Senckenbergiana maritima, 26, (1/2): 1-24.

FOLLETT, E. A. C., McHARDY, W. J., MITCHELL, B. D. U., SMITH, B. F. L. (1965): Chemical dissolution techniques in the study of soil clays. - Clay Miner. Bull. 6: 23-34

FRIEDRICH, H. & MANSOUR, A. (1995): Partikelgrößenmessung in flüssigen Medien. - Nachr. Chem. Techn. Lab., 43 (5): M 27-M 39

FÜCHTBAUER, H. (Hsg., 1988): Sedimente und Sedimentgesteine. - 4. Aufl.; Schweizerbart, Stuttgart, 1141 S.

GDA/Deutsche Gesellschaft für Erd- und Grundbau e. V. (1993): Empfehlungen des Arbeitskreises „Geotechnik der Deponien und Altlasten" GDA. - 2. Aufl.; Ernst, Berlin, 190 S.

GEISSLER, H., LENZ, K.-L. (1982): Ingenieurgeologisches Gutachten Hopfenbergtunnel und Voreinschnitte. Nds. Landesamtes f. Bodenforschung, Archiv Nr. 93032. - Hannover, 86 S. (unveröffentl.)

GROHMANN, F. (1976): The dispersion of clayey Latosols by ultrasonic vibration. - Ann. 15th Braz. Congr. Soil Sci., p. 27-29. Campinas.

GRÜNEBERG, F. (1981): Untersuchungen von Böden der Tropen und Subtropen. - In: BENDER, F. (Hrsg): Angewandte Geowissenschaften, Bd. I, S. 214-249. - Enke, Stuttgart

HABETHA, E. (1969): 7. Ingenieugeologie. - In: BENTZ, A., MARTINI, H. J. (Hrsg.): Lehrbuch der Angewandte Geologie, Bd. II, S. 1547-1758. - Enke, Stuttgart

HARTGE, K. H., HORN, R. (1992): Die physikalische Untersuchung von Böden. - 3. Aufl.; Enke, Stuttgart, 177 S.

HASHIMOTO, J., JACKSON, M. L. (1960): Rapid dissolution of allophanean kaolinite-halloysite after dehydratation. - In: Clays and Clay Miner. - Proc., 7th Conf., Nat. Acad. Sci., Nat. Res. Council Publ., p. 102-113

HENNIGSEN, D. (1981): 4.2 Sedimentpetrographie. - In: BENDER, F. (Hrsg) Angewandte Geowissenschaften, Bd. I, S. 295-310. - Enke, Stuttgart

HODENBERG, M. v. (1996): Steuerung einer Brecherspaltregelung unter Einsatz eines automatischen Korngrößen-Analysators. - Aufbereitungs-Technik 37 (9): 432-437

HORST, M. (1994 a): Genauigkeit bei der Ermittlung des Durchlässigkeitsbeiwertes.- Mitt. Inst. Grundbau u. Bodenmechanik TU Braunschweig, 43: 143-144

HORST, M. (1994 b): Genauigkeit bei der Ermittlung des Durchlässigkeitsbeiwertes.- 23. Baugrundtagung DGGT in Köln, Spezialsitzung für junge Geotechniker (Tagungsband). Essen (Dt. Ges. Geotechnik)

HORST, M. (1997): Wasserdurchlässigkeitsbestimmungen zur Qualitätssicherung mineralischer Abdichtungen. - Mitt. Inst. Grundbau u. Bodenmechanik TU Braunschweig 54

HUDER, J., AMBERG, G. (1970): Quellung in Mergel, Opalinuston und Anhydrit - Schweiz. Bauzeitung, 88 (43): 975-980

JASMUND, J., LAGALY, G. (Hrsg.) (1993): Tonminerale und Tone. - Steinkopff, Darmstadt, 490 S.

JOHNSON, A. I. (1967): Specific yield - Compilation of specific yields for various materials. - US Geol-Surv. Water-Supply Paper, 1662-A, p. 1-74

KÉDZI, A. (1973): Handbuch der Bodenmechanik, Bd. 1. - VEB Verlag für Bauwesen, Berlin

KNÜPFER, J. (1990): Schnellverfahren für die Güteüberwachung mineralischer Deponiebasisabdichtungen. - Mitt. Inst. Grundbau u. Bodenmechanik TU Braunschweig 32, 179 S.

KOHLER, E. E., USTRICH, E. (1988): Tonminerale und ihre Wirksamkeit in natürlichen und technischen Schadstoffbarrieren. - Jahrestagung der Dt. Ton- u. Tonmineralgruppe. Schriftr. Angew. Geol. Karlsruhe 4: 1-20

KOHLER, E. E., WEWER, R. (1980): Gewinnung reiner Tonmineralkonzentrate für die mineralogische Analyse. - Keram. Zt. 32: 250 - 257

KONERT, M. (1996): Vergleich von Ergebnissen: Laser-, Pipetten- und Siebpartikelanalysen. - Forum Part Oberstein, 1. Arbeitssitzung, 19-23

KONERT, M., VANDENBERGHE, J. (1997): Comparison of laser grain size analysis with pipette an sieve analysis: a solution for the underestimation of the clay fraction. - Sedimentology 44: 523-535

KÖSTER, E. (1964): Granulometrische und morphometrische Meßmethoden an Mineralkörnern, Steionen und sonstigen Stoffen. - Enke, Stuttgart, 336 S.

KRUMBEIN, W. C. (1934): Size frequency distribution of Sediments. - J. Sediment. Petrol. 4 (2): 65-77

LAGALY, G., KÖSTER, H. M. (1993): Tone und Tonminerale. - In: JASMUND, K., LAGALY, G. (Hsg.): Tonminerale und Tone, S. 1-32. - Steinkopff, Darmstadt

LESCHONSKI, K. (1986): Particle characterization, present state and possible future trends. - Proceed. 1st World Congr. Particle Technology, , Nürnberg, Sept. 1986, Part I: Particle characterization: 1-16 and Part. Character. 3: 99 - 103.

LESCHONSKI, K. (1988): Überblick über die moderen Partikelmeßtechnik. - Fortschr. Miner., 66 (2): 161-173

LESCHONSKI, K. (ed., 1995): Preprints - 6th European Symposium Particle Characterisation,., Nürnberg, 21. - 23. März 1995. Nürnberg Messe GmbH, Nürnberg, 478 p.

LESCHONSKI, K., ALEX, W., KOGLIN, B. (1974 a): Teilchengrößenanalyse; 1. Darstellung und Auswertung von Teilchegrößenmesungen. - Chem-Ing.-Techn., 46 (1): 23-26

LESCHONSKI, K., ALEX, W., KOGLIN, B. (1974 b): Teilchengrößenanalyse; 1. Darstellung und Auswertung von Teilchegrößenmesungen. - Chem-Ing.-Techn., 46, (3): 101-106

MATTHES, S. (1990): Mineralogie. Eine Einführung in die spezielle Mineralogie, Petrologie und Lagerstättenkunde. - 3. Aufl.; Springer, Berlin Heidelberg New York Tokio, 448 S.

MATTIAT, B. (1962): Ein neuer Weg zur Aufbereitung diagenetisch verfestigter, bituminöser Tone (Tonsteine). - Geol. Jb. 79: 883-898

MEHRA, O. P., JACKSON, M. L. (1960): Iron oxide removal from soils and clays by a dithionite-citrate system buffered by sodium bicarbonate. - In: Clays and Clay Miner. - Proc., 7th Conf., Nat. Acad. Sci., Nat. Res. Council Publ., p. 317-327

MEISTER, D., HEIDRICH, D., RIEGER, H. (1984) : Triaxialprüfanlage für Festigkeits- und Verformungsuntersuchungen an Gesteinsprüfkörpern. - Fortschrittberichte der VDI-Zeitschriften, Reihe 5, Grund- und Werkstoffe, 79. VDI-Verlag, Düsseldorf

MICROMERITCS GmbH (1993): Heliumpyknometrie - eine einfache Methode zur genauen Bestimmung der Dichte von Pulvern und Festkörpern. - Keramik-Ingenieur 4.

MITCHELL, J. K. (1976): Fundamentals of Soil Behavior. - Wiley, New York

MOORE, D. M., REYNOLDS, R. C. , Jr. (1989): X-Ray diffraction and the identification and analysis of clay minerals. - Oxford University Press, New York

MÜCKENHAUSEN, E., ZAKOSEK, H., GRÜNEBERG, F. (1981): Bodenkundliche Untersuchungsmethoden. - In: BENDER, F. (Hsg): Angewandte Geowissenschaften, Bd. I, S. 154 -267. - Enke, Stuttgart

MÜLLER, G. (1964): Methoden der Sedimentuntersuchung. - Schweitzerbart, Stuttgart.

MÜLLER, R. H., SCHUHMANN, R. (1996): Teilchengrößenmessung in der Laborpraxis. - Paperback APV, Bd. 38. - Wiss. Verl.-Ges. Stuttgart, 191 S.

MÜLLER-VONMOOS, M., KOHLER, E:, E. (1993): Geotechnik und Entsorgung. - In: JASMUND, K., LAGALY, G. (Hsg.): Tonminerale und Tone: S. 312 -357. - Steinkopff, Darmstadt.

NEFF, H. K. (1959): Über die Messung der Wasseraufnahme ungleichförmiger bindiger anorganischer Bodenarten in einer neuen Ausführung des Enslin-Gerätes. - Bautechnik 39 (11): 415-421

NEFF, H. K. (1988): Der Wasseraufnahme-Versuch in der bodenphysikalischen Prüfung und geotechnische Erfahrungswerte. - Bautechnik 65: 153-162

NEUMANN (1957): Die Beeinflussung der bodenphysikalischen Eigenschaften bindiger Böden durch die Kornfraktion < 0,002 mm und Wasseraufnahme, 2. - Der Bauingenieur, Nr. 1

NEUMAIER, H., WEBER, H. (Hrsg., 1996): Altlasten. Erkennen, Bewerten, Sanieren. - 3. Aufl.; Springer, Berlin Heidelberg New York Tokio, 519 S.

NEY, P. (1986): Gesteinsaufbereitung im Labor. - Enke, Stuttgart, 157 S.

ORTS, M. J., CAMPOS, B., PICO, M., GOZALBO, A. (1993): Methods of granulometric analysis: application in the granulometrie control of raw materilals. - Tile & Brick. Int. 9 (3): 143-150

PECK, R. B., HANSON, W. E, THORNBURN, T. (1974): Foundation engineering. - 2nd edn.; Wiley, New York, London, 514 p.

PICHLER, E. (1953): The expansion of soils due to the presence of clay minerals as determined by the adsorption test. - Proc. 3 Intern. Conf. Soil Mech. Found. Eng. 1 (43)

PRINZ, H. (1982): Abriß der Ingenieurgeologie. - Enke Stuttgart, 419 S.

REICH, W. (1977): Kornanalyse. - Kontakte, 3: 29-35

REINECK, H.-E. (1990): Kurzgefaßte Sedimentologie. - Clausthaler Tektonische Hefte 27. Von Loga, Köln, 123 S.

SCHLICHTING, E., BLUME, H.-P., STAHR, K. (1995): Bodenkundliches Praktikum: Eine Einführung in pedologisches Arbeiten für Ökologen, insbesondere Land- und Forstwirte und für Geowissenschaftler. - Pareys Studientexte 81, 2. Aufl.; Blackwell Wiss.-Verl., Berlin, 295 S.

SCHOOFS, T. (1996): Dispergieren mit Ultraschall. Einfluß auf die gemessene Partikelgrößenverteilung. - Chemie - Anlagen und Verfahren (CAV), 10: 90-93

SCHULTZE, E., MUHS, H. (1967): Bodenuntersuchungen für Ingenieurbauten. - Springer, Berlin Heidelberg New York, 722 S.

SCHWERTMANN, U., NIEDERBUDDE, E.-A. (1993): Tonminerale in Böden. - In: JASMUND, K., LAGALY, G. (Hrsg.): Tonminerale und Tone, S. 212-265. - Steinkopff, Darmstadt

SEHRBROCK, U. (1992): Prüfmethoden an mineralischen Deponieabdichtungen. - Fachseminar Haus der Technik, 11. 3. 1992. Eigenverlag HDT, Essen, 21 S.

SMOLTCZYK, U. (Hrsg.) (1990): Grundbau-Taschenbuch, Teil 1. - 4. Aufl.; Ernst, Berlin

SOMMER, W. (1996): Auswertung, Darstellung und Interpretation von Meßergebnissen. - Forum Part Oberstein, 1. Arbeitssitzung, S. 12-17

SOOS, P.,VON, (1990): Eigenschaften von Boden und Fels. - In SMOLTCZYK, U. (Hrsg.) : Grundbau-Taschenbuch, Teil 1, S. 105-174. - 4. Aufl.; Ernst, Berlin

STARK, U. (1966): Granulometrische Charakterisierung von Aschen. - Schüttgut 2 (3): 357-359

STEIN, V. (1986): Industrieminerale. - In: BENDER, F. (Hrsg.): Angewandte Geowissenschaften, Bd. IV, S. 193-227. - Enke, Stuttgart

STEIN, V., HERRMANN, A., HOFMEISTER, E. (1986): Steine und Erden. - In: BENDER, F. (Hrsg.): Angewandte Geowissenschaften, Bd. IV, S. 161-192. - Enke, Stuttgart

SYVITSKI, J. P. M. (1991): Principles, methods and application of particle size analysis. - Cambridge University Press, Cambridge

TA Abfall - Abfall- und Reststoffüberwachungsverordnung (Hrsg.: SCHMECKEN, W. 1991). - 2. Auflage; Deutscher Gemeindeverlag/W. Kohlhammer, Köln, 286 S.

TA Siedlungsabfall - Technische Anleitung zur Verwertung, Behandlung und sonstigen Entsorgung von Siedlungsabfällen mit Erläuterungen (Hrsg.: BERGS, C. G., DREYER, S., NEUENHAHN, P., RADDE, C. A. 1993). - In: Abfallwirtschaft in Forschung und Praxis 61, S. 11-157; Schmidt, Berlin

TRIBUTH, H. (1991): Qualitative und „quantitative" Bestimmung der Tonminerale in Bodentonen. - In: TRIBUTH, H., LAGALY, G.: Identifizierung und Charakterisierung von Tonmineralen. - Ber. Dt. Ton- u. Tonmineralgruppe e.V., DTTG, S. 37-85. - Gießen

TRIBUTH, H., LAGALY, G. (1986a): Aufbereitung und Identifizierung von Boden und Lagerstättentonen. I. Aufbereitung der Proben im Labor. - GIT Fachz. Lab. 30: 524-529

TRIBUTH, H., LAGALY, G. (1986 b): Aufbereitung und Identifizierung von Boden- und Lagerstättentonen, II. Korngrößenanalyse und Gewinnung von Tonsubfraktionen. - GIT Fachz. Lab. 30: 771-776

TUCKER, M. (1996): Methoden der Sedimentologie. - Enke, Stuttgart, 366 S.

VOSSMERBÄUMER, H. (1976): Allgemeine Geologie. Ein Kompendium. - Schweizerbart, Stuttgart, 277 S.


## Mineralogische Verfahren

ALLMANN, R. (1994): Röntgenpulverdiffraktometrie. - Clausthaler Tektonische Hefte 29. Von Loga, Köln, 228 S.

BISH, D. L., REYNOLDS, Jr., R. C. (1989): Sample preparation for X-ray diffraction. - Rev. Min. 20: 73-99

BÖTTCHER, M. E., GEHLKEN, P.-L. (1995): Cationic substitution in natural sideritemagnesite ($FeCO_3$-$MgCO_3$) solid-solutions: A FTIR spectroscopic study. - N. Jb. Miner. Abh. 169: 81-95

BÖTTCHER, M. E., GEHLKEN, P.-L., USDOWSKI, E. (1992): Infrared spectroscopic investigations of the calcite-magnesite mineral series. - Contrib. Mineral. Petrol. 109: 304-306

BÖTTCHER, M. E., GEHLKEN, P.-L., USDOWSKI, E., REPPKE, V. (1993): An infrared spectroscopic study of natural and synthetic carbonates from the quaternary system $CaCO_3$ - $MgCO_3$ -$FeCO_3$ -$MnCO_3$. - Z. Dtsch. Geol. Ges. 144: 478-484

BRAGG, W. H., BRAGG, W. L. (1913): The reflection of X-rays by crystals. - Proc. Roy. Soc. London (A) 88: 428-438

BRINDLEY, G. W., BROWN, G. (1980): X-ray diffraction procedures for clay mineral identification. - In: BROWN, G., BRINDLEY, G. W. (eds.): Crystal structures of clay minerals and their x-ray identification. - Monograph Nr. 5, Mineralogical Society, p. 305-359, London

CARTER, J. R., HATCHER, M. T., DI CARLO, L. (1987): Quantitative analysis of quartz and cristobalite in bentonic clay based products by x-ray diffraction. - Anal. Chem. 59: 513-519

CHESTER, R., GREEN, R. N. (1968): The infrared determination of quartz in sediments and sedimentary rocks. - Chem. Geol. 3: 199-212.

CHUNG, F. H. (1974a): Quantitative interpretation of x-ray diffraction patterns of mixtures. I. Matrix-flushing method for quantitative multicomponent analysis. - J. Appl. Cryst. 7: 519-525

CHUNG, F. H. (1974b): Quantitative interpretation of x-ray diffraction patterns of mixtures. II. Adiabatic principle of x-ray diffraction analysis of mixtures. - J. Appl. Cryst. 7: 526-531

CHUNG, F.H. (1975): Quantitative interpretation of x-ray diffraction of mixtures. III. Simultaneous determination of a set of reference intensities. - J. Appl. Cryst. 8: 17-19

CULLITY, B. D. (1978): Elements of x-ray diffraction. - Addison-Wesley, London, 555 p.

DECLEER, J.,. VIAENE, W. (Eds.) (1993): Thermal behaviour of clays. - Appl. Clay Sci. 8 (2/3); Elsevier, Amsterdam

DULTZ, S., VON REICHENBACH, H. (1995): Quantitative Mineralbestimmung in der Schluff-fraktion von Böden auf der Grundlage der chemischen Analyse und unter Verwendung der Karl-Fischer-Titration. - Z. Pflanzenernähr. Bodenk. 158: 453-464

DYAL, R. S., HENDRICKS, F. W. (1950): Total surface of clays in polar liquids as a characteristic index. - Soil Sci. 69: 421-443

FARMER, V. C. (1974): The infrared spectra of minerals. Mineralogical Society, London.

FARMER, V. C., RUSSEL, J. D. (1964): The infrared spectra of layer silicates. - Spectrochim. Acta 20: 1149-1173

FLEHMIG, W. (1983): Mineral composition of pelitic sediments in the Rhenohercynian zone. - In: MARTIN, H., EDER, F. W. (eds.): Intracontinental fold belts. case studies in the Variscan belt of Europe and the Damara belt in Namibia, p. 257-265. - Springer, Berlin Heidelberg New York Tokio,

FLEHMIG, W., GEHLKEN, P.-L. (1988): Chemical variations in the octahedral composition of Paleozoic illites and their genetic significance: An infrared spectroscopic study. - N. Jb. Miner. Mh. 6: 249-258

FLEHMIG, W., GEHLKEN, P.-L. (1989): Zum Seladonitmolekül in Illiten paläozoischer Sedimente, seiner genetischen Beziehung und mineralogischen Auswirkung. - Z. Dtsch. Geol. Ges. 140: 343-353

FLEHMIG, W., KURZE, R. (1973): Die quantitative infrarotspektroskopische Phasenanalyse von Mineralgemengen. - N. Jb. Mineral. Abh. 119: 101-112

FLÖDVARY, M., KOCSARDY, E. (1982): Factors influencing the IR spectrometric determination of the crystallinity state of kaolinite. - Annual Report of the Hungarian Geological Institute of 1982, p. 417-422

GEHLKEN, P.-L. (1987): Beziehungen zwischen chemischer Zusammensetzung illitischer Glimmer und mineralogischem Stoffbestand pelitischer Sedimente des Paläozoikums. - Dissertation, Universität Göttingen

GRIFFITHS, P. R., DEHASETH, J. A. (1986): Fourier transform infrared spectrometry. - Wiley, New York

HAFNER, S., LAVES, F. ( 1957): Order/disorder and infrared absorption. II. Variation of the position and intensity of some absorption of feldspars. The structure of orthoclase and adularia. - Z. Kristallogr. Kristallogeom. 109: 204-225

HEIMERL, H. (1995): Methodenoptimierung zur Analyse der Schadstoffmobilität in tonigen Deponiedichtungsmaterialien. - Diss. Universität Regensburg

HINCKLEY, D. N. (1963): Variability in „crystallinity" values among the kaolin deposits of the coastal plain of Georgia and South Carolina. - Clays Clay Miner. 11: 229-235

HÖDING, T., STÖRR, M. (1992): Mineralogische Diagnostik in der Chloritgruppe mittels Infrarotspektroskopie. - Chem. Erde 52: 155-164

HUGHES, J.C., BROWN, G. (1979): A crystallinity index for soil kaolins and its relation to parent rock, climate, and soil maturity. - J. Soil Sci. 30: 557-563

JASMUND, K., LAGALY, G. (1993): Tonminerale und Tone. - Steinkopff, Darmstadt, 490 S.

JOHNSON, L. J., CHU, C. H., HUSSEY, G. A. (1985): Quantitative clay mineral analysis using simultaneous linear equations. - Clays Clay Miner. 33: 107-117

KISTEN, C.-P. (1996): Mineralogische und geochemische Untersuchungen zur Beständigkeit tonmineralischer Dichtmassen. Fallbeispiele: Geschiebemergel/hochplastische Tone. - Berliner geowiss. Abh., A 184, 81 S.

KLUG, H. P., ALEXANDER, E. (1974): X-ray diffraction procedures. - Wiley, New York, 996 p.

KOMODROMOS, A., MATTIAT, B. (1989): Einsatz von Licht- und rasterelektronenmikroskopischen Untersuchungsmethoden bei der Eignungsprüfung von mineralischen Deponieabdichtungen. - Müll und Abfall 21 (5): 253 - 263

KÖSTER, H. M., LAGALY, G. (1993): Tone und Tonminerale. - In: JASMUND, K., LAGALY, G. (Hrsg.): Tonminerale und Tone, S. 1-32. - Steinkopff, Darmstadt,

KOHLER, E. E., EHRLICHER, U., USTRICH E. (1989): Mineralogische Anforderungen an Tondichtungsschichten zur Minimierung der Durchlässigkeit für organische Schadstoffe in kontaminierten Standorten und Deponien, Forschungsbericht des UBA 102 03 409/02.

KOHLER, E. E., WEWER, R. (1980): Gewinnung reiner Tonmineralkonzentrate für die mineralogische Analyse. - Keram. Z. 32 (5): 250-257

KORTÜM, G. (1969): Reflexionsspektroskopie, Grundlagen, Methoden, Anwendungen. - Springer, Berlin Heidelberg New York

KROMER, H., SCHÜLLER, K. H.(1982): DTA as a significant means for the characterization of ceramic clays. - Therm. Anal. Proc. 7th ICTA 1982, Kingston, Canada, p. 526-532. - Wiley, New York,

LAGALY, G. (1991): Erkennung und Identifizierung von Tonmineralen mit organischen Stoffen. - In: TRIBUTH, H., LAGALY, G. (Hrsg.): Identifizierung und Charakterisierung von Tonmineralen. - Ber. Dt. Ton- u. Tonmineralgruppe e.V. DTTG, S. 86-130; Gießen

LAUTERJUNG, J., WILL, G., HINZE, E. (1985): A fully-automatic peak-search program for the evaluation of Gauss-shaped diffraction patterns. - Nucl. Instr. Methods in Physics Res. A 239: 282-287

LAVES, F., HAFNER, S. (1956): Order/disorder and infrared absorption. I. (Aluminum, silicon)-distribution in feldspars. - Z. Kristallogr. Kristallgeom. 108: 52-63.

LAVES, D., JÄHN, G. (1972): Zur quantitativen röntgenographischen Bodenton-Mineralanalyse, Arch. Acker- u. Pflanzenbau Bodenkd. 16 (10): 735-739

LORCH, S. (1974): Zerstörungsfreie Dichte- und Wassergehaltsbestimmung an auf See gewonnenen Sedimentkernen mit Hilfe von Gamma-Adsorptionsmessungen. - Beiträge zur angewandten Geophysik, S. 65 - 67; Hannover

MALMROSS, G., THOMAS, J. O. (1977): Least-squares structure refinement based on profile analysis of powder film intensity data. - J. Appl. Cryst. 10: 7 - 11

MAREL, H. W., KROHMER, P. (1969): O-H stretching vibrations in kaolinite and related minerals. - Contrib. Mineral. Petrol. 22: 73-82

MATTIAT, B. (1969): Eine Methode zur elektronenmikroskopischen Untersuchung des Mikrogefüges in tonigen Sedimenten. - Geol. Jb. 88: 87 - 111

MEHRA, O. P., JACKSON, M. L. (1960): Iron oxide removal from soils and clays by a dithionite-citrate system buffered with sodium bicarbonate. - In: Clays and Clay Miner. - Proc., 7th Conf., Nat. Acad. Sci., Nat. Res. Council Publ.: p. 317-327

MELKA, K. (1996): Quantitative x-ray diffraction analysis of minerals in clays. - Acta Univers. Carolinae Geol. 38: 321-325

MELKA, K., ZOUBKOVÁ, J. (1996): Experimental reference intensity ratios of various kaolinite forms. - Acta Univers. Carolinae Geol. 38: 327-335

NAVIAS, A. L. (1925): Quantitative determination of the development of mullite in fired clays by an X-ray method. - J. Am. Ceram. Soc. 8: 296-302

PDF-Datei. Herausgeber: ICDD - International Centre For Diffraction Data, Newton Square, PA 19073 - 3273

REIMERS, P., GOEBBELS, B., ILLERHAUS, B., KETTSCHAU, A. (1987): Zerstörungsfreie Prüfung von radioaktiven Abfallgebinden mit Computertomographie. - Fachverband für Strahlenschutz e.V., Entsorgung, S. 75 - 82; Basel,

RICHTER, U. (1994): Geochemische Untersuchungen an Tonen der Oberen Süßwassermolasse. - Dissert. TU München

RÖSCH, H,. (1968): Die quantitative röntgenographische Phasenanalyse - ein Vergleich verschiedener Analysenverfahren. - N. Jb. Miner. Abh. 108 (3): 271-291

ROHOWSKI, H. (1993): Tonmineralogische Untersuchungen an vier ausgewählten Proben der Oberen Süßwassermolasse. - TU München (unveröffentl.)

THOREZ, J: (1975): Phyllosilicates and clay minerals. - Ed. Lelotte, Dison, 579 p.

SAHORES, J. (1973): New improvements in routine quantitative phase analysis by x-ray diffractometry. - Adv. X-Ray Anal. 16: 186-197

SCHREIER, C. M. (1988): Geochemie und Mineralogie oberkretazischer und alttertiärer Pelite der östlichen Wüste Ägyptens und ihre geologische Interpretation. - Berliner geowissenschaftliche Abhandlungen A 97

SNYDER, R. L., BISH, D. L. (1989): Quantitative analysis. - Rev. Mineral. 20: 101-144

STERZEL, W., CHORINSKY, E. (1968): Die Wirkung schwerer Kohlenstoffisotope auf das Infrarotspektrum von Carbonaten. - Spectrochim. Acta 24 A: 353-360

STUBICAN, V., ROY, R. (1961): Isomorphous substitution and infrared spectra of layer silicates. - Amer. Mineral. 46: 32-51

STUCKI, J. W., BISCH, D. L., MUMPTON, F. A (1990): Thermal analysis in clay science. - In: CMS Workshop Lectures, Vol. 3. - The Clay Mineral Society, Boulder, Co, 191 p.

TAN, K. H., HAJAK, B. F., BARSHAD, I. (1986): Thermal analysis techniques - Methods of soil analysis, Chapt. A. - Am. Soc. Agronomy, Boulder, Co.

THOMPSON, C. S., WADSWORTH, M. E. (1957): Determination of the composition of plagioclase feldspars by means of infrared spectroscopy. - Amer. Mineral. 42: 334-341.

THOREZ, J: (1975): Phyllosilicates and clay minerals. - Ed. Lelotte, Dison, 579 p.

TRIBUTH, H. (1991): Qualitative und „quantitative" Bestimmung der Tonminerale in Bodentonen. - In: TRIBUTH, H., LAGALY, G. (Hrsg): Identifizierung und Charakterisierung von Tonmineralen. - Ber. Dt. Ton- u. Tonmineralgruppe DTTG, S. 37-85. Gießen

TRIBUTH, H., LAGALY, G. (Hrsg.,1991): Identifizierung und Charakterisierung von Tonmineralen. - Ber. Dt. Ton- u. Tonmineralgruppe, DTTG. - 162 S. Gießen,.

UMRATH, W. (1974): Cooling bath for rapid freezing in electronic microscopy. - J. Microscopy 101, pt 1: 103 - 105

VELDE, B. (1992): Introduction to clay minerals. - Chapman & Hall, London, 198 p.

WIEDERHOLT, E. (1981): Differenzthermoanalyse (DTA) im Chemieunterricht. - Praxis-Schriftenreihe: Abt. Chemie; Bd. 37. - Aulis-Verlag Deubner, Köln, 136 S.

WIEDMANN, G., RIESEN, R.(1984): Thermoanalyse: Anwendungen, Begriffe, Methoden. - Hüthig, Heidelberg, 133 S.

ZANGALIS, K. P. (1991): A standardless method of quantitative mineral analysis using x-ray and chemical data. - J. Appl. Cryst., 24: 197-202

*Physikalisch-chemische Verfahren*

BOUTWELL, S. H., BROWN, S. M., ROBERTS, B. R., ATWOOD, D. F. (1986): Modeling remedial actions at uncontrolled hazardous waste sites. - Noyes, New York, 440 p.

BRUNAUER, S., EMMETT, P. H., TELLER, E. (1938): Adsorption of gases in multimolecular layers. - J. Am. Chem. Soc., 60: 309-319

CHHABRA, R., PLEYSIER, J., CREMERS, A. (1975): The measurement of the cation exchange capacity and exchangeable cations in soils: A new method. - Proc. Int. Clay Conf., Illinois, USA, p. 439-449

CRANK, J. (1975): The mathematics of diffusion. - 2nd ed.; Claredon Press, Oxford, 414 S.

CRC Handbook of chemistry and physics. - 70th ed. (1990); CRC Press, Boca Raton, Fl.

DI TORO, D. M., HORZEMPA, L. M., CASEY, M. C. (1982): Adsorption and desorption of hexachlorobiphenyl. - Environ. Engin. Sci. Progr., Manhattan College Bronx, New York, 217 p.

DOHRMANN, R. (1996): Kritischer Vergleich verschiedener Methoden zur Bestimmung der Kationenaustauschkapazität von geolgischen Barrieregesteinen, Kompensationsschichten und mineralischen Deponiebasisabdichtungen. - 3. Deponieseminar d. Geolog. L.-A. Rheinland-Pfalz, MAIER-HARTH, U. (Hrsg.), S. 39 - 68. Mainz

DOHRMANN, R., ECHLE, W. (1994): Eine kritische Betrachtung der Silber-Thioharnstoffmethode AgTu) zur Bestimmung der Kationenaustauschkapazität und Vorstellung eines neuen methodischen Ansatzes. - In: KOHLER, E. E. (Hrsg.): Ber. Dt. Ton- u. Tonmineralgruppe DTTG, S. 213-222. Gießen

GDA, Deutsche Gesellschaft für Erd- und Grundbau e.V. (Hrsg., 1993): Empfehlungen des Arbeitskreises „Geotechnik der Deponien und Altlasten", GDA. - Ernst, Berlin 190 S.

GERTH, J. (1985): Untersuchungen zur Adsorption von Nickel, Zink und Cadmium durch Bodentonfraktionen unterschiedlichen Stoffbestandes und verschiedene Bodenkomponenten. - Diss. Univ. Kiel, 267 S.

GERTH, J. (1991): Diffusionsversuche.- In: SCHNEIDER, W., BAERMANN, A., DÖLL, P. & GEYH, M. (1991): Prognose des Schadstofftransports im Deponieuntergrund. - BMFT-Forschungsbericht TV 1b des Verbundvorhabens „Neue Verfahren und Methoden zur Sanierung von Altlasten am Beispiel der Deponie Georgswerder, Hamburg", Förderkennzeichen 144035914. GLA Hamburg, 146 S.

HAUS, R. (1993): Mikrogefügeänderungen toniger Böden nach Kohlenwasserstoffkontamination und Tensideinsatz. - Porenverteilung, Durchlässigkeit und Sorption. - Schr. Angew. Geol. Karlsruhe 25, 193 S.

HAYDUK, W., LAUDIE, H. (1974): Prediction of diffusion coefficients for non-eletrolytes in dilute aquous solutions. - AIChEJ., 20: 611 - 615

HEIMERL, H. (1995): Methodenoptimierung zur Analyse der Schadstoffmobilität in tonigen Deponiedichtungsmaterialien. - Dissert. Universität Regensburg, 135 S.

IUPAC (1985): Reporting physisorption data for gas/solid systems with special reference to the determination of surface area and porosity. - Pure & Appl. Chem., 57 (4): 603-619

KROOSS, B. (1985): Experimentelle Untersuchungen der Diffusion niedrigmolekularer Kohlenwasserstoffe in wassergesättigten Sedimentgesteinen. - Diss. RWTH Aachen

LYMAN, W. J., REEHL, W. F., ROSENBLATT, D. H. (1990): Handbook of chemical property estimation methods. - Am. Chem. Soc., Washington, DC

MANN, U. (1993): Stofftransport durch mineralische Deponiebasisabdichtungen: Versuchsmethodik und Berechnungsverfahren. Schriftenreihe Inst. Grundbau (19), Ruhr-Universität Bochum, 131 S.

MEHLICH, A.(1948): Determination of cation and anion exchange properties of soils. - Soil Sci. 66: 429-445

NORRISH, K., RAUSELL-COLOM, J.A. (1963): Low-angle X-ray diffraction studies of the swelling of montmorillonite and vermiculite. - Clays Clay Min. 12: 123

NYE, P. H. (1979): Diffusion of ions and uncharged solutes in soils and soil clays. A Review. - Adv. Agron. 31: 225 - 272

OECD (1993): Adsorption/desorption. - OECD guideline for testing of chemicals 106, Adopted 12. May 1981. Paris, 23 S.

SCHNEIDER, W., BAERMANN, A., DÖLL, P. & GEYH, M. (1991): Prognose des Schadstofftransports im Deponieuntergrund. - BMFT-Forschungsbericht TV 1b des Verbundvorhabens „Neue Verfahren und Methoden zur Sanierung von Altlasten am Beispiel der Deponie Georgswerder, Hamburg", Förderkennzeichen 144035914. GLA Hamburg, 146 S.

SCHNEIDER, W., GÖTTNER, J. J. (1991): Schadstofftransport in mineralischen Deponieabdichtungen und natürlichen Tondichtungen. - Geol. Jb. C (58), 132 S.

SCHWARZENBACH, R. P., WESTALL, J. (1981): Transport of nonpolar organic compounds from surface water to ground water. Laboratory sorption studies. - Environ. Sci. Technol. 15: 1360-1367

VAN DER SLOOT, H. A., DE GROOT, G. J., WIJKSTRA, J. (1989): Leaching characteristics of construction materials and stabilization products containing waste materials. - In: CÔTÉ, P., GILLIAM, M. (eds): Environmental aspects of stabilization and solidification of hazardous and radioactive wastes, p. 125 - 149. - AStM, Baltimore

WAGNER, J.-F. (1992): Verlagerung und Festlegung von Schwermetallen in tonigen Deponieabdichtungen. Ein Vergleich von Labor- und Geländestudien. - Schr. Angew. Geol. Karlruhe 22. Karlruhe, 246 S.

WIENBERG, R., FÖRSTNER, U., HAUG, T., KIENZ, W. (1987): Sediment - Wasser - Gleichgewichte.- Verhalten flüchtiger Chlorkohlenwasserstoffe und der Dichlorbenzole an Gewässersedimenten. - Ber. Arbeitsber. Umweltschutztechnik, TU Hamburg Harburg, T.1. Hamburg, 113 S.

WIENBERG, R. (1990): Zum Einfluß organischer Schadstoffe auf Deponietone, Teil 1: Unspezifische Interaktionen. - Abfallwirtschaftsjournal 2(4): 222-230 und Teil 2: Spezifische Interaktionen. - Abfallwirtschaftsjournal 2(6): 393-403

WÜSTENHAGEN, K., BAERMANN, A., BRUNS, J., BUSSE, R., GEYH, M.A., SCHNEIDER, W., WIENBERG, R. (1990): Glazial geprägter Glimmerton als Schadstoffbarriere im Elbtal des Hamburger Raumes. - Geol. Jb. C (55), 162 S.

## Chemische Verfahren

AG BODEN (1994): Bodenkundliche Kartieranleitung. - Ad-hoc-Arbeitsgruppe Boden der Geologischen Landesämter und der Bundesanstalt für Geowissenschaften und Rohstoffe. 4. Aufl.; Hannover, 392 S.

GDA - Deutsche Gesellschaft für Erd- und Grundbau e. V. (1993): Empfehlungen des Arbeitskreises „Geotechnik der Deponien und Altlasten" GDA. - 2. Aufl.; Ernst, Berlin, 190 S.

HEIMERL, H. (1995): Methodenoptimierung zur Analyse der Schadstoffmobilität in tonigen Deponiedichtungsmaterialien. - Dissert. Universität Regensburg, 135 S.

HEINRICHS, H.,. HERRMANN, A. G. (1990): Praktikum der Analytischen Geochemie. - Springer, Berlin Heidelberg New York Tokio

HERRMANN, A. G. (1975): Praktikum der Gesteinsanalyse. - Springer, Berlin Heidelberg New York

KLOSA, D. (1994): Eine rechnergestützte Methode zur Bestimmung des Gesamtkarbonatgehaltes in Sedimenten und Böden. - Z. Angew. Geol. 40 (1): 18-21

KOHLER, E. E., WEWER, R. (1980): Gewinnung reiner Tonmineralkonzentrate für die mineralogische Analyse. - Keram. Zeitschr. 32 (5): 250-257

KÖSTER, H.M. (1979): Die chemische Silikatanalyse. - Springer, Berlin Heidelberg New York

KRETZSCHMAR, R. (1991): Kulturtechnisch-bodenkundliches Praktikum. - Kiel

MEHRA, O. P., JACKSON, M. L. (1960): Iron oxide removal from soils and clays by dithionite-citrate system buffered by natrium-bicarbonate. - In: Clays and Clay Miner. - Proc., 7th Conf., Nat. Acad. Sci., Nat. Res. Council Publ., p. 317-327

MOORE, D. M., REYNOLDS, R. C. Jr. (1989): X-ray diffraction and the identification and analysis of clay minerals. - Oxford University Press, New York

TA Abfall - Abfall- und Reststoffüberwachungsverordnung (Hrsg.: SCHMECKEN, W. 1991), 2. Aufl.; Deutscher Gemeindeverlag/W. Kohlhammer, Köln, 286 S.

TRIBUTH, H., LAGALY, G. (1986 a): Aufbereitung und Identifizierung von Boden- und Lagerstättentonen I. - GIT Fachz. Lab. 6: 524 - 529

TRIBUTH, H., LAGALY, G. (1986 b): Aufbereitung und Identifizierung von Boden- und Lagerstättentonen II. - GIT Fachz. Lab. 8: 771 - 776

VÖLKER, M. (1991): Ist der Glühverlust ein sinnvoller Parameter für die Beurteilung von Industrieabfällen? - Müll und Abfall 23 (12): 825 -827

YEOMANS, J. C., BREMNER, J. M. (1988): A rapid and precise method for routine determination of organic carbon in soil. - Commun. Soil Sci. Plant Anal. 19: 1467-1476

*Nachtrag zum Band 4 Geotechnik Hydrogeologie*

# 7. 2 Aufnahme und Dokumentation

Hans-Georg Dietrich und Helga de Wall

## 7. 2. 1 Einleitung

Eine detaillierte makroskopische Aufnahme und Dokumentation der Bohrkerne dient der Sicherung von in kostspieligen Bohrungen gewonnenem Kernmaterial und bildet die Basis für alle weiterführenden geowissenschaftlichen und geotechnischen Untersuchungen. Die auf der Bohrstelle, im Feldlabor oder im zentralen Kernlager durchgeführte erste Bohrkernbearbeitung umfaßt mehrere Bereiche wie Kernentnahme, Inventarisierung, Beschreibung, Aufnahme und Lagerung der Bohrkerne, sowie Erfassung, Darstellung und Dokumentation aller Daten. Durch eine übersichtliche Archivierung und Ablage aller Detailinformationen wird ein schneller Überblick über die bohr- und spülungstechnischen Daten, die stratigraphischen, lithologischen, petrographischen und strukturellen Befunde sowie das noch vorhandene Kernmaterial (z. B. nicht beprobte ganze Bohrkernstücke, Archiv-, Teil- und Belegproben, ggf. auch der angefertigten Präparate) ermöglicht. Je nach Fragestellung und Arbeitsprogramm wird die makroskopische Bohrkernbearbeitung durch zerstörungsfreie petrophysikalische und/oder geochemische Untersuchungen ergänzt.

## 7. 2. 1 Entnahme, Inventarisierung und Lagerung der Kerne

Nach dem Ausbau des Kern- bzw. Innenkernrohrs und dem Abschrauben des Kernschuhs mit der Kernfangfeder wird der Kern stückweise und schonend aus dem Kernrohr entnommen. Soweit erforderlich, wird der Kern auch mechanisch oder hydraulisch herausgedrückt (Heinisch et al. 1996, Nagra 1985) oder durch seitliches Aufschneiden der Kunstoffrohre oder Plastikliner aus Dreifachkernrohren mit Hilfe spezieller Schneidegeräte freigelegt (Homrighausen et al. 1991, Molsner 1996). Die Bohrkernstücke werden anschließend in der richtigen Reihenfolge und Oben/unten-Orientierung in beschriftete Kernkisten oder spezielle Transportbehälter gepackt und zum Feldlabor oder Kernlager gebracht. Als Probenbehältnisse für Transport und Lagerung der Bohrkerne können ggf. auch die beim Abteufen eingesetzten Innenkernrohre, Plastikliner und Kunststoffrohre verwendet werden, wenn diese beidseitig mit Deckeln verschlossen und die Behältnisse verwechslungsfrei mit den jeweiligen oberen und unteren Teufen und einem Orientierungspfeil gekennzeichnet worden sind.

Sind Bohrkerne vor oder nach der ersten makroskopischen Bearbeitung und Beprobung bergfeucht zu transportieren und/oder zwischenzulagern, hat sich eine wasser- und luftdichte Verpackung bewährt. Das gewonnene Bohrkernmaterial wird in diesen Fällen sofort nach der Entnahme routinemäßig in Plastikschläuche eingeschweißt, und/oder die Behältnisse sind mit selbstklebenden Dichtungsbändern oder Dichtmassen zu verschließen und abzudichten. Um Veränderungen der Proben durch bakterielle Zersetzung und chemische Reaktionen zu unterbinden oder zu verzögern, hat sich eine Probenlagerung bei ca. 4 °C bewährt (Beiersdorf et al. 1981). Zusätzlich können die Proben mit Stickstoff oder einem inerten Gas überschichtet werden. Diese Vorgehensweise wird insbesondere auch für die Präservierung und Handhabung ölhaltiger Bohrkerne empfohlen, wobei alternativ solche Kerne vor Ort auch zuerst in Polyethylen- oder Polyvenylfilm und anschließend in Aluminiumfolie eingewickelt und dann zur Abdichtung in eine Plastikhülle gepackt oder mit einer dicken Schicht Paraffin bedeckt werden (ANDERSON 1986).

Wird eine Konservierung durch Einfrieren bzw. Schockgefrieren bereits beim Kernen in situ erforderlich (LUND 1991, LUND & GUDEHUS 1990, SCHREINER, Kap. 3 in Band 4), beispielsweise wenn Gesteinsproben auf leicht flüchtige organische Inhaltsstoffe oder nicht stabile anorganische Phasen untersucht werden sollen, ist eine Tiefkühlung auch beim Transport der Bohrkernstücke zu den Speziallabors unerläßlich (RUMP & HERKLOTZ 1990). Außerdem ist bei dieser Art der Konservierung im Hinblick auf die spätere Bohrkernuntersuchung zu berücksichtigen, daß das Gefüge vor allem sehr feinkörniger und dichter Proben durch Eiskristallbildungen verändert oder zerstört werden kann. Bei Bohrkernen aus einem kontaminierten Untergrund sind darüber hinaus im Hinblick auf die zu erwartenden Schadstoffe und ihrer physikochemischen Eigenschaften besondere Verfahren und Schutzmaßnahmen beim Bohren und der Kernentnahme zu ergreifen (ERMEL et al. 1993, HOMRIGHAUSEN et al. 1991, HOMRIGHAUSEN 1993).

Die geologische Bearbeitung des gewonnenen Bohrkernmaterials beginnt unmittelbar nach der Kernentnahme auf der Bohrstelle, im Feldlabor oder möglichst bald nach dem Transport zum Kernlabor mit folgenden Arbeitsschritten:

- Auslegen aller Bohrkernstücke eines Kernmarsches
- Reinigen der Bohrkernstücke
- Zusammensetzen der Bohrkernstücke
- Vermessen des Bohrkerns
- Markieren des Bohrkerns
- Inventarisieren der Bohrkernstücke
- Fotographische Dokumentation.

Auslage, Reinigung und Aufnahme des Kernmaterials sollten schonend durchgeführt werden, um Veränderungen des Gesteine durch Oxidation, Alteration, Austrocknen, Bildung von Artefakten oder Zerstörung zu vermeiden. Die Auslage erfolgt in der richtigen Abfolge am besten auf jeweils ein Meter langen V-förmigen Holzrinnen, die je nach Kernmarschlänge auch zu längeren Einheiten miteinander verbunden werden können.

Bei der Reinigung wird der Bohrkern zunächst mit sauberen trockenen Lappen gesäubert; Festgesteine werden anschließend in der Regel auch gewaschen werden. Ausgenommen davon sind neben kontaminierten Bohrkernstücken verschiedene Gesteinsarten wie beispielsweise Tonsteine, tonige Sandsteine oder Salzgesteine sowie Bohrkernabschnitte (z. B. Kluftzonen mit Tonbestegen), bei denen die Gefahr des Kernzerfalls bzw. der -auflösung durch Kontakt mit Wasser besteht.

Für die Rekonstruktion des ursprünglichen Gesteinsverbandes werden die gereinigten Bohrkernstücke auf der Rinne soweit möglich aneinandergepaßt und zusammengesetzt. Gesteinstrümmer, die sich nicht mehr zusammenfügen lassen und sog. Roller (durch Bohrabrieb gerundete Gesteinsstücke), die nicht mehr orientiert werden können, werden zwischen die betreffenden Kernstücke gelegt und in Plastikbeutel verpackt.

Der zusammengesetzte Bohrkern wird vermessen und danach der Bohrkerngewinn und -verlust bezogen auf die insgesamt gebohrte Kernmarschlänge in Metern mit zwei Dezimalstellen und in Prozent angegeben. Der Kernverlust wird, soweit nichts anderes bekannt, konventionell dem unteren Teil des Kernmarsches zugeordnet.

Auf den zusammengefügten Bohrkernstücken eines Kernmarsches wird in seiner gesamten Länge eine Markierung parallel zur Bohrkernachse aufgetragen, die aus farblich unterschiedlichen Strichen (HUSMANN 1984) oder am besten aus einer Doppellinie besteht. Während SWANSON (1985) und HEINISCH et al. (1997) zwei durchgezogene Linien (schwarz und rot) vorschlagen, hat sich nach Erfahrungen beim Kontinentalen Tiefbohrprogramm der Bundesrepublik Deutschland KTB (UHLIG 1988) eine Markierung aus einer durchgezogenen schwarzen Hauptlinie und einer gestrichelten roten Hilfslinie bewährt, wobei die Hilfslinie in Bohrrichtung links von der schwarzen Orientierungslinie aufgetragen wird (Abb. 7.2.1). Diese Vorgehensweise hat den Vorteil, daß auch bei Schwarzweißdarstellungen von Bohrkernmaterial jederzeit eine eindeutige Kopf- und Basiszuordnung der abgebildeten Proben möglich ist (DIETRICH et al. 1992; Abb. 7.2.1 und 7.2.2). Bei der Kernentnahme unkontrolliert herausgefallene und beim Zusammenfügen nicht mehr eindeutig anpaßbare oder oben/unten orientierbare Bohrkernstücke erhalten als Markierung nur eine schwarze, aber keine rote Hilfslinie. Insgesamt dient eine sorgfältige Markierung folgendem Zweck:

- eindeutige oben/unten-Orientierung auch an Bohrkernteilstücken
- Zusammenhangslinie für anpaßbare Bohrkernstücke innerhalb eines Kernmarsches und soweit möglich über mehrere Kernmärsche hinweg
- Referenz-, Bezugs- oder Orientierungslinie für alle am Bohrkern durchgeführten Messungen.

An Bohrkernen mit durchgängigen planaren Strukturen, wie Schichtung, Schieferung oder metamorphe Foliation, wird die schwarze Haupt- oder Orientierungslinie in der (dominierenden) Streichrichtung dieser Strukturen aufgetragen (Abb.7.2.2). Alle Messungen (Azimutdaten) zur strukturellen Aufnahme des Kerns (z. B. Schichtung, Klüftung, Störungen, Gänge) sowie gerichtete gesteinsphysikalische Messungen beziehen sich auf diese Orientierungslinie und können somit einem relativen Koordinatensystem zugeordnet werden, bei dem die willkürlich festgelegte Markierung einer relativen Nordrichtung entspricht (Abb. 7.2.3). Dieses Bezugssystem wird in ein absolutes (magnetisch bzw. geographisch Nord bezogenes) überführt, wenn die Bohrkerne räumlich orientiert gewonnen werden oder nachorientiert worden sind (DIETRICH, Kap. 7.8 in Band 4).

Voraussetzung insbesondere für eine EDV-unterstützte Bohrkernbearbeitung und das spätere Magazinieren ist eine einheitliche Bezeichnung der Bohrkerne und Bohrkernstücke einer Bohrung. Die in einer Bohrung gekernte Abschnitte setzen sich aus Kernmärschen zusammen, die mit der Nummer 1 beginnend fortlaufend zur Tiefe hin durchnumeriert werden. Dabei sind wegen der Verknüpfung mit bohrtechnischen Daten auch Kernmärsche ohne Kerngewinn zu berücksichtigen.

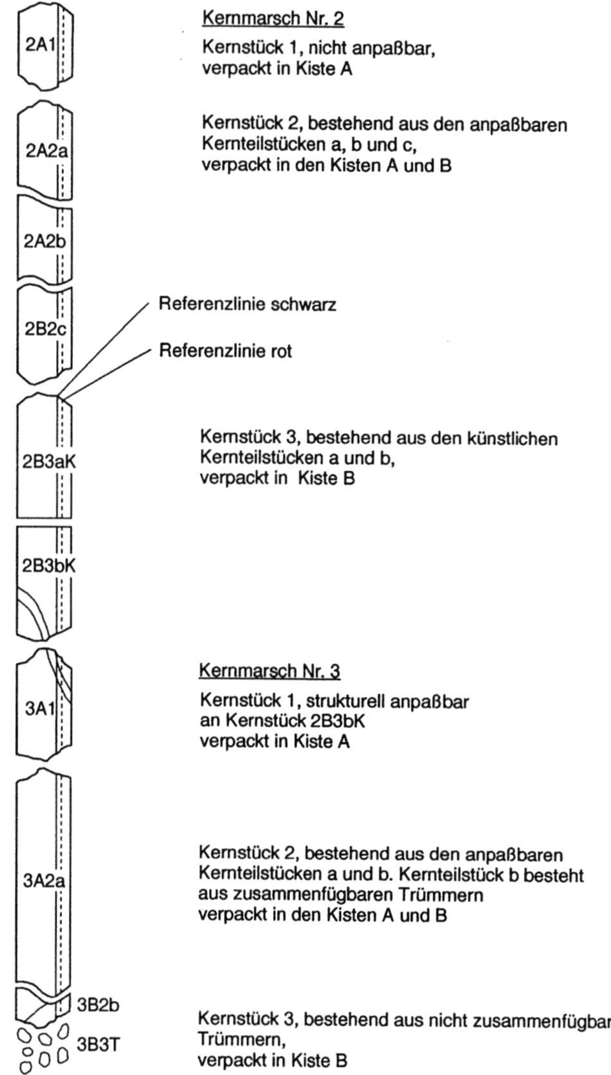



**Abb. 7.2.1.** Bohrkerninventarisierung mit Durchnumerierung der einzelnen Stücke eines Kernmarsches, der in Sektionen (Kisten) unterteilt wird (nach HEINISCH et al. 1997, abgeändert)

Entsprechend der Lagerung des Bohrkernmaterials in gewöhnlich 1 m langen Kisten oder anderen Behältnissen wird das bei jedem Kernmarsch gewonnene Material bei der Inventarisierung in etwa 1 m lange Sektionen unterteilt. Alle Kerneinzelstücke werden in ihrer Länge vermessen, und ihre Position im Profil festgehalten. Für eine detaillierte Inventarisierung der einzelnen Kernstücke können Umrißskizzen angefertigt und die Kernstücke verwechslungsfrei nummeriert werden (Abb. 7.2.1). Ausführliche Beschreibungen zum Prozedere finden sich z. B. bei UHLIG (1988) und HEINISCH et al. (1997). Kernstücknumerierungen empfehlen sich insbesondere bei durchgehend gekernten Bohrungen, an denen zahlreiche Paralleluntersuchungen und/oder Mehrfachbeprobungen durchgeführt werden. Die Numerierung erleichtert die Koordination der Bearbeitung, außerdem ermöglichen die Stücknummern das rasche Auffinden einzelner Kernstücke im Kernlager.

Die fotografische Aufnahme (Abb. 7.2.2) des gereinigten, markierten und inventarisierten Bohrkernmaterials erfolgt unter stets gleichen Bedingungen: d. h. in einem Rahmen, versehen mit bohrtechnischen Daten (ggf. mit Datum) befinden sich mehrere Behältnisse für die Bohrkerne mit Maßstab sowie Farb- und Grautonskala für Farb- und Schwarzweißaufnahmen. Die Fotosammlung dient zum einen der Dokumentation des gesamten Kernmaterials und ermöglicht eine schnelle optische Übersicht u. a. über Kerngewinn, Kernzustand und -stückigkeit nach der Kernentnahme (Abb. 7.2.2). Zum anderen kann mit Hilfe eines Fotokatalogs jederzeit rasch ermittelt werden, ob und welche Bohrkernstücke z. B. für bestimmte petrophysikalische oder bodenmechanische Untersuchungen geeignet sind und für diesen Zweck beprobt werden können.

Um eine gute Erhaltung des Kernmaterials bei langer Lagerung zu gewährleisten, ist neben der Durchführung der weiter oben aufgeführten speziellen Maßnahmen (z. B. Stickstoffüberschichtung) allgemein für konstante Raumtemperatur, -feuchtigkeit und -belüftung zu sorgen. Bei Probenmaterial, das gegen Luftfeuchte oder Austrocknung besonders empfindlich ist, muß spätestens nach der Kernaufnahme für Luftabschluß gesorgt werden. Dies geschieht in der Regel durch Einwachsen, Lakieren oder Einschweißen in Plastikfolie. Eine ausreichende und über Meßfühler kontrollierte Raumbelüftung ist bei der Einlagerung kontaminierter Proben erforderlich oder beispielsweise auch dann, wenn aus dem Gestein mit der natürlichen Freisetzung Radon-haltiger Gase gerechnet werden muß. Im Hinblick auf paläomagnetische Untersuchungen können lagerungsbedingte, durch Stahlregale und/oder Metallbehältnisse verursachte magnetische Störeffekte bei der Kernaufbewahrung weitgehend vermieden werden, wenn die Kerne im Magazin in stabilen Holzkisten deponiert werden.

**Abb. 7.2.2.** Beispiel für die Fotodokumentation eines Bohrkerns nach dem Reinigen, Zusammensetzen, Markieren, Vermessen und Inventarisieren der Kernstücke. (Aufnahme eines Bohrkerns der Deponieuntergrundbohrung Eulenberg, Thüringen zur Vorbereitung zerstörungsfreier Untersuchungen an ausgewählten Bohrkernen. Nach WEH 1995).

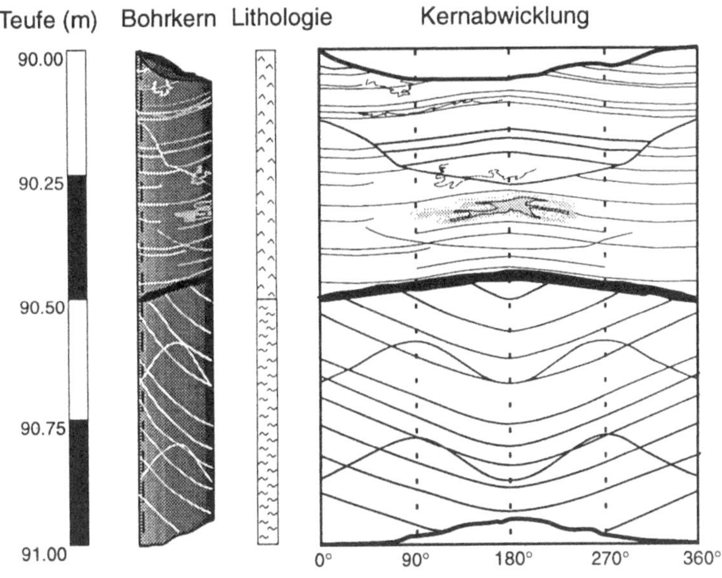


**Abb. 7.2.3.** Schema einer relativen Nordorientierung anpaßbarer Kernstücke bezogen auf eine willkürlich festgelegte Bohrkernmarkierung mit durchgezogener Haupt- oder Orientierungslinie (0°) und gestrichelter Hilfslinie.

## 7.2.3 Zerstörungsfreie Bohrkernaufnahme

Eine makroskopische Kernaufnahme nach lithologischen und gefügekundlichen Gesichtspunkten stellt die Grundlage für jede Profilbeschreibung und die Basis für alle weiteren Untersuchungen dar. Jede Schicht wird einzeln aufgenommen, wobei bei vollständig gekernten Bohrungen die Schichten ergänzend von oben nach unten (bei der Profilaufnahme im Gelände ist es umgekehrt) bis zur Endteufe durchgehend numeriert werden können. Dabei werden gewöhnlich enge Wechselfolgen, die aus unterschiedlichen, cm- bis dm-dicken Lagen oder Schichten aufgebaut sind, zu einer lithologischen Einheit zusammengefaßt. Folgende Angaben werden zur Charakterisierung der Gesteine benötigt:

- Teufe
- Stratigraphie
- Petrographie
- Gesteinsart
- Farbe des Gesteins
- Gefüge
- Hinweise auf Gase und Flüssigkeiten im Gestein
- Ergänzungen

Die Teufenangabe erfolgt für jede Schicht in Metern mit zwei nachfolgenden Dezimalstellen und bezieht sich auf die Tiefe unter Gelände bzw. Geländeoberkante (GOK), wobei zunächst die vom Bohrmeister angegebene Teufe verwendet wird. Teufenkorrekutren für die genaue vertikale Teufe unter GOK sind gegebenenfalls nach der genauen Vermessung der Bohrung und insbesondere bei schrägen, abgelenkten oder horizontalen Bohrungen durchzuführen. Die Teufenangabe kann durch Angaben zur Mächtigkeit der Schichten ergänzt werden.

Das aufgenommene lithostratigraphische Bohrkernprofil kann bei Sedimentabfolgen gewöhnlich durch Vergleich mit den Schichtenfolgen benachbarter Gebiete gut gegliedert und den bekannten stratigraphischen bzw. biostratigraphischen Einheiten zugeordnet werden. Bei Aufschlußbohrungen in bisher unbekannten bzw. erstmals durch die Bohrung in der Region erschlossenen Sedimenten kann auch eine sedimentologisch-genetische Untergliederung zweckmäßig und sinnvoll sein (NAGRA 1989).

Bei der makroskopischen petrographischen Beschreibung der erbohrten klastischen Sedimentgesteine (Trümmergesteine wie Tone, Schluffe, Sande, Kiese oder Ton-, Schluff-, Sandsteine usw.) werden für jede Schicht, soweit visuell erkennbar, vor allem der Mineralbestand (Quarz, Feldspat, Glimmer, Tonminerale, Calcit, Dolomit, Gips, Glaukonit, Pyrit usw.), die Gesteinskomponenten wie Quarz- und Granitgerölle (z. B. in Konglomeraten und Sandsteinen bzw. Kiesen und Sanden), die Korngrößen (z. B. mittlere und maximale Korndurchmesser), die Fossilführung, die Gehalte an Pflanzenresten und/oder humose Substanz u. a. nach Haupt- und Nebenbestandteilen charakterisiert. Bei der lithologischen Beschreibung der übrigen sedimentären Lokker- und Festgesteine (z. B. biogene, eisenhaltige oder karbonatische Sedimente) sowie der magmatischen und metamorphen Gesteine wird entsprechend verfahren (JORDAN 1981, MEYER 1981, WIMMENAUER 1985).

Hilfsmittel bei dieser makroskopischen Bohrkernaufnahme sind u. a Lupe, Stereomikroskop (Binokolar), Korngrößenlupe und kleine Vergleichsproben aus verschiedenen Korngrößenfraktionen (BEIERSDORF et al. 1981, TUCKER 1996). Vergleichstafeln und -diagramme zur Abschätzung des prozentualen Anteils von Partikeln und/oder der Korngrößenzusammensetzung im Gestein geben verschiedene Autoren (AG BODEN 1994, MÜLLER 1964, TUCKER 1996, VOSSMERBÄUMER 1976 und insbesondere SWANSON 1985). Zur Charakterisierung und Bestimmung von Gesteinen und Mineralen haben sich außerdem als Feldmethoden Tests auf der Bohrkernoberfläche oder an Bohrkernbruchstücken bewährt. Sie heben ab auf chemische Reaktionen beispielsweise mit Salzsäure oder Anfärbemethoden (z. B. Alizarin S), Ritzhärteunterschiede, magnetische Eigenschaften u. a. (MÜLLER 1964, HEINISCH et al. 1997, TUCKER 1996). Im abgedunkelten Raum bietet darüberhinaus die Fluoreszenz im kurz- und langwelligen UV-Licht (Quarzlampe) eine sehr gute Möglichkeit, verschiedene Minerale zu lokalisien und identifizieren. ihre mengenmäßige Anteile im Gestein makroskopisch abzuschätzen (NEY 1986).

Die Benennung und Bezeichnung der Gesteine stützt sich auf verschiedene Normen (DIN 4022 bzw. E DIN ISO 14688 und 14689,) oder erfolgt nach der Literatur für Sedimentgesteine (FÜCHTBAUER 1988 und HINZE et al. 1989) sowie für magmatische und metamorphe Gesteine (WIMMENAUER 1985), in der sich detailllierte Übersichten und ausführliche Darstellungen zur Nomenklatur und Klassifikation der genannten Gesteinsgruppen finden.

Die Farbansprache der Schichten sollte möglichst auf Bruchflächen des durchfeuchteten oder angefeuchteten Bohrkernmaterials, und zwar erst dann erfolgen, wenn durch weitere Befeuchtung keine Farbänderung mehr auftritt (AG BODEN 1994). Während bei vielen Profilaufnahmen der subjektive Farbeindruck beschrieben wird, hat sich international für allgemein vergleichbare Farbansprachen die Verwendung von Farbvergleichstafeln (Standard Soil Color Charts oder Rock Color Charts) bewährt, die auf die Munsell-Farbskala aufbauen (AG BODEN, 1994, GODDARD et al. 1975, PREUSS et al. 1991, TUCKER 1996).

Bei der makroskopischen, zerstörungsfreien Bohrkernaufnahme werden die Gesteine neben der lithologischen Zuordnung (z. B. Ton, toniger Sandstein, Tonmergelstein, Kalkstein, Geschiebelehm), der Abschätzung der Korngröße und der physikochemischen Eigenschaften auch durch ihr visuell erkennbares Makrogefüge charakterisiert. Dazu gehören nach JORDAN (1981) und MEYER (1981) Angaben über

- Art des Gesteinsaufbaus aus den Einzelkomponenten (Sedimentstruktur)
- Anordnung der Gesteinsgemengteile im Raum (Textur) und
- Lagerung und tektonische Überprägung der Gesteine (Strukturgeologie).

Im folgenden wird nur auf sedimentäre Gefüge eingegangen; für magmatische und metamorphe Gesteine wird auf die entsprechende Literatur verwiesen (WIMMENAUER 1985).

Die sedimentären Strukturen werden gekennzeichnet insbesondere bei klastischen Sedimenten durch die Art der Korngrößenverteilung (z. B. gleich- oder gemischtkörnig, gut oder schlecht sortiert), der Partikelausbildung (z. B. Form, Rundungsgrad, Kugeligkeit bzw. Sphärizität) und/oder der Beschaffenheit der Korn- bzw. Komponetenoberfläche (z. B. mattiert, poliert, geritzt), des Bindemittels (tonig, kieselig, kalkig u.a.), der Matrix, d. h. im wesentlichen der tonigen und sonstigen feinkörnigen Partikel (matrixarm- oder -reich) und der Korn/Matrix-Verhältnisse. Bei Karbonatgesteinen (Kalke, Dolomite) sind Angaben vor allem zur Partikelführung (Detritus-, Schill- und/oder Ooidgehalte) und zu den chemischen Ausfällungen in Poren oder Hohlräumen, den Zementationstypen (z. B. spätig) kennzeichnend für den Gesteinsaufbau bzw. die Struktur der Gesteine. Hinzu kommen bei allen Sedimenten Anmerkungen zur Gesteinsverfestigung bzw. -härte (z. B. locker, unverfestigt, weich, plastisch, krümelig, hart, abrassiv). Erste Angaben zur Porosität und Permeabiltät der Gesteine sind möglich und stützen sich auf eine grobe Abschätzung der Packungsdichte und der Hohlräume im Sediment (z. B. offene Poren, Drusen, Risse und/oder Poren, die durch Auflösung von Mineralen wie beispielsweise Gips/Anhydritkristallen oder Fossilien entstanden).

Im Hinblick auf die Textur wird bei der Bohrkernaufnahme festgehalten, ob die Schichten bzw. lithologischen Einheiten schichtintern massig, bankig, plattig, feinschichtig oder lamelliert sind, ob Schräg-, Horizontal-, Flaserschichtung oder Gradierung vorkommt, ob einzelne Schichten oder Schichtenfolgen teilweise oder vollständig durch Wühlgefüge (Bioturbation) homogenisiert sind und ob Einregelungen von Geröllen, Geschieben und Fossilien oder Dachziegellagerung von Komponenten vorliegen. Außerdem werden Merkmale wie Rippelmarken, Schrumpf- oder Trockenrisse, Füllgefüge, Spurenfossilien oder Stömungs- und Belastungsmarken) festgehalten, die vorwiegend auf den Schichtober- bzw. Schichtunterseiten auftreten. Ebenfalls aufgenommen werden Frostmarken (Eiskeile, Kryoturbation u. a.), die insbesondere in oberflächennahen Gesteinen auftreten können.

Die Meßdaten werden gewöhnlich in Formblätter (Aufnahmeformulare, Datenerfassungsblätter usw.) eingetragen (BENDER 1981, 1984, 1986, MÜLLER et al. 1984b, PREUSS et al. 1991, PETERS et al. 1986, UHLIG 1988), später in einen Rechner eingegeben und mit entsprechenden Programmen verarbeitet und über Auswerteprogramme dargestellt.

Um die arbeitsintensive und zeitaufwendige makroskopische Bohrkernaufnahme und rasche Darstellung der Untersuchungsergebnisse zu unterstützen und zu beschleunigen, werden seit etwa Mitte der 80er Jahre auch PC-gestützte Programme zur digitalisierten on line-Bohrkernbeschreibung eingesetzt (CRAELIUS 1987, SCHMITZ & RAFAT 1995). Nach der direkten, menügeführten Eingabe der aufzunehmenden Parameter können die Bohrkernprofile, Tabellen und/oder Texte sofort gedruckt und ausgegeben werden. Zur Weiterverarbeitung, Auswertung und Darstellung der ersten vor Ort oder im Kernlager z. B. nach DIN-Normen erstellten Untersuchungsergebnisse werden von zahlreichen Anbietern Softwarepakete angeboten, die auch Zusammenstellungen individueller Programme ermöglichen. Auf entsprechende Produktinformationen in der Fachliteratur (z. B. „bbr: Wasser und Rohrbau", „Felsbau. Rock and Soil Engeneering" „Mitteilungsblatt des Berufsverbandes Deutscher Geologen, Geophysiker und Mineralogen, BDG-Mitt.-Bl.", „TerraTech") wird verwiesen.

Bei der strukturgeologischen Bohrkernaufnahme werden alle Trennflächen erfaßt, die an den Kernstücken makroskopisch erkennbar sind und die die Lagerung und tektonische Überprägung der Schichten und Gesteine charakterisieren. Zur Kennzeichung der Raumlage von Schichten, Schieferung und tektonischen Trennflächen (Klüfte, Haarrisse, Risse, Verwerfungen usw.) sowie Schichtenverbiegungen, Kleinfalten u. a. werden für jedes Element Streichrichtung und Einfallswinkel (Streichen und Fallen) oder Fallrichtung/Fallazimut (Streichrichtung ± 900) und Fallwinkel angegeben. Bei aufgebrochenen Störungsflächen wird, wenn vorhanden und bestimmbar, auch die Störungsgeometrie (aufschiebend, abschiebend) beschrieben. Neben planaren Gefügen werden auch lineare Elemente, wie z. B. Harnische, Streckungslineationen oder durch Lösungsprozesse entstandene Stylolithe eingemessen und soweit möglich ihr Bewegungssinn dokumentiert.

Die Klüfte werden vor allem charakterisiert durch ihre mittlere Teufe (Schnitt der Kluftfläche mit der Bohrkernachse), durch Kluftdicke bzw. -weite in mm, durch Kluftlänge in cm, durch Kluftabstände und Klufthäufigkeit oder Klüftigkeitsziffer (Anzahl der Klüfte pro Meter), durch Beschreibung der Kluftbeläge und -füllungen (z. B. Klüfte ohne Belag oder Beläge und Füllungen von Calcit, Quarz, Tonmineralen, Gips, Anhydrit u. a.) sowie des Füllungsgrades (offene, teilweise oder vollständig verheilte Klüfte). Dabei ist ein offener Charakter belagfreier Klüfte oft nicht eindeutig festgestellbar. Die Art der Farbe der Kluftminerale oder Kluftmineralisationen wird ebenfalls beschrieben. Außerdem ist festzuhalten, ob das Nebengestein tektonischer

Trennflächen überprägt oder alteriert ist und/oder ob der Bohrkern an tektonischen Trennflächen aufgebrochen ist oder nicht.

Für die kontinuierliche Aufnahme und Vermessung der planaren und linearen Gefügeelemente an Bohrkernen stehen verschiedene Methoden zur Verfügung:

- Erfassen am Bohrkern mit Winkel- und Strukturmeßgeräten
- Einmessen mit Hilfe stereophotogrammetrischer Aufnahmen
- Aufnahme mit Bohrkernabwicklungen
    - Handabwicklungen
    - Bohrkern-Fotokopierer und -Abrollfotosysteme
    - Bohrkern-Scannersysteme

Bei der Aufnahme der Gefüge mit den aufgeführten Methoden ist folgendes Bezugssystem gebräuchlich: Bezugsebene für die Bestimmung der Fallwerte/Einfallswinkel ist die Fläche senkrecht zur Bohrkernachse (für Flächen senkrecht zur Bohrkernachse ergibt sich dementsprechend ein Fallwinkel von 0 °). Bezugsrichtung für die Streich- oder Fallrichtung von Gefügen wird die am Bohrkern aufgetragene schwarze Markierungslinie (Bezugs-, Referenz- oder Orientierungslinie) konventionel als vorläufige Nordorientierung mit einem relativen Azimuth von 0° angenommen (Abb. 7.2.3). Bei direkt orientierten oder nachorientierten Bohrkernen (DIETRICH, Kap. 7.8 in Band 4) ist der Winkel zwischen dieser relativen Orientierungslinie und der tatsächlichen Nordrichtung des jeweiligen Bohrkernstücks zu berücksichtigen. Die Winkelmessung erfolgt in Bohrrrichtung im Uhrzeigersinn von der schwarzen Orientierungslinie aus.

Konventionell wird für die Bestimmung der Strukturdaten ein Winkelmeßgerät (Goniometer) oder ein Gefügekompaß (Clar-Kompaß) benutzt. Die relative Fall- oder Streichrichtung (bezogen auf die Orientierungslinie) kann auch mit einem Maßband mit 360°-Einteilung (360° = Kernumfang) bestimmt werden. Die Meßdaten werden in Formblätter eingetragen, später in einen Rechner eingegeben und mit entsprechenden Programmen verarbeitet und über Auswerteprogramme dargestellt.

Neben dieser manuellen, sehr zeitintensiven Aufnahme der Strukturelemente gibt es computergestützte Aufnahmeverfahren, die eine schnelle Aufnahme durch automatisch digitalisierende und registrierende Geologenkompaß-Systeme (Geologenkompaß von Breithaupt, Kassel, oder Structurometre vom BRGM, Orleans, Frankreich) oder durch Picking-Routinen auf der Bohrkernoberfläche ermöglichen (Corias Core Interpretation Assistance, Straßburg, Frankreich).

Bei der stereophotogrammetrischen Aufnahme werden die Bohrkerne nach RAFAT et al. (1992) von einem nebeneinander auf einer Schiene befestigten Kamerapaar so fotografiert, daß die sich überlappenden Bildpaare stereoskopisch auswertbar sind. Mit Hilfe eines analytischen Auswertegeräts (z. B. Planicomp, Zeiss) werden anschließend alle relavanten, erkennbaren Gefügeelemente mit einer sogenannten Picking-Routine teufenbezogen registriert und abgespeicher und für jedes Element eine Merkmalsbeschreibung hinzugefügt.

Außer durch direkte Messungen am Kernmaterial oder an Kernphotos können Gefügeelemente an Bohrkernabwicklungen (Projektionen der zylinderförmigen Bohrkernoberflächen in die Ebene) orientiert und statistisch ausgewertet werden. Am zeitaufwendigsten ist die hierbei die Ummantelung der Bohrkernstücke mit Transparentpapier oder -folie und das Abzeichnen der einzelnen Strukturen per Hand (Abb. 7.2.4), wobei verschiedene Struktur-gruppen eine differenzierte Kennung erhalten (FOLLE & MÜLLER 1988, GEOTEST et al. 1981, WEBER 1994).

**Abb. 7.2.4.** Handabwicklung der Bohrkernoberfläche: Aufnahme und Abbildung der geo-logischen Strukturen durch Abzeichnen und Übertragung auf eine Transparentfolie (Darstellung aus LAUSCH 1996).

**Abb. 7.2.5.** Halbautomatische Abwicklung der Bohrkernoberfläche: Abbildung der gesam-ten Oberfläche mit einem umgebauten Fotokopierer. (Darstellung aus LAUSCH 1996).

Bei halbautomatischer Bohrkernabwicklung wird die Kernoberfläche mit einem Bohrkern-Fotokopierer (Abb. 7.2.5) oder einer Rundfotobank in die Ebene abgerollt (GRAUP et al. 1988, HÄNEL et al. 1993, NAGRA 1993, WEBER 1994 bzw. MARTIN & BERGERAT 1996, SECIA 1987, SESO 1988) und durch Schwarzweiß-Kopien bzw. -Vergrößerungen dargestellt. Das Funktionsprinzip besteht bei den verschiedenen technischen Verfahren generell darin, eine Rotationsbewegung eines Bohrkerns um seine Achse gleichzeitig mit einer Linearbewegung senkrecht zur Bohrkernachse (Transport der Fotokopie bzw. des Fotofilms) zu sychronisieren, bei der die rotierende Oberfläche eines Bohrkerns kontinuierlich zeilen- oder streifenweise aufgenommen wird.

Zur Bestimmung der Raumlage der Strukturen werden bei den Hand- und halbautomatischen Bohrkernabwicklungen entweder Schablonen direkt auf den Abwicklungen verwendet (DIETRICH, Kap. 7.8, Abb. 7.8.10 in Band 4, GEOTEST et al 1981, HÄNEL & DRAXLER 1988, MÜLLER et al. 1984b, NAGRA 1985, PETERS et al. 1986,) oder Picking-Routinen eingesetzt, nachdem die Folien oder Papiervorlagen mit den Gefügeelementen gescannt und digitalisiert worden sind (SCHMITZ et al. 1989, WEBER 1994).

Bei den Anfang der 90er Jahre entwickelten Bohrkernscanner-Systemen handelt es sich um optische, digitale Kernscanner, bei denen Bohrkerne mit Durchmessern zwischen 40 mm und 150 mm und Kernstücklänge $\leq$ 1 m auf einem mechanischen System um ihre Längsachse rotieren. Die Bohrkernoberfläche wird von einer digitalen Zeilenkamera (Zeilenabstand 1 mm) automatisch abgescannt, digitalisiert und über entsprechende Software-Verarbeitung auf dem Monitor dargestellt (WEBER 1994, SCHEPERS & RAFAT 1995, SCHEPERS 1994, 1996). Bei neuesten Meßgeräten mit Farbscanner-Kameras (Abb. 7.2.6) wird eine Auflösung von 0,2 mm erzielt, die nahe an die Auflösung entsprechender fotografischer Verfahren (0,1 mm) herankommt. Das Einmessen der Strukturen erfolgt nach Zuordnung der Gefügeelemente zu Strukturgruppen (z. B. Kluft- oder Schichtfläche) interaktiv am Bildschirm, wobei Fallrichtung/Fallazimut und Fallwinkel bezogen auf die Bohrkernmarkierung (oder eine andere Bezugslinie) automatisch berechnet werden. Die Auswertung und Darstellung erfolgt über entsprechende Programme.

Mit Hilfe einer interaktiven Auswertung verschiedener Datensätze am Bildschirm, d. h. digitalisierten Strukturen von Bohrkernaufnahmen mit Bohrlochmeßdaten (Abb. 7.2.7) kann die Bearbeitung der Bohrkernstrukturen und ihre räumliche Orientierung rationalisiert und beschleunigt werden (WEBER 1994).

Für die genaue absolute Orientierung der an Bohrkernen erfaßten Gefügeelemente und richtungsabhängigen Größen (Anisotropien) sind neben der räumlichen Orientierung der Bohrkernzylinder (DIETRICH, Kap. 7.8 in Band 4) auch die Neigung und Richtung (Azimut) der dazugehörenden Bohrlochabweichung von der Vertikalen zu berücksichtigen. Da nur bei vertikalen Bohrungen die Raumlage der geologischen Strukturen am nordorientierten Bohrkernmaterial direkt eingemessen werden kann, sind wegen der Bohrlochabweichung bei allen anderen Bohrungen zunächst nur scheinbare Einfallwinkel und Fall-/Streichrichtungen der Strukturen erfaßbar. Außerdem werden die Mächtigkeiten und Lagerungsverhältnisse der lithologischen Einheiten an Bohrkernprofilen nur dann wirklichkeitsgetreu wiedergegeben, wenn die Bohrlochachse senkrecht zur Schichtung oder Schieferung verläuft.

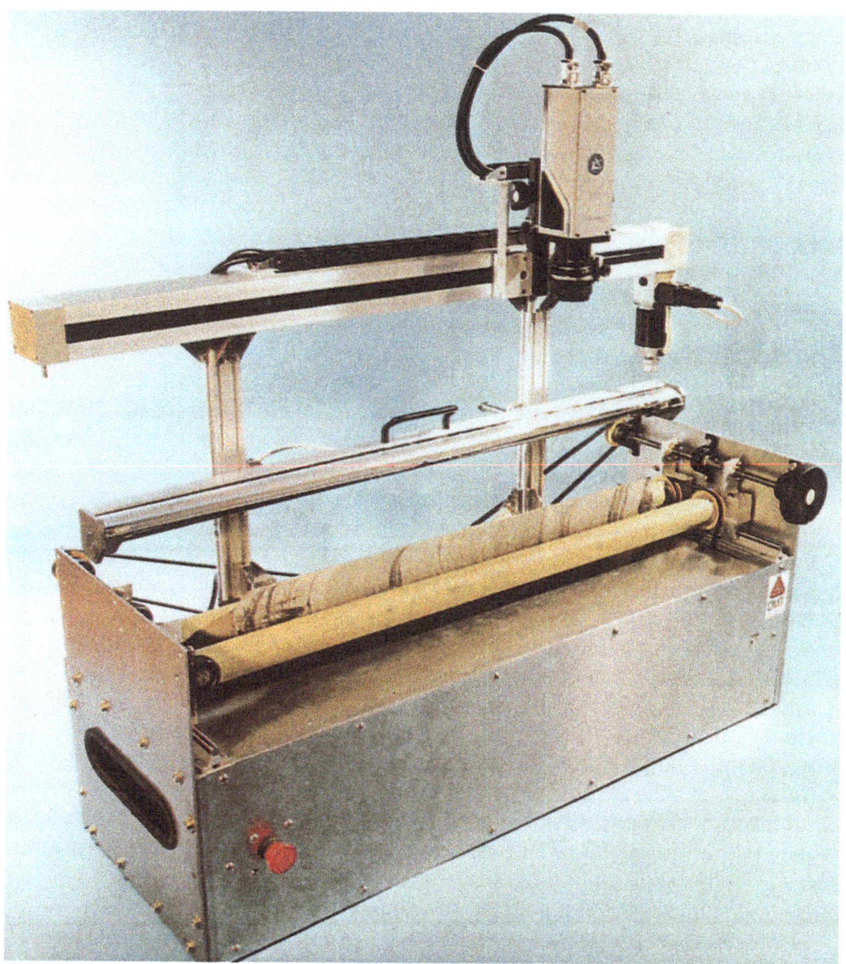

**Abb. 7.2.6.** Automatische Abwicklung der Bohrkernoberfläche. Abtasten der Bohrkerne mit einem optischen, digitalen Scannersystem mit einer Auflösung von 5000 Pixel/m für Bohrkerndurchmeser zwischen 40 mm und 150 mm und Längen der Bohrkernstücke < 1 m (nach SCHEPERS 1996, SCHEPERS & RAFAT 1995).

Das wahre Streichen und Fallen der planaren und linearen Gefügeelemente nordorientierter Kerne kann manuell mit Hilfe spezieller Bohrkerngoniometer, mit denen die Bohrlochabweichung bezogen auf Richtung und Neigung nachgestellt werden kann, direkt am Bohrkern ermittelt werden. Die Meßgenauigkeit beträgt nach ARNOLD & SCHWARZ (1993) etwa +/- 5 %. Steht ein Goniometer nicht zur Verfügung, sind die gemessenen scheinbaren Einfallswinkel der Trennflächen bei bekannter Bohrlochabweichung mit Hilfe von Winkelfunktionen (trigonometrische Beziehungen) in die wahren Einfallswinkel umzurechnen, oder die wahren Winkel sind mittels Diagrammen und Nomogrammen, die für die praktische Arbeit entwickelt wurden, direkt und ausreichend genau abzulesen (FLICK et al. 1972, QUADE 1984, WALLBRECHER 1986). Für genaue konstruktive Ermittlungen der Raumdaten von Trennflächen in Bohrkernen und Beurteilung der Winkelverzerrungen dient die spärische Geometrie von Einheits- oder Lagenkugeln bzw. deren Projektionen (Lagenkugelprojektionen).

Zur Verkürzung der zeitaufwendigen Arbeit bei der konventionellen Ermittlung der wahren Einfallswinkel und -richtungen von Strukturdaten aus Bohrkernen wurden rechnergestützte Auswerteprogramme wie beispielsweise das TECLOG entwickelt (RAFAT et al. 1992), die bei der interaktiven Bohrkernbearbeitung und -auswertung auch Bohrlochabweichungen von der Vertikalen für die der am Bohrkern erfaßten Daten berücksichtigen können.

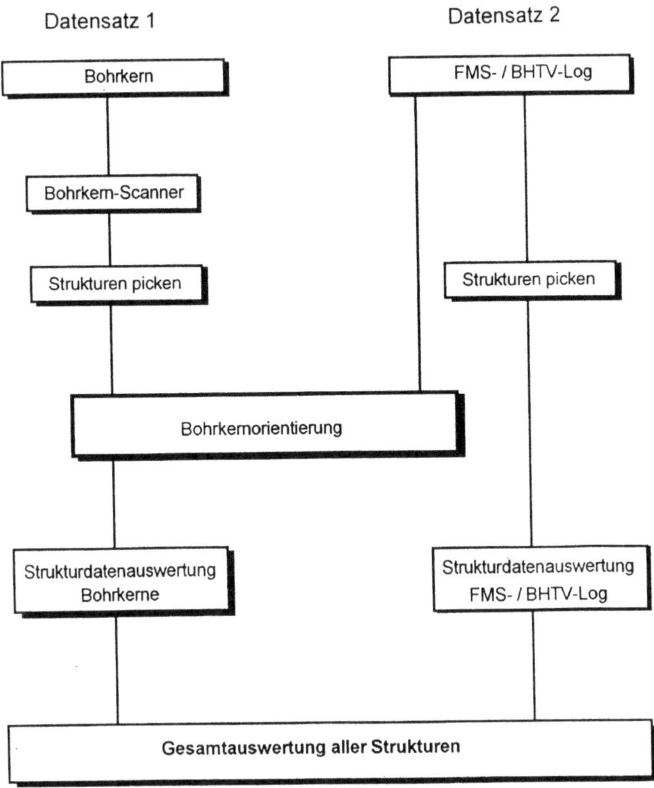


**Abb. 7.2.7.** Schematischer Ablauf von Strukturauswertung und Bohrkernorientierung (nach WEBER 1994).

Geringe Abweichungen der Bohrung von der Vertikalen wirken sich auf die Differenz zwischen den wahren und den am Bohrkern gemessenen Einfallswinkeln der Trennflächen nur sehr geringfügig aus (KESSELS 1988) und werden deshalb in der Regel, abgesehen von Auswertungen flachliegender Strukturen, vernachlässigt.

Für die Beurteilung und Interpretation der am Bohrkern erfaßten kleintektonischen Strukturen ist eine gute Kenntnis der strukturellen Verhältnise an der Oberfläche (freiliegende Schichten) eine wichtige Voraussetzung. Dies gilt insbesondere bei vertikalen Bohrungen, weil dort die horizontale Dimension nur sehr beschränkt erfaßt wird (NAGRA 1989). Eine Interpretation der angetroffenen strukturellen Phänomene ist demzufolge ohne Zusatzdaten aus Oberflächen- oder Untertageaufschlüssen oft kaum möglich.

Werden bei Bohrkernen natürliche Öl- und Gasanzeichen oder Kontamination mit Schadstoffen festgestellt, ist die Kernbearbeitung unter Beachtung der entsprechenden Sicherheitsbestimmungen ohne Verzögerung durchzuführen. Nach HUSMANN (1984) sind bei gashöffigen Gesteinen oder Horizonten die ersten Schritte nach der Entnahme besonders wichtig, weil optische und akustische Beobachtungsmerkmale bei Entgasungen aus dem Gestein    (z. B. Blasen durch Spülungsmantel, aus Schichtfugen oder aus Porenräumen, Klüften usw.) nicht reproduzierbar sind. Neben der Beschreibung des Geruchs (z. B. benzinös, aromatischer Ölgeruch u. a.) wird zur Kennzeichnung von Ölspuren konventionell eine Heißwasserbehandlung durchgeführt Das dabei aus den Porenräumen ausgetriebene Öl sammelt sich auf der Wasseroberfläche und wird unter UV-Licht betrachtet. Während Erdöle im UV-Licht mit Fluoreszenzfarben von hellem Gelb bis dunklem Braun floureszieren, sind technische Öle und Fette (ausgenommen Seilfette, die sich bei der Fluoreszenzbetrachtung nicht von Erdöl unterscheiden) an ihrer graubläulichen Fluoreszenzfarbe zu erkennen (HUSMANN 1984). Aus diesem Grund ist es bei Bohrung im Untergrund von Deponien sinnvoll, die an der Bohrstelle verwendeten Öle und Fette zur vergleichenden Betrachtung im Feldalbor aufzubewahren, um sie bei Bedarf anlysieren zu können. Die im Porenraum vorhandenen Gase werden gewöhnlich im Laborcontainer/Feldlabor auf der Bohrstelle mit einem Kernentgaser (Unterdruckerzeugung durch eine Wasserstrahlpumpe) freigesetzt und in entsprechenden Meßgeräten (z. B. Gaschromatograph) analysiert. Für detailliertere Untersuchungen, die in Speziallabors durchgeführt werden müssen (z. B. Isotopenanalysen), können Parallelproben gezogen werden. Bei der Gewinnung und Untersuchung gasförmiger und flüssiger Schadstoffe aus dem Deponie- und Altlastenuntergrund sind während der Kernentnahme die erforderlichen Sicherheitsmaßnahmen zu ergreifen (WEBER 1990, NEUMAIER & WEBER 1996).

Ergänzende Angaben zur Kernaufnahme betreffen beispielsweise den Grundwasserspiegel und den dazugehörenden Kapillarsaum oder Spülungsverluste während des Kernens in der Bohrung sowie die davon beinflußten Kernmärsche bzw. Bohrkernstücke. Außerdem ist bei der Profilbeschreibung festzuhalten, ob vom Kernmaterial Proben für weiterführende Laboruntersuchungen benötigt, reserviert und/oder entnommen werden sollen/wurden und um welche Untersuchungen, Kernstücke und Teufen es sich handelt.

Sind an ausgewählten repräsentativen Bohkernstücken einer Schichtenfolge zum Beispiel zur Korrelation und Kalibrierung von Meßdaten Vergleichs- und / oder Wiederholungsmessungen durchgeführt worden, dann ist neben der Anmerkung im aufgenommenen Bohrkernprofil auch die Anlage eines Meßberichts sinnvoll. In ihm werden beispielsweise die Teufenbereiche, die vermessenen Bohrkernstücke und die eingesetzten Meßmethoden mit Angabe des jeweiligen Meßdatums dargestellt. Ein Beispiel für einen Meßbericht gibt Abb. 7.2.8.

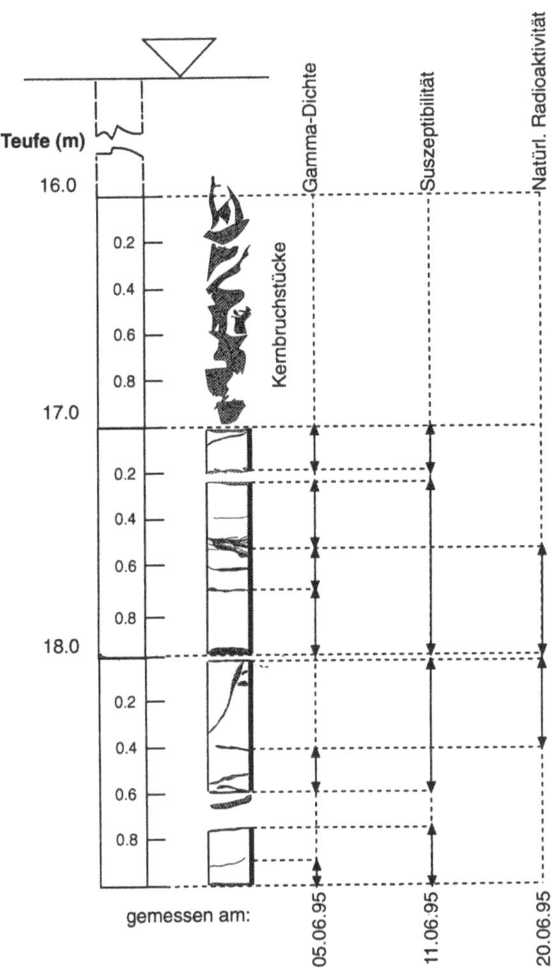


**Abb. 7.2.8.** Beipiel für die Darstellung eines Meßberichts über petrophysikalische Untersuchungen an ausgewählten Bohrkernstücken einer Deponieuntergrund-Bohrung  (abgeändert nach WEH 1995)

Neben der makroskopischen Bohrkernbeschreibung und der Aufnahme der visuell erkennbaren sedimentären und kleintektonischen Strukturen kann es, zum Beispiel zur Detailuntersuchung von Gefügen oder zur Korrelation von Bohrkern- mit Bohrlochvermessungen, erforderlich sein, die konventionelle Bohrkernaufnahme durch Ermittlung zusätzlicher sedimentologischer, petrophysikalischer und geochemischer Eigenschaften und Größen zu ergänzen. Dabei sind mit Hilfe verschiedener Verfahren vor allem die folgenden weiterführenden zerstörumgsfreien Bohrkernuntersuchungen für einzelne Proben und kontinuierliche Profilaufnahmen möglich bzw. einsetzbar:

- Korngrößenanalysen
- Helligkeits- und Farbwechselprofile
- interne Schichtgefüge
- Gesteinsdichten
- Porosität, Porenvolumen
- Gaspermeabiltät
- natürliche Gammastrahlung
- magnetische und andere geophysikalische Parameter
- Relaxationsmessungen
- Elementanalysen
- Gasanalysen an Gesteinen mit geringer Porosität

Die Bestimmung von Korngrößen und Korngrößenverteilungen der Fraktion > 0,2 mm sind durch bildanalytische Auswertungen der weiter oben beschiebenen Bohrkernscanner-Abwicklungen (Bohrkernoberfläche oder Bohrkernschnittflächen) möglich.

Detaillierte Aufnahme lithologischer Wechsel bzw. sedimentärer Fazieswechsel in feingeschichteten oder lamellierten Abfolgen u. a. zur Korrelation von Bohrprofilen werden durch hochauflösende Grauton- und Farbenmessungen auf den Bohrkernober- und vor allem auf Bohrkernschnittflächen vorgenommen, wobei durch den Einsatz von Spektrophotometern (z. B. Fa. Minolta) die Bestimmungen der Helligkeiten und der Oberflächenfarben auch quantifiziert werden können (v. RAD et al. 1995, SCHULZ et al. im Druck).

Zur Visualisierung des internen Sedimentgefüges der Bohrkerne aufgrund von Dichteunterschieden der Partikel bzw. unterschiedlicher Schwächung (Absorption) des Röntgenstrahls beim Durchdringen des Gesteins werden seit langem medizinische bzw. klinische Röntgenaufnahmen (Radiographien) senkrecht zur Bohrkernachse eingesetzt, wobei die mittlere räumliche Ortsauflösung etwa 350-400 µm beträgt (KLOBES et al. 1997, MATTHIES et al. 1995). Bei den Röntgenaufnahmen kann sich der Bohrkern auch noch im Plastikliner befinden (BEIERSDORF et al. 1981). Wegen der unterschiedlich starken Absorption der Röntgenstrahlen, bedingt durch die Geometrie der zylinderförmigen Bohrkerne (Dickeänderungen von innen nach außen), ist die Ausleuchtung bzw. Abbildung des Gefüges ungleichmäßig, so daß dieses Verfahren vor allem an etwa 5-10 mm dicken Sedimentscheiben eingesetzt wird (BEIERSDORF et al. 1981, CASPERS & FREUND 1995, MEHL & MERKT 1990).

Gute Abbildungen vom Interngefüge der Bohrkerne oder von dort herausgebohrten Minikernen (z. B. Sedimentgefüge und/oder Artefakte wie Austrocknungsrisse in Tonsteinen) mit hoher Auflösung bis < 20 µm liefert die Tansmissions-Computertomographie (CT). Bei diesem Röntgenverfahren werden die Bohrkerne nicht mit einer Aufnahme komplett als ganzer Zylinder, sondern zweidimenional in Form von einzelnen Schnittbildern (2D-CT) oder dreidimensional (3D-CT) mit einer Serie von Schnittbildern bzw. volumetrisch messenden Geräten (Verwendung von Flächendetektoren bei gleichzeitiger Drehung des Bohrkerns um die eigene Achse) aufgenommmen (BÜCKER, Kap. 7.4 in Band 4, RABE et al. 1997, RIESEMEIER et al. 1993, 1994).

Die Gesteinsdichte von Bohrkernen kann mit Hilfe der radiometrischen Dichtemessung (Absorption von Gammastrahlen beim Durchdringen des Gesteins) sehr genau bestimmt und Dichteprofile können längs der Bohrkernachse mit entsprechenden Bohrlochmessungen korreliert werden. Wird ein Bohrkern auf seiner gesamten Länge in kleinen Abständen vermessen (etwa 1-2 mm), können neben der Dichte des Gesteins auch offene natürliche Klüfte und/oder Auflokkerungszonen detektiert werden (BERNHARDT 1994, BÜCKER, Kap. 7.4 in Band 4, MATTIAT & BERNHARDT 1994, SALGE 1995, SOFFEL et al. 1992).

Zerstörungfreie Dichtebestimmungen an Bohrkernen, daraus herausgeschnittenen Minikernen (Plugs) oder Seitenkernen sind zum einen auch mit Rohdichtebestimmungen (Dichte des Volumens von Feststoffen inklusive Poren und Hohlräume) nach dem zeitaufwendigen archimedischen Prinzip möglich (Tauchwägungs-Methode geeignet nur für feste, in Wasser nicht zerfallende, unlösliche und nicht quellende Gesteine). Zum anderen werden relativ rasch Reindichtebestimmungen (Dichte des Volumens von Feststoffen ohne Poren und Hohlräume) an kleinen Bohrkernen, Plugs, Seitenkernen oder Bohrkernbruchstücken mit Gaspyknometern (gewöhnlich mit Helium) durchgeführt (GRIMM 1990, MICROMERITICS 1993, SOFFEL et al. 1992).

Die Bestimmung der Gesamtporosität und des Porenvolumens wird durch Subtraktion von Roh- und Reindichte ermittelt. Relativ rasche und zerstörungsfreie Messungen sind an trockenen Bohrkernen oder Minikernen mit Durchmessern bis zu mehreren cm möglich, wenn am selben trockenen Kernstück die Reindichte mittels Gaspyknometer und die Rohdichte mittels einer neuentwickelte Verdrängungstechnik durchgeführt wird (MICROMERITICS 1996a, 1996b). Porositätsunterschiede in Kernproben in axialer und radialer Richtung können mit Hilfe der dreidimensionalen CT (s. weiter oben) sowohl qualitativ als auch quantitativ ermittelt und nachgewiesen werden (RABE et al. 1997).

Gaspermeabiltätsbestimmungen an porösen Bohrkernen erfolgen mit Hilfe mobiler Gas-Minipermeameter (Bestimmung der Gesteinsdurchlässigkeiten durch kleine, unter definiertem Druck verpreßte Gasmengen, gewöhnlich von Stickstoff oder Luft). Da diese Methode in kurzer Zeit eine große Anzahl von Messungen erlaubt, können teufenbezogene Permeabilitätslogs erstellt werden (HORNUNG & AIGNER 1996).

Mit Gaspermeabilitätsmessungen in porösen Boden- und Gesteinsproben mittels mehrerer CT-Schnittbilder (Subtraktions-Verfahren) an identischen Abtastpositionen und mit der Aufnahme von Bildsequenzen an unterschiedlichen Positionen mit Hilfe von Kontrastmitteln (Xenongas) kann diffuse Gasausbreitungsichtbar gemacht und Diffusionskoeffizienten zerstörungsfrei gemessen werden (MATTHIES et al. 1995).

Die Messung der natürlichen Gammastrahlung und Aufnahmen von Gamma-Spektren dienen u. a. der Bestimmung von Tonanteilen in Sedimenten, der Korrelation von Bohrkernprofilen mit Bohrlochmessungen sowie der quantitativen Analyse der natürlichen radioaktiven Elemente Uran, Thorium und Kalium im Bohrkern, mit deren Bestimmung u. a. auch die Wärmeproduktionsraten in den erbohrten Gesteinen ermittelt werden können (HORNUNG & AIGNER 1996, RIDER 1996, SALGE 1995, SOFFEL et al. 1992).

Zur Liste der zerstörungsfreien Untersuchungen an Bohrkernen oder Minikernen (Plugs) und Seitenkernen für die petrophysikalische Charakterisierung gehören außerdem u. a. Messungen der elektrischen Widerstandstomographie, der thermischen Leitfähigkeit, der akustischen bzw. seismischen Geschwindigkeiten, der gesteinsmagnetischen Eigenschaften (z. B. Suszeptibiltät) oder der inneren Oberfläche (HÄNEL 1995, JACOBS & FLECHSIG, Kap. 7.4 und 7.6 in Band 4, SOFFEL et al. 1992, DE WALL, Kap. 7.7 in Band 4, WASCHER 1992, WORM 1996).

An Hand von Relaxationsmessungen (Erfassung von Entspannung und Ausdehnung von Bohrkernen mit induktiven Wegaufnehmern) unmittelbar nach der Entnahme aus dem Kernrohr kann insbesondere bei Festgesteinskernen aus tieferen Bohrungen u. a. die Orientierung des Stressfeldes in situ mit der Richtung der horizontalen Hauptspannungen abgeleitet werden (EMMERMANN & RISCHMÜLLER 1990, WOLTER & BERCKHEMER 1989). Diese Spannungsrichtungen können an Festgesteinen auch durch Erfassung und Auswertung bohrtechnisch induzierter Risse in Bohrkernen und durch sog. Core Disking Strukturen (Zerfall des Bohrkerns in Scheiben), die vor allem an Bohrkernen aus größeren Tiefe auftreten können, ermittelt werden (RÖCKEL 1996).

Um lithologische Besonderheiten und/oder sedimentologische Faziesvariationen schneller und besser erfassen und Daten ausgewählter geophysikalischer Parameter gezielt für die stratigraphische Gliederung und Korrelation mit Bohrlochmessungen einsetzen zu können, werden vielfach Meßstraßen bzw. Meßbänke mit verschiedenen zerstörungsfrei messenden Sonden zum Bohrkernloggen kombiniert. Dabei handelt es sich beispielsweise um Kombinationen für die integrierte Messung von radiometrischen Dichte-, akustischen Kompressions/P-Wellen- und Suszeptibiltäts-Aufnahmen, radiometrischen Dichte- und Porositäts-Profile oder natürliche Gamma-Strahlungs- und Permeabilitäts-Aufahmen von Bohrkernen (BRGM 1990, HORNUNG & AIGNER 1996, V. RAD et al. 1995, SCHULTHEISS 1985).

Elemente und Elementkonzentrationen (ppm bis Prozent) können in Bohrkernen (Böden und Gesteine) automatisch und zerstörungsfrei mit Handmeßsonden tragbarer Analysegeräte gemessen werden, die nach dem Prinzip der energiedispersiven Röntgenfloureszenzspektroskopie arbeiten. Bei relativ kurzen Meßzeiten von wenigen Minuten pro Meßpunkt lassen sich in kurzer Zeit an Bohrkernen Teufenprofile von Elementverteilungen erstellen. Mit den gegenwärtig auf dem Markt verfügbaren Geräten mit $HgJ_2$- bzw. Si(Li)-Detektor werden die Elemente Schwefel bis Uran bzw. Kalium bis Uran (Ordnungszahlen 16 bzw. 19 bis 92) in den Proben bzw. Meßstellen am Bohrkernen bestimmt, wobei bis zu 25 Elemente bei einer Messung simultan gemessen werden können (BERNICK et al 1994, METOREX 1995, NORAN 1993).

Gase, die sich in Gesteinen geringer Porosität in frei zugänglichen Poren und auf Mikroklüften befinden, können aus bei 400° C getrockneten Bohrkernen, Plugs oder Seitenkernen in maßhaltigen Edelstahl-Kernentgasungszylindern im Hochvakuum freigesetzt werden. Die extrahierten Gasphasen entspannen sich dabei in Ausgleichsgefäßen mit variablem Volumen, die zuvor auf 10$^{-4}$ mbar evakuiert wurden, und werden anschließend massenspektrometrisch analysiert (ERZINGER et al. 1991).

Auf Untersuchungen, die nur an aufbereitetem Bohrkernmaterial durchgeführt werden können, wird hier nicht weiter eingegangen. Hierfür wird auf zusamenfassenden Darstellungen aller Untersuchungsmöglichkeiten (BENDER (1981, 1984, 1985, 1986) sowie auf die Fachliteratur verwiesen. Hierzu gehören beispielsweise Arbeiten über Gesteinsaufbereitung, Gefügeuntersuchungen, Schwermineral-und Korngrößenanalyse sowie Tonminerale und Tone (BOENIGK 1983, DIETRICH et al. 1998, JASMUND & LAGALY 1993, MATTIAT et al. 1995, 1998, NEY 1986).

## 7.2.4 Darstellung und Dokumentation

Die bei der zerstörungsfreien Bohrkernaufnahme gewonnenen Daten bilden zusammen mit der Inventarisierung und fotografischen Dokumentation des Bohrkernmaterials und der Abwicklung von Bohrkernoberflächen die Basis für die Auswertung, Darstellung, Präsentation und Dokumentation der Bohr- und geowissenschaftlichen Untersuchungsergebnisse. Hierzu gehört zunächst die Erstellung von Schichtenverzeichnisssen und deren graphische Darstellung, die für geotechnische und Wasserbohrungen durch verschiedene DIN-Normen vorgegeben wird (DIN 4022, DIN 4023, E ISO DIN 14688, E DIN ISO 14689 u.a.); für das bergmännische Rißwerk gelten eigene Normen (z. B. DIN 21901, DIN 21920, DIN 21921).

Anhand der makroskopischen Bohrkernbeschreibung werden lithostratigraphische Profile in Form von Tabellen und Vertikalprofilen erstellt. Diese Teufenprofile sind maßstabsgerecht, wobei Standard-Maßstäbe für die lithostratigraphischen Profile 1 : 1000 oder 1 : 200 sind, weil auch die Logs von Bohrlochmessungen gewöhnlich in diesen Teufenmaßstäben abgespielt werden und somit direkt mit der Bohrkernaufnahme verglichen bzw. korreliert werden können.

Die Ergebnisse ergänzender zerstörungsfreier strukturgeologischer, geophysikalischer und/oder geochemischer Bohrkernaufnahmen werden ebenfalls tabellarisch und graphisch wiedergegeben und bei Verknüpfung mit den lithologischen Beschreibung in eigenen Spalten bzw. Kolumnen dargestellt. Alle hierbei verwendeten Signaturen sind in einer Legende zu erläutern.

Da die manuelle Zusammenstellung und zeichnerische Darstellung von Daten aus den Schichtenverzeichnissen und den übrigen zerstörungsfreien Bohrkernbearbeitungen zum einen sehr zeitaufwendig und arbeitsintensiv ist und zum anderen bereits bei der Bohrkernaufnahme PC-gestütze Systeme eingesetzt werden bzw. werden können, müssen die Daten EDV-gerecht erfaßt werden. Hierfür werden die geowissenschaftlichen Fachbegriffe und Sachverhalte normiert und codiert. Beim Aufbau von Codier-Systemen werden für die Verschlüsselung beispielsweise vier- und dreistellige Buchstabencodes(MÜLLER et al. 1984a, 1984b, UHLIG 1988) und alphanumerische Systeme verwendet. Zu den letztgenannten gehört der bei der Bundesanstalt für Geowissenschaften und dem Niedersächsischen Landesamt für Bodenforschung eingeführte „Symbolschlüssel Geologie" (PREUSS et al. 1991), mit dem geologische Schichtenbeschreibungen mittels Groß- und Kleinbuchstaben, Ziffern und Sonderzeichen codiert werden. Die Aufnahme der Daten zur Bohrung und zum Bohrprofil erfolgt über Formblätter (BENDA & KOCH 1986, PREUSS et al. 1991, SCHOTT 1984), wobei für die Aufnahme der Schichtenfolgen die Reihenfolge der Daten in sechs Datenfelder festgelegt ist (Tiefe-Stratigraphie-Petrographie-Genese-Farbe-Zusatz).

Für die digitale Dokumentation der Daten einer Bohrkernaufnahme sind verschiedene Programme für die Eingabe, Aufbereitung, Ausgabe, Weiterverarbeitung, Auswertung, Verknüpfung mit anderen Daten und Darstellung erforderlich. Mit Hilfe der entsprechenden Software ist die jeweils gewünschte Zusammenstellung der Daten einer Bohrung (Informationen zur Bohrung bzw. Probenahme, Wertetabellen, und/ oder graphischen Darstellung) rasch zu erhalten. Datenbanksysteme mit Datensammlungen über Bohrkernaufnahmen verschiedener Bohrungen und Software mit entsprechenden Funktionen eröffnen die Möglichkeit, z. B. die lithologischen mit gefügekundlichen Auswertungen im Vertikalprofil zu kombinieren und zu interpretieren, die am Bohrkern durchgeführten Messungen in Abhängigkeit von der Raumlage des Bohrkerns darzustellen, Daten bildanalytisch auszuwerten oder auch Daten und Ergebnisse mehrere Bohrungen miteinander zu kombinieren und beispielsweise Schichtkorrelationen zu ermöglichen.

Die rasche Dokumentation und Darstellung der Bohrkernaufnahmen dient neben der Beschreibung des Bohrprofils bei zusätzlichen Untergrunduntersuchungen auch der Planung und ersten Auswertung von hydrogeologischen und/oder geophysikalischen Tests. Außerdem stellt sie die Basisinformation für Speziallabors dar, die weiterführende Untersuchungen am Bohrkernmaterial durchführen. Um die dort durchgeführten Untersuchungen und Analysen unmittelbar mit den Ergebnissen der Bohrkernaufnahmen vergleichen und korrelieren zu können, sollte die Datenbank so aufgebaut sein, daß die extern gewonnenen Daten und Ergebnisse jederzeit übernommen und mit den bereits vorhandenen Ergebnissen interaktiv verarbeitet, ausgewertet und dargestellt werden können.

# Literatur

AG BODEN (1994):Bodenkundliche Kartieranleitung. - 4. Aufl., 392 S., Bundesanst. Geowiss. Rohstoffe u. Geol. L. Ämter, Hannover.

ANDERSON, W. A. (1986): Wettability Literature Survey, Part 1: Rock/Oil/Brine Interactions and the Effect of Core Handling on Wettability. - Journal of Petroleum Technology, October 1986, 1125-1144.

ARNOLD, W. & SCHWARZ, W. (1993): Bohrwerkzeuge, Probenahme- und Kerngewinnungsgeräte. - In: ARNOLD, W. (Hrsg., 1993): Flachbohrtechnik: 133-258. - Deutscher Verlag für Grundstoffindustrie, Leipzig Stuttgart.

BEIERSDORF, H., KUDRASS, H.-R. & von STACKELBERG, U. (1981): Arbeitsmethoden der Meeresgeologie. - In: BENDER, F. (Hrsg.,): Angewandte Geowissenschaften, Bd I: 435-463. - Enke, Stuttgart.

BENDA, L. & KOCH, J. (1986): Profilaufnahmen. - In: BENDER, F. (Hrsg.): Angewandte Geowissenschaften, Bd. IV: 358-361. - Enke, Stuttgart.

BENDER, F. (Hrsg., 1981): Geologische Geländeaufnahme, Strukturgeologie, Gefügekunde, Bodenkunde, Mineralogie, Petrographie, Geochemie, Paläontologie, Meeresgeologie, Fernerkundung, Wirtschaftsgeologie. Angewandte Geowissenschaften, Bd. I, 628 S. - Enke, Stuttgart.

BENDER, F. (Hrsg., 1984): Geologie der Kohlenwasserstoffe, Hydrogeologie, Ingenieurgeologie, Angewandte Geowissenschaften in Raumplanung und Umweltschutz. Angewandte Geowissenschaften, Bd. III, 674 S. - Enke, Stuttgart.

BENDER, F. (Hrsg., 1985): Methoden der Angewandten Geophysik und mathematische Verfahren in den Geowissenschaften. Angewandte Geowissenschaften, Bd. II, 766 S. - Enke, Stuttgart.

BENDER, F. (Hrsg., 1986): Untersuchungsmethoden für Metall- und Nichtmetallrohstoffe, Kernenergierohstoffe, feste Brennstoffe und bituminöse Gesteine. Angewandte Geowissenschaften, Bd. IV, 422 S. - Enke, Stuttgart.

BERNHARDT, J. (1994): Modelluntersuchungen zur Wirkung organischer und metallorganischer Schadstoffe auf das Mikrogefüge und die Rückhaltewirkung von Tongesteinen. - In: DÖRHÖFER, G., THEIN, J. & WIGGERING, H. (Hrsg.): Modellfall Altlast Sonderabfalldeponie Münchehagen. - Umweltgeologie heute 4: 129-138; Ernst & Sohn, Berlin.

BERNICK, M. B., PRINCE, G., SINGHVI, R. KALNICKY, D. J. & KAELIN, L. P. (1994): Use of Field-Portable X-Ray Flourescence Instruments to Analyze Metal Contaminants in Soil and Sediment. - Presentation, 10 pp Petro-Safe Show, Houston, Texas, January 26, 1994.

BOENIGK, W. (1983): Schwermineralanalyse. - 158 S., Taf., Enke Stuttgart.

BRGM (1990): Diacore. Un banc de mesures non destructives, multiparameters sur carottes de sondages. - Produktinformation, 2 S., BRGM (Hrsg.), Orleans Cedex, Frankreich.

CASPERS, G. & FREUND, H. (1995): Forschungsbohrung Tostedt. - In: HÄNEL, R. (Koordination): Tätigkeitsbericht 1993/94 der Geowissenschaftlichen Gemeinschaftsaufgaben, 96-98, Niedersächsisches Landesamt für Bodenforschung, Hannover.

CRAELIUS (1987): Petro Core. Microcomputer system for core logging, statistical analyses and graphical presentation of geological data and drilling variables. - Product News, 1987-10,QML - 41, 6 pp, Craelius AB (ed.), Marsta, Schweden.

DIETRICH, H.-G., DAHMS, E., FRITZ, L., HEIMERL, H. & KOHLER, E. E.(1998): Physikalische Verfahren: Die Korngrößenanalyse. - In: HILTMANN, W. & STRIBRNY, B. (Hrsg.):

Handbuch zur Erkundung des Untergrundes von Deponien und Altlasten, Band 5 Tonmineralogie und Bodenphysik. - Springer, Berlin Heidelberg New York.

DIN 4022-1 (1987). Baugrund und Grundwasser. Benennen und Beschreiben von Boden und Fels. Schichtenverzeichnis für Bohrungen ohne durchgehende Gewinnung von gekernten Proben im Boden und Fels. - DIN 4022, Teil 1, 20 S., Ausgabe 09.87, Beuth, Berlin.

DIN 4022-2 (1981). Baugrund und Grundwasser. Benennen und Beschreiben von Boden und Fels. Schichtenverzeichnis für Bohrungen im Fels (Festgestein). - DIN 4022, Teil 2, 11 S., Ausgabe 03.87, Beuth, Berlin.

DIN 4022-3 (1982). Baugrund und Grundwasser. Benennen und Beschreiben von Boden und Fels. Schichtenverzeichnis für Bohrungen mit durchgehender Gewinnung von gekernten Proben im Boden (Lockergestein). - DIN 4022, Teil 3, 10 S., Ausgabe 05.82, Beuth, Berlin.

DIN 4023 (1984). Baugrund- und Wasserbohrungen.Zeichnerische Darstellung der Ergebnisse. - DIN 4023, Ausgabe 03.84, Beuth, Berlin.

DIN 4022-3 (1982). Baugrund und Grundwasser. Benennen und Beschreiben von Boden und Fels. Schichtenverzeichnis für Bohrungen mit durchgehender Gewinnung von gekernten Proben im Boden (Lockergestein). - DIN 4022, Teil 3, 10 S., Ausgabe 05.82, Beuth, Berlin.

E DIN ISO 14688 (1997): Geotechnik im Bauingenieurwesen. Bestimmung und Klassifizierung von Böden. (ISO/CD 14688: 1995):- Entwurf DIN ISO 14688, 32 S., Ausgabe 01.97, vorgesehen als teilweiser Ersatz für DIN 4022-1, Ausgabe 09.87, und als Ersatz für DIN 18196, Ausgabe 10.88, Beuth, Berlin.

E DIN ISO 14689 (1997): Geotechnik im Bauingenieurwesen. Bestimmung und Beschreibung von Fels. (ISO/CD 14689: 1995). - Entwurf DIN ISO 14689, 19 S., Ausgabe 01.97, vorgesehen als teilweiser Ersatz für DIN 4022-1, Ausgabe 09.87, Beuth, Berlin.

EMMERMANN, R. & RISCHMÜLLER, H. (1990): Das Kontinentale Tiefbohrprogramm der Bundesrepublik Deutschland (KTB). Aktueller Stand und Planung der Hauptbohrung. - Die Geowissenschaften, 8 (9): 241-257.

EMMERMANN, R., DIETRICH, H.-G., HEINISCH, M. & WÖHRL, T. (Hrsg., 1988): Einleitung. - Tiefbohrung KTB Oberpfalz VB. Ergebnisse der geowissenschaftlichen Bohrungsbearbeitung im KTB-Feldlabor. Teufenbereich von 0 - 480 m. - KTB Report 88-1, 1-20, Niedersächsisches Landesamt für Bodenforschung (Hrsg.), Hannover.

ERMEL, G., HOMRIGHAUSEN, R. & SCHNIBBEN, V. (1993): Erkundungsmaßnahmen. Durchführung von geneigten Kernbohrungen unter die Tiefpolder der ehemaligen SAD Münchehagen. - bbr, 7: 341-347.

ERZINGER, J., ZIMMER, M., FIGGEMEIER, C., SAMUEL, M. & HEINSCHILD, H.-J. (1991): Zur Geochemie von Gasen in Krustengesteinen, Formationsfluiden und Bohrspülungen - Ergebnisse aus der KTB-Vorbohrung. - In: EMMERMANN, R. & LAUTERJUNG, J. (1991): Forschungsergebnisse im Rahmen des DFG-Schwerpunktprogramms „KTB" 1986-1990. - KTB Report 91-1, 393-422, Projektgruppe Kontinentales Tiefbohrprogramm der Bundesrepublik Deutschland am Niedersächsischen Landesamt für Bodenforschung (Hrsg.), Hannover.

FLICK, H., QUADE, H. & STACHE, G. A. (1972): Einführung in die tektonischen Arbeitsmethoden. Schichtenlagerung und bruchlose Verformung. - Clausthaler Tektonische Hefte, 12, 96 S., Ellen Pilger, Clausthal-Zellerfeld.

FOLLE, S. & MÜLLER, K. (1988): Kluftorientierung und -analytik an Bohrkernen. - Erdöl Erdgas Kohle, 104(6): 253-256.

FÜCHTBAUER, H. (Hrsg., 1988): Sedimentpetrologie, Teil II: Sedimente und Sedimentgesteine. - 4. Aufl., 1141 S., E. Schweizerbart, Stuttgart.

GEOTEST AG Zollikofen & Ingenieur-Unternehmung AG Bern (1981): Sondierbohrungen Juchlistock, Grimsel. - Technischer Bericht 81 - 07, 79 S., Nagra, Baden, Schweiz.

GODDARD, E. N., TRASK, P. D., DE FORD, R. K., SINGLEWALD, J. T. & OVERBECK, R. M. (1975): Rock Color Chart. - Geological Society of America.

GRAUP, G., HACKER, W., KEYSSNER, S., MASSALSKY, T., MÜLLER, H., RÖHR, C. & UHLIG, S. (1988): KTB Oberpfalz VB - erste Ergebnisse der geologischen Aufnahme bis 480 m. - In: EMMERMANN, R., DIETRICH, H.-G., HEINISCH, M. & WÖHRL, Th. (Hrsg): Tiefbohrung KTB Oberpfalz VB. Ergebnisse der geowissenschaftlichen Bohrungsbearbeitung im KTB-Feldlabor. Teufenbereich 0 - 480 m. - KTB Report 88-1, B79-B104, Niedersächsisches Landesamt für Bodenforschung, Hannover.

GRIMM (1990): Autopyknometer. Kompaktgerät zur Bestimmung des absoluten Volumens und der Dichte von porösen und nicht porösen Pulvern mittels Gasen. - Firmeninformation, 2 S., Grimm Labortechnik, Ainring.

HÄNEL, R. & DRAXLER, J. K. (1988): Borehole Geophysics of KTB, The Continental Deep Drilling Programme of the Federal Republic of Germany (KTB)-First Logging and Evaluation Results. - In: DRAXLER, J. K. & HÄNEL, R. (1988): Grundlagenforschung und Bohrlochgeophysik (Bericht 5). Bohrlochmessungen in der KTB-Oberpfalz VB. Intervall 1529,4 - 3009,7 m. - KTB Report 88-7: 179-240. - Niedersächsisches Landesamt für Bodenforschung, Hannover.

HÄNEL, R. (Koordination, 1995): Außenstelle Grubenhagen: ein Labor für Forschungsarbeiten zur Gesteins- und Paläomagnetik. - Tätigkeitsbericht 1993/94 der Geowissenschaftlichen Gemeinschaftsaufgaben, 20-21, Niedersächsisches Landesamt für Bodenforschung, (Hrsg.), Hannover.

HÄNEL, R., SCHRÖDER, L. & SCHULZ, R. (Koordination, 1993): Auszeichung von Ernst-Dieter Brinkmann. (Entwicklung eines Bohrkern-Fotokopierers). Tätigkeitsbericht 1991/92 der Geowissenschaftlichen Gemeinschaftsaufgaben, 9. - Niedersächsisches Landesamt für Bodenforschung , Hannover.

HEINISCH, M., DÖRHÖFER, G: & RÖHM, H. (1997): Altlastenhandbuch des Landes Niedersachsen. Materialienhandbuch: Geologische Erkundungsmethoden. - Niedersächsisches Landesamt für Ökologie. Niedersächsisches Landesamt für Bodenforschung als Landesarbeitsgruppe LAA (Hrsg.). Springer, Heidelberg, Berlin.

HINZE, C., JERZ, H., MENKE, B. & STAUDE, H. (1989): Geogenetische Definitionen quartärer Lockergesteine für die Geologische Karte 1:25000 (GK 25). - Geologisches Jahrbuch, A 112, 243 S. - Bundesanstalt für Geowissenschaften und Rohstoffe und Geologische Landesämter in der Bundesrepublik Deutschland, Hannover.

HOMRIGHAUSEN, R (1993): Bohrungen für Erkundungen von Altlasten, Industriestandorten und Deponien. - bbr, 44(10): 2-7.

HOMRIGHAUSEN, R., BARTELS-LANGWEIGE, J. & LÜDEKE, F. (1991): Teufengerechte Kernprobenahme auf pastösen und flüssigen Polderinhaltsstoffen. - bbr, 42(11):2-7.

HORNUNG, J. & AIGNER, T. (1996): Eine Meßstraße zur integrierten sedimentologischen, Gamma Ray- und Permeabilitätslog-Aufnahme von Bohrkernen. - N. Jb. Geol. Paläont. Abh., 199(3): 323-337.

HUSMANN, H. (1984): Geologische Überwachung. - In: BENDER, F. (Hrsg.): Angewandte Geowissenschaften. Bd. III: 80-91. - Enke, Stuttgart.

JASMUND, J. & LAGALY, G. (Hrsg., 1993): Tonminerale und Tone. - 490 S., Steinkopff, Darmstadt.

JORDAN, H. (1981): Festgesteinskartierung. - In: BENDER (Hrsg.): - Angewandte Geowissenschaften, Bd. I: 21-27. - Enke, Stuttgart.

KESSELS, W. (1988): Die orientierte Kernentnahme unter Verwendung eines Neigungs- und Richtungsrekorders am Innenkernrohr. - In: DRAXLER, J. K. & HÄNEL, R.: Grundlagenforschung und Bohrlochgeophysik (Bericht 5). Bohrlochmessungen in der KTB-Oberpfalz VB. Intervall 1529, 4-3009,7 m. - KTB Report 88-7: 157-163. - Niedersächsisches Landesamt für Bodenforschung, Hannover.

KLOBES, P., RIESEMEIER, H., MEYER, K., GOEBBELS, J. & HELLMUTH, K.-H. (1997): Rock porosity dertermination by combination of X-ray computerized tomography with mercury porosimetry. - Fresenius J. Anal. Chem., 357: 543-547.

LAUSCH, E. (1996): Kontinentales Tiefbohrprogramm der Bundesrepublik Deutschland. Ergebnis eines Projekts zur Erforschung der Erdkruste. - Bundesministerium für Bildung, Wissenschaft, Forschung und Technologie (BMBF), Bonn.

LUND, N.-C. & GUDEHUS, G. (1990): Biologische in situ-Sanierung kohlenwasserstoffbelasteter Böden. - Vorträge der Baugrundtagung 1990 in Karlsruhe, 26. und 27. 9. 1990, 139-155. - Deutsche Gesellschaft für Erd- und Grundbau, Essen.

LUND, N.-C. (1991): Beitrag zur biologischen in situ-Reinigung kohlenwasserstoffbelasteter körniger Böden. - Veröffentlichungen des Instituts für Bodenmechanik und Felsmechanik der Universität Karlsruhe, 119, 215 S., Karlsruhe.

MARTIN, P. & BERGERAT, F. (1996): Palaeo-stresses inferred from macro- and microfractures in the Balazuc-1 borehole (GPF-programme). Contribution to the tectonic evolution of the Cevennes border of the SE Basin of France. - Marine and Petroleum Geology, 13(6): 671-684.

MATTHIES, D., GERSCHWITZ, M., HESS, U., HORN, P. & KIRSCHNER, A. (1995): Gaspermeabiltätsmessungen in Bodenproben mittels Röntgen-Computertomographie. - Z. Dt. Geol. Ges., 146: 442-449, Hannover.

MATTIAT, B. (1998): Gefügeuntersuchungen. - In: HILTMANN, W. & STRIBRNY, B. (Hrsg.): Handbuch zur Erkundung des Untergrundes von Deponien und Altlasten, Bd. 5 Tonmineralogie und Bodenphysik. - Springer, Berlin Heidelberg New York.

MATTIAT, B. & BERNHARDT, J. (1994): Modelluntersuchungen zur Wirkung organischer und metallorganischer Schadstoffe auf das Mikrogefüge und die Rückhaltewirkung von Tongesteinen, Teil 1: Analyse des Mikrogefüges der Tone. - BMBF-Verbundvorhaben Methoden zur Erkundung und Beschreibung des Untergrundes von Deponien und Altlasten, unveröfftl. Abschlußbericht, 71 S., Hannover.

MATTIAT, B., BERNHARDT, J. & TOLLKAMP-SCHIERJOTT, C. (1995): SEM/EDX-Untersuchungen an mineralischen Dichtungen unter Sonderabfalldeponien. - Beitr. Elektronenmikroskop. Direkt Abb. Oberfl., Bd. 26:123-128. Münster.

MEHL, J. & MERKT, J. (1990): X-ray radiography applied to laminated lake sediments. - Geological Survey of Finland, Special Paper 14: 77-85.

METOREX (1995: A high resolution Si(Li) Probe. Laboratory performance in a portable Probe. - Produktinformation, 2 S., Metorex GmbH (Hrsg.), Bad Soden.

MEYER, K.-D. (1981): Lockergesteinskartierung. - In: BENDER (Hrsg.): Angewandte Geowissenschaften, Bd. I: 27-31. - Enke, Stuttgart.

MICROMERITICS (1996a): GeoPyc ™ Gives Catalyst Industry New Porosity Technique. - The micro Report, 1st Quarter 1996, 7, (1): 1-3. Micromeritics (ed.), Norcross, USA.

MICROMERITICS (1996b): Automatisierte Rohdichtebestimmung. Zerstörungsfreies Meßverfahren mit quasi-flüssigem Medium. - Chemie-Anlagen + Verfahren (cav), 10/96: 98-100.

MICROMERITICS (1993): Heliumpyknometrie - eine einfach Methode zur genauen Bestimmung der Dichte von Pulvern und Feststoffen. - Keramik-Ingenieur, 4, 2 S.

MOLSNER (1996): Schneidegerät zum Längsauftrennen von Kunststoffrohren. - Firmeninformation, 2 S. Molsner.

MÜLLER, G. (1964): Sedimentpetrologie, Teil I: Methoden der Sediment-Untersuchung. - 303 S., Schweizerbart, Stuttgart.

MÜLLER, W. H., SCHNEIDER, B. & STÄUBLE, J. (1984a): Nagradata - Code Schlüssel - Geologie. - Nagra Technischer Bericht NTB 84-02, 97 S., Nagra, Baden/Schweiz.

MÜLLER, W. H., SCHNEIDER, B. & STÄUBLE, J. (1984b): Nagradata -Benützerhandbuch, Bd. 1. - Nagra Technischer Bericht NTB 84-03, 257 S., Nagra (Hrsg.), Baden/ Schweiz.

NAGRA (Hrsg., 1985): Sondierbohrung Böttstein. Untersuchungsbericht. - Nagra Technischer Bericht NTB 85-01, 190 S., Nagra, Baden/ Schweiz.

NAGRA (Hrsg., 1989): Sondierbohrung Weiach. Untersuchungsbericht. - Nagra Technischer Bericht NTB 88-08, 183 S., Nagra, Baden/Schweiz.

NAGRA (Hrsg., 1993): Einmessen von Schichten und Klüften im Untergrund. Geologen „lesen" Bohrkerne. - Nagra Report, 13, 1/93: 2-3, Wettingen, Schweiz.

NEUMAIER, H. & WEBER, H. H. (Hrsg., 1996): Altlasten. Erkennen, Bewerten, Sanieren. - 3. Aufl., 519 S., Springer, Berlin.

NEY, P. (1986): Gesteinsaufbereitung im Labor. - 157 S., Enke, Stuttgart.

NORAN (1993): Spectrace 9000. Das erste tragbare Feldmeßgerät für die Elementanalytik in Labor-Qualität. - Produktinformation, 6 S., Noran Instruments GmbH, Bruchsal.

PETERS, T., MATTER, A., BLÄSI, H.-R. & GAUTSCHI, A. (1986): Sondierbohrung Böttstein. Geologie. - Technischer Bericht 85-02, 207 S., Nagra, Baden, Schweiz

PREUSS, H., VINKEN, R. & VOSS, H. H. (1991): Symbolschlüssel Geologie. Symbole für die Dokumentation und Automatische Datenverarbeitung geologischer Feld- und Aufschlußdaten. - 328 S., Niedersächsisches Landesamt für Bodenforschung und Bundesanstalt für Geowissenschaften und Rohstoffe (Hrsg.), Schweizerbart, Stuttgart.

QUADE, H. (1984): Die Lagenkugelprojektion in der Tektonik. Das Schmidt'sche Netz und seine Anwendung. - Clausthaler Tektonische Hefte, 20, 196 S., Ellen Pilger, Clausthal-Zellerfeld.

RABE, T., MÜCKE, U., HARBICH, K. W. & GOEBBELS, J. (1997): Alternative Verfahren zum Nachweis von Porositätsunterschieden. Untersuchungen an SiC-Grün- und -Sinterkörnern. - Ceramic forum international (cfi)/ Ber. DKG, 74 (1): 38-43.

RAD, U. v., SCHULZ, H. & SONNE 90 SCIENTIFIC PARTY (1995): Sampling the oxygen minimum zone off Pakistan: Glacial-Interglacial variations of anoxian and Productivity (preliminary results, Sonne 9o cruise. - Marine Geology, 125: 7-19.

RAFAT, G., SCHMITZ, D. & SPYERBER, M. v. (1992): Erfassen, Auswerten und Darstellen von Strukturelementen aus Bohrkernen mit der Stereophotogrammetrie und TECLOG. - Das Markscheidewesen, 99 (3): 281-284.

RIDER, M. H. (ed., 1996): The geological interpretation of well logs. - 2nd Edition, 288 pp., Whittles Publishing, Roseleigh House, Latheronwheel, Caithness.

RIESEMEIER, H., GOEBBELS, J.& ILLERHAUS, B. (1994): Development and application of cone beam tomography for materials research. - International Symposium on Computerized Tomography for Industrial Applications, June 8-10, Berlin, 112-119, Deutsche Gesellschaft für Zerstörungsfreie Prüfung e. V. (Hrsg.), Berlin.

RIESEMEIER, H., GOEBBELS, J., ILLERHAUS, B. & REIMERS, P.(1993): 3-D-Mikrocomputertomograph für die Werkstoffentwicklung und Bauteilprüfung. - Jubiläumstagung 60

Jahre DGZfP, 17.-19. Mai 1993 Garmisch-Partenkirchen, 280-287, Deutsche Gesellschaft für Zerstörungsfreie Prüfung e. V. (Hrsg.), Berlin.

RÖCKEL, T. (1996): Der Spannungszustand in der Erdkruste am Beispiel des KTB-Programms. - Veröffentlichungen des Instituts für Bodenmechanik und Felsmechanik der Universität Karlsruhe, 137, 115 S.

RUMP, H. H. & HERKLOTZ, K. (1990): Probenahme, -vorbereitung und Analytik. - In: WEBER, H. H. (Hrsg.): Altlasten. Erkennen Bewerten Sanieren: 108-133. - Springer, Berlin Heidelberg New York.

SALGE, S. (1995): Aufnahme und Auswertung von γ-Spektren mit Hilfe von Vielkanal-Analysatoren. - Bericht, Archiv-Nr. 113538, 34 S., Niedersächsisches Landesamt für Bodenforschung, Geowissenschaftliche Gemeinschaftsaufgaben, Hannover.

SCHEPERS, R. & RAFAT, G. (1995): DMT Colour CoreScan. Digital Optical Core Image Analysis. - Firmeninformation, 4 S., DMT-Gesellschaft für Forschung und Prüfung; DMT-Institut für Lagerstätte, Vermessung und Angewandte Geophysik (Hrsg.), Bochum.

SCHEPERS, R. (1994): Strukturgeologische Analysen für Baumaßnahmen. - Firmeninformation, 8 S., DMT-Gesellschaft für Forschung und Prüfung; DMT-Institut für Lagerstätte, Vermessung und Angewandte Geophysik (Hrsg.), Bochum.

SCHEPERS, R. (1996): Facsimile 40 Acoustic Borehole Televiewer and DMT Corescan optical Digital Core Scanner. - Produktinformation, 26 S., DMT-Gesellschaft für Forschung und Prüfung; DMT-Institut für Lagerstätte, Vermessung und Angewandte Geophysik (Hrsg.), Bochum.

SCHOTT, W. (1984): Dokumentation von Erdöl- und Erdgasbohrungen. - In: BENDER, F. (Hrsg.): Angewandte Geowissenschaften, Bd. III, 112-126. - Enke, Stuttgart.

SCHMITZ, D. & RAFAT, G. (1995): COREDAT - COREPLOT - CORETEC. Description Drawing Construction. - Firmeninformation, 4 S., DMT-Gesellschaft für Forschung und Prüfung; DMT-Institut für Lagerstätte, Vermessung und Angewandte Geophysik (Hrsg.), Bochum

SCHMITZ, D., HIRSCHMANN, G., KOHL, J., RÖHR, C. & DIETRICH, H.-G. (1989): Die Orientierung der Bohrkerne in der KTB-Vorbohrung. - In: EMMERMANN, R. & GIESE; P. (Hrsg.): Beiträge zum 2. KTB-Kolloquium, Gießen, 15.-17. 3. 1989. - KTB Report 89-3, 100-110, Niedersächsisches Landesamt für Bodenforschung, Hannover.

SCHULTHEISS, P. J. (1985): Multi-Sensor Core Logger. - Produktinformation, 4 S., GEOTEK, Haslemere, Großbritannien.

SCHULZ, H., BERNER, U., ERLENKEUSER, H., GEYH, M., SCHULTE, S., SIROCKO, F. & RAD, U. v. (in press): High-resolution color cycles, stable isotope stratigraphy, and organic carbon accumulation in the continental slope and deep-sea sediments off Pakistan: Towards a paleoceanographical model for Northeastern Arabian Sea. - Nature, London.

SECIA (1987): Banc periphotographique. Periphotographic bench. Die Rundphoto-Bank. - Firmeninformation, 5 S., Antoine Chene, Monosque, France.`

SESO (1988): Autocar. Automatic photography of the unrolled surface of cores. - Firmeninfomation, 4 S., Société Européenne de Systèmes Optiques, Les Milles Cedex/Frankreich.

SOFFEL, H. C., BÜCKER, C., GEBRANDE, H., HUENGES, E., LIPPMANN, E., POHL, J., RAUEN, A., SCHULT, A. STREIT, K. M. & WIENAND, F. (1992): Physical parameters measured on cores and cuttings from the pilot well (0 m - 4000 m) of the German Continental Deep Drilling Program (KTB) in the Oberpfalz area, Bavaria, Federal Republic of Germany. - Surveys in Geophysics, 13: 1-34.

SWANSON, R. G. (1985): Sample Examination Manual. Methods in Exploration Series (Shell Oil Company. Exploration Training). - Sample Examination 35 pp., 4 Appendice. The American Association of Petroleum Geologists, Tulsa, Oklahoma, USA.

TUCKER, M. (1996): Methoden der Sedimentologie. - 366 S.; Enke, Stuttgart.

UHLIG, S. (1988): Hinweise für die Benutzung der Formblätter zur Kernaufnahme im KTB-Feldlabor. - In: EMMERMANN, R., DIETRICH, H.-G., HEINISCH, M. & WÖHRL, T. (Hrsg): Tiefbohrung KTB Oberpfalz VB. Ergebnisse der geowissenschaftlichen Bohrungsbearbeitung im KTB-Feldlabor. Teufenbereich 0-480 m. - KTB Report 88-1, B79-B104; Niedersächsisches Landesamt für Bodenforschung, Hannover.

VOSSMERBÄUMER, H. (1976): Allgemeine Geologie. Ein Kompendium. - 277 S., E. Schweizerbart, Stuttgart.

WALLBRECHER, E. (1986): Tektonische und gefügeanalytische Arbeitsweisen. Graphische, rechnerische und statistische Verfahren. - 244 S.; Enke, Stuttgart.

WASCHER, A. (1992): Gasadsorption und Oberflächenmeßtechnik. - Labor Praxis 10, 4 S.

WEBER, H. H. (Hrsg., 1990): Altlasten. Erkennen Bewerten Sanieren. - 395 S.; Springer, Berlin Heidelberg New York

WEBER. H. (1994): Analyse geologischer Strukturen mit einem Bohrkernscanner. Felsbau, 12(6): 401-403

WEH, A. (1995): Zerstörungsfreie Bohrkernuntersuchungen an ausgewählten Kernen der Bohrungen Münchehagen 205, Eulenberg 10/92 und Rabenstein BK5. - Unveröffentlichter Bericht, 12 S., Geologisch-Paläontologisches Institut, Universität Heidelberg.

WIMMENAUER, W. (1985): Petrographie der magmatischen und metamorphen Gesteine. - 382 S., Enke, Stuttgart.

WOLTER, K. E. & BERCKHEMER, H. (1989): Time dependent strain recovery of cores from the KTB-Deep Drill Hole. - Rock Mechanics and Rock Engeneering, 22: 273-287.

WORM, H.-U. (1996): Die magnetischen Eigenschaften von Sonne-Sedimentbohrkernen aus dem Golf von Bengalen und dem Arabischen Meer. - Unveröffentlicher Abschlußbericht, 10 S., Bundesanstalt für Geowissenschaften und Rohstoffe, Hannover u. Institut f. Geophysik, Universität Göttingen.

# Sachverzeichnis

DEPONIEBAU
KOMPETENZ
Baugesellschaft
WITTFELD
Verkehrsbau
Erd- und Tiefbau
Deponiebau
Ingenieurbau
Gewerbe-SF-Bau
Hansastr. 83 · 49134 Wallenhorst · Tel.: 0 54 07/5 01-0

Ingenieurgesellschaft
Prof. Czurda und Partner mbH
Badener Straße 5
76227 Karlsruhe
Tel. (0721) 94477-0
Fax (0721) 94477-70
ICP
Geologen und Ingenieure
für Wasser und Boden
Abfallwirtschaft • Deponien • Altlasten • Geotechnik
Begutachtung • Erkundung • Planung • Überwachung
Tonmineralogische und bodenmechanische Untersuchungen
Karlsruhe • Ludwigsburg • Kaiserslautern • Kempten • Leipzig • Bitburg

# Springer
# und
# Umwelt

Als internationaler wissenschaftlicher Verlag sind wir uns unserer besonderen Verpflichtung der Umwelt gegenüber bewußt und beziehen umweltorientierte Grundsätze in Unternehmensentscheidungen mit ein. Von unseren Geschäftspartnern (Druckereien, Papierfabriken, Verpackungsherstellern usw.) verlangen wir, daß sie sowohl beim Herstellungsprozess selbst als auch beim Einsatz der zur Verwendung kommenden Materialien ökologische Gesichtspunkte berücksichtigen. Das für dieses Buch verwendete Papier ist aus chlorfrei bzw. chlorarm hergestelltem Zellstoff gefertigt und im pH-Wert neutral.

Springer